Android 移动开发案例课堂

刘玉红 蒲 娟 编著

清华大学出版社
北 京

内 容 简 介

本书以零基础讲解为宗旨，用实例引导读者深入学习，采取"基础入门→核心技术→高级应用→项目开发实战"的讲解模式，深入浅出地讲解 Android 的各项技术及实战技能。

本书第 1 篇"基础入门"主要讲解走进 Android 的世界、Android 虚拟设备、Android 布局与实现等；第 2 篇"核心技术"主要讲解基础 UI 组件、高级 UI 组件、精通活动、服务与广播、事件与消息、使用资源、图形与图像处理、多媒体开发等；第 3 篇"高级应用"主要讲解数据存储、数据共享、传感器、网络开发、精通地图定位、Android 碎片开发、Android 开发的技巧与调试等；第 4 篇"项目开发实战"主要讲解开发俄罗斯方块、开发股票操盘手、开发考试系统、开发网上商城。

本书赠送 10 大超值王牌资源，包括本书实例源文件、精美教学幻灯片、精选本书教学视频、16 个经典项目开发完整源码、Android 开发疑难问题解答、Android 常见错误及解决方案、Android 系统开发常用类查询、Android 移动开发工程师面试题、Android 项目开发经验及技巧大汇总等。读者可以通过 QQ 群(案例课堂 VIP)：451102631 获取赠送资源。

本书适合任何想学习 Android 移动开发的人员，无论您是否从事计算机相关行业，无论您是否接触过 Android 移动开发，通过学习均可快速掌握 Android 在项目开发中的知识和技巧。

本书封面贴有清华大学出版社防伪标签，无标签者不得销售。
版权所有，侵权必究。举报：010-62782989，beiqinquan@tup.tsinghua.edu.cn。

图书在版编目(CIP)数据

Android 移动开发案例课堂/刘玉红，蒲娟编著. —北京：清华大学出版社，2019（2021.1重印）
ISBN 978-7-302-52382-6

Ⅰ. ①A… Ⅱ. ①刘… ②蒲… Ⅲ. ①移动终端—应用程序—程序设计 Ⅳ. ①TN929.53

中国版本图书馆 CIP 数据核字(2019)第 038773 号

责任编辑：张彦青　李玉萍
装帧设计：李　坤
责任校对：李玉茹
责任印制：宋　林

出版发行：清华大学出版社
　　网　　址：http://www.tup.com.cn, http://www.wqbook.com
　　地　　址：北京清华大学学研大厦 A 座　　邮　编：100084
　　社 总 机：010-62770175　　邮　购：010-62786544
　　投稿与读者服务：010-62776969, c-service@tup.tsinghua.edu.cn
　　质量反馈：010-62772015, zhiliang@tup.tsinghua.edu.cn

印 装 者：三河市铭诚印务有限公司
经　　销：全国新华书店
开　　本：190mm×260mm　　印　张：30　　字　数：726 千字
版　　次：2019 年 5 月第 1 版　　印　次：2021 年 1 月第 3 次印刷
定　　价：89.00 元

产品编号：073032-01

前　　言

"软件开发案例课堂"系列图书是专门为软件开发和数据库初学者量身定做的一套学习用书，整套书具有以下特点。

前沿科技

无论是软件开发还是数据库设计，我们都精选较为前沿或者用户群较大的领域推进，帮助大家认识和了解最新动态。

权威的作者团队

组织国家重点实验室和资深应用专家联手编著该套图书，融合丰富的教学经验与优秀的管理理念。

学习型案例设计

以技术的实际应用过程为主线，全程采用图解和同步多媒体结合的教学方式，生动、直观、全面地剖析使用过程中的各种应用技能，降低难度，提升学习效率。

为什么要写这样一本书

Android 平台由互联网与社会信息科技的领袖 Google 公司开发，由于其开放性和自由性，以及 App 商店商业模式带来的巨大活力，出现了一大批热爱和追随 Android 平台的开发人员和设计人员。目前学习和关注 Android 的人越来越多，而很多 Android 的初学者都苦于找不到一本通俗易懂、容易入门和案例实用的参考书。通过本书的案例实训，可以很快地上手流行的工具，提高职业化能力，并有助于帮助解决公司与学生的双重需求问题。

本书特色

- 零基础、入门级的讲解

无论您是否从事计算机相关行业，无论您是否接触过 Android 移动开发，都能从本书中找到最佳起点。

- 超多、实用、专业的范例和项目

本书在编排上紧密结合深入学习 Android 移动开发技术的先后过程，从 Android 移动开发的环境搭建开始，带领大家逐步深入地学习各种应用技巧，侧重实战技能，使用简单易懂的实际案例进行分析和操作指导，让读者学习起来简明轻松，操作起来有章可循。

- 随时检测自己的学习成果

每章首页均提供了"本章要点"，以指导读者重点学习及学后检查。

大部分章节最后的"跟我学上机"板块，均根据本章内容精选而成，读者可以随时检测自己的学习成果和实战能力，做到融会贯通。

- 细致入微、贴心提示

本书在讲解过程中，使用了"注意"和"提示"等小栏目，使读者在学习过程中更清楚地了解相关操作、理解相关概念，并轻松掌握各种操作技巧。

- 专业创作团队和技术支持

您在学习过程中遇到任何问题，均可加入 QQ 群(案例课堂 VIP)进行提问，专业人员会在线答疑。

超值赠送资源

- 全程同步教学录像

涵盖本书所有知识点，详细讲解每个实例及项目的开发过程及技术关键点。比看书更能轻松地掌握书中所有的 Java 编程语言知识，而且扩展的讲解部分使您能得到比书中更多的收获。

- 超多容量王牌资源大放送

赠送大量王牌资源，包括本书实例源文件、精美教学幻灯片、精选本书教学视频、16 个经典项目开发完整源码、Android 开发疑难问题解答、Android 常见错误及解决方案、Android 系统开发常用类查询、Android 移动开发工程师面试题、Android 项目开发经验及技巧大汇总等。读者可以通过清华大学官网本书页面获取下载资源。

读者对象

- 没有任何 Android 开发基础的初学者。
- 有一定的 Java 编程基础，想精通 Android 移动开发的人员。
- 有一定的 Android 移动开发基础，没有项目开发经验的人员。
- 正在进行毕业设计的学生。
- 大专院校及培训学校的老师和学生。

创作团队

本书由刘玉红、蒲娟编著，参加编写的人员还有李玉阳、王斌、赵建军、靳伟杰、谭小艳、闫川华、赵志霞、王佰成、李国离、苏双喜、马天宇、丁远征、杨文建、李茂有、靳燕霞、陈孟毫、胡秀芳、李鑫、王湖芳、刘玉萍、胡同夫、裴雨龙、付红、王攀登、孙若淞、包慧利、梁云梁和周浩浩。本书在编写过程中，我们尽所能地将最好的讲解呈现给读者，但也难免有疏漏和不妥之处，敬请不吝指正。

编　者

目　　录

第1篇　基础入门

第1章　走进Android的世界——快速搭建开发环境 3

- 1.1　认识Android 4
  - 1.1.1　Android简介 4
  - 1.1.2　Android系统架构 4
  - 1.1.3　Android四大组件 6
- 1.2　Android模拟器 7
  - 1.2.1　模拟器概述 7
  - 1.2.2　模拟器和真机的使用区别 8
- 1.3　开发Android应用前的准备 8
  - 1.3.1　Android系统开发要求 8
  - 1.3.2　Android软件开发包 9
- 1.4　Android开发环境搭建 9
  - 1.4.1　Java环境搭建 9
  - 1.4.2　安装Android Studio 14
  - 1.4.3　Android Studio开发工具介绍 19
- 1.5　大神解惑 21
- 1.6　跟我学上机 22

第2章　跨平台测试利器——Android虚拟设备 23

- 2.1　HelloWorld应用分析 24
  - 2.1.1　新建一个Android项目 24
  - 2.1.2　启动模拟器 26
  - 2.1.3　运行程序 28
  - 2.1.4　项目结构 29
  - 2.1.5　代码分析 31
- 2.2　第三方模拟器Genymotion 33
  - 2.2.1　注册Genymotion 33
  - 2.2.2　下载Genymotion 33
  - 2.2.3　安装Genymotion 34
  - 2.2.4　引入Genymotion 36
  - 2.2.5　启动Genymotion并添加设备 38
- 2.3　大神解惑 40
- 2.4　跟我学上机 40

第3章　Android布局与实现 41

- 3.1　Android布局 42
  - 3.1.1　创建一个错误布局的程序 42
  - 3.1.2　相对布局 45
  - 3.1.3　线性布局 50
  - 3.1.4　帧布局 51
  - 3.1.5　表格布局 52
  - 3.1.6　网格布局 55
  - 3.1.7　布局管理器的综合应用 59
  - 3.1.8　约束布局 60
- 3.2　UI设计相关概念 64
  - 3.2.1　View是什么 64
  - 3.2.2　ViewGroup是什么 65
  - 3.2.3　通过Java代码控制UI界面 65
  - 3.2.4　通过Java代码与XML混合控制UI界面 67
- 3.3　大神解惑 68
- 3.4　跟我学上机 68

第2篇　核心技术

第4章　基础UI组件 71

- 4.1　文本类组件 72
  - 4.1.1　TextView组件 72
  - 4.1.2　EditText组件 73

4.2	按钮类组件	75
	4.2.1 普通按钮	75
	4.2.2 图片按钮	76
	4.2.3 单选按钮	78
	4.2.4 多选按钮	82
4.3	日期时间类组件	85
	4.3.1 日期选择组件	85
	4.3.2 时间选择组件	86
	4.3.3 日历视图组件	88
	4.3.4 文本时钟组件	89
	4.3.5 计时器组件	90
4.4	大神解惑	93
4.5	跟我学上机	93

第 5 章 高级 UI 组件 95

5.1	进度条类组件	96
	5.1.1 进度条组件	96
	5.1.2 拖动条组件	97
	5.1.3 星级评分组件	99
5.2	图像类组件	101
	5.2.1 图像视图组件	101
	5.2.2 图像切换组件	103
	5.2.3 网格视图组件	105
5.3	列表类组件	109
	5.3.1 下拉列表框组件	110
	5.3.2 列表视图组件	112
	5.3.3 RecyclerView 组件	115
5.4	通用组件	118
	5.4.1 滚动视图组件	118
	5.4.2 选项卡组件	120
5.5	大神解惑	122
5.6	跟我学上机	122

第 6 章 精通活动 123

6.1	认识活动	124
6.2	深入活动	125
	6.2.1 初建 Activity	125
	6.2.2 配置 Activity	126
	6.2.3 Activity 的启动与关闭	127

6.3	构建多个活动的应用	130
	6.3.1 数据交换之 Bundle	130
	6.3.2 调用页面返回数据	134
6.4	组件间的信使 Intent	138
	6.4.1 什么是 Intent	138
	6.4.2 应用 Intent	139
	6.4.3 Intent 的属性	139
	6.4.4 Intent 的种类	141
	6.4.5 Intent 过滤器	142
6.5	大神解惑	143
6.6	跟我学上机	144

第 7 章 服务与广播 145

7.1	认识服务	146
	7.1.1 服务的分类	146
	7.1.2 创建服务	147
	7.1.3 启动与停止服务	150
	7.1.4 绑定服务	153
7.2	IntentService	156
7.3	认识广播	157
	7.3.1 广播的分类	157
	7.3.2 接收系统广播	157
	7.3.3 发送广播	160
7.4	大神解惑	162
7.5	跟我学上机	162

第 8 章 事件与消息 163

8.1	事件的处理	164
	8.1.1 基于监听的事件处理	164
	8.1.2 基于回调的事件处理	166
8.2	物理按键事件	167
8.3	触摸事件	169
	8.3.1 长按事件	169
	8.3.2 触摸事件	170
	8.3.3 触摸与单击的区别	171
8.4	Toast 提示消息	172
	8.4.1 makeText 方法	173
	8.4.2 定制 Toast	173
8.5	AlertDialog 消息	174

8.6 状态栏通知消息 178
8.7 Handler 消息 180
 8.7.1 Handler 的运行机制 180
 8.7.2 Handler 类中的常用方法 181
 8.7.3 Handler 与 Looper、
   MessageQueue 的关系 182
8.8 大神解惑 184
8.9 跟我学上机 184

第 9 章 使用资源 185

9.1 字符串资源 186
 9.1.1 字符串资源文件 186
 9.1.2 使用字符串资源 187
9.2 颜色资源 187
 9.2.1 颜色资源文件 187
 9.2.2 颜色的设置 188
 9.2.3 文本框使用颜色 188
9.3 数组资源 189
 9.3.1 定义资源文件 189
 9.3.2 使用数组资源 189
9.4 尺寸资源 191
 9.4.1 尺寸单位 191
 9.4.2 尺寸资源文件 191
 9.4.3 使用尺寸资源 192
9.5 布局资源 193
9.6 图像资源 194
 9.6.1 Drawable 资源 194
 9.6.2 Drawable 中的 XML 资源 196
 9.6.3 Mipmap 资源 199
9.7 主题和样式资源 199
 9.7.1 主题资源 199
 9.7.2 样式资源 201
 9.7.3 主题编辑器的使用 201
9.8 菜单资源 203
 9.8.1 静态创建菜单 203
  9.8.2 动态创建菜单 204
  9.8.3 使用菜单 205
9.9 国际化 207
9.10 大神解惑 209
9.11 跟我学上机 210

第 10 章 图形与图像处理 211

10.1 bitmap 图片 212
 10.1.1 Bitmap 类 212
 10.1.2 BitmapFactory 类 212
10.2 绘图常用类 214
 10.2.1 Paint 类 214
 10.2.2 Canvas 类 215
 10.2.3 Path 类 217
10.3 绘制图像 217
10.4 绘制路径 219
10.5 动画 221
 10.5.1 逐帧动画 221
 10.5.2 补间动画 222
 10.5.3 布局动画 226
 10.5.4 属性动画 229
10.6 大神解惑 232
10.7 跟我学上机 232

第 11 章 多媒体开发 233

11.1 音频与视频 234
 11.1.1 MediaPlayer 播放音频 234
 11.1.2 SoundPool 播放音频 236
 11.1.3 MediaPlayer 播放视频 238
 11.1.4 VideoView 播放视频 240
11.2 摄像头 242
 11.2.1 使用系统相机 242
 11.2.2 自定义相机拍照 245
11.3 大神解惑 250
11.4 跟我学上机 250

第 3 篇　高 级 应 用

第 12 章　数据存储 253

- 12.1　文件存储读写 254
  - 12.1.1　文件操作模式及方法 254
  - 12.1.2　读写文件操作 255
  - 12.1.3　通过 DDMS 查看存储内容 259
- 12.2　SharedPreferences 存储 260
  - 12.2.1　获取 SharedPreferences 对象 260
  - 12.2.2　向 SharedPreferences 中存入数据 260
  - 12.2.3　读取 SharedPreferences 中的数据 262
- 12.3　数据库存储 264
  - 12.3.1　sqlite3 工具的使用 264
  - 12.3.2　代码操作数据库 266
  - 12.3.3　SQLiteOpenHelper 类 269
- 12.4　大神解惑 273
- 12.5　跟我学上机 274

第 13 章　数据共享 275

- 13.1　数据共享的标准 276
  - 13.1.1　ContentProvider 简介 276
  - 13.1.2　什么是 URI 276
  - 13.1.3　权限 277
  - 13.1.4　运行时权限的获取 278
- 13.2　访问其他程序的数据 281
  - 13.2.1　ContextResolver 的基本用法 281
  - 13.2.2　创建自己的共享数据 284
  - 13.2.3　辅助类 286
  - 13.2.4　打包与解析数据 287
  - 13.2.5　展示数据 289
- 13.3　大神解惑 291
- 13.4　跟我学上机 291

第 14 章　传感器 293

- 14.1　传感器简介 294
  - 14.1.1　常用传感器简介 294
  - 14.1.2　使用传感器开发 294
- 14.2　传感器实战 296
  - 14.2.1　方向传感器 296
  - 14.2.2　加速度传感器 297
- 14.3　指南针项目 300
  - 14.3.1　创建项目 300
  - 14.3.2　重绘方法 300
  - 14.3.3　更新位置 301
  - 14.3.4　国际化开发 303
  - 14.3.5　界面布局 306
- 14.4　大神解惑 308
- 14.5　跟我学上机 308

第 15 章　网络开发 309

- 15.1　网络通信 310
  - 15.1.1　网络通信的两种形式 310
  - 15.1.2　TCP 协议基础 310
  - 15.1.3　TCP 简单通信 311
  - 15.1.4　使用多线程进行通信 311
- 15.2　使用 URL 访问网络资源 316
  - 15.2.1　使用 URL 读取网络资源 317
  - 15.2.2　使用 URLconnection 提交请求 319
- 15.3　JSON 数据 325
  - 15.3.1　JSON 语法 325
  - 15.3.2　JSON 和 XML 的比较 326
- 15.4　构造与解析 JSON 数据 328
- 15.5　大神解惑 331
- 15.6　跟我学上机 331

第 16 章　精通地图定位 333

- 16.1　引入地图 334
  - 16.1.1　下载百度地图 SDK 334
  - 16.1.2　创建百度应用 335
  - 16.1.3　将百度 SDK 加入工程 338
- 16.2　地图开发 340

16.2.1 实例显示百度地图 340
16.2.2 定位到自己 341
16.2.3 实现方向跟随 344
16.3 辅助功能 346
16.3.1 模式切换 346
16.3.2 地图切换 348
16.4 大神解惑 349
16.5 跟我学上机 350

第 17 章 Android 碎片开发 351

17.1 Fragment 实现 352
17.1.1 Fragment 概述 352
17.1.2 静态实现 Fragment 354
17.1.3 动态实现 Fragment 356
17.2 Fragment 与 Activity 360
17.2.1 Fragment 的生命周期 360
17.2.2 Activity 向 Fragment 传值 364
17.2.3 Fragment 向 Activity 传值 365

17.2.4 Fragment 与 Fragment 之间的
传值 367
17.3 Fragment 的两个子类 369
17.3.1 ListFragment 369
17.3.2 DialogFragment 370
17.4 大神解惑 372
17.5 跟我学上机 372

第 18 章 Android 开发的技巧与调试 373

18.1 快捷键的使用 374
18.1.1 Log 类快捷键 374
18.1.2 开发快捷键 375
18.2 调试技巧 382
18.2.1 断点设置 382
18.2.2 其他调试技巧 384
18.3 DDMS 的功能和使用 386
18.4 大神解惑 388
18.5 跟我学上机 388

第 4 篇 项目开发实战

第 19 章 项目实训 1——开发俄罗斯方块 391

19.1 开发背景 392
19.2 游戏原理 392
19.2.1 组成单元 392
19.2.2 运动原理 394
19.3 创建项目 394
19.3.1 开发环境需求 395
19.3.2 创建新项目 395
19.4 数据存储类 396
19.4.1 数据存储 396
19.4.2 数据初始化 397
19.4.3 获取方块下标 398
19.5 控制类 398
19.5.1 编写控制类 399
19.5.2 加载方块 399
19.5.3 是否可移动算法 400

19.5.4 定时下降算法 401
19.5.5 是否可消行算法 402
19.5.6 方块触底算法 403
19.5.7 速降算法 403
19.5.8 方向控制算法 404
19.5.9 变形算法 404
19.6 界面绘制类 406
19.6.1 编写界面绘制类 406
19.6.2 界面绘制 407
19.6.3 界面布局 409
19.7 项目总结 411

第 20 章 项目实训 2——开发股票操盘手 413

20.1 系统功能设计 414
20.2 创建项目 414
20.2.1 开发环境需求 414
20.2.2 创建新项目 414

20.3 欢迎界面设置............................415
    20.3.1 欢迎界面布局............................415
    20.3.2 欢迎界面逻辑设置........................416
20.4 功能界面设置............................417
    20.4.1 主界面逻辑..............................417
    20.4.2 界面中的格栅类..........................420
    20.4.3 触碰位置判断............................421
    20.4.4 绘制经线..............................421
    20.4.5 绘制纬线..............................422
    20.4.6 分时界面..............................422
20.5 K 线界面设置............................427
    20.5.1 成交蜡烛图............................427
    20.5.2 绘制详细信息..........................428
    20.5.3 绘制参考信息..........................430
20.6 项目总结................................432

第 21 章 项目实训 3——开发考试系统 433

21.1 系统功能设计............................434
21.2 创建项目................................434
    21.2.1 开发环境需求..........................434
    21.2.2 创建新项目............................434
21.3 欢迎界面设置............................435
    21.3.1 欢迎界面布局..........................435
    21.3.2 欢迎界面逻辑处理......................436
21.4 部分类的封装............................438
    21.4.1 数据库类..............................438
    21.4.2 窗口类................................439
    21.4.3 文件类................................440
21.5 主界面与跳转页面........................441
    21.5.1 主界面................................441
    21.5.2 答题界面..............................445
    21.5.3 题目类................................446
    21.5.4 查看答案..............................447
    21.5.5 编号选题..............................448
    21.5.6 收藏题目..............................449
21.6 数据库相关操作..........................449
21.7 项目总结................................450

第 22 章 项目实训 4——开发网上商城 451

22.1 系统功能设计............................452
22.2 创建项目................................452
    22.2.1 开发环境需求..........................452
    22.2.2 创建新项目............................452
22.3 欢迎界面................................453
    22.3.1 欢迎界面布局..........................453
    22.3.2 欢迎界面逻辑..........................454
22.4 主界面..................................454
    22.4.1 界面分类跳转..........................455
    22.4.2 搜索页面..............................456
    22.4.3 广告轮播..............................456
    22.4.4 拍照按钮..............................457
22.5 搜索页面................................457
22.6 分类页面................................458
    22.6.1 分类数据存储..........................458
    22.6.2 分类数据显示..........................459
22.7 购物车页面..............................460
22.8 用户信息页面............................461
    22.8.1 跳转不同页面..........................461
    22.8.2 账号登录页面..........................462
    22.8.3 退出弹窗..............................463
    22.8.4 更多信息..............................464
22.9 自定义伸缩类............................464
    22.9.1 成员变量..............................465
    22.9.2 触摸事件..............................465
    22.9.3 回缩动画..............................466
22.10 项目总结...............................467

第1篇

基础入门

- 第 1 章　走进 Android 的世界——快速搭建开发环境
- 第 2 章　跨平台测试利器——Android 虚拟设备
- 第 3 章　Android 布局与实现

第1章 走进Android的世界——快速搭建开发环境

Android 是一种基于 Java 的手机开发平台，用于开发安装在手机上的 App。Android 虽然外形比较简单，但是其功能非常强大，目前已经发展成为一个新兴的热点，是软件行业的一股新兴力量。本章主要介绍 Android 的基础知识、Android 模拟器、开发 Android 环境搭建等。

本章要点(已掌握的在方框中打钩)

- ☐ 了解 Android
- ☐ 掌握 Android 模拟器
- ☐ 掌握开发 Android 前的准备工作
- ☐ 掌握 Java 环境搭建
- ☐ 掌握 Android Studio 的安装
- ☐ 掌握 Android Studio 工具的使用

1.1 认识 Android

Android 一词的本义是指"机器人",同时也是 Google 于 2007 年 11 月宣布的基于 Linux 平台的开源手机操作系统的名称,该平台由操作系统、中间件、用户界面和应用软件组成。

1.1.1 Android 简介

Android 是一种基于 Linux 的自由、开放源代码的操作系统,主要使用于移动设备,例如智能手机和平板电脑,由 Google 公司和开放手机联盟领导及开发。

Android 操作系统最初由 Andy Rubin 开发,主要支持手机。2005 年 8 月由 Google 收购注资。2007 年 11 月 Google 与 84 家硬件制造商、软件开发商及电信运营商组建开放手机联盟,共同研发改良 Android 系统。随后 Google 以 Apache 开源许可证的授权方式,发布了 Android 的源代码。

2008 年 10 月发布第一部 Android 智能手机。之后 Android 逐渐扩展到平板电脑及其他领域,例如电视、数码相机、游戏机等。到目前为止,Android 系统的最新版本是 2016 年 8 月 22 日发布的 Android 7.0。

Android 在正式发行之前,刚开始拥有两个内部测试版本,并且以著名的机器人名称进行命名,它们分别是:阿童木(AndroidBeta)和发条机器人(Android 1.0)。

后来由于涉及版权问题,Google 将其命名规则变更为用甜点作为它们系统版本的代号命名方法。甜点命名法于 Android 1.5 发布的时候开始使用。作为每个版本代表的甜点的尺寸越变越大,便按照 26 个字母数序进行版本命名:

纸杯蛋糕(Android 1.5)
甜甜圈(Android 1.6)
松饼(Android 2.0/2.1)
冻酸奶(Android 2.2)
姜饼(Android 2.3)
蜂巢(Android 3.0)
冰激凌三明治(Android 4.0)
果冻豆(Jelly Bean,Android 4.1 和 Android 4.2)
奇巧(KitKat,Android 4.4)
棒棒糖(Lollipop,Android 5.0)
棉花糖(Marshmallow,Android 6.0)
牛轧糖(Nougat,Android 7.0)
奥利奥(Android Oreo 8.0)

1.1.2 Android 系统架构

Android 系统和其操作系统类似,也是采用了分层的架构。Android 系统主要分为四层,从高层到低层分别是应用程序层、应用程序框架层、系统运行库层和 Linux 内核层,如图 1-1

所示。

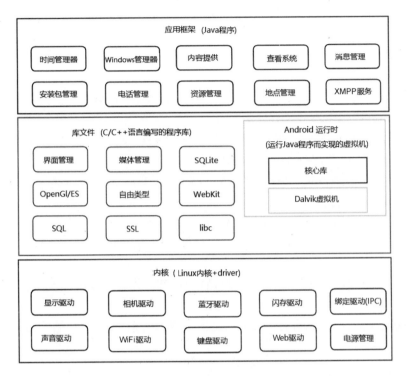

图 1-1 Android 系统架构

1. 应用程序层

所有安装在手机上的应用程序都属于该应用程序层，Android 系统同一系列核心应用程序包一起发布。该应用程序层主要包含客户端、SMS 短消息程序、日历、地图、浏览器和联系人管理程序等。所有的应用程序都是使用 Java 语言编写的。

2. 应用程序框架层

应用程序框架层主要提供构建应用程序时用到的各种 API，Android 系统自带的一些核心应用程序就是使用这些 API 完成的。开发人员可以完全访问核心应用程序所使用的 API 框架。

该应用程序的架构设计简化了组件的重用，任何一个应用程序都可以发布它的功能块并且任何其他的应用程序都可以使用其所发布的功能块。同样，该应用程序重用机制也使用户可以方便地替换程序组件。

隐藏在每个应用后面的是一系列的服务和系统，具体介绍如下。

(1) 丰富而又可扩展的视图(Views)：用来构建应用程序，包括列表(Lists)、网格(Grids)、文本框(Text boxes)、按钮(Buttons)，甚至可嵌入的 Web 浏览器。

(2) 内容提供器(Content Providers)：使得一个应用程序可以访问另一个应用程序的数据(如联系人数据库)，或者共享它们自己的数据。

(3) 资源管理器(Resource Manager)：提供非代码资源的访问，例如本地字符串、图形和布局文件(Layout files)。

(4) 通知管理器(Notification Manager)：应用程序可以在状态栏中显示自定义的提示信息。

(5) 活动管理器(Activity Manager)：用来管理应用程序生命周期并提供常用的导航回退功能。

3．系统运行库层

系统运行库层包含一些 C/C++库，为 Android 系统中不同的组件提供底层的驱动。它们通过 Android 应用程序框架为开发者提供服务。

该层还提供了 Android 运行时库，主要包含一些核心库，从而使运行开发者可以使用 Java 语言来编写 Android 应用程序。核心库具体介绍如下。

(1) 系统 C 库：一个从 BSD 继承来的标准 C 系统函数库 Libc，它是专门为基于 Embedded Linux 的设备定制的。

(2) 媒体库：基于 PacketVideo OpenCORE，该库支持多种常用的音频、视频格式回放和录制，同时支持静态图像文件。编码格式包括 MPEG4、H.264、MP3、AAC、AMR、JPG 和 PNG。

(3) Surface Manager：对显示子系统进行管理，并且为多个应用程序提供了 2D 和 3D 图层的无缝融合。

(4) LibWebCore：一个最新的 Web 浏览器引擎，支持 Android 浏览器和一个可嵌入的 Web 视图。

4．Linux 内核层

Android 系统是基于 Linux 内核的，这一层主要是为 Android 设备提供各种硬件的底层驱动，例如显示驱动、照相机驱动、电源驱动、音频驱动、蓝牙驱动或 WiFi 驱动等。

1.1.3　Android 四大组件

Android 开发有四大组件，分别是活动(Activity)、服务(Service)、广播接收器(Broadcast Receiver)和内容提供者(Content Provider)。活动主要用于表现功能；服务是后台运行服务，不提供界面呈现；广播接收器用于接收广播；内容提供者支持在多个应用中存储和读取数据，相当于数据库。

1．活动

在 Android 中，Activity 是所有程序的根本，所有程序的流程都运行在 Activity 之中。Activity 是开发者频繁遇到的组件，也是 Android 当中最基本的模块之一。在 Android 的程序中，Activity 一般代表手机屏幕的一屏。如果把手机比作一个浏览器，那么 Activity 就相当于一个网页。在 Activity 中可以添加一些 Button、Checkbox 等控件。可以看到 Activity 的概念与网页的概念类似。

一般一个 Android 应用是由多个 Activity 组成的。这多个 Activity 之间可以相互跳转，例如按下一个 Button 按钮后，跳转到其他的 Activity。和网页跳转不一样的是，Activity 之间的跳转有可能返回值，例如从 Activity A 跳转到 Activity B，那么当 Activity B 运行结束时，有可能会返回给 Activity A 一个值。

当打开一个新的屏幕时，之前一个屏幕会被设置为暂停状态，并且压入历史堆栈中。用户可以通过回退操作返回到以前打开过的屏幕。可以选择性地移除一些没有必要保留的屏幕，因为 Android 会把每个应用开始到当前的每个屏幕保存在堆栈中。

2．服务

服务是 Android 系统中的一种组件，与 Activity 的级别差不多，但是它自己不能运行，只能后台运行，可以与其他组件进行交互。因为 Service 在后台运行，所以它不需要界面，但它的生命周期却很长。Service 是一种程序，可以借助它完成一些不占用界面的工作。

3．广播接收器

在 Android 中，广播接收器是一种广泛运用的在应用程序之间传输信息的机制，它是对发送出来的广播进行过滤接收并响应的一类组件。可以使用广播接收器让应用对一个外部的事件做出响应。

例如，当外部事件电话呼入到来时，可以利用广播接收器进行处理。又如当下载一个程序成功完成的时候，仍然可以利用广播接收器进行处理。

广播接收器不能生成 UI，即对于用户来说是不透明的，用户是看不到的。广播接收器通过 NotificationManager 来通知用户这些事情发生了。广播接收器不仅可以在 AndroidManifest.xml 中注册，还可以在运行时的代码中使用 Context.registerReceiver()方法进行注册。注册后，当有事件发生时，即使程序没有启动，系统也在需要时启动程序。各种应用还可以通过使用 Context.sendBroadcast()将它们的 Intent Broadcasts 广播给其他应用程序。

4．内容提供者

内容提供者是 Android 提供的第三方应用数据的访问方案。在 Android 中，对数据的保护很严密，除了放在 SD 卡中的数据，一个应用所持有的数据库、文件等内容，都是不允许其他方直接访问的。

Android 不会真的把每个应用都做成一座孤岛，它为所有应用都准备了一扇窗，即内容提供者。应用对外提供的数据，可以通过派生 Content Provider 类封装成内容提供者，每个 Content Provider 都用一个 URI 作为独立的标识，例如"content://com.xxxxx"。所有内容看着像 REST 的样子，但实际上比 REST 更为灵活。和 REST 类似，URI 也有两种类型，一种是带 ID 的，另一种是列表的。

1.2 Android 模拟器

Android 模拟器(也称 Android SDK)自带一个移动模拟器，是一个可以运行在电脑上的虚拟设备。Android SDK 无须使用物理设备即可预览、开发和测试 Android 应用程序。

1.2.1 模拟器概述

Android 模拟器能够模拟接听和拨打电话以外的所有移动设备上的典型功能和行为。

Android 模拟器提供了大量的导航和控制键，可以通过鼠标或键盘单击这些按键来产生应用程序的事件。同时它还有一个屏幕用于显示 Android 自带的应用程序和安装的应用程序。为了便于模拟和测试应用程序，Android 模拟器允许应用程序通过 Android 平台服务调用其他程序、访问网络、播放音频和视频、保存和传输数据、通知用户、渲染图像过渡和场景。

Android 模拟器同样具有强大的调试能力，例如能够记录内核输出的控制台、模拟程序中断(例如接收短信或打电话)、模拟数据通道中的延时效果和遗失。

1.2.2 模拟器和真机的使用区别

虽然 Android 模拟器做得很完善，几乎跟真机一样，但在实际开发中，仍发现模拟器对手机的有些功能还是模拟不了。下面简单介绍模拟器和真机的区别。

(1) Android 模拟器不支持呼叫和接听实际来电，但可以通过控制台模拟电话呼叫(呼入和呼出)。

(2) Android 模拟器不支持 USB 连接。

(3) Android 模拟器不支持相机/视频捕捉。

(4) Android 模拟器不支持音频输入(捕捉)，但支持输出(重放)。

(5) Android 模拟器不支持扩展耳机。

(6) Android 模拟器不能确定连接状态。

(7) Android 模拟器不能确定电池电量水平和充电状态。

(8) Android 模拟器不能确定 SD 卡的插入/弹出。

(9) Android 模拟器不支持蓝牙。

1.3 开发 Android 应用前的准备

在开发 Android 应用程序前，首先要满足 Android 系统开发的要求，其次下载 Android 软件开发所需要的工具包。

1.3.1 Android 系统开发要求

开发基于 Android 的应用程序，所需要的系统开发要求如表 1-1 所示。

表 1-1 系统开发要求

开发要求	版本要求	说　明
操作系统	Windows XP 或 Vista，Mac OS X 10.4.8+Linux Ubuntu Drapper	选择自己熟悉的操作系统
IDE(集成开发环境)	Android Studio 2.2	最新版本
JDK	JDK 1.8	最新版本的 JDK，单独的 JRE 不可以，必须安装 JDK

1.3.2 Android 软件开发包

进行 Android 开发应用时，需要的软件包有两个，分别是 JDK 和 Android Studio，它们的具体介绍如下。

(1) JDK：是开发 Android 应用程序时需要使用的工具，需要到 Oracle 官方网站(https://www.oracle.com/index.html)下载最新版本，即 JDK 1.8。

(2) Android Studio：是 Android 集成开发工具，内置 Android SDK 以及其他开发需要的工具。Android Studio 需要到网站 http://www.android-studio.org/进行下载，本书使用的版本是 Android Studio 2.2。

1.4 Android 开发环境搭建

俗话说"工欲善其事，必先利其器"，因此要想快速地开发 Android 应用程序(Android Application，简称 Android App)，首先要选择一个好的集成开发环境(Integrated Development Environment，简称 IDE)，从而才能提高开发的效率。搭建 Android 开发环境需要安装两个开发工具，即 JDK 和 Android Studio。

1.4.1 Java 环境搭建

搭建 Android 开发环境首先需要搭建 Java 环境，即 JDK(Java Development Kit)。对于 JDK 来说，随着时间的推移，JDK 的版本也在不断更新，目前 JDK 的最新版本是 JDK 1.8。由于 Oracle(甲骨文)公司在 2010 年收购了 Sun Microsystems 公司，所以要到 Oracle 官方网站 (https://www.oracle.com/index.html)下载最新版本的 JDK。

1. JDK 的下载和安装

JDK 的下载和安装步骤，具体如下。

step 01 打开 Oracle 官方网站，在首页的栏目中找到 Downloads 下的 Java for Developers 超链接，如图 1-2 所示。

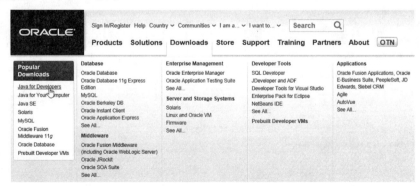

图 1-2 Oracle 官网首页

step 02 单击 Java for Developers 超链接，进入 Java SE Downloads 页面，如图 1-3 所示。

提示 由于 JDK 版本在不断更新，当读者浏览 Java SE 的下载页面时，显示的是 JDK 当前的最新版本。

step 03 单击 Java Platform(JDK)上方的 DOWNLOAD 按钮，打开 Java SE 的下载列表页面，其中有 Windows、Linux 和 Solaris 等平台的不同环境 JDK 的下载，如图 1-4 所示。

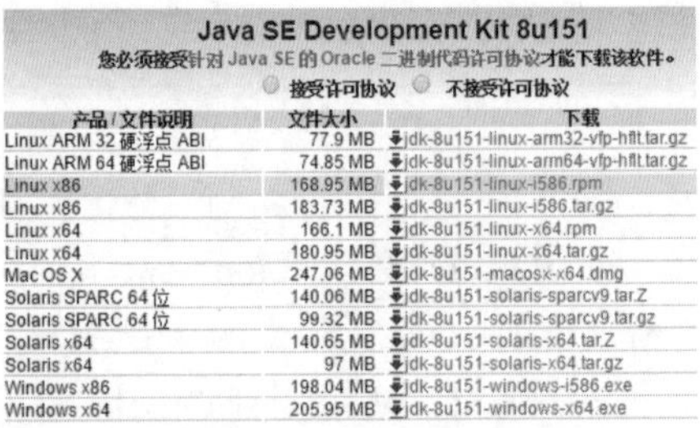

step 04 下载前，首先选中“接受许可协议”(Accept License Agreement)单选按钮，接受许可协议。由于本书使用的是 32 位版的 Windows 操作系统，因此这里选择与平台相对应的 Windows x32 类型的 jdk-8u151-windows-i586.exe 超链接，单击下载 JDK，如图 1-5 所示。

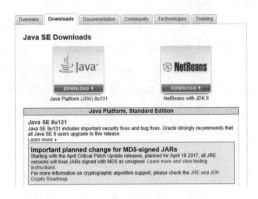

图 1-3　Java SE Downloads 页面

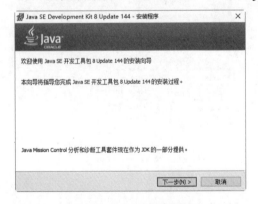

Java SE Development Kit 8u151

您必须接受针对 Java SE 的 Oracle 二进制代码许可协议才能下载该软件。

接受许可协议　不接受许可协议

产品 / 文件说明	文件大小	下载
Linux ARM 32 硬浮点 ABI	77.9 MB	jdk-8u151-linux-arm32-vfp-hflt.tar.gz
Linux ARM 64 硬浮点 ABI	74.85 MB	jdk-8u151-linux-arm64-vfp-hflt.tar.gz
Linux x86	168.95 MB	jdk-8u151-linux-i586.rpm
Linux x86	183.73 MB	jdk-8u151-linux-i586.tar.gz
Linux x64	166.1 MB	jdk-8u151-linux-x64.rpm
Linux x64	180.95 MB	jdk-8u151-linux-x64.tar.gz
Mac OS X	247.06 MB	jdk-8u151-macosx-x64.dmg
Solaris SPARC 64 位	140.06 MB	jdk-8u151-solaris-sparcv9.tar.Z
Solaris SPARC 64 位	99.32 MB	jdk-8u151-solaris-sparcv9.tar.gz
Solaris x64	140.65 MB	jdk-8u151-solaris-x64.tar.Z
Solaris x64	97 MB	jdk-8u151-solaris-x64.tar.gz
Windows x86	198.04 MB	jdk-8u151-windows-i586.exe
Windows x64	205.95 MB	jdk-8u151-windows-x64.exe

图 1-4　Java SE 下载列表页面

Java SE Development Kit 8u151

您必须接受针对 Java SE 的 Oracle 二进制代码许可协议才能下载该软件。
感谢您接受针对 Java SE 的 Oracle 二进制代码许可协议；现在您可以下载该软件。

产品 / 文件说明	文件大小	下载
Linux ARM 32 硬浮点 ABI	77.9 MB	jdk-8u151-linux-arm32-vfp-hflt.tar.gz
Linux ARM 64 硬浮点 ABI	74.85 MB	jdk-8u151-linux-arm64-vfp-hflt.tar.gz
Linux x86	168.95 MB	jdk-8u151-linux-i586.rpm
Linux x86	183.73 MB	jdk-8u151-linux-i586.tar.gz
Linux x64	166.1 MB	jdk-8u151-linux-x64.rpm
Linux x64	180.95 MB	jdk-8u151-linux-x64.tar.gz
Mac OS X	247.06 MB	jdk-8u151-macosx-x64.dmg
Solaris SPARC 64 位	140.06 MB	jdk-8u151-solaris-sparcv9.tar.Z
Solaris SPARC 64 位	99.32 MB	jdk-8u151-solaris-sparcv9.tar.gz
Solaris x64	140.65 MB	jdk-8u151-solaris-x64.tar.Z
Solaris x64	97 MB	jdk-8u151-solaris-x64.tar.gz
Windows x86	198.04 MB	jdk-8u151-windows-i586.exe
Windows x64	205.95 MB	jdk-8u151-windows-x64.exe

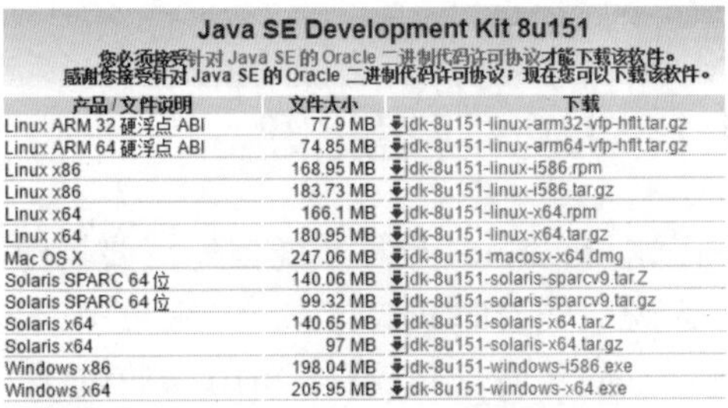

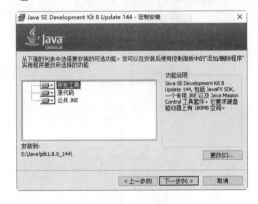

图 1-5　JDK 的下载列表页面

step 05 下载完成后，在硬盘上会发现一个名称为 jdk-8u144-windows-i586_8.0.1440.1 的可执行文件，双击运行这个文件，出现 JDK 的安装界面，如图 1-6 所示。

step 06 单击“下一步”按钮，进入定制安装界面。在该界面中可以选择组件以及 JDK 的安装路径，这里修改为“E:\Java\jdk1.8.0_144\”，如图 1-7 所示。

图 1-6　JDK 的安装界面

图 1-7　定制安装界面

修改 JDK 的安装目录，尽量不要使用带有空格的文件夹名。

step 07 单击"下一步"按钮，进入安装进度界面，如图 1-8 所示。

step 08 在安装过程中，会出现如图 1-9 所示的"目标文件夹"界面，选择 JRE 的安装路径。

图 1-8 安装进度界面

图 1-9 "目标文件夹"界面

step 09 单击"下一步"按钮，安装 JRE，JRE 安装完成后，出现 JDK 安装完成界面，如图 1-10 所示。

step 10 单击"关闭"按钮，完成 JDK 的安装。

JDK 安装完成后，会在安装目录下出现一个名称为 jre 的文件夹，如图 1-11 所示。

图 1-10 JDK 安装完成界面

图 1-11 JDK 的安装目录

在图 1-11 中可以看到，JDK 的安装目录下有许多文件和文件夹，其中重要的目录和文件的含义如下。

（1）bin：提供 JDK 开发所需要的编译、调试、运行等工具，如 javac、java、javadoc、appletviewer 等可执行程序。

（2）db：JDK 附带的数据库。

(3) include：存放用于本地访问的文件。
(4) jre：Java 运行时的环境。
(5) lib：存放 Java 的类库文件，即 Java 的工具包类库。
(6) src.zip：Java 提供的类库的源代码。

 JDK 是 Java 的开发环境，JDK 对 Java 源代码进行编译处理，它是为开发人员提供的工具。JRE 是 Java 的运行环境，它包含 Java 虚拟机(JVM)的实现及 Java 核心类库，编译后的 Java 程序必须使用 JRE 执行。在 JDK 的安装包中集成了 JDK 和 JRE，所以在安装 JDK 的过程中会提示安装 JRE。

2. JDK 的配置

对于初学者来说，环境变量的配置是很容易出错的，配置过程中应当仔细。使用 JDK 需要对两个环境变量进行配置：path 和 classpath(不区分大小写)。下面是在 Windows 10 操作系统中，环境变量的配置方法和步骤。

1) 配置 path 环境变量

path 环境变量是告诉操作系统 Java 编译器的路径。具体配置步骤如下。

step 01 在桌面上右击"此电脑"图标，在弹出的快捷菜单中选择"属性"命令，如图 1-12 所示。

step 02 打开"系统"窗口，单击"高级系统设置"选项，如图 1-13 所示。

图 1-12 选择"属性"命令

图 1-13 "系统"窗口

step 03 弹出"系统属性"对话框，切换到"高级"选项卡，单击"环境变量"按钮，如图 1-14 所示。

step 04 弹出"环境变量"对话框，在"系统变量"选项组中单击"新建"按钮，如图 1-15 所示。

step 05 弹出"新建系统变量"对话框，在"变量名"文本框中输入"path"，"变量值"文本框中为安装 JDK 的默认 bin 路径，这里输入"E:\Java\jdk1.8.0_144\bin"，如图 1-16 所示。

step 06 单击"确定"按钮，path 环境变量配置完成。

图 1-14 "系统属性"对话框

图 1-15 "环境变量"对话框

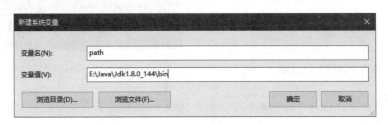

图 1-16 "新建系统变量"对话框

2) 配置 classpath 环境变量

Java 虚拟机在运行某个 Java 程序时，会按 classpath 指定的目录，顺序查找这个 Java 程序。具体配置步骤如下。

step 01 参照配置 path 环境变量的步骤，打开"新建系统变量"对话框，在"变量名"文本框中输入"classpath"，"变量值"文本框中为安装 JDK 的默认 lib 路径，这里输入"E:\Java\jre1.8.0_144\bin;"，如图 1-17 所示。

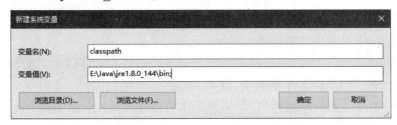

图 1-17 "新建系统变量"对话框

step 02 单击"确定"按钮，classpath 环境变量配置完成。

配置环境变量时，多个目录间使用分号(;)隔开。在配置 classpath 环境变量时，通常在配置的目录前面添加点(.)，表示当前目录，使.class 文件搜索时首先搜索当前目录，然后根据 classpath 配置的目录顺序依次查找，找到后执行。classpath 目录中的配置存在先后顺序。

3. 测试 JDK

JDK 安装、配置完成后，就可以测试其是否能够正常运行。具体操作步骤如下。

step 01 在系统的"开始"菜单上右击，在弹出的快捷菜单中选择"运行"命令，打开"运行"对话框，输入命令"cmd"，如图 1-18 所示。

step 02 单击"确定"按钮，打开命令提示符窗口。在其中输入"java -version"，并按 Enter 键确认。系统如果输出 JDK 的版本信息，则说明 JDK 的环境搭建成功，如图 1-19 所示。

图 1-18　"运行"对话框

图 1-19　命令提示符窗口

在命令提示符下输入测试命令时，Java 和-之间有一个空格，但-和 version 之间没有空格。

1.4.2　安装 Android Studio

Java 环境搭建完成后，接下来就是安装 Android Studio。它是集成开发环境，包含 Android 开发所必需的 Android SDK(Software Development Kit)，以及开发 Android 应用程序所需要的工具，例如 Android 模拟器、调试工具等。

1. Android Studio 的下载和安装

Android Studio 下载和安装的具体步骤如下。

step 01 在浏览器中输入国内下载 Android Studio 的网址"http://www.android-studio.org/"，读者可以根据自己的操作系统下载相应的软件。这里下载 Windows(32 位)的 Android Studio，单击下载保存即可，如图 1-20 所示。

step 02 下载完成后，双击 android-studio-ide-171.4408382-windows32.zip 文件，进行解压，如图 1-21 所示。

选择其他平台

平台	Android Studio 软件包	大小	SHA-256 校验和
Windows (64位)	android-studio-ide-171.4408382-windows.exe 无 Android SDK	681 MB (714,340,664 bytes)	627d7f346bf4825a405a9b99123e7e92d0988dc6f4912552511e3685764a0044
	android-studio-ide-171.4408382-windows.zip 无 Android SDK,无安装程序	737 MB (772,863,352 bytes)	7a9ef037e34add6df84bdbe4b25dc222845b804e1f91b88d86f3e77dd1ce1fa0
Windows (32位)	android-studio-ide-171.4408382-windows32.zip 无 Android SDK,无安装程序	736 MB (772,333,606 bytes)	29399953024b0b4c72df62e94e0850c20b623b887e67bbfce713acb7baed8740
Mac	android-studio-ide-171.4408382-mac.dmg	731 MB (766,935,438 bytes)	f6c455fb1778b3949e4870ddb701498bd27351c072e84f4328bd49986c4ab212
Linux	android-studio-ide-171.4408382-linux.zip	735 MB (771,324,214 bytes)	7991f95ea1b6c55645a3fc48f1534d4135501a07b9d92dd83672f936d9a9d7a2

图 1-20　下载 Android Studio

step 03 　解压完成后找到解压路径,打开文件夹运行安装软件,出现如图 1-22 所示的界面。

图 1-21　选择解压路径　　　　　　　　图 1-22　Choose Components 界面

step 04 　单击 Next 按钮,打开 License Agreement 界面,单击 I Agree 按钮接受许可协议,如图 1-23 所示。

step 05 　打开 Configuration Settings 界面,单击 Browse 按钮,分别选择 Android Studio 和 Android SDK 的安装路径,如图 1-24 所示。

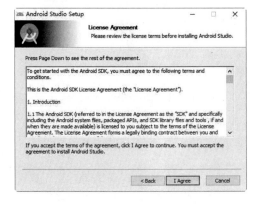 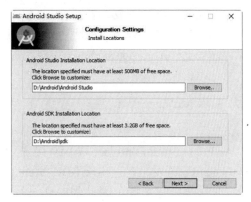

图 1-23　License Agreement 界面　　　　　图 1-24　Configuration Settings 界面

step 06 单击 Next 按钮，打开 Choose Start Menu Folder 界面，如图 1-25 所示。

step 07 单击 Install 按钮，安装 Android Studio，如图 1-26 所示。

图 1-25 Choose Start Menu Folder 界面　　　　图 1-26 安装 Android Studio

step 08 稍等一会儿，出现 Installation Complete 界面，如图 1-27 所示。

step 09 单击 Next 按钮，出现 Completing Android Studio Setup 界面，如图 1-28 所示。

图 1-27 Installation Complete 界面　　　　图 1-28 Completing Android Studio Setup 界面

step 10 单击 Finish 按钮，Android Studio 安装完成，然后会自动联网下载一些更新，等待更新完成，即可进入 Android Studio 的欢迎界面，如图 1-29 所示。

2. SDK Manager 管理

Android Studio 安装完成后，单击 Start a new Android Studio project 超链接进入 Android Studio 开发工具，由于 SDK Manager 更新、下载速度特别慢，因此需要在进行实际项目开发前进行更新、下载，具体操作如下。

图 1-29 Android Studio 的欢迎界面

step 01 打开目录"C:\Windows\System32\drivers\etc",使用记事本打开目录中的 hosts 文件,将下面内容添加到 hosts 文件的最后。注意不是修改原来文件的内容,只是附加这些内容。

```
203.208.46.146 www.google.com
74.125.113.121 developer.android.com
203.208.46.146 dl.google.com
203.208.46.146 dl-ssl.google.com
```

由于每个网站对应一个 IP 地址,在打开域名时需要使用 DNS 服务器解析成 IP 地址,然后才能访问。而在 hosts 文件中加入 Android Studio 获取更新链接和下载链接的网址以及其对应的 IP 地址,就省去了 DNS 解析这一步,从而节约了时间,并提高了更新、下载的速度。

step 02 在 SDK 的安装目录找到 SDK Manager.exe 文件,双击打开该文件。或者在 Android Studio 2.2 中选择 Tools→Android→SDK Manager 命令,如图 1-30 所示。

step 03 打开 Default Settings 对话框,单击 Launch Standalone SDK Manager 超链接,如图 1-31 所示。

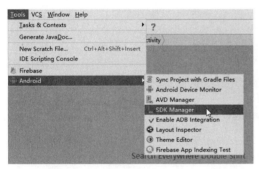

图 1-30 选择 SDK Manager 命令　　　　图 1-31 Default Settings 对话框

step 04 打开 Android SDK Manager 窗口,选择 Tools→Options 命令,如图 1-32 所示。

step 05 打开 Android SDK Manager – Settings 对话框,在 HTTP Proxy Server 文本框中输入"mirrors.neusoft.edu.cn",在 Http Proxy Port 文本框中输入"80",在 Others 选项组中选中 Force https://...sources to be fetched using http://...复选框,如图 1-33 所示。

step 06 单击 Close 按钮,在 Android SDK Manager 窗口中,选择 Packages→Reload 命令,更新加载所有的 Packages,选择 Packages 下的 Tools 和 Extras 文件夹以及其他 Android 各版本中的全部 SDK Platform 复选框,并单击 Install 94 packages 按钮,如图 1-34 所示。

step 07 在打开的 Choose Packages to Install 对话框中,选中 Accept License 单选按钮,再单击 Install 按钮,如图 1-35 所示。

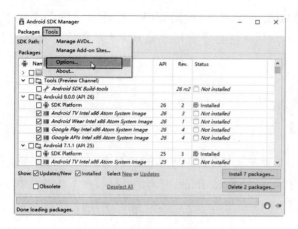
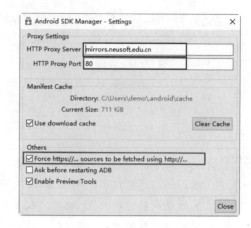

图 1-32　选择 Options 命令　　　　图 1-33　Android SDK Manager-Settings 对话框

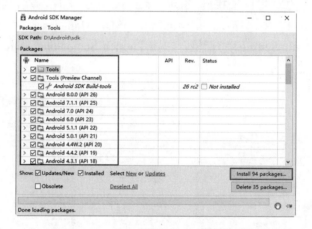

图 1-34　Android SDK Manager 窗口

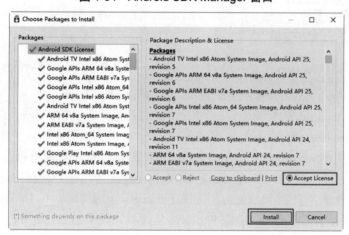

图 1-35　Choose Packages to Install 对话框

step 08 稍等一会儿，安装完成后选择 Packages→Reload 命令进行更新，即可完成操作。

1.4.3　Android Studio 开发工具介绍

Android Studio 是一个集成的 Android 开发环境，基于 IntelliJ IDEA。类似 Eclipse ADT，Android Studio 提供了集成的 Android 开发工具用于开发和调试。

Android Studio 的发展速度非常快，体现了 Google 对 Android 的高度重视。以前 Android 的开发是在 Eclipse 上进行的，Eclipse 是一个非常广的开发工具，可以开发很多 Java 能够做的事情。但是 Android 系统如日中天，居然没有一款自己的开发工具，于是，在 2013 年 Google 就大力开发专门用于 Android 开发的 IDE。在仅仅两年的时间里，AS(Android Studio)就发展得非常齐全和细致，版本迭代也非常快，越来越稳定和成熟。

Android Studio 和 Eclipse ADT 相比，Eclipse 像是田径赛中的铁人五项，非常全面；Android Studio 则像其中一项的世界纪录保持者，在专业性上 Eclipse 是无法比的。现今 Google 只支持使用 Android Studio 开发 Android 应用。下面详细介绍 Android Studio 各个模块的功能。

1. 运行和调试区域

在该区域可以进行运行和调试相关的操作，如图 1-36 所示。该区域操作从左到右，依次介绍如下。

(1) Make Project：编译项目。
(2) Select Run/Debug Configuration：当前项目的模块列表，用于运行或调试配置。
(3) Run：运行。
(4) Debug：调试。
(5) Run with Coverage：测试显示模块代码的覆盖率。
(6) Attach debugger to Android process：将 debug 进程添加到当前进程中，调试 Android 运行的进程。
(7) ReRun：重启。
(8) Stop：停止。

2. Android 设备和虚拟机区域

该区域主要是进行与 Android 设备和虚拟机相关的操作，如图 1-37 所示。该区域从左到右，依次介绍如下。

图 1-36　运行和调试区域

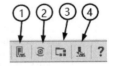

图 1-37　Android 设备和虚拟机区域

(1) AMD Manager：虚拟设备管理。
(2) Sync Project with Gradle Files：同步工程的 Gradle 文件，一般在 Gradle 配置被修改时需要同步。

(3) Project Structure：项目结构，主要作用是对项目结构进行设置。
(4) SDK Manager：Android SDK 管理器。

3．文件资源区域

该区域主要是进行与工程文件资源等相关的操作，如图 1-38 所示。该区域具体介绍如下。

(1) 项目中文件的组织方式，默认是 Android，还可通过下拉列表选择 Project、Packages、Scratches、ProjectFiles、Problems 等，最常用的是 Android 和 Project 两种。

(2) 定位当前打开文件在工程目录中的位置。

(3) 关闭工程目录中所有的展开项。

(4) 额外的一些系统配置，单击后打开一个下拉菜单，如图 1-39 所示。勾选 Autoscroll to Source 和 Autoscroll from Source 两个命令后，Android Studio 会自动定位当前编辑文件在工程中的位置，非常方便。

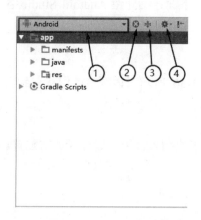

图 1-38　工程文件资源

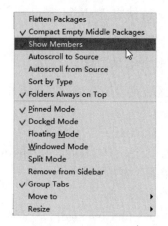

图 1-39　系统配置

4．编写和布局区域

该区域是用来编写代码和设计布局的，具体如图 1-40 所示。该区域的功能介绍如下。

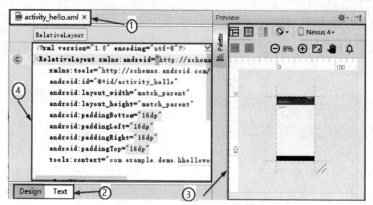

图 1-40　编写和布局区域

(1) 打开文件的 Tab 页。

(2) 布局编辑模式切换，一般使用 Text 模式，初学者可以使用 Design 模式编辑布局，再切换到 Text 模式。

(3) UI 布局预览区域。

(4) 编写代码区域。

5. 输出区域

该区域大部分是用来查看一些输出信息的，如图 1-41 所示。该区域的功能介绍如下。

- Android Monitor(监控)：显示应用的一些输出信息。
- Messages(信息)：显示工程编译的输出信息。
- Terminal(终端)：Android Studio 自带的命令行面板，用于进行命令行操作。
- Run(运行)：显示应用运行后的一些相关信息。
- TODO：显示标有 TODO 注释的列表。
- Event Log(事件)：显示一些事件的日志。
- Gradle Console(Gradle 控制台)：显示 Gradle 构建应用时的一些输出信息。

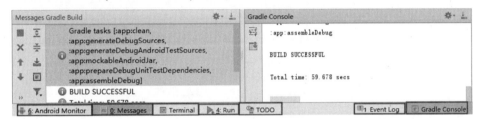

图 1-41 输出区域

使用 Terminal 时，需要配置环境变量，具体如下。

(1) 在系统变量中配置变量名为 ANDROID_HOME 的变量，其值是 SDK 的安装目录，本书是"E:\AndroidSDK"。

(2) 将 Android SDK 中的 adb 目录配置在 path 环境变量中，在系统变量 path 的后面添加"%ANDROID_HOME%\platform-tools"，启动 Android Studio 即可。

1.5 大 神 解 惑

小白：在 Android Studio 安装完成后，进行更新时，会弹出 Android Studio First Run 提示对话框，如图 1-42 所示，怎么办？

大神：解决方法是打开 Android Studio 的安装目录 bin，在 idea.properties 文件的最后追加一句代码，代码如下：

```
disable.android.first.run=true
```

重启 Android Studio，进行更新时则不再弹出该提示对话框。

图 1-42　Android Studio First Run 对话框

1.6　跟我学上机

练习 1：安装 JDK，并配置环境变量。

练习 2：安装 Android Studio 集成开发工具，并更新、下载 Android SDK 包。

练习 3：熟悉 Android Studio 集成开发工具的简单使用。

第 2 章
跨平台测试利器——Android 虚拟设备

Android Studio 是 Google 公司研发的用于开发 Android 的集成开发工具,本章主要介绍使用 Android Studio 创建 Android 项目、启动模拟器、运行程序等,以及如何创建第三方模拟设备 Genymotion。

本章要点(已掌握的在方框中打钩)

- ☐ 掌握使用 Android Studio 创建项目
- ☐ 掌握如何启动 Android 模拟器
- ☐ 掌握如何运行 Android 项目
- ☐ 掌握 Android 项目的结构
- ☐ 掌握如何安装 Genymotion
- ☐ 掌握将 Genymotion 引入 Android Studio 的方法
- ☐ 掌握创建 Genymotion 虚拟设备

2.1 HelloWorld 应用分析

在集成开发工具 Android Studio 中，可以创建和运行项目，并对项目的结构以及代码进行详细的分析。

2.1.1 新建一个 Android 项目

在 Android Studio 中新建一个 Android 项目的步骤如下。

step 01 打开 Android Studio，出现欢迎界面，单击 Start a new Android Studio project 按钮，如图 2-1 所示。

图 2-1　Android Studio 欢迎界面

step 02 弹出 Create Android Project 界面，如图 2-2 所示。在该界面中填写项目名称、公司域名并设置项目保存路径。项目名称填写为"My Application"，其他保持默认设置，单击 Next 按钮。

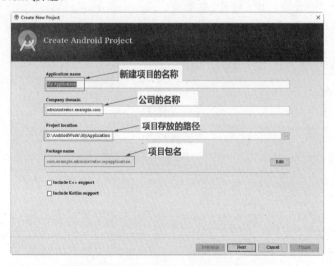

图 2-2　Create Android Project 界面

step 03 打开 Target Android Devices 界面,选择开发手机或平板电脑的应用程序,即 Phone and Tablet。在 Phone and Tablet 的下拉列表框中选择 API 14:Android 4.0 (IceCreamSandwich)",表示要安装该应用程序的目标设备的操作系统是 Android 4.0。单击 Next 按钮,如图 2-3 所示。

图 2-3　Target Android Devices 界面

注意

Android Studio 对于选用哪个版本的系统有一个参考,目前 4.0 系统的使用率是 100%,这个数据仅供参考,单击图 2-3 中的 Help me choose 链接可以查看不同的系统版本相应的参考数据。

step 04 打开 Add an Activity to Mobile 界面,选择 Empty Activity 选项,单击 Next 按钮,如图 2-4 所示。

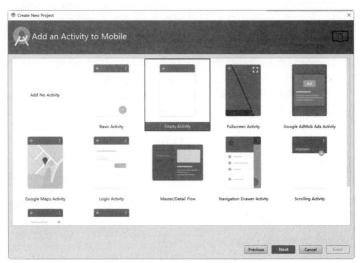

图 2-4　Add an Activity to Mobile 界面

step 05 打开 Customize the Activity 界面，填写 Activity 名称和 Activity 的 Layout 文件名，Layout 名称不可是大写英文字母，如图 2-5 所示。

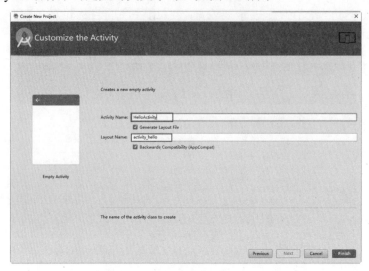

图 2-5　Customize the Activity 界面

step 06 单击 Finish 按钮，Android 项目创建完成，打开项目界面，如图 2-6 所示。

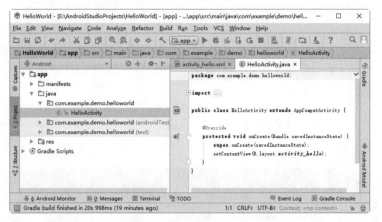

图 2-6　Android 项目

2.1.2　启动模拟器

Android Studio 工具自动生成了许多东西，因此，在项目创建后不用编写任何代码就可以运行 HelloWorld。但是在运行项目前，还需要有一个运行该项目的载体，可以是一部 Android 手机或者 Android 模拟器。本节使用 Android 模拟器来运行项目，下面介绍如何启动一个 Android 模拟器。

启动 Android 模拟器的具体步骤如下。

step 01 在 Android Studio 中选择 Tools→Android→AVD Manager 菜单命令，如图 2-7 所示。

step 02 打开 Your Virtual Devices 界面，单击 Create Virtual Device 按钮，如图 2-8 所示。

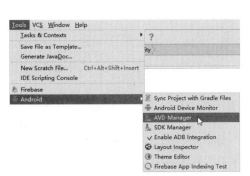
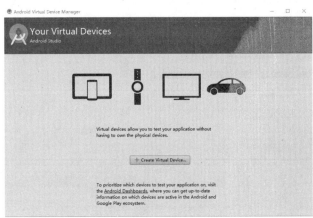

图 2-7　选择 AVD Manager 命令　　　　图 2-8　单击 Create Virtual Device 按钮

step 03 打开 Select Hardware 界面，选择默认选项，即选择模拟器 Nexus 5。单击 Next 按钮，如图 2-9 所示。

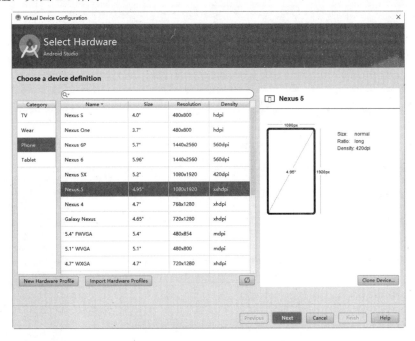

图 2-9　Select Hardware 界面

step 04 打开 System Image 界面，选择模拟器要安装的操作系统版本，这里选择 Android 5.1，单击 Next 按钮，如图 2-10 所示。

step 05 打开 Android Virtual Device(AVD)界面，选择默认选项，单击 Finish 按钮，如图 2-11 所示。

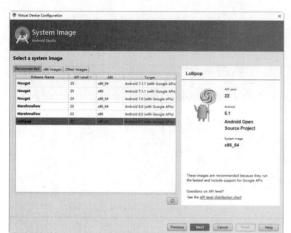
图 2-10 System Image 界面

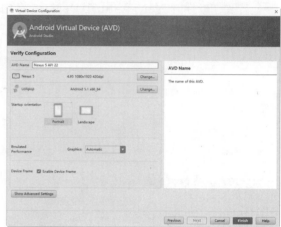
图 2-11 Android Virtual Device(AVD)界面

step 06 稍等一会儿，在 Your Virtual Devices 界面中，可以看到添加的 Android 模拟器，如图 2-12 所示。

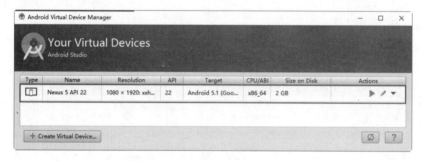

图 2-12 模拟器

step 07 单击绿色的运行按钮启动模拟器。第一次启动时有些慢，稍等一会儿，Android 模拟器显示系统界面，如图 2-13 所示，其对手机的模仿度还是比较高的。不过 Android 自带原生模拟器有运行缓慢、需要硬件支持等诸多问题，所以 2.2 节将介绍一个更好用的第三方模拟器。

2.1.3 运行程序

Android 模拟器启动后，下面开始在模拟器上运行 HelloWorld 项目，具体操作步骤如下。

step 01 选择 Tools→Run 'app'菜单命令，如图 2-14 所示；或者在工具栏中单击 Run 按钮，如图 2-15 所示。

图 2-13 模拟器

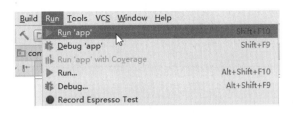

图 2-14　选择 Run 'app'命令　　　　　图 2-15　单击 Run 按钮

Run 按钮左侧的 "app" 指当前的主项目。

step 02　打开 Select Deployment Target 对话框，使用启动的模拟器运行 HelloWorld 项目。单击 OK 按钮，如图 2-16 所示。

step 03　稍等一会儿，发现项目运行到模拟器上了，运行效果如图 2-17 所示。可以发现在模拟器上生成了一句 "Hello World!" 代码，这是 Android Studio 自动生成的。

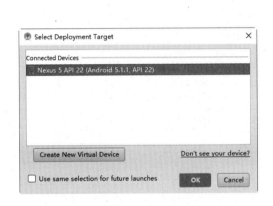

图 2-16　模拟器运行项目　　　　　　图 2-17　运行效果

2.1.4　项目结构

我们可以在 Android Studio 中分析 HelloWorld 项目的结构。任何一个新建的项目，默认都是 Android 模式，这种模式是 Android Studio 转换过的模式，不是真实的目录结构，如图 2-18 所示。这种项目结构只适合快速开发，但是不便于初学者理解。将项目结构模式切换成 Project 模式，可以看到项目的真实目录，如图 2-19 所示。

下面分析 Project 模式下，项目 HelloWorld 的各个文件及其作用，如表 2-1 所示。

在项目中除了 app 文件夹外，其他文件和目录主要是由 Android Studio 自动生成的。在使用 Android Studio 进行项目开发时，主要操作在 app 目录下。app 目录中各个文件以及文件夹的详细介绍如表 2-2 所示。

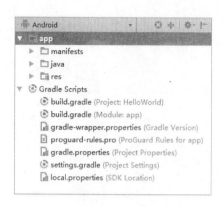

图 2-18　Android 模式

图 2-19　Project 模式

表 2-1　HelloWorld 项目的文件及其作用

文件(夹)名	作　用
.gradle	Gradle 编译系统，版本由 wrapper 指定
.idea	Android Studio IDE 所需要的文件
app	项目的代码、资源等内容，开发工作都在该目录下进行
build	代码编译后生成的文件
gradle	gradle wrapper 的 jar 和配置文件
.gitignore	git 使用的 ignore 文件
build.gradle	Gradle 编译的相关配置文件(相当于 Makefile)
gradle.properties	Gradle 相关的全局属性配置文件，这里的属性配置会影响项目中所有的 Gradle 编译脚本
gradlew	Linux 或 Mac 系统下的 Gradle wrapper 可执行文件
gradlew.bat	Windows 系统下的 Gradle wrapper 可执行文件
HelloWorld.iml	iml 文件是所有 IntelliJ IDEA 项目都会自动生成的一个文件，用户表示该项目
local.properties	指定本机中 Android SDK 的路径，当 Android SDK 的位置发生变化时，将文件中的路径修改为新的位置
settings.gradle	指定项目中所有引入的模块。例如 app 模块。通常情况下模块的引入是自动完成的

表 2-2　app 目录中的文件及其作用

文件(夹)名	作　用
build	与外层的 build 目录类似，存放编译时生成的文件，包含最终生成的 apk
libs	存放项目中用到的第三方 jar 包，在该目录下的 jar 包会被自动添加到构建路径中
src	源代码所在的目录
src/androidTest	编写 Android Test 测试用例，对项目进行一些自动化测试
src/main/java	Java 代码的存放位置

续表

文件(夹)名	作　用
src/main/res	Android 资源文件，存放图片、布局、字符串等资源
src/main/AndroidManifest.xml	Android 项目的配置文件，程序中定义的四大组件需要在这里注册，也可以在该文件中给应用程序添加权限声明
test	编写 Unit Test 测试用例，对项目进行自动化测试的另一种方式
.gitignore	将 app 模块内的指定目录或文件排除在版本控制外
app.iml	IntelliJ IDEA 项目自动生成的文件
build.gradle	app 模块的 Gradle 构建脚本，指定项目的相关配置信息
proguard-rules.pro	代码混淆配置文件

2.1.5　代码分析

对项目的整个目录结构有了一个简单的了解后，下面来分析 HelloWorld 项目是如何运行的。

1. 注册活动

在 Android 项目中，是在配置文件 AndroidManifest.xml 中对四大组件进行注册的。该文件的代码如下：

```xml
<?xml version="1.0" encoding="utf-8"?>
<manifest xmlns:android="http://schemas.android.com/apk/res/android"
    package="com.example.demo.helloworld">
    <application
        android:allowBackup="true"
        android:icon="@mipmap/ic_launcher"
        android:label="@string/app_name"
        android:supportsRtl="true"
        android:theme="@style/AppTheme">
        <activity android:name=".HelloActivity">
            <intent-filter>
                <action android:name="android.intent.action.MAIN" />
                <category android:name="android.intent.category.LAUNCHER" />
            </intent-filter>
        </activity>
    </application>
</manifest>
```

在代码中，<activity>标记是对活动的注册，其中 android:name 指定活动的名称；该标记的子标记<intent-filter>中的两行代码，指定 HelloActivity 是项目的主活动，应用程序启动时首先启动该活动。

2. 运行活动

活动是 Android 应用程序的首页，在应用程序中看到的东西都在活动中。在 Android Studio 中，打开 HelloActivity 活动，其代码如下：

```
package com.example.demo.helloworld;
import android.support.v7.app.AppCompatActivity;
import android.os.Bundle;
public class HelloActivity extends AppCompatActivity {
@Override
protected void onCreate(Bundle savedInstanceState) {
      super.onCreate(savedInstanceState);              //调用父类方法
      setContentView(R.layout.activity_hello);         //设置布局界面
    }
}
```

在代码中，可以发现 HelloActivity 活动类继承 AppCompatActivity 类，是 Activity 类的子类。Activity 类是 Android 系统提供的一个活动积累，可以将 Activity 在各个版本中增加的特性和功能兼容到 Android 2.1 系统。

在 HelloActivity 类中有一个 onCreate()方法，当一个活动被创建时一定执行该方法。在该方法中通过 super 关键字调用父类的 onCreate()方法，通过 setContentView()方法在当前活动中引入一个 activity_hello 布局，虽然在该方法中没有显示信息，但显示的信息一定在这个布局中。

 Android 程序的设计一般是逻辑与视图分离，因此一般不在活动中编写界面，而是在布局文件中编写界面，然后在活动中引入布局。

3. 布局文件

布局文件在 res 目录下的 layout 文件中，打开 activity_hello.xml 文件，并切换到 Text 视图，可看到布局文件的代码如下：

```
<?xml version="1.0" encoding="utf-8"?>
<RelativeLayout xmlns:android="http://schemas.android.com/apk/res/android"
    xmlns:tools="http://schemas.android.com/tools"
    android:id="@+id/activity_hello"
    android:layout_width="match_parent"
    android:layout_height="match_parent"
    android:paddingBottom="@dimen/activity_vertical_margin"
    android:paddingLeft="@dimen/activity_horizontal_margin"
    android:paddingRight="@dimen/activity_horizontal_margin"
    android:paddingTop="@dimen/activity_vertical_margin"
    tools:context="com.example.demo.helloworld.HelloActivity">
    <TextView android:layout_width="wrap_content"
        android:layout_height="wrap_content"
        android:text="Android 你好！" />
</RelativeLayout>
```

在代码中，<TextView>控件的 android:text 属性，指定了在活动页面要显示的文字"Android 你好"。这些都是 Android Studio 工具自动生成的。

2.2 第三方模拟器 Genymotion

由于官方的模拟器启动缓慢等诸多问题，所以如果想要快速开发，可以选择一款更加快速稳定的模拟器 Genymotion。

2.2.1 注册 Genymotion

下载 Genymotion 需要先成为会员，接下来学习如何注册成为 Genymotion 的会员。

step 01 打开 Genymotion 中文网站，网址为"www.genymotion.net"，这个网站需要注册才可以下载，所以我们先进行注册，单击"注册"按钮，如图 2-20 所示。

step 02 在跳转的页面中单击 Create an account 按钮，如图 2-21 所示。

图 2-20　单击"注册"按钮　　　　图 2-21　单击 Create an account 按钮

step 03 在注册页面中输入用户名、邮箱地址、密码之后完成注册，如图 2-22 所示。

step 04 勾选下方的两个同意协议内容的复选框，单击 Create an account 按钮，如图 2-23 所示。

图 2-22　填写用户信息 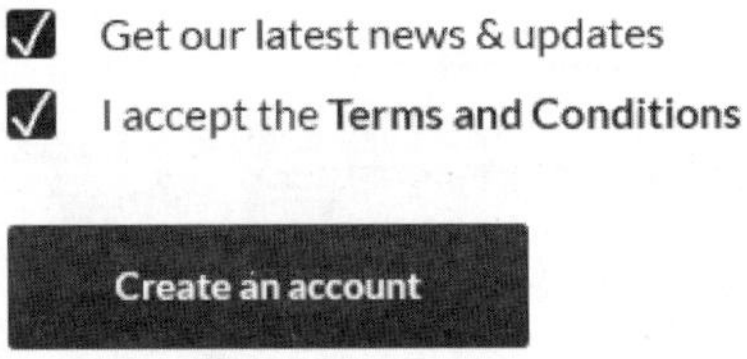　　　　图 2-23　完成注册

2.2.2 下载 Genymotion

完成注册以后，即可下载 Genymotion。

step 01 登录官网以后单击右上角的 Trial 选项，如图 2-24 所示。

step 02 在打开的页面中会有不同的系统版本可供下载，找到对应的系统版本，选中阅读并同意条款复选框。本教程选择 Windows 操作系统，所以选择 Windows 版本，如图 2-25 所示。

图 2-24　单击 Trial 选项

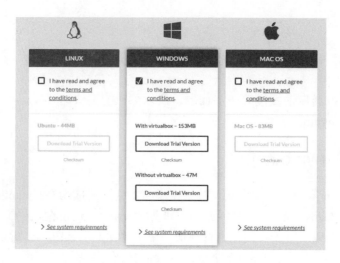

图 2-25　选择 Windows 版本

step 03　选择系统版本后，会有两个不同的下载选项，由于 Genymotion 需要 virtualbox 支持，所以选择第一项进行下载。

2.2.3　安装 Genymotion

下面讲解如何安装 Genymotion，开启快速开发之旅。

step 01　双击下载好的 Genymotion 程序，在打开的对话框中选择程序存放路径，单击 Next 按钮，如图 2-26 所示。

step 02　在弹出的是否加入开始菜单界面中，继续单击 Next 按钮，如图 2-27 所示。

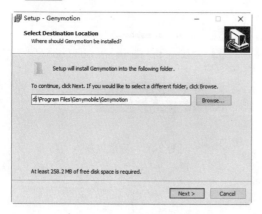
图 2-26　选择程序路径

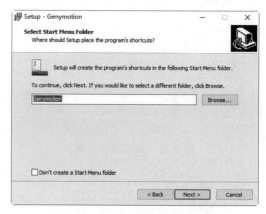
图 2-27　是否加入开始菜单界面

step 03　在弹出的创建桌面图标界面中，继续单击 Next 按钮，如图 2-28 所示。

step 04　在弹出的准备安装 Genymotion 界面中，单击 Install 按钮，如图 2-29 所示。

step 05　在 VirtualBox 的安装向导界面中，单击"下一步"按钮，如图 2-30 所示。

step 06　在安装 VirtualBox 弹出的界面中，选择程序安装路径，单击"下一步"按钮，如图 2-31 所示。

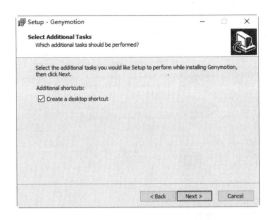

图 2-28　创建桌面图标界面

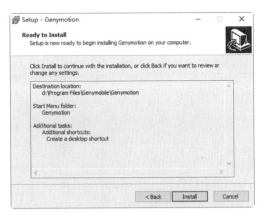

图 2-29　准备安装程序

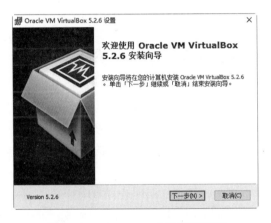

图 2-30　VirtualBox 安装程序界面

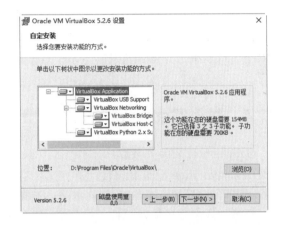

图 2-31　设置安装路径

step 07　在安装 VirtualBox 的过程中出现的创建快捷方式界面中，选中相应的复选框，然后单击"下一步"按钮，如图 2-32 所示。

step 08　安装 VirtualBox 过程中可能会中断网络连接，单击"是"按钮继续安装，如图 2-33 所示。

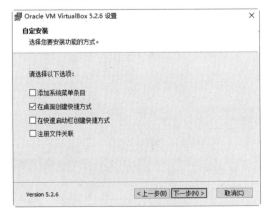

图 2-32　创建快捷方式

图 2-33　警告对话框

step 09 准备好以后，单击"安装"按钮，如图 2-34 所示。

step 10 单击"完成"按钮，完成 VirtualBox 的安装，如图 2-35 所示。

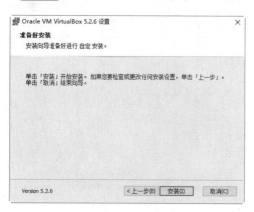

图 2-34 开始安装

图 2-35 完成安装

step 11 单击 Finish 按钮，完成 Genymotion 的安装，安装程序会要求用户重新启动系统。至此，就完成了 Genymotion 与 VirtualBox 的安装工作。

2.2.4 引入 Genymotion

Genymotion 安装完成以后，需要在 Android studio 中安装 Genymotion 的插件，这样才可以使用 Genymotion 模拟器进行开发测试，本节讲解如何引入 Genymotion。

step 01 打开 Android Studio 程序，选择 File→Settings 命令，如图 2-36 所示。

step 02 在弹出的对话框中选择 Plugins 选项，如图 2-37 所示。

图 2-36 File 菜单

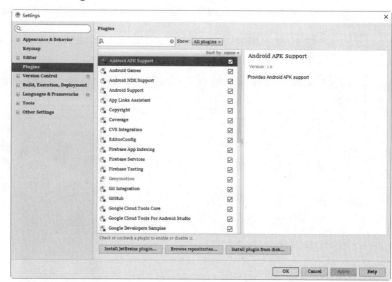

图 2-37 选择插件

step 03 单击下方的 Browse repositories 按钮，弹出 Browse Repositories 对话框，如图 2-38

所示。

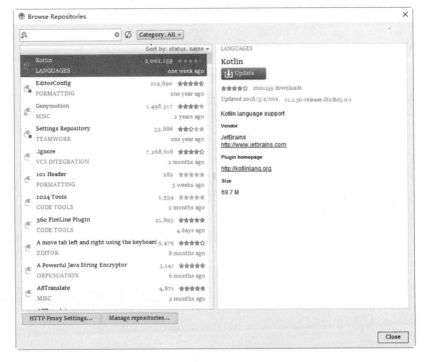

图 2-38　Browse Repositories 对话框

step 04　在文本框中输入"Genymotion",如图 2-39 所示,会找到相应的插件。

图 2-39　搜索插件

step 05　选中相应的插件,单击右侧的 Install 按钮,如图 2-40 所示。

step 06　安装完成后会要求重启 Android Studio 工具,重新启动以后工具栏中会多出一个图标,如图 2-41 所示。

图 2-40　安装按钮

图 2-41　图标

2.2.5　启动 Genymotion 并添加设备

引入 Genymotion 以后，需要启动并配置一个模拟器，这样就可以进行开发测试了。本节讲解如何启动 Genymotion。

启动 Genymotion 有两种方式。

第一种方式是通过 Android Studio 工具上的快捷图标来启动。

step 01　单击 Android Studio 工具栏中的快捷图标，弹出如图 2-42 所示的对话框。

step 02　首次启动时没有任何设备，单击 New 按钮后会启动 Genymotion，同时进入选择设备及版本对话框，如图 2-43 所示。

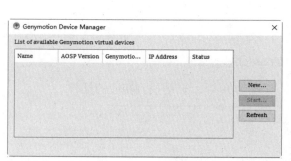

图 2-42　启动设备对话框

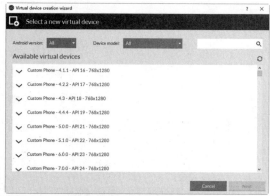

图 2-43　选择设备及版本

step 03　这里选择系统版本 4.1.1，Sansung Galaxy S2 中的设备，如图 2-44 所示。

step 04　选中下面的设备，单击 Next 按钮，进入创建设备界面，如图 2-45 所示。

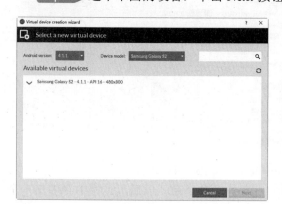

图 2-44　选择设备

图 2-45　创建设备

step 05 单击 Next 按钮，下载设备所需文件，如图 2-46 所示。

step 06 下载完成后单击 Finish 按钮，完成创建，如图 2-47 所示。

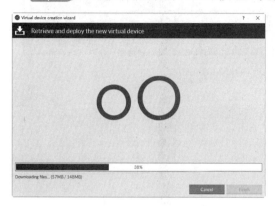

图 2-46 下载文件

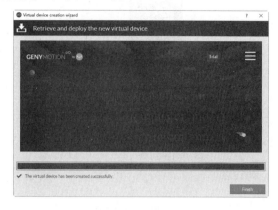

图 2-47 完成创建

step 07 这时 Genymotion 中会创建一个虚拟设备，如图 2-48 所示。

step 08 选中设备，然后单击 Start 按钮，启动设备，如图 2-49 所示。

图 2-48 创建好的设备

图 2-49 启动后的设备

第二种方式是通过桌面图标直接启动 Genymotion。

step 01 单击桌面上的 Genymotion 图标，如图 2-50 所示。

step 02 首次启动时没有新设备，如图 2-51 所示。

图 2-50　图标

图 2-51　首次启动

step 03　单击 Add 按钮，增加新的设备，创建过程与第一种方式相同，这里不再讲解。

至此，模拟器创建完成并可以正常启动设备。

2.3　大神解惑

小白：安装完 Genymotion，并配置了虚拟设备，编写代码后却不能启动设备，怎么办？

大神：Genymotion 是一个独立的虚拟设备，所以调试程序之前需要提前打开设备，并且正确安装 Android Studio 插件。

2.4　跟我学上机

练习 1：创建并安装 Genymotion。

练习 2：安装 Android Studio 第三方插件，正确引入 Genymotion。

练习 3：启动并创建一个 Genymotion 模拟器。

第 3 章
Android 布局与实现

通过前面的学习我们已经对 Android 应用有了一个简单的了解。本章将学习开发 Android 应用中非常重要的部分——界面布局。Android 提供了多种布局与实现方式,可以根据开发的项目不同选取不同的布局与实现方式,以加快开发进度。

本章要点(已掌握的在方框中打钩)

- ☐ 掌握常用布局管理器的使用
- ☐ 掌握什么是 View
- ☐ 掌握什么是 ViewGroup
- ☐ 掌握用 Java 代码控制 UI 界面
- ☐ 掌握用 Java 和 XML 混合控制 UI 界面

3.1 Android 布局

布局更像是一个规划，没有好的布局，界面中的组件会堆在一起，既不美观，更无法操作，而且市面上不同手机的分辨率也不同，要想开发出通用的应用程序更需要一个合理的布局。本节讲解 Android 提供的几种布局方式。

3.1.1 创建一个错误布局的程序

糟糕的布局不但影响界面的美观性，更会影响软件与用户的交互，所以一个优秀的软件必须要有一个友好的界面。Android Studio 生成的工程默认是没有布局的，需要用户自己选择布局。下面演示一个没有布局的程序，具体操作步骤如下。

【例 3-1】没有布局的程序实例。

step 01 创建一个新的工程，设置工程名为"Test"，然后单击 Next 按钮，如图 3-1 所示。

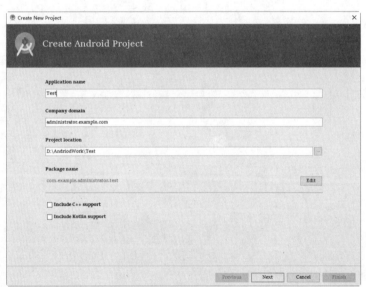

图 3-1　新建 Test 工程

step 02 选择 API 14 版本 Android 4.0 系统，然后单击 Next 按钮，如图 3-2 所示。
step 03 选择 Empty Activity 模板，单击 Next 按钮，如图 3-3 所示。
step 04 单击 Finish 按钮，完成工程的创建，如图 3-4 所示。
step 05 选择 activity_main.xml 文件，并且切换到 Design 选项卡，如图 3-5 所示。
step 06 系统默认会生成一个文本框，选中这个文本框，按键盘上的 Delete 键将其删除，如图 3-6 所示。
step 07 从左侧控件工具栏中选择 Text 控件组，选择第一个带 Ab 字样的文本控件，如图 3-7 所示。

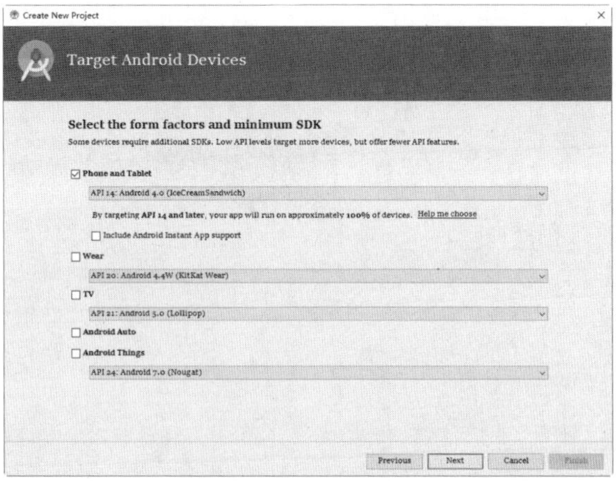

图 3-2　选择版本

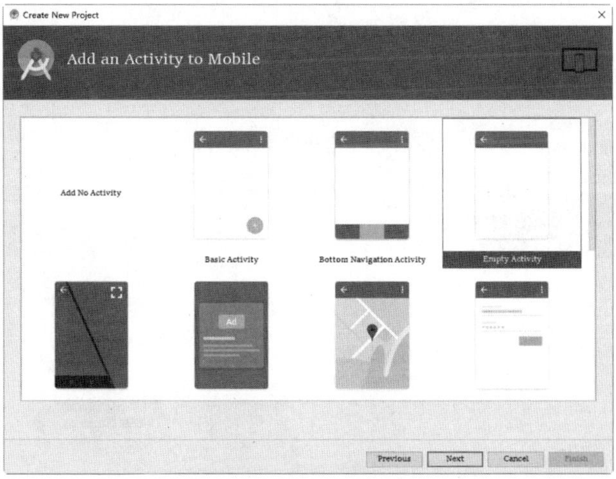

图 3-3　选择模板

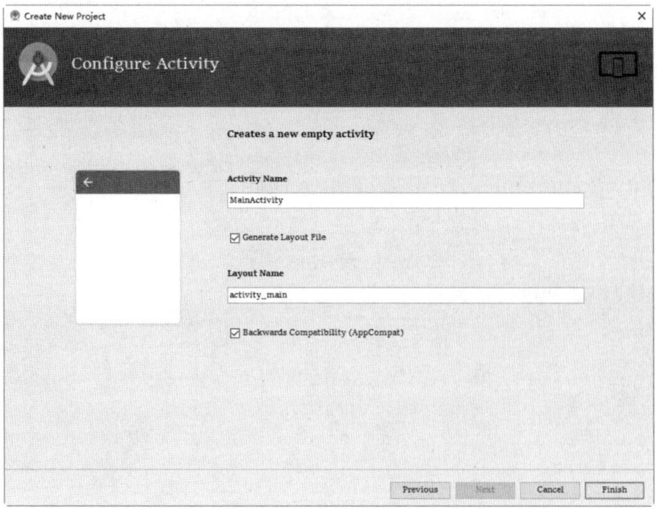

图 3-4　工程创建完成

图 3-5　Desigh 视图界面

图 3-6　一个空的界面

图 3-7　控件工具栏

step 08　在 activity_main.xml 文件中添加如下代码：

```xml
<?xml version="1.0" encoding="utf-8"?>
<android.support.constraint.ConstraintLayoutxmlns:android=http://schemas.
android.com/apk/res/android
xmlns:app=http://schemas.android.com/apk/res-auto
xmlns:tools=http://schemas.android.com/tools
    android:layout_width="match_parent"
    android:layout_height="match_parent"
    tools:context="com.example.administrator.test.MainActivity"
    tools:layout_editor_absoluteY="81dp">
    <TextView
        android:layout_width="wrap_content"
        android:layout_height="wrap_content"
```

```
        android:text="123"/>
    <TextView
        android:layout_width="wrap_content"
        android:layout_height="wrap_content"
        android:text="456"/>
    <TextView
        android:layout_width="wrap_content"
        android:layout_height="wrap_content"
        android:text="789"/>
</android.support.constraint.ConstraintLayout>
```

上面这段代码中,创建了三个文本框控件,分别设置显示的内容是"123""456"和"789"。

step 09 查看运行效果,如图3-8所示。三个文本框显示的内容层叠在了一起,所以这是一个错误的应用程序。

图3-8 例3-1 运行效果

3.1.2 相对布局

通过名字就可以知道,RelativeLayout(相对布局)管理器,是需要有一个参考对象来进行布局的管理器。所以首先要有一个参考的组件,例如参考桌面的顶端、左侧、右侧、底部等。下面通过实例来演示如何进行布局,以及它都有哪些属性。

相对布局语法格式如下:

```
<RelativeLayout xmlns:android="http://schemas.android.com/apk/res/android"
属性列表
</RelativeLayout>
```

在上面的语法中,<RelativeLayout>为起始标记,</RelativeLayout>为结束标记,起始标记后面的语句是固定格式为XML命名空间的属性。

 在 Android 中,任何一种布局都可以通过两种方式来实现:一种是 XML,另一种是 Java 代码。

RelativeLayout 有以下两个重要的属性。
- gravity:用于设置布局中的各个控件的对齐方式。
- ignoreGravity:用于分离 gravity 属性的控制。

仅仅这两个属性是不够的,所以 RelativeLayout 提供了一个内部类RelativeLayout.LayoutParams,通过这个内部类可以更好地控制界面中的各个控件。

RelativeLayout 布局控制器有以下几类属性,支持常用 XML 属性。

(1) 以布局管理器作为参考的属性。
- layout_alignParentTop：布局管理器的顶部对齐。
- layout_alignParentBottom：布局管理器的底部对齐。
- layout_alignParentLeft：布局管理器的左对齐。
- layout_alignParentStart：新加入的属性也是左对齐。
- layout_alignParentRight：布局管理器的右对齐。
- layout_alignParentEnd：新加入的属性也是右对齐。
- layout_centerVertical：布局管理器垂直居中。
- layout_centerHorizontal：布局管理器水平居中。
- layout_centerInParent：布局管理器的中心位置。

以布局管理器作为参考进行定位示意图如图 3-9 所示。

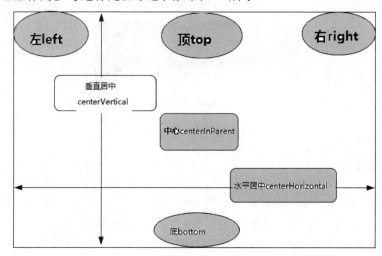

图 3-9　以管理器作为参考

(2) 以其他组件作为参考的属性。
- layout_toLeftOf：参考组件的左边。
- layout_toStartOf：新加属性同上。
- layout_toRightOf：参考组件的右边。
- layout_toEndOf：新加属性同上。
- layout_above：参考组件的上方。
- layout_below：参考组件的下方。
- layout_alignLeft：参考组件的左边界对齐。
- layout_alignStart：新加属性同上。
- layout_alignRight：参考组件的右边界对齐。
- layout_alignEnd：新加属性同上。
- layout_alignTop：参考组件的上边界对齐。
- layout_alignBottom：参考组件的下边界对齐。

(3) 设置组件在布局管理器中上下左右的偏移量。
- layout_margin：设置组件在布局管理器中的偏移量。
- layout_marginTop：设置与布局管理器顶端的偏移量。
- layout_marginBottom：设置与布局管理器底端的偏移量。
- layout_marginLeft：设置与布局管理器左边的偏移量。
- layout_marginStart：同上。
- layout_marginRight：设置与布局管理器右边的偏移量。
- layout_marginEnd：同上。
- layout_marginHorizontal：设置与布局管理器水平的偏移量。
- layout_marginVertical：设置与布局管理器垂直的偏移量。

(4) 设置组件内容与组件边框的填充量。
- padding：内部元素的上下左右进行填充。
- paddingTop：顶部填充。
- paddingBottom：底部填充。
- paddingLeft：左边距填充。
- paddingStart：同上。
- paddingRight：右边距填充。
- paddingEnd：同上。
- paddingHorizontal：水平填充。
- paddingVertical：垂直填充。

下面通过一个实例，演示如何使用相对布局管理器。

【例 3-2】相对布局管理器实例。

step 01 在 Android Studio 中，选择 File→New→New Module 菜单命令，在弹出的对话框中选择 Phone & Tablet Module 模块，如图 3-10 所示。

step 02 单击 Next 按钮，在弹出的对话框的 Application/Library name 文本框中，输入"RelativeLayout"，如图 3-11 所示。

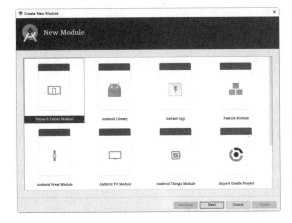

图 3-10 创建新的模块

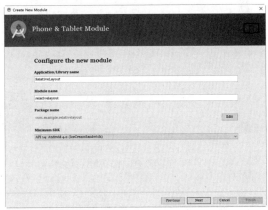

图 3-11 输入应用名称

step 03 选择一个空的模板，如图 3-12 所示，单击 Next 按钮。

step 04 单击 Finish 按钮完成模块创建，如图 3-13 所示。

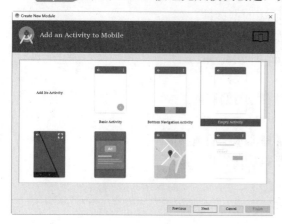

图 3-12 选择空的模板

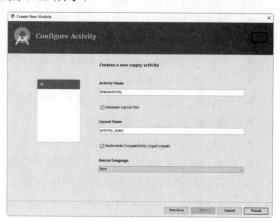

图 3-13 完成模块创建

step 05 在工程目录中，选择 relativelayout 工程，打开 res 文件夹，选择 layout 文件夹下的 activity_main.xml 文件，如图 3-14 所示。

step 06 双击打开布局文件，加入如下代码：

```xml
<?xml version="1.0" encoding="utf-8"?>
<RelativeLayout xmlns:android="http://schemas.android.com/apk/res/android"
    xmlns:app="http://schemas.android.com/apk/res-auto"
    xmlns:tools="http://schemas.android.com/tools"
    android:layout_width="match_parent"
    android:layout_height="match_parent"
    tools:context="com.example.relativelayout.MainActivity">
    <!-- 这个是在容器中央的 -->
    <Button
        android:id="@+id/Btn1"
        android:layout_width="wrap_content"
        android:layout_height="wrap_content"
        android:layout_centerInParent="true"
        android:text="第一个按钮"
        android:textColor="#ff0000" />
    <!-- 这个是第一个按钮的左边 -->
    <Button
        android:layout_width="wrap_content"
        android:layout_height="wrap_content"
        android:layout_centerInParent="true"
        android:layout_toLeftOf="@id/Btn1"
        android:text="第二个按钮"
        android:textColor="#00ff00" />
    <!-- 这个是第一个按钮的右边 -->
    <Button
        android:layout_width="wrap_content"
        android:layout_height="wrap_content"
        android:layout_centerInParent="true"
        android:layout_toRightOf="@id/Btn1"
```

```xml
    android:text="第三个按钮"
    android:textColor="#0000ff" />
<!-- 这个是第一个按钮的上边 -->
<Button
    android:layout_width="wrap_content"
    android:layout_height="wrap_content"
    android:layout_above="@id/Btn1"
    android:layout_centerHorizontal="true"
    android:text="第四个按钮"
    android:textColor="#225522" />
<!-- 这个是在布局管理器的底部 -->
<Button
    android:id="@+id/Btn2"
    android:layout_width="wrap_content"
    android:layout_height="wrap_content"
    android:layout_alignParentBottom="true"
    android:text="第五个按钮"
    android:textColor="#995599" />
<!-- 这个是在第五个按钮的右边 -->
<Button
    android:layout_width="wrap_content"
    android:layout_height="wrap_content"
    android:layout_alignParentBottom="true"
    android:layout_toRightOf="@id/Btn2"
    android:text="第六个按钮"
    android:textColor="#553300" />
</RelativeLayout>
```

上面的代码中，创建了六个按钮，分别设置了不同的颜色，关于按钮的一些属性后面的章节还会重点讲解。第一个按钮设置在布局管理器的中间，第二个按钮在第一个按钮的左边，第三个按钮在第一个按钮的右边，第四个按钮位于第一个按钮的上面，第五个按钮位于底部，第六个按钮在第五个按钮的右边。

 注意　　使用相对布局管理器时，需要给参照的控件添加 ID 属性，用于为其他控件属性赋值。

step 07　查看运行效果，如图 3-15 所示。

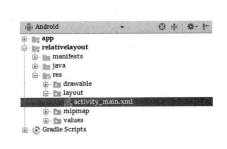

图 3-14　选择布局文件

图 3-15　例 3-2 运行效果

3.1.3 线性布局

LinearLayout(线性布局)管理器是将其中的组件按照水平或者垂直的方向来排列，就好比串手链一样，一个一个地串起来，然后按照水平或者垂直摆放就可以了。如图 3-16 所示是垂直布局模板，图 3-17 所示是水平布局模板。

图 3-16 垂直布局

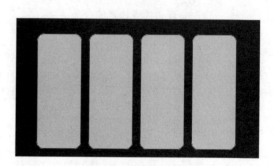

图 3-17 水平布局

线性布局的语法格式如下：

```
<LinearLayout xmlns:android="http://schemas.android.com/apk/res/android"
属性列表
</LinearLayout>
```

在上面的语法中，<LinearLayout>为起始标记，</LinearLayout>为结束标记，起始标记后面的语句是固定格式为 XML 命名空间的属性。

下面是 LinearLayout 支持的常用 XML 属性。

- orientation：布局排列方式，默认 vertical 垂直排列，horizontal 水平排列。
- gravity：布局管理器中组件的显示位置，选值可以组合，如 left|bottom。
- layout_weight：布局宽度，取值 wrap_content 包括其自身内容，match_parent 与父容器同宽。
- layout_height：布局高度，取值与 layout_weight 完全相同。
- background：布局背景。
- id：用于标识。

LinearLayout 布局中有一个 weight(权重)属性。该属性用于控制区域划分，设置为 0 将进行等比例划分，下面通过一个实例进行讲解。

【例 3-3】线性布局实例。

创建一个新的 Module 并命名为"LinearLayout"，如何创建 Module 请参照上节课程，并修改布局文件的代码如下：

```
<?xml version="1.0" encoding="utf-8"?>
<LinearLayout xmlns:android="http://schemas.android.com/apk/res/android"
    xmlns:app="http://schemas.android.com/apk/res-auto"
    xmlns:tools="http://schemas.android.com/tools"
```

```xml
    android:orientation="horizontal"
    android:layout_width="match_parent"
    android:layout_height="match_parent"
    tools:context="com.example.linearlayout.MainActivity">
    <Button
        android:layout_weight="1"
        android:layout_width="wrap_content"
        android:layout_height="wrap_content"
        android:text="1"
        android:background="#ff0000"/>
    <Button
        android:layout_weight="5"
        android:layout_width="wrap_content"
        android:layout_height="wrap_content"
        android:text="222"
        android:background="#ffff00"/>
    <Button
        android:layout_weight="9"
        android:layout_width="wrap_content"
        android:layout_height="wrap_content"
        android:text="333"
        android:background="#00ff00"/>
</LinearLayout>
```

这个实例创建了一个线性布局，布局中创建三个按钮，并设置 layout_weight 属性，三个按钮按照权重进行区域划分。查看运行效果，如图 3-18 所示。

图 3-18 例 3-3 运行效果

3.1.4 帧布局

FrameLayout(帧布局)是相对简单的一个布局，这个布局直接在屏幕上分配一块区域，新创建的组件会默认放到左上角，但可以通过 layout_gravity 属性指定到其他的位置。这种布局没有任何的定位，布局大小由内部最大控件决定，新创建的控件覆盖之前的控件，所以应用场景并不是很多。

帧布局的语法格式如下：

```xml
<FrameLayout xmlns:android="http://schemas.android.com/apk/res/android"
属性列表
</FrameLayout>
```

FrameLayout 支持的常用 XML 属性如下。
- Foreground：设置布局管理器的前景色。
- foregroundGravity：设置前景图像的 gravity 属性，即前景图像的显示位置。

下面通过实例学习帧布局管理器是如何布局的。

【例 3-4】帧布局实例。

创建一个新的 Module 并命名为 "FrameLayout"，修改布局文件的代码如下：

```xml
<?xml version="1.0" encoding="utf-8"?>
<FrameLayout xmlns:android="http://schemas.android.com/apk/res/android"
    xmlns:app="http://schemas.android.com/apk/res-auto"
```

```
    xmlns:tools="http://schemas.android.com/tools"
    android:layout_width="match_parent"
    android:layout_height="match_parent"
    tools:context="com.example.framelayout.MainActivity">
    <!--第一层控件在最下面--->
    <TextView
        android:layout_width="200dp"
        android:layout_height="200dp"
        android:background="#FF0000"
        android:text="第一个显示的"
        android:layout_gravity="center"/>
    <TextView
        android:layout_width="150dp"
        android:layout_height="150dp"
        android:background="#00FF00"
        android:text="第二个显示的"
        android:layout_gravity="center"/>
    <TextView
        android:layout_width="100dp"
        android:layout_height="100dp"
        android:background="#FFFF00"
        android:text="第三个显示的"
        android:layout_gravity="center"/>
</FrameLayout>
```

创建一个帧布局管理器，创建三个文本控件，大小不同、颜色不同，三个控件居中显示，这样就可以看到层叠的帧布局效果，运行结果如图3-19所示。

3.1.5 表格布局

通过字面意思就大概可以了解，TableLayout(表格布局)管理器是通过表格来管理内部的组件排列。表格管理器通过设定行和列来划分区域，布局管理器中的列可以设置为隐藏，也可以设置为伸展，这些都是它的特性。

图 3-19　例 3-4 运行效果

表格布局的语法格式如下：

```
<TableLayout xmlns:android="http://schemas.android.com/apk/res/android"
属性列表
>
<TableRow 属性列表>添加的组件</TableRow>
可以有多个<TableRow>
</TableLayout >
```

TableLayout 继承了 LinearLayout，因此支持所有线性布局管理器的属性，除此之外 TableLayout 还支持以下 XML 属性。

- collapseColumns：隐藏列(序号从 0 开始)，多个列之间用","分隔。
- shrinkColumns：收缩列。
- stretchColumns：拉伸列。

下面通过一个实例演示如何隐藏列。

【例 3-5】 表格布局隐藏列实例。

创建一个新的 Module 并命名为 "TableLayout"，修改布局文件的代码如下：

```xml
<?xml version="1.0" encoding="utf-8"?>
<TableLayout xmlns:android="http://schemas.android.com/apk/res/android"
    xmlns:app="http://schemas.android.com/apk/res-auto"
    xmlns:tools="http://schemas.android.com/tools"
    android:layout_width="match_parent"
    android:layout_height="match_parent"
    tools:context="com.example.tablelayout.MainActivity"
    android:collapseColumns="0,2">
    <TableRow>
        <Button
            android:layout_width="wrap_content"
            android:layout_height="wrap_content"
            android:text="1-1" />
        <Button
            android:layout_width="wrap_content"
            android:layout_height="wrap_content"
            android:text="1-2" />
        <Button
            android:layout_width="wrap_content"
            android:layout_height="wrap_content"
            android:text="1-3" />
        <Button
            android:layout_width="wrap_content"
            android:layout_height="wrap_content"
            android:text="1-4" />
        <Button
            android:layout_width="wrap_content"
            android:layout_height="wrap_content"
            android:text="1-5" />
    </TableRow>
    <TableRow>
        <Button
            android:layout_width="wrap_content"
            android:layout_height="wrap_content"
            android:text="2-1"/>
        <Button
            android:layout_width="wrap_content"
            android:layout_height="wrap_content"
            android:text="2-2"/>
        <Button
            android:layout_width="wrap_content"
            android:layout_height="wrap_content"
            android:text="2-3"/>
    </TableRow>>
</TableLayout>
```

上面的代码创建了一个表格布局管理器，其中包含 2 个行，两行中都隐藏第一个按钮与第三个按钮。运行效果如图 3-20 所示。

下面通过一个综合实例演示表格布局管理器的实际运用，新建一个 Module，命名为

"TableLayout_actual"。

【例 3-6】表格管理器综合运用。

```xml
<?xml version="1.0" encoding="utf-8"?>
<TableLayout xmlns:android="http://schemas.android.com/apk/res/android"
    xmlns:app="http://schemas.android.com/apk/res-auto"
    xmlns:tools="http://schemas.android.com/tools"
    android:layout_width="match_parent"
    android:layout_height="match_parent"
    tools:context="com.example.tablelayout_actual.MainActivity"
    android:stretchColumns="0,3"
    android:gravity="center_vertical"
    android:background="#bf66ff"  >
    <TableRow>
        <TextView />
        <TextView
            android:layout_width="wrap_content"
            android:layout_height="wrap_content"
            android:text="用户名:"/>
        <EditText
            android:layout_width="wrap_content"
            android:layout_height="wrap_content"
            android:minWidth="150dp"/>
        <TextView />
    </TableRow>
    <TableRow>
        <TextView />
        <TextView
            android:layout_width="wrap_content"
            android:layout_height="wrap_content"
            android:text="密  码:"
            />
        <EditText
            android:layout_width="wrap_content"
            android:layout_height="wrap_content"
            android:minWidth="150dp"
            />
        <TextView />
    </TableRow>
    <TableRow>
        <TextView />
        <Button
            android:layout_width="wrap_content"
            android:layout_height="wrap_content"
            android:text="登录"
            />
        <Button
            android:layout_width="wrap_content"
            android:layout_height="wrap_content"
            android:text="退出"
            />
        <TextView />
    </TableRow>
</TableLayout>
```

上面的代码创建了一个表格布局管理器，包含三行，第一列与第四列采用<TextView/>标记进行占位，并不显示任何内容，第一行创建一个文本框与一个编辑框，将第三列编辑框进行拉伸，第二行与第三行与第一行类似，实现一个登录界面。运行效果如图 3-21 所示。

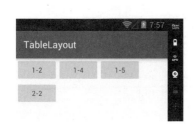

图 3-20 例 3-5 运行效果

图 3-21 例 3-6 运行效果

3.1.6 网格布局

GridLayout(网格布局)管理器是在 Android 4.0 以后提出来的，它与表格布局管理器类似，但是它更加灵活。在网格布局管理器中，屏幕被分成很多行与列形成的单元格，每个单元格可以放置一个控件或布局管理器，它的优势在于不仅可以跨行还可以跨列摆放组件。

 表格管理器不能跨行显示，而网格管理器可以跨行显示，这也是它的优势所在。表格管理器与网格布局管理器如图 3-22 和图 3-23 所示。

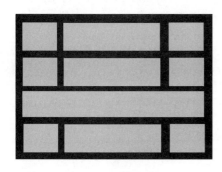

图 3-22 表格布局

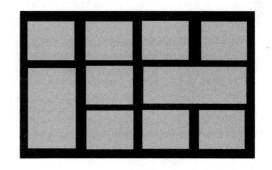

图 3-23 网格布局

网格布局的语法格式如下：

```
<GridLayout xmlns:android="http://schemas.android.com/apk/res/android"
属性列表
</GridLayout>
```

GridLayout 支持的常用 XML 属性如下。
- columnCount：指定网格的最大列数。
- orientation：设定放入其中的组件排列方式。

- rowCount：指定网格的最大行数。
- useDefaultMargins：指定是否使用默认边距。
- alignmentMode：指定布局管理器的对齐模式。
- rowOrderPreserved：设置边界显示的顺序和行索引是否相同。
- columnOrderPreserved：设置边界显示的顺序和列索引是否相同。

为了控制各个组件的排列，网格布局管理器还提供了一个内部类 LayoutParams，该类中提供的 XML 属性如下。

- layout_column：指定该组件位于网格的第几列。
- layout_columnSpan：指定该组件横向跨几列(索引从 0 开始)。
- layout_columnWeight：指定该组件列上的权重。
- layout_gravity：指定组件采用什么方式占据网格的空间。
- layout_row：指定组件位于网格的第几行。
- layout_rowSpan：指定组件纵向跨几行。
- layout_rowWeight：指定该组件行上的权重。

注意

如果一个组件需要设置跨行或者跨列，需要先设置 layout_columnSpan 或者 layout_rowSpan，然后再设置 layout_gravity 属性为 fill，这样就可以填满横跨的行或者列。

下面通过一个实例演示网格布局管理器的应用。

【例 3-7】网格布局管理器实例。

创建一个新的 Module 并命名为"GridLayout"，修改布局文件的代码如下：

```xml
<?xml version="1.0" encoding="utf-8"?>
<GridLayout xmlns:android="http://schemas.android.com/apk/res/android"
    xmlns:app="http://schemas.android.com/apk/res-auto"
    xmlns:tools="http://schemas.android.com/tools"
    android:layout_width="match_parent"
    android:layout_height="match_parent"
    android:columnCount="4"
    android:rowCount="6"
    tools:context="com.example.gridlayout.MainActivity">
    <EditText
        android:layout_columnSpan="4"
        android:layout_gravity="top|left"
        android:layout_marginLeft="5dp"
        android:layout_marginRight="5dp"
        android:background="#FFCCCC"
        android:text="0"
        android:textSize="50sp" />
    <!--跨四列 自动填充 权重2-->
    <Button
        android:text="C"
        android:layout_columnWeight="1"
        android:layout_rowWeight="1"
        android:textSize="20dp"
        android:textColor="#00F"/>
```

```xml
//列 行权重为1
<Button
    android:text="←"
    android:layout_columnWeight="1"
    android:layout_rowWeight="1"
    android:textSize="20dp"/>
//列 行权重为1
<Button
    android:text="/"
    android:layout_columnWeight="1"
    android:layout_rowWeight="1"
    android:textSize="20dp"/>
//列 行权重为1
<Button
    android:text="x"
    android:layout_columnWeight="1"
    android:layout_rowWeight="1"
    android:textSize="20dp"/>
//列 行权重为1
<Button
    android:text="7"
    android:layout_columnWeight="1"
    android:layout_rowWeight="1"
    android:textSize="20dp"/>
//列 行权重为1
<Button
    android:text="8"
    android:layout_columnWeight="1"
    android:layout_rowWeight="1"
    android:textSize="20dp"/>
//列 行权重为1
<Button
    android:text="9"
    android:layout_columnWeight="1"
    android:layout_rowWeight="1"
    android:textSize="20dp"/>
//列 行权重为1
<Button
    android:text="-"
    android:layout_columnWeight="1"
    android:layout_rowWeight="1"
    android:textSize="20dp"/>
//列 行权重为1
<Button
    android:text="4"
    android:layout_columnWeight="1"
    android:layout_rowWeight="1"
    android:textSize="20dp"/>
//列 行权重为1
<Button
    android:text="5"
    android:layout_columnWeight="1"
    android:layout_rowWeight="1"
    android:textSize="20dp"/>
```

```xml
    //列 行权重为1
    <Button
        android:text="6"
        android:layout_columnWeight="1"
        android:layout_rowWeight="1"
        android:textSize="20dp"/>
    //列 行权重为1
    <Button
        android:text="+"
        android:layout_columnWeight="1"
        android:layout_rowWeight="1"
        android:textSize="20dp"/>
    //列 行权重为1
    <Button
        android:text="1"
        android:layout_columnWeight="1"
        android:layout_rowWeight="1"
        android:textSize="20dp"/>
    //列 行权重为1
    <Button
        android:text="2"
        android:layout_columnWeight="1"
        android:layout_rowWeight="1"
        android:textSize="20dp"/>
    //列 行权重为1
    <Button
        android:text="3"
        android:layout_columnWeight="1"
        android:layout_rowWeight="1"
        android:textSize="20dp"/>
    //列 行权重为1
    <Button
        android:text="="
        android:layout_rowSpan="2"
        android:layout_gravity="fill"
        android:layout_columnWeight="1"
        android:layout_rowWeight="1"
        android:background="#dd7aef"/>
    //跨两行 自动填充 绿色 列权重1 行权重2
    <Button
        android:text="0"
        android:layout_columnSpan="2"
        android:layout_gravity="fill_horizontal"
        android:layout_columnWeight="2"
        android:layout_rowWeight="1"
        android:textSize="20dp"/>
    //跨两列 自动填充 列权重2 行权重1
    <Button
        android:text="."
        android:layout_columnWeight="1"
        android:layout_rowWeight="1"
        android:textSize="20dp"/>
    //列 行 权重1
</GridLayout>
```

此段代码创建了一个 6 行 4 列的计算器，数值显示跨 4 行并且设置数值显示为左上，"0"号按钮跨两列显示，"="号按钮跨两行显示，运行效果如图 3-24 所示。

3.1.7 布局管理器的综合应用

至此已经学完了 Android 常见的 5 种布局管理器。在实际开发应用中，使用一种布局管理器很难做到完美布局，因此需要使用多种布局管理器嵌套协同布局。本小节通过一个实例讲解如何综合运用各种布局管理器。

采用嵌套布局需要注意以下几点。

(1) 根布局必须包含 xmls 属性。

(2) 在一个布局管理器中，有且仅有一个根布局管理器，如果需要使用多个，必须有一个总的根管理器将其包括。

图 3-24　例 3-7 运行效果

(3) 如果嵌套太深可能会影响到性能，并降低整体加载速度。

下面通过一个实例来讲解布局管理器的嵌套使用。

【例 3-8】布局管理器嵌套实例。

创建一个新的 Module 并命名为"Nested_layout"，由于源码过长，请参考资源目录下的 nested_layout 工程源码，这里给出部分源码：

```xml
<?xml version="1.0" encoding="utf-8"?>
<LinearLayout xmlns:android="http://schemas.android.com/apk/res/android"
    android:layout_width="fill_parent"
    android:layout_height="fill_parent"
    android:orientation="vertical">
    <View
        android:layout_width="fill_parent"
        android:layout_height="2dip"
        android:background="#E4E4E4" />
    <LinearLayout
        android:layout_width="fill_parent"
        android:layout_height="wrap_content"
        android:orientation="horizontal" >
        <LinearLayout
            android:layout_width="0dp"
            android:layout_height="wrap_content"
            android:layout_weight="1"
            android:orientation="vertical" >
            <ImageView
                android:layout_width="80dip"
                android:layout_height="80dip"
                android:layout_gravity="center_horizontal"
                android:layout_marginTop="10dip"
                android:src="@drawable/s01" />
            <TextView
                android:layout_width="wrap_content"
                android:layout_height="wrap_content"
                android:layout_gravity="center_horizontal"
                android:paddingTop="3dip"
```

```
                android:text="食物"
                android:textColor="#7C8187"
                android:textSize="15dip" />
        </LinearLayout>
...
</LinearLayout>
```

本实例中，采用一个垂直线性布局嵌套三个水平线性布局，三个水平线性布局再嵌套垂直线性布局，实例中采用了图片控件及图片资源，这些在后面章节将会详细讲解，本例不做讲解，运行效果如图 3-25 所示。

图 3-25　例 3-8 运行效果

3.1.8　约束布局

前面已经学习了一些常规布局，对于常规布局，Android 建议使用 XML 文件布局 Java 文件进行逻辑控制。虽然 Android Studio 也支持以可视化的方式来编写界面，但是操作起来并不方便，在 Android Studio 2.2 版本中提出了新型布局方式 ConstraintLayout(约束布局)。

约束布局的特点如下。

(1) ConstraintLayout 适合使用可视化的方式来编写界面，可视化操作仍然是使用 XML 代码来实现的，只不过这些代码是由 Android Studio 根据实际的操作自动生成的。

(2) ConstraintLayout 还有一个优点，即它可以有效地解决布局嵌套过多的问题。

目前 Android Studio 3.0 默认创建的项目都采用约束布局，它的语法格式如下：

```
<android.support.constraint.ConstraintLayout>
</android.support.constraint.ConstraintLayout>
```

1. 操作约束布局

创建完工程后，双击布局文件，默认是以 Text(文本)视图打开，切换到下面的 Design (设计)视图，如图 3-26 所示。

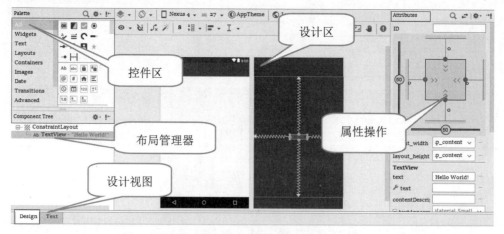

图 3-26　约束布局设计视图

默认情况下系统会自动创建一个文本框控件，并为其约束至居中显示，如图 3-27 所示，可以看到上下左右分别有带箭头的折线，这些就是约束条件。

拖动一个按钮控件到设计界面，如图 3-28 所示，上下左右的空心圆圈可操作约束条件，拖动圆圈到想要约束的位置即可固定控件，约束空心圈也会变成实心圆圈。

图 3-27　文本框布局

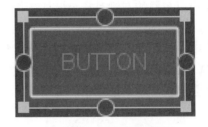

图 3-28　约束操作区

如果想要将控件放置在界面的某个位置，可以将上下左右四个约束分别与界面四周关联，然后拖动控件到某个位置即可。

例如修改默认的文本框控件，改变其原有的位置，可以在约束四周的前提下拖动控件到某一个位置，如图 3-29 所示。

除此之外还可以参照某一控件来进行约束定位，例如将按钮控件约束在文本框下方，可以将按钮左侧或右侧约束在文本框的左侧或右侧，最后将上方位置与其约束，如图 3-30 所示。

图 3-29　改变控件位置

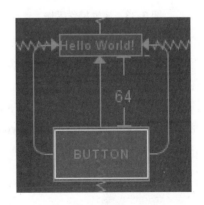

图 3-30　控件相对约束

删除约束有以下三种方式。

（1）单独去除约束条件。选中某一个约束条件，当原先的空心圆圈变红时，单击即可去除约束。

（2）选中需要去除约束条件的控件，此时下方会多出一个去除约束的图标，如图 3-31 所示，单击此图标即可去除此控件的所有约束。

(3) 选中需要去除约束条件的控件，在导航栏中单击 Clear All Constraints(去除约束)按钮，如图 3-32 所示。

图 3-31　去除约束图标

图 3-32　去除约束按钮

2．修改约束属性

在约束布局的右侧有一个属性操作区域，如图 3-33 所示。

(1) 属性操作区域中有一个垂直拖动条和一个水平拖动条，可以看到数值都是 50，此时控件居中，拖动其中的滑块，控件位置将随之改变。

(2) 实心圆与四个方位都有一个数字 8，代表控件与屏幕边缘的距离，这里默认是 8，单击数字会出现一个下拉按钮，可以修改这个数值，如图 3-34 所示。

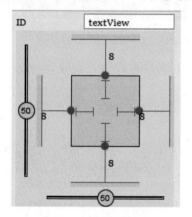

图 3-33　属性操作区域

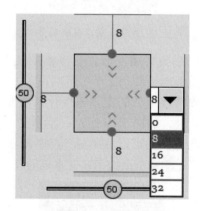

图 3-34　边距调整

(3) 方框内部有三种样式，分别是工字线段、双箭头以及工字折线。

如图 3-35 所示为工字线段，代表组件大小是固定的。

如图 3-36 所示为双箭头，代表 wrap content，包括其自身的内容。

如图 3-37 所示为工字折线，表示 any size，有点类似于 match parent，但和 match parent 并不完全一样，它是属于 ConstraintLayout 中特有的一种大小控制方式。

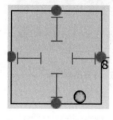

图 3-35　工字线段

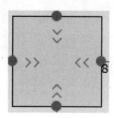

图 3-36　双箭头

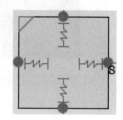

图 3-37　工字折线

注意

match parent 表示与父容器相同，如果同行或者同列没有其他控件，any size 与 match parent 效果相同，但如果同行有其他控件，any size 只占用父容器剩余部分空间，这是它们的区别。

3. 自动约束

虽然可以通过修改约束来控制组件，但如果组件很多，一个一个地修改也很麻烦，Android Studio 提供了自动约束。

自动约束分为两种：一种是 Autoconnect(自动连接)，一种是 Infer Constraint(推断约束)。在导航栏中，类似 U 形的图标是自动连接，类似魔术棒的图标是推断约束，如图 3-38 所示。

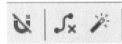

图 3-38　自动约束图标

（1）Autoconnect(自动连接)约束：默认情况下自动约束是关闭的，单击导航栏中的自动约束按钮即可打开。打开自动约束后，拖动一个控件到设计界面，当设计界面中出现辅助线的时候释放控件，系统将会为此控件自动建立约束。

注意　自动连接约束每次连接并不是很准确，我们可以随时手动修改约束。

（2）Infer Constraint(推断约束)：拖动控件到设计界面摆好位置后，单击推断约束按钮，即可自动完成约束。推断约束操作起来比较简单，同样可以根据需求调整约束条件。

4. 精确布局

为了使约束布局能够精确把控每一个组件，Android Studio 提供了 Guidelines(参考线)，通过 Guidelines 可以创建出水平或者垂直的参考线，可以以此为参考进行布局。

Guidelines 位于导航栏的最右侧，单击可以打开下拉菜单，如图 3-39 所示。

选择 Add Vertical Guideline 命令可以创建一条垂直参考线，选择 Add Horizontal Guideline 可以创建一条水平参考线，如图 3-40 所示。

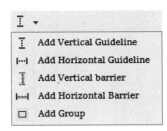

图 3-39　Guidelines 命令

图 3-40　创建参考线

单击创建好的参考线上的箭头可以改变方向，再次单击切换成百分比模式，将鼠标指针放置于虚线上拖动可以改变参考线的位置，同时可以创建多条参考线。

至此就学完了约束布局，由于它是通过拖动创建布局，因此这里不给出实例，读者可以多动手，参考其他布局进行练习。

3.2 UI 设计相关概念

前面讲解的布局管理器属于视图管理，真正的视图还远不止这些。程序运行需要一个界面，也就是 User Interface，简称 UI。在界面设计中经常会用到 View 和 ViewGroup，下面就这两个概念进行讲解。

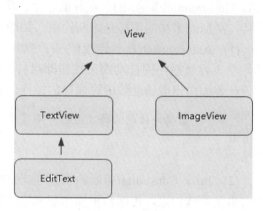

图 3-41　继承视图

3.2.1　View 是什么

View 翻译过来是视图的意思，它占据屏幕的一块矩形区域，负责提供组件绘制以及事件响应。在 Android App 中，所有的用户界面元素都是由 View 和 ViewGroup 的对象构成的。View 是所有组件的一个基类。View 类的继承关系如图 3-41 所示。

 注意　　View 是所有组件的基类，它位于 android.view 包中；其他子类位于 android.widget 包中。

View 类的常用 XML 属性与对应方法如下。

- background 属性 setBackground(int)方法：设置背景颜色或者图片资源。
- clickable 属性 setClickable(boolean)方法：设置是否响应单击事件。
- elevation 属性 setElevation(float)方法：设置 z 轴深度，取值为带单位的浮点数。
- focusable 属性 setFocusable(boolean)方法：是否获取焦点。
- id 属性 setId(int)方法：设置组件的一个标识符 ID，用于获取组件。
- longClickable 属性 setLongClickable(boolean)方法：是否响应长单击事件。
- minHeight 属性 setMinimumHeight(int)方法：设置最小高度。
- minWidth 属性 setMinimumWidth(int)方法：设置最小宽度。
- onClick 属性：设置单击事件触发的方法。
- padding 属性 setPaddingRelative(int,int,int,int)方法：设置 4 个边的内边距。
- paddingBottom 属性 setPaddingRelative(int,int,int,int)方法：设置底边的内边距。
- paddingTop 属性 setPaddingRelative(int,int,int,int)方法：设置顶边的内边距。
- paddingLeft 属性 setPadding(int,int,int,int)方法：设置左边的内边距。
- paddingStart 属性 setPaddingRelative(int,int,int,int)方法：与 paddingLeft 属性相同。

- paddingRight 属性 setPadding(int,int,int,int)方法：设置右边的内边距。
- paddingEnd 属性 setPaddingRelative(int,int,int,int)方法：与 paddingRight 属性相同。
- visibility 属性 setVisibility(int)方法：设置 View 的可见性。

3.2.2 ViewGroup 是什么

通过上一小节的知识我们了解了什么是 View，View 是一个组件，而 ViewGroup 相当于 View 的一个分组，ViewGroup 控制其子组件在分布过程中的内边距、宽度、高度等，它还依赖于 LayoutParams 和 MarginLayoutParams 两个内部类，下面分别进行介绍。

1) LayoutParams 类

该类封装了布局当中的位置、高度和宽度等信息。其中有两个属性：layout_height 和 layout_width。这两个属性的值可以是精确的数值，也可以是定义的常量 MATCH_PARENT(表示与父容器相同)或者 WRAP_CONTENT(表示包括其自身的内容)。

2) MarginLayoutParams 类

该类用于控制其子组件的边距，其常用 XML 属性如下。

- layout_marginBottom：设置底外边距。
- layout_marginTop：设置顶外边距。
- layout_marginLeft：设置左外边距。
- layout_marginStart：与 layout_marginLeft 属性相同。
- layout_marginRight：设置右外边距。
- layout_marginEnd：与 layout_marginRight 属性相同。
- layout_marginVertical：设置垂直边距。
- layout_marginHorizontal：设置水平边距。

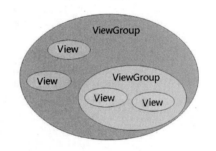

图 3-42　关系图

通过图 3-42，可以很好地了解 ViewGroup 与 View 之间的关系。ViewGroup 包含一个或多个 View，它同时也可以包含一个或多个 ViewGroup。

3.2.3 通过 Java 代码控制 UI 界面

在 Android 中，除了可以通过 XML 布局管理器进行布局以外，还可以通过 Java swing 这样的 Java 代码实现 UI 界面的布局与控制，也就是通过 new 关键字创建组件。下面讲解如何通过 Java 代码控制 UI 界面。

用 Java 代码控制 UI 界面大致可以分为三个步骤。

step 01 创建布局管理器，如线性布局、相对布局、帧布局、表格布局和网格布局等，并且设置布局管理器的属性。

step 02 创建具体的组件，如 TextView、ImageView、EditText 和 Button 等，Android 提供的所有组件都可以，设置好组件的布局和属性。

step 03 将创建的组件添加到布局管理器中。

下面通过一个具体的实例来演示如何通过 Java 代码控制 UI 界面。

【例 3-9】通过 Java 代码实现 UI 界面。

创建一个新的 Module 并命名为"JAVA_UI",在创建好的工程中,打开 java/com.example.java_ui 节点下的 MainActivity.java 文件,具体代码如下:

```java
public class MainActivity extends AppCompatActivity {
    @Override
    protected void onCreate(Bundle savedInstanceState) {
        super.onCreate(savedInstanceState);
        //创建相对布局管理器
        RelativeLayout layout = new RelativeLayout(this);
        //为相对布局管理器设置属性
        RelativeLayout.LayoutParams params = new
        RelativeLayout.LayoutParams(
                GridView.LayoutParams.MATCH_PARENT,
                GridView.LayoutParams.MATCH_PARENT
        );
        Button btn1 = new Button(this);         //创建第一个按钮
        btn1.setText("按钮 1");                 //为按钮设置显示文本
        //为按钮设置布局属性
        RelativeLayout.LayoutParams params1 = new
        RelativeLayout.LayoutParams(
                GridView.LayoutParams.MATCH_PARENT,
                GridView.LayoutParams.WRAP_CONTENT
        );
        btn1.setId(1001);//为按钮设置 id
        btn1.setLayoutParams(params1);           //设置布局属性
        //设置按钮单击事件监听器
        btn1.setOnClickListener(new View.OnClickListener() {
            @Override
            public void onClick(View v) {
                //单击后作出提示
                Toast.makeText(MainActivity.this,"单击了按钮
                  1",Toast.LENGTH_SHORT).show();
            }
        });
        layout.addView(btn1);//将按钮 1 加入布局管理器
        Button btn2 = new Button(this);          //创建第二个按钮
        btn2.setText("按钮 2");                  //为按钮设置显示文本
        //设置布局属性
        RelativeLayout.LayoutParams params2 = new
          RelativeLayout.LayoutParams(
                GridView.LayoutParams.MATCH_PARENT,
                GridView.LayoutParams.WRAP_CONTENT
        );//设置按钮 2 位于按钮 1 的下方
        params2.addRule(RelativeLayout.BELOW,1001);
        btn2.setLayoutParams(params2);           //设置按钮 2 的布局属性
        layout.addView(btn2);                    //将按钮 2 加入布局管理器
        setContentView(layout);                  //设置显示布局管理器
    }
}
```

以上代码通过纯 Java 实现了一个相对布局管理器,并在布局管理器中设置了两个按钮,其中一个按钮设置了单击事件,读者若对控件不懂也没有关系,后面的章节会重点讲解。

3.2.4 通过 Java 代码与 XML 混合控制 UI 界面

完全通过 XML 布局文件控制 UI 界面,虽然方便、快捷,但是灵活性差,而完全通过 Java 代码实现却又显得比较烦琐。所以有一种折中的方法,使用 XML 进行界面控制,而通过 Java 代码进行逻辑控制,这样体现了一种 MVC 思想。

MVC 全名是 Model View Controller,是模型(model)-视图(view)-控制器(controller)的缩写,是一种软件设计典范,是一种业务逻辑、数据、界面显示分离的方法。

下面通过一个实例演示如何使用 XML 与 Java 混合控制 UI 界面,具体操作步骤如下。

【例 3-10】通过混合代码实现 UI 界面。

新建一个 Module 并命名为"XML_JAVA_LAYOUT",修改布局文件,具体代码如下:

```xml
<?xml version="1.0" encoding="utf-8"?>
<LinearLayout xmlns:android="http://schemas.android.com/apk/res/android"
    xmlns:tools="http://schemas.android.com/tools"
    android:layout_width="match_parent"
    android:layout_height="match_parent"
    tools:context="com.example.xml_java_layout.MainActivity"
    android:orientation="vertical">
    <EditText
        android:id="@+id/edit"
        android:layout_width="match_parent"
        android:layout_height="wrap_content"
        android:hint="可以从这里输入文本"/>
    <Button
        android:id="@+id/btn"
        android:layout_width="match_parent"
        android:layout_height="wrap_content"
        android:text="按钮"/>
</LinearLayout>
```

修改主活动中的代码,具体代码如下:

```java
public class MainActivity extends AppCompatActivity {
    EditText e;//定义编辑框
    @Override
    protected void onCreate(Bundle savedInstanceState) {
        super.onCreate(savedInstanceState);
        setContentView(R.layout.activity_main);
        e = findViewById(R.id.edit);                    //绑定编辑框
        Button btn = findViewById(R.id.btn);            //定义并绑定按钮
        btn.setOnClickListener(new View.OnClickListener() {
            @Override
            public void onClick(View v) {
                String str = e.getText().toString();   //定义字符串保存编辑框输入的内容
                //打印提示信息
                Toast.makeText(MainActivity.this,"你输入了:"
                  +str,Toast.LENGTH_SHORT).show();
```

```
            }
        });
    }
}
```

本例用 XML 与 Java 代码共同完成了一个小程序，可以看到界面使用 XML 布局管理清晰明了，可以在不运行的情况下查看布局界面，而逻辑部分由 Java 来做变得非常灵活。这是 Android 推荐的方式。

3.3 大神解惑

小白：在布局中，经常会出现组件不是按照参数设定排列摆放的情况，怎么办？

大神：在布局管理中，由于布局不同，参考的属性也不相同，排列组件有时需要多重属性进行叠加，单一的属性排列出来的效果可能就事与愿违。

例如，相对布局中，第一个组件位于布局中心位置，现在需要将第二个组件放置于第一个组件的下方，参考第一个组件将第二个组件摆放到它的正下方，除了要设置第二个组件位于第一个组件的下方以外，还应设置第二个组件位于居中的位置。

3.4 跟我学上机

练习 1：熟悉几种常见布局管理器的实例。

练习 2：完成一个用 Java 代码控制 UI 界面的实例。

练习 3：完成一个用 XML 和 Java 代码混合控制 UI 界面的实例。

练习 4：使用约束布局进行界面设计。

第 2 篇

核 心 技 术

- 第 4 章 基础 UI 组件
- 第 5 章 高级 UI 组件
- 第 6 章 精通活动
- 第 7 章 服务与广播
- 第 8 章 事件与消息
- 第 9 章 使用资源
- 第 10 章 图形与图像处理
- 第 11 章 多媒体开发

第 4 章
基础 UI 组件

Android 提供了丰富的 UI 组件,这些组件也是构成程序的最小单元,了解每个组件的特性是高效开发 Android 程序的前提。本章将针对 Android 提供的一些基础组件进行详细讲解。

本章要点(已掌握的在方框中打钩)

- ☐ 掌握文本框和编辑框的使用
- ☐ 掌握什么是按钮
- ☐ 掌握几种不同按钮的使用与区别
- ☐ 掌握日期时间类组件的使用
- ☐ 掌握计时器组件的实际应用

4.1 文本类组件

文本类组件是用于显示和输入文本的组件，通过这些组件用户可以看到一些显示的文本或者用于输入一些数据。文本类组件有两个基类：一个是 TextView(文本框)，用于显示文本；另一个是 EditView(编辑框)，用于输入文本。也就是说，一个用于显示文本，另一个既可以显示文本也可以编辑文本。

4.1.1 TextView 组件

一款好的应用程序，在于它能很好地与用户沟通，而用户与程序进行沟通就需要使用 TextView 组件，它一般用于输出一些文本信息。TextView 组件的运用非常广泛，比如：重要的提示信息、更新信息，还有用户之间的聊天信息等，这些采用 TextView 组件很容易实现。下面演示如何使用 TextView 组件。

在 Android 中，可以使用两种方式添加 TextView 组件：一种是在 XML 的布局管理器中通过<TextView>标记进行添加；另一种是在 Java 代码中，通过 new 关键字进行创建，Android 推荐采用第一种方法。

在 XML 中添加 TextView 组件的语法格式如下：

```
<TextView
属性列表
>
</TextView>
```

TextView 支持的常用 XML 属性如下。

- autoLink：指定是否将文本格式转换成超链接形式。
- drawableBottom：用于在文本框的底部绘制图像，该图像可以存放于 res\mipmap 目录下。
- drawableTop：用于在文本框的顶部绘制图像。
- drawableLeft：用于在文本框的左侧绘制图像。
- drawableStart：同上。
- drawableRight：用于在文本框的右侧绘制图像。
- drawableEnd：同上。
- gravity：设置文本框的对齐方式。
- hint：设置文本框的提示信息。
- inputType：指定文本框的输入类型，可选 textPassword、phone 和 date 等。
- singleLine：设定文本框是否为单行模式。
- text：指定文本框的显示内容。
- textColor：指定文本颜色。
- textSize：指定文本大小。
- width：指定文本的宽度，单位可以是 dp、px、pt、sp 和 in 等。
- Height：指定文本的高度，单位同上。

由于篇幅有限，本小节只提供了文本框的一些常用属性，其他属性推荐读者参阅官方提供的 API 文档。

下面通过一个实例演示文本框的使用，具体操作步骤如下。

【例 4-1】文本框的使用。

创建一个新的 Module 并命名为"TextView"，修改布局文件的代码如下：

```xml
<?xml version="1.0" encoding="utf-8"?>
<RelativeLayout xmlns:android="http://schemas.android.com/apk/res/android"
    xmlns:tools="http://schemas.android.com/tools"
    android:layout_width="match_parent"
    android:layout_height="match_parent"
    tools:context="com.example.administrator.app4.MainActivity"
    android:background="#FFE7E723"
    android:gravity="center">
    <TextView
        android:gravity="center"              //设置居中显示
        android:id="@+id/text1"                //设置文本 ID
        android:layout_width="200dp"           //设置文本框的宽度
        android:layout_height="200dp"          //设置文本框的高度
        android:background="#000000"           //设置文本框的背景颜色
        android:text="白字黑底居中效果"         //显示文本
        android:textColor="#FFFFFF"            //设置文本颜色
    <TextView
        android:gravity="center"              //设置居中显示
        android:layout_height="100dp"          //设置文本框的高度
        android:layout_width="200dp"           //设置文本框的宽度
        android:layout_below="@id/text1"       //设置参考第一个编辑框的下方
        android:background="#00ff00"           //设置编辑框的背景颜色
        android:text="第二行显示效果"           //显示文本
        android:textColor="#ffffff"            //文本颜色
</RelativeLayout>
```

本实例创建了一个相对布局管理器，管理器中创建了两个文本框，并设置了文本框的背景颜色和字体颜色，以及居中显示。

查看运行效果，如图 4-1 所示。

4.1.2 EditText 组件

在实际应用中，EditText(编辑框)组件的应用非常多，需要进行数据交互的程序多数都会使用编辑框，编辑框的特性在于可以录入用户的数据。

EditText 组件在 XML 中的基本语法如下：

```
<EditText
属性列表
>
</EditText>
```

图 4-1　例 4-1 的运行效果

由于 EditText 是 TextView 的子类，所以它支持 TextView 的所有 XML 属性，其中 inputType 属性可以控制编辑框的显示类型。例如使用 inputType 属性设置 textPassword 值，可以实现输入密码的效果。

在实际开发中，可以通过编辑框提供的 getText()方法获取编辑框中的内容。使用这个方法需要先获取编辑框组件，可以通过以下代码实现：

```
EditText tex1 = (EditText)findViewById(R.id.tex1);
String str = tex1.getText().toString();
```

下面通过一个实例演示编辑框的具体使用。

【例 4-2】编辑框的使用。

创建一个新的 Module 并命名为"EditText"，修改布局文件的代码如下：

```
<?xml version="1.0" encoding="utf-8"?>
<RelativeLayout xmlns:android="http://schemas.android.com/apk/res/android"
    xmlns:tools="http://schemas.android.com/tools"
    android:layout_width="match_parent"
    android:layout_height="match_parent"
    tools:context="com.example.edittext.MainActivity">
    <EditText
        android:id="@+id/edit1"                        //编辑框 ID
        android:layout_width="match_parent"            //设置编辑框与父容器同宽
        android:layout_height="wrap_content"           //设置编辑框与内容同高
        android:hint="请输入用户名"                     //设置编辑框的提示信息
        android:paddingBottom="20dp"/>                 //内容距底部的距离
    <EditText
        android:id="@+id/edit2"                        //编辑框的 ID
        android:inputType="textPassword"               //输入类型
        android:layout_width="match_parent"            //设置编辑框与父容器同宽
        android:layout_height="wrap_content"           //设置编辑框与内容同高
        android:hint="请输入密码"                       //设置编辑框的提示信息
        android:layout_below="@id/edit1"               //设置位于第一个编辑框的下面
        android:paddingBottom="20dp"/>                 //内容距底部的距离
    <Button
        android:text="确定"                            //按钮控件的显示内容
        android:layout_width="wrap_content"            //控件与内容同宽
        android:layout_height="wrap_content"           //控件与内容同高
        android:layout_alignRight="@id/edit2"          //参考第二个编辑框的右侧
        android:layout_below="@id/edit2"/>             //位于第二个编辑框的下面
</RelativeLayout>
```

创建一个相对布局管理器，创建两个编辑框及其提示信息，第二个编辑框位于第一个编辑框的下方，创建一个按钮位于第二个编辑框的下方并参考第二个编辑框的右侧摆放。

查看运行效果，如图 4-2 所示。

图 4-2 例 4-2 运行效果

4.2 按钮类组件

Android 提供了普通按钮、图片按钮、单选按钮和多选按钮(也称为复选框)四类按钮组件。其中，普通按钮使用 Button 类表示，用于触发一个指定的响应事件。图片按钮使用 ImageButton 类表示，也用于触发一个指定的响应事件，但它是以图片的形式展现的。单选按钮使用 RadioButton 类表示，多选按钮使用 CheckBox 类表示。

如图 4-3 所示是按钮类的继承关系图。

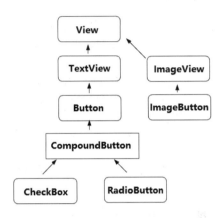

图 4-3 继承关系

4.2.1 普通按钮

普通按钮在实际开发中使用也是非常广泛的，提交数据、进入游戏、发送聊天数据等，都可以通过普通按钮来实现。下面讲解普通按钮的属性及使用方法。

普通按钮在 XML 中的基本语法如下：

```
<Button
属性列表
>
</Button>
```

例如，在屏幕中添加一个"确定"按钮，代码如下：

```
<Button
    android:id="@+id/ok"
    android:text="确定"
    android:layout_width="wrap_content"
    android:layout_height="wrap_content"/>
```

添加完按钮以后若不设置监听事件，它将没有任何作用，Android 提供了两种为按钮添加监听事件的方法。

(1) 在 Java 代码中完成，例如在 Activity 的 onCreate()方法中添加如下代码：

```
Button btn_ok = (Button)findViewById(R.id.btn_ok);    //通过id获取按钮
//为按钮添加单击事件监听器
btn_ok.setOnClickListener(new View.OnClickListener() {
 @Override
 public void onClick(View view) {
 //这里执行单击后的代码
 }
}
```

(2) 在 Activity 中编写一个包含 View 类型参数的方法，将需要触发的代码放入其中，然后在布局文件中通过 onClick 属性指定对应的方法名。例如在 Activity 中编写一个名为 doClick()的方法，关键代码如下：

```
public doClick(View view){
    //这里执行单击后的代码
}
```

下面通过一个实例,演示普通按钮的操作。

【例 4-3】 普通按钮的使用。

创建一个新的 Module 并命名为"Button",在布局文件中加入一个按钮,代码如下:

```xml
<Button
 android:id="@+id/btn_ok"
 android:text="确定"
 android:layout_width="wrap_content"
 android:layout_height="wrap_content"
/>
```

在屏幕上添加按钮,还需要设置一个事件监听器,在主活动 MainActivity 的 onCreate 方法中,首先获取布局文件中的按钮,然后为其设置事件监听器,并且重写 onClick 方法,在 onClick 方法中弹出提示信息,具体代码如下:

```java
public class MainActivity extends AppCompatActivity {
    @Override
    protected void onCreate(Bundle savedInstanceState) {
        super.onCreate(savedInstanceState);
        setContentView(R.layout.activity_main);
        Button btn=(Button) findViewById(R.id.btn_ok);
        btn.setOnClickListener(new View.OnClickListener() {
            @Override
            public void onClick(View view) {
                //这里使用弹出消息提示用户单击了"确定"按钮
                Toast.makeText(MainActivity.this,"你单击了确定按钮",
                    Toast.LENGTH_LONG).show();
            }
        });
    }
}
```

这段代码主要是设置了"确定"按钮的事件监听器,当触发监听事件以后,弹出提示信息,提示用户单击了确定按钮。

查看运行效果,如图 4-4 所示。

图 4-4 例 4-3 运行效果

4.2.2 图片按钮

在 Android 应用中,图片按钮也非常多见,主要是因为使用图片按钮能够增加程序的整体美观度。下面讲解如何使用图片按钮。

图片按钮与普通按钮的使用方法基本相同,只不过使用<ImageButton>标记定义,并且可以为其指定 src 属性,用于设置要显示的图片。其基本语法如下:

```xml
<ImageButton
 android:id="@+id/imagebtn_ok"
```

```
android:layout_height="wrap_content"
android:layout_width="wrap_content"
android:src="@mipmap/实际名称"
android:scaleType="缩放方式">
</ImageButton>
```

其中：
- src 属性：用于指定按钮上显示的图片。
- scaleType 属性：用于指定显示的图片以何种方式缩放。
  scaleType 具体的属性值如下。
    ◆ matrix：使用 matrix 方式进行缩放。
    ◆ fitXY：对图像横向、纵向独立缩放，以适应 ImageButton 的大小，在缩放的过程中，它不会按照原图的比例来缩放。
    ◆ fitStart：保持纵横比例缩放，以适应 ImageButton 大小，缩放完会放在控件左上角。
    ◆ fitCenter：同上，缩放后放于中间。
    ◆ fitEnd：同上，缩放后放于右下角。
    ◆ center：把图像放在控件的中间，不进行任何缩放。
    ◆ centerCrop：保持纵横比例缩放图片，使得图片能完全覆盖 ImageButton。
    ◆ centerInside：保持纵横比例缩放图片，使得 ImageButton 能完全显示该图片。

例如，在屏幕上添加一个图片按钮，代码如下：

```
<ImageButton
    android:id="@+id/imagebtn_ok"
    android:layout_height="wrap_content"
    android:layout_width="wrap_content"
    android:src="@mipmap/apple">
</ImageButton>
```

运行效果如图 4-5 所示。

图 4-5　运行效果

注意　　上例中在添加图片按钮时并没有设置 background 属性，所以图片显示在一个灰色背景上，这时图片按钮会随着用户的操作而发生改变。若修改 background 属性，它将不会随着用户的操作而发生改变，如果需要改变，可以使用 StateListDrawable 资源来对其进行设置。

下面通过一个具体实例，布局一个游戏登录页面。

【例 4-4】游戏登录页面。

创建一个新的 Module 并命名为"ImageButton"，在布局文件中加入三个图片按钮，将图片按钮资源拷贝至 drawable 目录，这次采用约束布局，布局文件请参考资源源码，主活动的代码如下：

```
public class MainActivity extends AppCompatActivity {
    @Override
    protected void onCreate(Bundle savedInstanceState) {
```

```
        super.onCreate(savedInstanceState);
        setContentView(R.layout.activity_main);
        //注册并绑定按钮
        ImageButton btn=findViewById(R.id.imageButton);
        //设置按钮监听事件
        btn.setOnClickListener(new View.OnClickListener() {
            @Override
            public void onClick(View v) {
                //单击按钮做出提示
                Toast.makeText(MainActivity.this,"游戏即将开始",
                    Toast.LENGTH_SHORT).show();
            }
        });
    }
}
```

以上通过约束布局管理器创建了一个游戏登录界面，主要是体会图片按钮的使用，这里以单击按钮为例，创建和绑定按钮并设置按钮监听事件，当单击"开始"按钮时做出提示。

查看运行效果，如图4-6所示。

4.2.3 单选按钮

单选按钮一般用于唯一选择，比如性别选择、生肖选择等，Android 提供的单选按钮默认是一个圆形图标，并且在其旁边附带一些说明性文字。在实际开发中，一般将多个单选按钮放置在一个按钮组中，这样选中其中一个，其他的将失去选中状态。下面讲解单选按钮的使用方法。

单选按钮通过<RadioButton>标记在 XML 布局文件中添加，其基本语法格式如下：

图4-6 例4-4运行效果

```
<RadioButton
  android:id="@+id/radio1"
  android:text="说明性文本"
  android:checked="是否为选中状态"
  android:layout_width="wrap_content"
  android:layout_height="wrap_content">
</RadioButton>
```

单选按钮一般与 RadioGroup 组件一起使用，组成一个单选按钮组，RadioGroup 在 XML 布局文件中的基本语法格式如下：

```
<RadioGroup
  android:id="@+id/radioGroup1"
  android:orientation="horizontal"
  android:layout_width="wrap_content"
  android:layout_height="wrap_content">
  <!--从这里添加单选按钮-->
</RadioGroup>
```

下面给出一个选择性别的单选按钮实例，关键代码如下：

```xml
<?xml version="1.0" encoding="utf-8"?>
<LinearLayout xmlns:android="http://schemas.android.com/apk/res/android"
    xmlns:tools="http://schemas.android.com/tools"
    android:layout_width="match_parent"
    android:layout_height="match_parent"
    tools:context="com.example.radiobutton.MainActivity"
    android:orientation="vertical">
    <TextView
        android:layout_width="wrap_content"
        android:layout_height="wrap_content"
        android:text="请选择性别"
        android:textSize="23dp"/>
    <RadioGroup
        android:id="@+id/radioGroup"
        android:layout_width="wrap_content"
        android:layout_height="wrap_content"
        android:orientation="horizontal">
        <RadioButton
            android:id="@+id/btnMan"
            android:layout_width="wrap_content"
            android:layout_height="wrap_content"
            android:text="男"
            android:checked="true"/>
        <RadioButton
            android:id="@+id/btnWoman"
            android:layout_width="wrap_content"
            android:layout_height="wrap_content"
            android:text="女"/>
    </RadioGroup>
    <Button
        android:id="@+id/btnpost"
        android:layout_width="wrap_content"
        android:layout_height="wrap_content"
        android:text="提交"/>
</LinearLayout>
```

运行效果如图 4-7 所示。

可以通过 onCheckedChanged()方法得知单选按钮是否被选中，还可以通过 getText()方法获取单选按钮的值，前提是添加一个 setOnCheckedChangeListener 事件监听。下面的代码可以获取单选按钮的值。

图 4-7　运行效果

```java
RadioGroup re = (RadioButton) findViewById(R.id.radioGroup);
re.setOnCheckedChangeListener(new RadioGroup.OnCheckedChangeListener(){
    @Override
    public void onCheckedChanged(RadioGroup radioGroup, int i) {
RadioButton radio=(RadioButton)findViewById(R.id.btnMan);
radio.getText();}
});
```

还有一种方法，也可以获取单选按钮的值，在其他按钮的单击事件中设置 for 循环进行遍历，通过 isChecked()方法判断该按钮的选中状态，再通过 getText()方法获取对应的值。例如单击"提交"按钮时，获取被选中单选按钮的值可以通过以下代码实现。

```java
RadioGroup re = (RadioGroup)findViewById(R.id.radioSex);
Button btn = (Button)findViewById(R.id.btnpost);
btn.setOnClickListener(new View.OnClickListener() {
    @Override
    public void onClick(View view) {
        for(int i=0;i<re.getChildCount();i++)//通过循环遍历选中单选按钮
        {
            RadioButton r = (RadioButton)re.getChildAt(i);
            if(r.isChecked())//判断按钮是否被选中
            {
                r.getText();//获取选中按钮的值
                break;
            }
        }
    }
});
```

下面通过一个具体的实例演示单选按钮的实际应用。

【例4-5】单选按钮的使用。

创建一个新的 Module 并命名为"RadioButton"，在布局文件中加入如下代码：

```xml
<?xml version="1.0" encoding="utf-8"?>
<LinearLayout xmlns:android="http://schemas.android.com/apk/res/android"
    xmlns:tools="http://schemas.android.com/tools"
    android:layout_width="match_parent"
    android:layout_height="match_parent"
    tools:context="com.example.radiobutton.MainActivity"
    android:orientation="vertical">
    <TextView                //使用文本框提出问题
        android:layout_width="wrap_content"
        android:layout_height="wrap_content"
        android:text="你能做，我能做，大家都做；一个人能做，两个人不能一起做。这是做什么？"
        android:textSize="16sp"/>
    <RadioGroup    //单选按钮组
        android:id="@+id/radio1"
        android:layout_width="wrap_content"
        android:layout_height="wrap_content"
        android:orientation="vertical">
        <RadioButton      //第一个单选按钮
            android:id="@+id/r_1"
            android:layout_width="wrap_content"
            android:layout_height="wrap_content"
            android:text="A:吃饭"
            android:checked="true"/>
        <RadioButton       //第二个单选按钮
            android:id="@+id/r_2"
            android:layout_width="wrap_content"
            android:layout_height="wrap_content"
            android:text="B:睡觉"/>
        <RadioButton       //第三个单选按钮
```

```xml
        android:id="@+id/r_2"
        android:layout_width="wrap_content"
        android:layout_height="wrap_content"
        android:text="C:做梦"/>
    <RadioButton            //第四个单选按钮
        android:id="@+id/r_2"
        android:layout_width="wrap_content"
        android:layout_height="wrap_content"
        android:text="D:打豆豆"/>
</RadioGroup>
<Button
    android:id="@+id/btnpost"
    android:layout_width="wrap_content"
    android:layout_height="wrap_content"
    android:text="提交"/>
</LinearLayout>
```

在主活动 MainActivity 的 onCreate 方法中，添加"提交"按钮的单击事件监听，并通过单击事件监听器的 onClick 方法，添加 for 循环遍历单选按钮，判断选项是否正确，关键代码如下：

```java
public class MainActivity extends AppCompatActivity {
    Button btn;        //定义"提交"按钮
    RadioGroup ra;     //定义单选按钮组
    @Override
    protected void onCreate(Bundle savedInstanceState) {
        super.onCreate(savedInstanceState);
        setContentView(R.layout.activity_main);
        btn=(Button)findViewById(R.id.btnpost);         //获取到"提交"按钮
        ra=(RadioGroup)findViewById(R.id.radio1);       //获取到单选按钮组
        btn.setOnClickListener(new View.OnClickListener() {
            @Override
            public void onClick(View view) {
                for(int i=0;i<ra.getChildCount();i++)//循环遍历
                {   //genuine 索引获取单选按钮
                    RadioButton r = (RadioButton)ra.getChildAt(i);
                    if(r.isChecked())//判断单选按钮是否被选中
                    {
                        if(r.getText().equals("C:做梦"))//检查答案是否正确
                        {    //正确后给出提示
                            Toast.makeText(MainActivity.this,"回答正确",
                                Toast.LENGTH_LONG).show();
                        }
                        else
                        {    //回答错误给出正确答案提示框
                            AlertDialog.Builder builder = new
                                AlertDialog.Builder(MainActivity.this);
                            builder.setMessage("回答错误，正确答案是 C：做梦");
                            builder.setPositiveButton("确定",null).show();
                        }
                        break;    //跳出 for 循环
                    }
                }
```

```
            }
        });
    }
}
```

运行效果如图 4-8 所示。

4.2.4 多选按钮

多选按钮同单选按钮，也是进行选择的按钮，但是它们唯一的不同是，多选按钮可以选取多个，它是以一个方框图标显示的，同样在旁边有说明性文字。在实际开发中多选按钮使用的也很普遍，例如，兴趣爱好的选择、都有哪些特长等。下面学习多选按钮的使用。

多选按钮通过<CheckBox>标记在 XML 布局文件中添加，其基本的语法格式如下：

图 4-8　例 4-5 运行效果

```xml
<CheckBox
  android:id="@+id/check1"
  android:text="显示文本"
  android:layout_width="wrap_content"
  android:layout_height="wrap_content">
</CheckBox>
```

多选按钮可以选中多项，所以为了判断是否被选中，还需要为每个按钮添加事件监听器。给多选按钮添加事件监听器，可以使用下面的代码：

```java
CheckBox check=(CheckBox) findViewById(R.id.check1);//获取多选按钮
check.setOnCheckedChangeListener(new CompoundButton.OnCheckedChangeListener() {
   @Override
   public void onCheckedChanged(CompoundButton compoundButton, boolean b) {
    if(check.isChecked())        //判断是否被选中
    {
      check.getText();           //获取选中值
    }
   }
});
```

下面通过一个具体实例演示如何使用多选按钮。

【例 4-6】多选按钮的使用。

创建一个新的 Module 并命名为"CheckBox"，在布局文件中加入如下代码：

```xml
<?xml version="1.0" encoding="utf-8"?>
<LinearLayout xmlns:android="http://schemas.android.com/apk/res/android"
  xmlns:tools="http://schemas.android.com/tools"
  android:layout_width="match_parent"
  android:layout_height="match_parent"
  tools:context="com.example.checkbox.MainActivity"
  android:orientation="vertical"
```

```xml
        android:background="#ffff00">
        <TextView//提示性文本
            android:layout_width="wrap_content"
            android:layout_height="wrap_content"
            android:text="请选择自己的兴趣爱好！"
            android:textSize="16sp"
            android:textColor="#000000"
            android:paddingTop="100dp"/>
        <CheckBox//第一个多选按钮
            android:id="@+id/check1"
            android:text="篮球"
            android:layout_width="wrap_content"
            android:layout_height="wrap_content"/>
        <CheckBox//第二个多选按钮
            android:id="@+id/check2"
            android:text="钢琴"
            android:layout_width="wrap_content"
            android:layout_height="wrap_content"/>
        <CheckBox//第三个多选按钮
            android:id="@+id/check3"
            android:text="素描"
            android:layout_width="wrap_content"
            android:layout_height="wrap_content"/>
        <CheckBox//第四个多选按钮
            android:id="@+id/check4"
            android:text="太极"
            android:layout_width="wrap_content"
            android:layout_height="wrap_content"/>
        <CheckBox//第五个多选按钮
            android:id="@+id/check5"
            android:text="游泳"
            android:layout_width="wrap_content"
            android:layout_height="wrap_content"/>
        <Button//"确定"按钮
            android:id="@+id/btn"
            android:text="确定"
            android:layout_height="wrap_content"
            android:layout_width="wrap_content"
            android:background="#FF6ADE6A"/>
</LinearLayout>
```

在主活动 MainActivity 中加入以下代码：

```java
public class MainActivity extends AppCompatActivity {
    Button btn;//定义一个"确定"按钮
    CheckBox check1, check2, check3, check4, check5;//定义五个多选按钮
    @Override
    protected void onCreate(Bundle savedInstanceState) {
        super.onCreate(savedInstanceState);
        setContentView(R.layout.activity_main);
        btn = findViewById(R.id.btn);            //获取"确定"按钮
        check1 = findViewById(R.id.check1);  //获取多选按钮
        check2 = findViewById(R.id.check2);
        check3 = findViewById(R.id.check3);
```

```
            check4 = findViewById(R.id.check4);
            check5 = findViewById(R.id.check5);
            //添加"确定"按钮单击事件监听
            btn.setOnClickListener(new View.OnClickListener() {
                @Override
                public void onClick(View view) {
                    String str = "你的兴趣有：";//创建一个字符串变量
                    //判断多选按钮是否被选中
                    if (check1.isChecked()) {  //将文本加入到字符串变量
                        str += check1.getText().toString()+"、";
                    }//判断多选按钮是否被选中
                    if (check2.isChecked()) {//将文本加入到字符串变量
                        str += check2.getText().toString()+"、";
                    }//判断多选按钮是否被选中
                    if (check3.isChecked()) {//将文本加入到字符串变量
                        str += check3.getText().toString()+"、";
                    }//判断多选按钮是否被选中
                    if (check4.isChecked()) {//将文本加入到字符串变量
                        str += check4.getText().toString()+"、";
                    }//判断多选按钮是否被选中
                    if (check5.isChecked()) {//将文本加入到字符串变量
                        str += check5.getText().toString()+"、";
                    }//将组合好的文本输出显示
                    Toast.makeText(MainActivity.this,str,
                        Toast.LENGTH_LONG).show();
                }
            });
        }
    }
```

查看运行效果，如图4-9所示。

图4-9　例4-6运行效果

4.3 日期时间类组件

Android 提供了日期选择器 DatePicker、时间选择器 TimePicker 和计时器 Chronometer，它们之间有一个继承关系，如图 4-10 所示。

从图 4-10 中可以清晰地看出，DatePicker 和 TimePicker 继承自 FrameLayout，所以它们可以将内容层叠显示，并且可以实现拖动动画效果，Chronometer 则继承自 TextView，所以它与前两个在显示方式上是不同的。

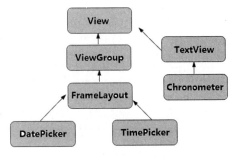

图 4-10　继承关系

4.3.1 日期选择组件

日期选择组件可以更加直观地选择对应的日期，使用该组件，一方面用户界面友好，另一方面更加贴近日常生活。该组件使用比较简单，可以通过 XML 布局管理器进行布局，同时也可以使用 Android Studio 的可视化界面设计器拖动产生。在程序中要获取用户选择的日期，需要为其添加时间监听器 OnDateChangedListener。

下面通过一个具体实例演示日期选择组件的使用。

【例 4-7】日期选择组件的使用。

创建一个新的 Module 并命名为 "DatePicker"，在布局文件中加入如下代码：

```
<?xml version="1.0" encoding="utf-8"?>
<LinearLayout xmlns:android="http://schemas.android.com/apk/res/android"
    xmlns:tools="http://schemas.android.com/tools"
    android:layout_width="match_parent"
    android:layout_height="match_parent"
    tools:context="com.example.datepicker.MainActivity"
    android:orientation="vertical">
    <DatePicker//创建一个日期选择组件
        android:id="@+id/date"
        android:layout_width="wrap_content"
        android:layout_height="wrap_content"
        ></DatePicker>
    <Button//创建一个"确定"按钮
        android:id="@+id/btn"
        android:text="确定"
        android:layout_width="wrap_content"
        android:layout_height="wrap_content"/>
</LinearLayout>
```

在主活动 MainActivity 中加入如下代码：

```
public class MainActivity extends AppCompatActivity {
    int year,month,day;     //创建三个整形变量用于存放年、月、日
    DatePicker datepicker;//创建一个日期选择组件
```

```java
@Override
protected void onCreate(Bundle savedInstanceState) {
    super.onCreate(savedInstanceState);
    setContentView(R.layout.activity_main);
    datepicker=(DatePicker) findViewById(R.id.date);    //获取组件
    Calendar calendar= Calendar.getInstance();          //获取一个时间对象
    year=calendar.get(Calendar.YEAR);                   //获取当前年份
    month=calendar.get(Calendar.MONTH);                 //获取当前月份
    day=calendar.get(Calendar.DAY_OF_MONTH);            //获取当前日
    //初始化日期选择器，并设置监听
    datepicker.init(year, month, day, new
        DatePicker.OnDateChangedListener() {
        @Override
        public void onDateChanged(DatePicker datePicker, int i, int i1,
            int i2) {
            MainActivity.this.year=i;        //替换改变后的年份
            MainActivity.this.month=i1;      //替换改变后的月份
            MainActivity.this.day=i2;        //替换改变后的日
        }
    });
    Button btn=findViewById(R.id.btn);                  //获取"确定"按钮
    btn.setOnClickListener(new View.OnClickListener() {
        @Override
        public void onClick(View view) {
            String str;//创建字符串变量将获取到的时间格式化
            str=MainActivity.this.year+"年"+(MainActivity.this.month+1)+"月"
                +MainActivity.this.day+"日";
            //输出格式化后的字符串
            Toast.makeText(MainActivity.this,str,Toast.LENGTH_LONG).show();
        }
    });
}
```

这个例子创建了一个日期选择器、一个"确定"按钮，在主活动 onCreate 方法中获取当前年月日，并设置日期选择监听将改变后的年月日进行替换，最后通过按钮单击事件打印输出选择后的年月日。

注意　由于日期选择的月份是从 0 开始的，所以需要将其加 1，这样才能显示出正确的结果。

运行效果如图 4-11 所示。

4.3.2　时间选择组件

Android 提供了时间选择组件，对应的组件为 TimePicker，该组件的使用与日期选择组件类似，同样可以通过布局文件添加，也可以通过拖曳的方式创建。获取用户

图 4-11　例 4-7 运行效果

改变后的时间可以通过 OnTimeChangedListener 监听器来完成。

下面通过一个具体实例演示如何使用时间选择组件。

【例 4-8】时间选择组件的使用。

创建一个新的 Module 并命名为 "TimePicker"，在布局文件中加入如下代码：

```xml
<?xml version="1.0" encoding="utf-8"?>
<LinearLayout xmlns:android="http://schemas.android.com/apk/res/android"
    xmlns:tools="http://schemas.android.com/tools"
    android:layout_width="match_parent"
    android:layout_height="match_parent"
    tools:context="com.example.timepicker.MainActivity"
    android:orientation="vertical">
    <TimePicker
        android:id="@+id/time"
        android:layout_width="wrap_content"
        android:layout_height="wrap_content"/>
    <Button
        android:id="@+id/btn"
        android:text="确定"
        android:layout_width="wrap_content"
        android:layout_height="wrap_content"/>
</LinearLayout>
```

在主活动 MainActivity 中加入如下代码：

```java
public class MainActivity extends AppCompatActivity {
    int hour,minute;//创建两个整形变量存放小时、分钟
    TimePicker time;//创建一个时间选择器
    Button btn;        //创建一个按钮
    @Override
    protected void onCreate(Bundle savedInstanceState) {
        super.onCreate(savedInstanceState);
        setContentView(R.layout.activity_main);
        Calendar cal=Calendar.getInstance();          //创建时间对象
        hour=cal.get(Calendar.HOUR_OF_DAY);           //获取当前小时
        minute=cal.get(Calendar.MINUTE);              //获取当前分钟
        time=(TimePicker)findViewById(R.id.time);     //获取时间选择器组件
        btn=(Button) findViewById(R.id.btn);          //获取按钮组件
         //初始化时间选择器组件，并设置事件监听
        time.setOnTimeChangedListener(new TimePicker.OnTimeChangedListener() {
            @Override
            public void onTimeChanged(TimePicker timePicker, int i, int i1) {
                MainActivity.this.hour=i;      //修改改变后的小时
                MainActivity.this.minute=i1;   //修改改变后的分钟
            }
        });
        btn.setOnClickListener(new View.OnClickListener() {
            @Override
            public void onClick(View view) {
                String str;//定义字符串变量
                str="你选择的时间是:"+MainActivity.this.hour+"时"
                    +MainActivity.this.minute+"分";//格式化选择后的小时、分钟
```

```
                Toast.makeText(MainActivity.this,str,
                    Toast.LENGTH_LONG).show();//输出格式化后的字符串
            }
        });
    }
}
```

这段代码创建了一个时间选择器和一个按钮，在主活动中创建了两个变量用于存放小时与分钟，先获取当前的时间，在时间选择器的事件监听中修改选择后的小时、分钟，通过单击按钮事件输出修改后的小时、分钟。

  如果需要修改时间为 24 小时格式，通过 setIs24HourView 方法将其设置成 true 即可。

查看运行效果，如图 4-12 所示。

图 4-12　例 4-8 运行效果

4.3.3　日历视图组件

配合时间与日期组件还有一个日历视图组件，通过该组件可以更加直观地展现日期与时间，对应的组件为 CalendarView。下面将详细讲解日历组件的使用方法。

CalendarView 提供的 XML 文件中的一些属性如下。

- android:firstDayOfWeek：设置一个星期的第一天。
- mm / dd / yyyy：是日历显示格式，月/日/年。
- android:weekDayTextAppearance：属性设置星期几的文字样式。

下面通过一个具体实例演示如何使用日历视图组件。

【例 4-9】日历视图组件的使用。

创建一个新的 Module 并命名为 "CalendarView"，在布局文件中加入如下代码：

```xml
<?xml version="1.0" encoding="utf-8"?>
<android.support.constraint.ConstraintLayout
    xmlns:android="http://schemas.android.com/apk/res/android"
    xmlns:tools="http://schemas.android.com/tools"
    android:layout_width="match_parent"
    android:layout_height="match_parent"
    tools:context="com.example.calendarview.MainActivity">
    <CalendarView
        android:id="@+id/calendarView"
        android:layout_width="match_parent"
        android:layout_height="match_parent">
    </CalendarView>
</android.support.constraint.ConstraintLayout>
```

在主活动 MainActivity 中加入如下代码：

```java
public class MainActivity extends AppCompatActivity {
    @Override
```

```
protected void onCreate(Bundle savedInstanceState) {
    super.onCreate(savedInstanceState);
    setContentView(R.layout.activity_main);
    CalendarView c = findViewById(R.id.calendarView);//创建并绑定日历视图
    //设置日历视图改变监听事件
    c.setOnDateChangeListener(new CalendarView.OnDateChangeListener() {
        @Override
        public void onSelectedDayChange(@NonNull CalendarView view, int
            year, int month, int dayOfMonth) {
            //当发生改变时做出提示
            Toast.makeText(MainActivity.this,"选择的日期是:"+year + "年" +
                month +"月" + dayOfMonth + "日",Toast.LENGTH_SHORT).show();
        }
    });
}
```

以上代码演示了如何使用一个日历视图组件。在布局管理器中布局了一个日历视图，在主活动中创建并绑定，设置监听事件发生改变做出的提示，根据实际需要在监听事件中设置相应的逻辑。

运行效果如图 4-13 所示。

4.3.4 文本时钟组件

TextClock 是在 Android 4.2(API 17)后推出的用来替代 DigitalClock 的一个控件。TextClock 可以以字符串格式显示当前的日期和时间，它提供了两种不同的格式，一种是以 24 小时格式显示时间和日期，另一种是以 12 小时格式显示时间和日期。大部分人喜欢默认的设置。

TextClock 提供了下面这些方法，对应的还有 get 方法：

图 4-13 例 4-9 运行效果

```
android:format12Hour  setFormat12Hour(CharSequence):  设置12时制的格式
android:format24Hour  setFormat24Hour(CharSequence):  设置24时制的格式
android:timeZone      setTimeZone(String):  设置时区
```

TextClock 提供的时间样式非常丰富，可以通过 CharSequence 来进行设置。下面通过一个实例演示 TextClock 的一些常用样式。

【例 4-10】文本时钟组件的使用。

创建一个新的 Module 并命名为 "TextClock"，在布局文件中加入如下代码：

```
<?xml version="1.0" encoding="utf-8"?>
<LinearLayout xmlns:android="http://schemas.android.com/apk/res/android"
    xmlns:app="http://schemas.android.com/apk/res-auto"
    xmlns:tools="http://schemas.android.com/tools"
    android:layout_width="match_parent"
    android:layout_height="match_parent"
    tools:context="com.example.timepicker.MainActivity"
```

```xml
        android:orientation="vertical">
    <TextClock
        android:layout_width="wrap_content"
        android:layout_height="wrap_content"
        android:format12Hour="MM/dd/yy h:mmaa"
        tools:targetApi="jelly_bean_mr1" />
    <TextClock
        android:layout_width="wrap_content"
        android:layout_height="wrap_content"
        android:format12Hour="MMMM dd, yyyy h:mmaa"/>
    <TextClock
        android:layout_width="wrap_content"
        android:layout_height="wrap_content"
        android:format12Hour="MMMM dd, yyyy h:mmaa"/>
    <TextClock
        android:layout_width="wrap_content"
        android:layout_height="wrap_content"
        android:format12Hour="E, MMMM dd, yyyy h:mmaa"/>
    <TextClock
        android:layout_width="wrap_content"
        android:layout_height="wrap_content"
        android:format12Hour="EEEE, MMMM dd, yyyy h:mmaa"/>
    <TextClock
        android:layout_width="wrap_content"
        android:layout_height="wrap_content"
        android:format12Hour="Noteworthy day: 'M/d/yy"/>
</LinearLayout>
```

这里列出了 TextClock 的一些常用形式，使用比较简单，主要是显示方式，可以根据实际情况选择使用。

运行效果如图 4-14 所示。

图 4-14 例 4-10 运行效果

4.3.5 计时器组件

计时器(Chronometer)组件，用于显示倒计时，它继承自 TextView 组件，所以以文字的形式显示内容，常用于秒表、计时通关类游戏等。下面讲解如何使用计时器组件。

计时器组件在 XML 布局文件中的语法格式如下：

```xml
<Chronometer
    android:id="@+id/chr"
    android:layout_width="match_parent"
    android:layout_height="wrap_content"
android:format="%s"
/>
```

format 是特有的一个属性，用于指定时间显示的格式，设置为%s，表示显示 MM:SS 或者 H:MM:SS 格式的时间。

format 有 5 个方法。

- setBase()：用于设置计时器的开始时间。
- setFormat()：用于设置时间显示的格式。
- start()：用于设置开始。
- stop()：用于设置结束。
- setOnChronometerTickListener()：用于设置计时器事件监听，当计时器改变时触发。

下面通过一个具体的实例演示如何使用计时器组件。

【例 4-11】 计时器组件的使用。

创建一个新的 Module 并命名为"Chronometer"，在布局文件中加入如下代码：

```xml
<?xml version="1.0" encoding="utf-8"?>
<LinearLayout xmlns:android="http://schemas.android.com/apk/res/android"
    xmlns:tools="http://schemas.android.com/tools"
    android:layout_width="match_parent"
    android:layout_height="match_parent"
    tools:context="com.example.chronometer.MainActivity"
    android:orientation="vertical">
    <Chronometer//创建一个计时器组件
    android:id="@+id/chr"
    android:layout_width="match_parent"
    android:layout_height="wrap_content"
    android:format="%s"
    android:gravity="center"
    android:textSize="16dip"
    android:textColor="#000000"/>
    <LinearLayout//一个水平线性布局管理器
        android:layout_width="fill_parent"
        android:layout_height="wrap_content"
        android:layout_margin="10dip"
        android:orientation="horizontal">
        <Button//开始计时按钮
            android:id="@+id/btnStart"
            android:layout_width="fill_parent"
            android:layout_height="wrap_content"
            android:layout_weight="1"
            android:text="开始" />
        <Button//停止计时按钮
            android:id="@+id/btnStop"
            android:layout_width="fill_parent"
            android:layout_height="wrap_content"
            android:layout_weight="1"
            android:text="停止" />
        <Button//重置按钮
            android:id="@+id/btnReset"
            android:layout_width="fill_parent"
            android:layout_height="wrap_content"
            android:layout_weight="1"
            android:text="重置" />
    </LinearLayout>
</LinearLayout>
```

在主活动 MainActivity 中加入如下代码：

```java
public class MainActivity extends AppCompatActivity {
    Chronometer chr1;           //定义计时器
    Button btn1,btn2,btn3;   //定义三个按钮
    @Override
    protected void onCreate(Bundle savedInstanceState) {
        super.onCreate(savedInstanceState);
        setContentView(R.layout.activity_main);
        chr1 = (Chronometer) findViewById(R.id.chr);//获取计时器
        btn1 = (Button)findViewById(R.id.btnStart);//获取"开始"按钮
        btn2 = (Button) findViewById(R.id.btnStop);//获取"停止"按钮
        btn3 = (Button) findViewById(R.id.btnReset);//获取"重置"按钮
         //设置计时器监听
        chr1.setOnChronometerTickListener(new
            Chronometer.OnChronometerTickListener() {
            @Override
            public void onChronometerTick(Chronometer chronometer) {
                String str=chr1.getText().toString();//获取计时器文本
                if(str.equals("00:10"))//比较文本
                {//复合文本内容输出提示信息
                    Toast.makeText(MainActivity.this,"10 秒计时完成~",
                        Toast.LENGTH_LONG).show();
                    chr1.stop();//输出完信息同时停止计时
                }
            }
        });
        btn1.setOnClickListener(new View.OnClickListener() {
            @Override
            public void onClick(View view) {
                chr1.start();//单击"开始"按钮开始计时
            }
        });
        btn2.setOnClickListener(new View.OnClickListener() {
            @Override
            public void onClick(View view) {
                chr1.stop();//单击"停止"按钮停止计时
            }
        });
        btn3.setOnClickListener(new View.OnClickListener() {
            @Override
            public void onClick(View view) {
                chr1.setBase(SystemClock.elapsedRealtime());//重置计时器
            }
        });
    }
}
```

以上代码定义了一个计时器组件、一个水平布局管理器和三个按钮，通过三个按钮的单击事件分别改变计时器开始计时、停止计时、重置时间，在计时器监听事件中达到符合条件输出提示信息。

查看运行效果，如图 4-15 所示。

图 4-15　例 4-11 运行效果

4.4　大 神 解 惑

小白：设定单选按钮后，为什么没有出现单选效果？

大神：单选按钮需要放置在单选按钮组中，才可以实现单选效果，否则它们是相互独立的。

小白：文本框的 singleline 属性与 ellipsize 属性有何区别？

大神：属性 singleline 是指内容全都在一行，如果内容较多，可以加上 ellipsize 属性，它是控制内容省略的。但是在使用 singleline 时，可以不用 ellipsize，如果内容过多，超出的部分会自动省略，但是如果使用 ellipsize，则必须要用 singleline。

4.5　跟我学上机

练习 1：熟悉文本编辑控件的使用。

练习 2：独立完成普通按钮、图片按钮、单选按钮和多选按钮的实例。

练习 3：独立完成日期、时间选择组件实例。

练习 4：查找实际中的控件应用，试着模仿功能。

第 5 章

高级 UI 组件

通过上一章的学习，相信读者已经对基本控件有了一定的了解，也可以开发出简单的应用程序，为了丰富软件的功能，本章继续学习更加高级的 UI 组件。

本章要点(已掌握的在方框中打钩)

- ☐ 掌握进度条类组件的使用
- ☐ 掌握图像类组件的使用
- ☐ 掌握列表类组件的使用
- ☐ 掌握通用组件的使用

5.1 进度条类组件

Android 提供了如进度条、拖动条和星级评分这类组件，其中进度条使用 ProgressBar 表示，拖动条使用 SeekBar 表示，星级评分使用 RatingBar 表示。这三种进度类组件使用广泛，它们之间的继承关系如图 5-1 所示。

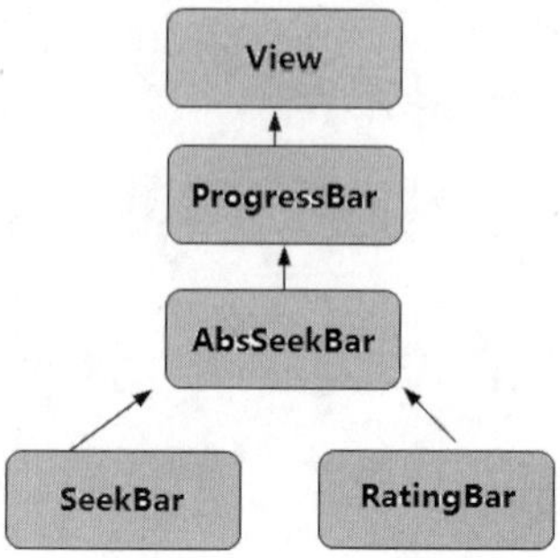

从继承关系图可以非常清晰地看到，ProgressBar 继承自 View，而 SeekBar 和 RatingBar 组件属于 ProgressBar 的子类，所以 SeekBar 和 RatingBar 支持 ProgressBar 的所有属性。下面对这三类组件进行讲解。

图 5-1 继承关系

5.1.1 进度条组件

进度条使用非常广泛，比如用户登录时，登录的过程就需要用到进度条，还有一些需要耗时的操作。如果需要的时间过长而没有进度提示，用户会以为程序死掉了，所以在需要耗时操作的地方使用进度条让用户知道程序正在进行是非常有必要的。下面讲解如何使用进度条。

进度条在 XML 布局文件中的基本属性如下。

- max：进度条的最大值。
- progress：进度条已经完成的值。
- progressDrawable：设置进度条轨道的绘制形式。
- Indeterminate：如果设置成 true，则进度条不精确显示进度。
- indeterminateDrawable：设置不显示进度条的绘制图形，该属性一般用于设置自定义进度条 Drawable 资源。
- indeterminateDuration：设置不精确显示进度的持续时间。

还有一些进度条的操作方法如下。

- getMax()：返回这个进度条范围的上限。
- getProgress()：返回进度。
- getSecondaryProgress()：返回次要进度。
- incrementProgressBy(int diff)：指定增加的进度。
- isIndeterminate()：指示进度条是否在不确定模式下。
- setIndeterminate(boolean indeterminate)：设置不确定模式下，设置为 True 表示不确定，进度条仅用于提示进程还在运行，进程运行到哪里了并不明确。设置为 False 表示确定模式，此时进度条精确显示当前进程的进度。

> **注意**
> 进度条通过 style 属性来设置显示风格，常用的 style 风格如下。
> - @android:style/Widget.ProgressBar.Large：大跳跃、旋转画面的进度条。
> - @android:style/Widget.ProgressBar.Small：小跳跃、旋转画面的进度条。
> - @android:style/Widget.ProgressBar.Horizontal：粗水平长条进度条。

- ?android:attr/progressBarStyleHorizontal：细水平长条进度条。
- ?android:attr/progressBarStyleLarge：大圆形进度条。
- ?android:attr/progressBarStyleSmall：小圆形进度条。

下面通过一个实例演示如何使用进度条。

【例 5-1】 进度条组件的使用。

创建一个新的 Module 并命名为"ProgressBar"，在布局文件中加入如下代码：

```xml
<?xml version="1.0" encoding="utf-8"?>
<LinearLayout xmlns:android="http://schemas.android.com/apk/res/android"
    xmlns:app="http://schemas.android.com/apk/res-auto"
    xmlns:tools="http://schemas.android.com/tools"
    android:layout_width="match_parent"
    android:layout_height="match_parent"
    tools:context="com.example.progressbar.MainActivity"
    android:orientation="vertical">
    <!-- 系统提供的圆形进度条，依次是大中小 -->
    <ProgressBar
        style="@android:style/Widget.ProgressBar.Small"
        android:layout_width="wrap_content"
        android:layout_height="wrap_content" />
    <ProgressBar
        android:layout_width="wrap_content"
        android:layout_height="wrap_content" />
    <ProgressBar
        style="@android:style/Widget.ProgressBar.Large"
        android:layout_width="wrap_content"
        android:layout_height="wrap_content" />
    <!--系统提供的水平进度条-->
    <ProgressBar
        style="@android:style/Widget.ProgressBar.Horizontal"
        android:layout_width="match_parent"
        android:layout_height="wrap_content"
        android:max="100"
        android:progress="18" />
    <ProgressBar
        style="@android:style/Widget.ProgressBar.Horizontal"
        android:layout_width="match_parent"
        android:layout_height="wrap_content"
        android:layout_marginTop="10dp"
        android:indeterminate="true" />
</LinearLayout>
```

上面的代码创建了三个系统提供的圆形进度条、两个长条进度条，长条进度条一个有进度显示，一个不确定显示。

查看运行效果，如图 5-2 所示。

5.1.2 拖动条组件

拖动条与进度条类似，不同之处在于，拖动条是用

图 5-2 例 5-1 运行效果

户来进行操作,进度条则是程序在操作。拖动条通常用于数值的调整,例如音量调节、手机中的明暗度调节,等等。

拖动条在 XML 布局文件中的基本语法如下:

```
<SeekBar
    android:id="@+id/seekBar"
    android:layout_width="match_parent"
    android:layout_height="wrap_content"
/>
```

拖动条的常用属性如下。
- max:滑动的最大值。
- progress:滑动的当前值。
- secondaryProgress:二级滑动的进度。
- thumb:滑块的显示风格。

拖动条的 setOnSeekBarChangeListener 监听事件中有以下三个重要的方法。
- onProgressChanged:进度发生改变时会触发该事件。
- onStartTrackingTouch:接触拖动条时触发的事件。
- onStopTrackingTouch:释放拖动条时触发的事件。

下面通过实例演示拖动条的使用。

【例 5-2】拖动条组件的使用。

创建一个新的 Module 并命名为"SeekBar",在布局文件中加入如下代码:

```
<?xml version="1.0" encoding="utf-8"?>
<LinearLayout xmlns:android="http://schemas.android.com/apk/res/android"
    xmlns:app="http://schemas.android.com/apk/res-auto"
    xmlns:tools="http://schemas.android.com/tools"
    android:layout_width="match_parent"
    android:layout_height="match_parent"
    tools:context="com.example.seekbar.MainActivity"
    android:orientation="vertical">
    <SeekBar//拖动条组件
        android:id="@+id/seekBar"
        android:layout_width="match_parent"
        android:layout_height="wrap_content"
        android:thumb="@drawable/tu"//修改拖动图标
        tools:layout_editor_absoluteX="112dp"
        tools:layout_editor_absoluteY="6dp"
        android:max="100"/>//设置拖动最大值
    <TextView
        android:id="@+id/text"
        android:layout_width="match_parent"
        android:layout_height="wrap_content" />
</LinearLayout>
```

在主活动 MainActivity 中加入如下代码:

```
public class MainActivity extends AppCompatActivity {
    private SeekBar seek;//定义拖动条
    private TextView txt;//定义一个文本框
```

```
@Override
protected void onCreate(Bundle savedInstanceState) {
    super.onCreate(savedInstanceState);
    setContentView(R.layout.activity_main);
    seek=(SeekBar) findViewById(R.id.seekBar);//获取拖动条
    txt=(TextView) findViewById(R.id.text);    //获取文本框
    //设置拖动条监听事件
    seek.setOnSeekBarChangeListener(new SeekBar.OnSeekBarChangeListener() {
        @Override//以百分比的形式显示当前拖动值
        public void onProgressChanged(SeekBar seekBar, int i, boolean b) {
            txt.setText("当前进度值:" + i + "  / 100 ");
        }
        @Override//触摸事件
        public void onStartTrackingTouch(SeekBar seekBar) {
            Toast.makeText(MainActivity.this, "触摸了拖动条",
                Toast.LENGTH_SHORT).show();
        }
        @Override//停止触摸事件
        public void onStopTrackingTouch(SeekBar seekBar) {
            Toast.makeText(MainActivity.this, "停止触摸拖动条",
                Toast.LENGTH_SHORT).show();
        }
    });
}
```

上面的代码创建了一个拖动条组件，并且为其更换了拖动图标，在主活动中添加了监听事件，通过拖动改变当前值。

查看运行效果，如图 5-3 所示。

图 5-3　例 5-2 运行效果

5.1.3　星级评分组件

星级评分组件一般用于对产品评价或者服务满意度评价，它同拖动条比较类似，都允许用户以拖动的形式来改变数值，唯一不同的是，星级评分是通过星星图片来表示进度的，例如，淘宝购买商品后的一个评价，等等。

星级评分组件在 XML 布局文件中的基本语法格式如下：

```
<RatingBar
  android:layout_width="match_parent"
  android:layout_height="wrap_content"
/>
```

星级评分组件支持的 XML 属性如下。

- isIndicator：设置为 true，用户将无法改变，默认为 false。
- numStars：设置显示多少个星星，必须为整数。
- rating：默认的评分星级，必须为浮点数。
- stepSize：每次评分的增加值，默认为 0.5 个，也是浮点数。

除了默认的星星图片以外，系统还提供了两种其他类型的显示图片，感兴趣的用户可以尝试一下。

```
style="?android:attr/ratingBarStyleSmall"
style="?android:attr/ratingBarStyleIndicator"
```

除了上面的一些属性以外，星级评分组件还提供了三个比较常用的方法。
- getRating()：用于获取用户选中了几个星星。
- getStepSize()：用于获取每次最少要改变几个星星。
- getProgress()：用于指定每次最少需要改变多少个星级，默认为 0.5 个。

下面通过实例演示如何使用星级评分组件。

【例 5-3】星级评分组件的使用。

创建一个新的 Module 并命名为"RatingBar"，在布局文件中加入如下代码：

```
<?xml version="1.0" encoding="utf-8"?>
<LinearLayout xmlns:android="http://schemas.android.com/apk/res/android"
    xmlns:app="http://schemas.android.com/apk/res-auto"
    xmlns:tools="http://schemas.android.com/tools"
    android:layout_width="match_parent"
    android:layout_height="match_parent"
    tools:context="com.example.ratingbar.MainActivity"
    android:orientation="vertical">
    <TextView
        android:layout_width="match_parent"
        android:layout_height="wrap_content"
        android:text="请对我的服务质量进行评价，您的支持将是我们前进的动力！"
        android:textSize="20sp"
        android:textColor="#000000"
        android:paddingTop="50dp"/>
    <RatingBar
        android:id="@+id/rating"
        android:layout_width="wrap_content"
        android:layout_height="wrap_content"
        android:numStars="5"
        android:rating="0"
        />
</LinearLayout>
```

在主活动 MainActivity 中加入如下代码：

```
public class MainActivity extends AppCompatActivity {
    RatingBar rating;//创建星级评分
    @Override
    protected void onCreate(Bundle savedInstanceState) {
        super.onCreate(savedInstanceState);
        setContentView(R.layout.activity_main);
        rating=(RatingBar) findViewById(R.id.rating);//获取星级评分
        //设置星级评分监听事件
        rating.setOnRatingBarChangeListener(new
            RatingBar.OnRatingBarChangeListener() {
            @Override
```

```
            public void onRatingChanged(RatingBar
                ratingBar, float v, boolean b) {
                //当发生改变时输出评分
                Toast.makeText(MainActivity.this,
                    "获得的评分："+ String.valueOf(v),
                    Toast.LENGTH_LONG).show();
            }
        });
    }
}
```

上面的代码创建了一个文本框控件，用于显示提示性文本，创建了一个星级评分组件，通过在主活动中创建事件监听，当星级评分组件发生改变时输出评分。

查看运行效果，如图 5-4 所示。

图 5-4　例 5-3 运行效果

5.2　图像类组件

在 Android 中提供了一类图像组件，其中，图像视图组件用 ImageView 表示，图片切换时使用的图像切换组件用 ImageSwitcher 表示，还有使用网格显示图片的网格视图组件用 GridView 表示。它们之间的继承关系如图 5-5 所示。

从图中可以清晰地看出，ImageView 继承自 View，所以主要用于视图显示；ImageSwitcher 则继承自 FrameLayout 组件，所以 ImageSwitcher 可以实现动画效果；GridView 组件继承自 AdapterView 组件，所以可以有多个列表项，实现网格效果。

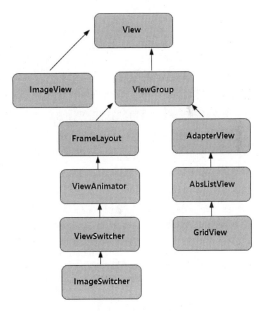

图 5-5　继承关系

5.2.1　图像视图组件

图像视图组件是比较简单的一个组件，主要用于显示图片，例如，经常使用的软件中的头像、皮肤、主题这类图像信息都可以使用图像视图组件显示。

图像视图组件在 XML 布局文件中的基本语法如下：

```
<ImageView
    android:layout_width="wrap_content"
    android:layout_height="wrap_content"
/>
```

图像视图组件支持的常用 XML 属性如下。
- adjustViewBounds：是否调整自己的边界来保持所显示图片的长宽比。
- maxHeight：需要 adjustViewBounds 设置为 true，才能调整 ImageView 的最大高度。
- maxWidth：同上，调整组件的最大宽度。
- src：设置图片的来源位置，一般存放于 res\drawable 或者 res\mipmap 目录中。
- tint：用于图片的着色，取值为一个颜色值，如#rgb、#argb 等。

图像视图组件有一个重要的属性 scaleType，用于设置所显示的图片如何缩放或移动以适应 ImageView 的大小，取值如下。
- Matrix：以矩阵的方式进行缩放。
- FitXY：对图片横向、纵向独立缩放，使得图片完全适应 ImageView，图片的纵横比例可能会改变。
- FitStart：保持纵横比例缩放图片，直到符合 ImageView 显示，缩放完后图片显示于组件左上角。
- FitCenter：保持纵横比例缩放图片，直到符合 ImageView 显示，缩放完后图片显示于组件中央。
- FitEnd：保持纵横比例缩放图片，直到符合 ImageView 显示，缩放完后图片显示于组件右下角。
- Center：把图像放置于组件中间，不进行任何缩放。
- CenterCrop：保持纵横比例缩放图片，使得图片能完全覆盖组件。
- centerInside：保持纵横比例缩放图片，使得组件能完全显示该图片。

下面通过实例演示如何使用图像视图组件。

【例 5-4】图像视图组件的使用。

创建一个新的 Module 并命名为"ImageView"，提前拷贝一个图片文件并放置于 drawable 文件夹下，在布局文件中加入如下代码：

```xml
<?xml version="1.0" encoding="utf-8"?>
<LinearLayout xmlns:android="http://schemas.android.com/apk/res/android"
    xmlns:tools="http://schemas.android.com/tools"
    android:layout_width="match_parent"
    android:layout_height="match_parent"
    tools:context="com.example.administrator.app5.MainActivity"
    android:orientation="vertical">
<ImageView
    android:layout_width="wrap_content"
    android:layout_height="wrap_content"
    android:layout_margin="5dp"
    android:src="@drawable/im003" />
<ImageView
    android:maxWidth="45dp"
    android:maxHeight="45dp"
    android:adjustViewBounds="true"
    android:layout_margin="5dp"
    android:layout_height="wrap_content"
    android:layout_width="wrap_content"
    android:src="@drawable/im003" />
```

```
    <ImageView
        android:scaleType="fitStart"
        android:layout_margin="5dp"
        android:layout_height="120dp"
        android:layout_width="120dp"
        android:src="@drawable/im003" />
    <ImageView
        android:layout_height="90dp"
        android:layout_width="90dp"
        android:tint="#77ff7700"
        android:src="@drawable/im003" />
</LinearLayout>
```

上面的代码创建了四个图像视图组件，分别以不同的形式显示图片，第一个是以原图大小进行显示，第二个是以限制高宽的形式进行显示，第三个是以缩放的形式进行显示，第四个给图像添加了着色效果。

运行效果，如图 5-6 所示。

5.2.2 图像切换组件

图像切换组件(ImageSwitcher)，用于对图像进行切换并可以产生动画效果，使得应用表现出更加炫酷的效果，丰富了用户体验。下面讲解图像切换组件的具体使用方法。

图 5-6 例 5-4 运行效果

在使用 ImageSwitcher 时，需要使用 setFactory()方法为 ImageSwitcher 设置一个 ViewFactory，用于将显示的图片与父窗口分开显示。对于 setFactory() 方法的参数，则需要通过实例化一个 ViewSwitcher.ViewFactory 接口的实现类来指定，在创建这个接口的实现类时需要重写 makeView()方法，用于创建一个 ImageView 显示图片，makeView()方法将返回一个显示图片的方法，该方法用于指定要在 ImageSwitcher 中显示的图片资源。

下面通过实例演示如何使用图像切换组件。

【例 5-5】图像切换组件的使用。

创建一个新的 Module 并命名为"ImageSwitcher"，提前拷贝用于显示的图片文件并放置于 drawable 文件夹下，在布局文件中加入如下代码：

```xml
<?xml version="1.0" encoding="utf-8"?>
<GridLayout xmlns:android="http://schemas.android.com/apk/res/android"
    xmlns:tools="http://schemas.android.com/tools"
    android:layout_width="match_parent"
    android:layout_height="match_parent"
    tools:context="com.example.imageswitcher.MainActivity">
    <ImageSwitcher
        android:id="@+id/ImageS1"
        android:layout_width="200dp"
        android:layout_height="200dp"
        android:layout_gravity="center">
    </ImageSwitcher>
</GridLayout>
```

在主活动 MainActivity 中，修改继承关系为 Activity 并导入 android:app:Activity 类，将需要的图片资源导入 drawable 目录下，并加入如下代码：

```java
public class MainActivity extends Activity {
    //定义图片数组
    private int arrPic[] = new int[]
        {
            R.drawable.tq01, R.drawable.tq02, R.drawable.tq03,
            R.drawable.tq04, R.drawable.tq05, R.drawable.tq06,
            R.drawable.tq07, R.drawable.tq08, R.drawable.tq09
        };
    private ImageSwitcher ImageS;     //定义一个图像切换器
    private int index;                //定义数组的下标
    private float touchDownX;         //手指按下时的 x 坐标
    private float touchUpX;           //手指抬起时的 X 坐标
    @Override
    protected void onCreate(Bundle savedInstanceState) {
        super.onCreate(savedInstanceState);
        setContentView(R.layout.activity_main);
        //首先获取图像切换器
        ImageS = findViewById(R.id.ImageS1);
        //设置进入动画
        ImageS.setInAnimation(AnimationUtils.loadAnimation
            (MainActivity.this,android.R.anim.fade_in));
        //设置退出动画
        ImageS.setOutAnimation(AnimationUtils.loadAnimation
            (MainActivity.this,android.R.anim.fade_out));
        //设置图像切换器的视图工厂，用于生成一个显示图片的 ImageView
        ImageS.setFactory(new ViewSwitcher.ViewFactory() {
            @Override
            public View makeView() {
                //实例化一个视图组件
                ImageView imageV = new ImageView(MainActivity.this);
                //设置视图组件的一个显示图片
                imageV.setImageResource(arrPic[index]);
                return imageV;//返回图像
            }
        });
        //设置图像切换器的触摸事件监听
        ImageS.setOnTouchListener(new View.OnTouchListener() {
            @Override
            public boolean onTouch(View view, MotionEvent motionEvent) {
                //判断手指按下事件
                if (motionEvent.getAction() == MotionEvent.ACTION_DOWN) {
                    //取得手指按下时的 x 坐标
                    touchDownX = motionEvent.getX();
                    return true;
                }//判断手指抬起事件
                else if (motionEvent.getAction() == MotionEvent.ACTION_UP) {
                    //取得手指抬起时的 x 坐标
                    touchUpX = motionEvent.getX();
                    //判断手指是从左往右
                    if(touchUpX-touchDownX>10){
```

```
                index=index==0?arrPic.length-1:index-1;
                //从左往右依次显示
                ImageS.setImageResource(arrPic[index]);
            }//判断手指从右往左
            else if (touchDownX-touchUpX>10)
            {
                index=index==arrPic.length-1?0:index+1;
                //从右往左依次显示
                ImageS.setImageResource(arrPic[index]);
            }
            return true;
            }
            return false;
        }
    });
    }
}
```

以上这段代码创建了一个图像切换的实例，可以分为几个步骤。

step 01 在布局文件中创建图像切换组件。

step 02 在主活动中添加私有的图像数组、数组下标、手指按下坐标以及手指抬起坐标。

step 03 在主活动 onCreate 方法中，获取图像切换组件，为其添加 Factory 方法，并设置图像切换显示的图片。

step 04 为图像切换器添加触摸事件，获得手指按下与抬起时的坐标。

step 05 判断手指是从左往右还是从右往左，针对不同的滑动设置相应的图片显示。

图像切换组件可以实现动画效果，在 ImageSwitcher 类的父类 ViewAnimator 中有两个方法 setAnimation 和 setOutAnimation，这两个方法用于设置图像切换中的动画效果，关于动画效果将在后续章节重点讲解，这里只做了解。

查看运行效果，如图 5-7 所示，具体的实际效果需要读者动手操作，这里只给出静态图片。

5.2.3 网格视图组件

网格视图(GridView)是将视图信息以网格的形式展现出来的一个组件，这个组件通常用于图标或者缩略图显示，例如，手机相册、头像选择、表情包等。下面讲解如何使用网格视图组件。

网格视图，通常在 XML 布局文件中添加使用，其基本语法如下：

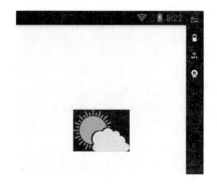

图 5-7　例 5-5 运行效果

```
<GridView
    android:layout_width="wrap_content"
    android:layout_height="wrap_content">
</GridView>
```

GridView 组件支持的常用 XML 属性如下。

- columnWidth：设置列的宽度。
- gravity：组件对齐方式。
- horizontalSpacing：水平方向每个单元格的间距。
- verticalSpacing：垂直方向每个单元格的间距。
- numColumns：设置列数，其属性值通常大于 1，如果只有 1 列，建议使用 listView 来实现。
- verticalSpacing：设置各个元素之间的垂直间距。
- stretchMode：设置拉伸模式，可选值如下：
  - none：不拉伸。
  - spacingWidth：拉伸元素之间的间隔空隙。
  - columnWidth：仅拉伸表格元素自身。
  - spacingWidthUniform：既拉伸元素间距，又拉伸它们之间的间隔空隙。

在使用 GridView 组件时，它的数据来源于 Adapter 类。

Adapter 是一个接口类，它代表适配器对象。所以组件需要数据时可以通过它进行携带传输。关于 Android 数据传输在后面的章节还会重点讲解。

Adapter 常用的实现类有以下几个。

BaseAdapter：抽象类，实际开发中会继承这个类并且重写相关方法，具有很高的灵活性。

ArrayAdapter：支持泛型操作，最简单的 Adapter，只能展现一行文字。

SimpleAdapter：简单适配器，常用于将 List 集合的多个值包装成多个列表项，是同样具有良好扩展性的一个适配器，可以自定义多种效果。

SimpleCursorAdapter：用于显示简单文本类型的 listView，一般在数据库里会用到。

它们的继承关系如图 5-8 所示。

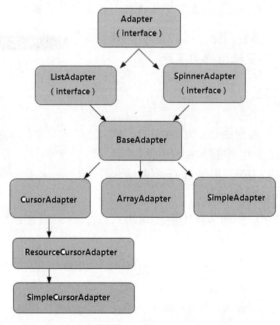

图 5-8　继承关系

下面通过实例演示如何使用网格视图组件。

【例 5-6】 网格视图组件的使用。

创建一个新的 Module 并命名为"GridView",提前拷贝用于显示的图片文件并放置于 drawable 文件夹下,在布局文件中加入如下代码:

```xml
<?xml version="1.0" encoding="utf-8"?>
<LinearLayout xmlns:android="http://schemas.android.com/apk/res/android"
    xmlns:app="http://schemas.android.com/apk/res-auto"
    xmlns:tools="http://schemas.android.com/tools"
    android:layout_width="match_parent"
    android:layout_height="match_parent"
    android:orientation="vertical"
    tools:context="com.example.gridview.MainActivity">
    <TextView
        android:layout_gravity="center_horizontal"
        android:layout_width="wrap_content"
        android:layout_height="wrap_content"
        android:text="手机相册"/>
    <!--网格布局-->
    <GridView
        android:id="@+id/GridV"
        android:layout_width="match_parent"
        android:layout_height="match_parent"
        android:numColumns="auto_fit"
        android:columnWidth="100dp"
        android:gravity="center"
        android:verticalSpacing="5dp"/>
</LinearLayout>
```

在主活动 MainActivity 中,修改继承关系为 Activity 并导入 android:app:Activity 类,将需要的图片资源导入到 drawable 目录下,并加入如下代码:

```java
public class MainActivity extends Activity {
    //定义一个图片数组
    private int pic[]=new int[]{
        R.drawable.s01,R.drawable.s02,R.drawable.s03,
        R.drawable.s04,R.drawable.s05,R.drawable.s06,
        R.drawable.s07,R.drawable.s08,R.drawable.s09,
    };
    @Override
    protected void onCreate(Bundle savedInstanceState) {
        super.onCreate(savedInstanceState);
        setContentView(R.layout.activity_main);
        GridView gridV = findViewById(R.id.GridV);   //获取网格视图组件
        //网格视图组件调用 ImageAdapter
        gridV.setAdapter(new ImageAdapter(this));
    }
    //创建一个 ImageAdapter 图片适配器,继承自 BaseAdapter
    public class ImageAdapter extends BaseAdapter{
        private Context m_cont;                             //定义一个上下文
        //在构造方法中初始化上下文
        public ImageAdapter(Context c)
        {
```

```
            m_cont = c;
        }
        @Override//获取图片数组的长度
        public int getCount() {
            return pic.length;
        }
        @Override
        public Object getItem(int i) {
            return 0;
        }
        @Override
        public long getItemId(int i) {
            return 0;
        }
        @Override//获取视图方法
        public View getView(int i, View view, ViewGroup viewGroup) {
            ImageView imageV;                          //定义一个图像视图组件
            if(view==null)                             //判断传进来的值是否为空
            {
                imageV = new ImageView(m_cont);    //创建图像视图组件
                //设置图像视图的宽高
                imageV.setLayoutParams(new GridView.LayoutParams(150,230));
                //设置图像缩放方式
                imageV.setScaleType(ImageView.ScaleType.CENTER_CROP);
            }else{
                imageV = (ImageView)view;              //不为空的情况下直接赋值
            }
            imageV.setImageResource(pic[i]);       //设置图像视图显示的图片
            return imageV;//返回视图组件
        }
    }
}
```

以上代码创建了一个线性布局管理器、一个用于提示信息的文本框组件、一个网格视图组件，并在主活动中为网格视图组件添加了需要显示的图片，具体操作分为以下几步。

step 01 在布局管理器中添加网格视图组件。

step 02 将需要的图片资源保存到 drawable 目录下，并在主活动中创建数组资源。

step 03 创建一个 ImageAdapter 图片适配器类，继承自 BaseAdapter，创建完成后 Android Studio 会有红色波浪线提示，可以按键盘上的 Alt+Enter 组合键重写四个方法：getCount()、getItem()、getItemId()、getView()。

step 04 在图片适配器中创建上下文并在构造函数中初始化。

step 05 在 getCount()方法中返回图片数组长度。

step 06 在 getView()方法中创建 ImageView 组件，判断传入的视图信息是否为空，并对视图组件进行设置，最后返回视图组件。

step 07 在 onCreate()方法中，获取布局文件中的网格视图组件，设置调用 ImageAdapter 图片适配器。

查看运行效果，如图 5-9 所示。

图 5-9 例 5-6 运行效果

5.3 列表类组件

Android 为开发人员提供了两个列表类组件：Spinner 下拉列表框，一般用于弹出一个可以选择的下拉列表；ListView 列表视图组件，一般用于以列表的形式显示信息。它们的继承关系如图 5-10 所示。

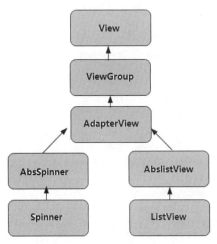

图 5-10 继承关系

从图中可以清晰地看到，Spinner、ListView 组件都间接继承自 ViewGroup，所以它们具有 ViewGroup 容器的特性，同时它们又间接继承自 AdapterView，所以它们可以设置自适应的方式显示多个列表项。

5.3.1 下拉列表框组件

下拉列表框(Spinner)组件，通常会提供一组固定选项，以下拉方式供用户进行选择，方便用户的操作，例如，电影类软件的选择，包括动作、喜剧、爱情、科幻影片类型等。

Spinner 在 XML 布局文件中的基本语法如下：

```
<Spinner
    属性
    android:entries=""//设置数组的名称
    android:prompt="">//可选属性用于指定下拉列表的标题
</Spinner>
```

注意：prompt 属性当显示模式为 dialog 时生效，作用为显示 dialog 的标题内容，但在 Android 5.0 中，设置 prompt 属性是没有任何效果的，需采用 Theme.Black 主题才可以。

其他常用属性如下。

- dropDownHorizontalOffset：设置列表框的水平偏移距离。
- dropDownVerticalOffset：设置列表框的垂直偏移距离。
- dropDownSelector：列表框被选中时的背景。
- dropDownWidth：设置下拉列表框的宽度。
- gravity：设置组件内部的对齐方式。
- popupBackground：设置列表框的背景。
- spinnerMode：列表框的模式，有两个可选值。
  - dialog：对话框风格的窗口。
  - dropdown：下拉列表风格的窗口(默认)。

在开发过程中，如果下拉列表中的选项是固定的，那么可以将其保存在数组资源文件中，然后通过数组资源为其指定选项。

下面通过实例演示如何使用下拉列表框组件。

【例 5-7】下拉列表框组件的使用。

创建一个新的 Module 并命名为"Spinner"，在布局文件中加入如下代码：

```xml
<?xml version="1.0" encoding="utf-8"?>
<LinearLayout xmlns:android="http://schemas.android.com/apk/res/android"
    xmlns:app="http://schemas.android.com/apk/res-auto"
    xmlns:tools="http://schemas.android.com/tools"
    android:layout_width="match_parent"
    android:layout_height="match_parent"
    tools:context="com.example.spinner.MainActivity"
    android:orientation="vertical">
    <TextView
        android:layout_width="match_parent"
        android:layout_height="wrap_content"
        android:text="根据风格选电影"
        android:background="#000000"
```

```xml
        android:textColor="#ffffff"
        android:gravity="center_horizontal"/>
    <Spinner//下拉列表组件
        android:id="@+id/spin"
        android:entries="@array/list_type"//数组资源
        android:layout_width="wrap_content"
        android:layout_height="wrap_content">
    </Spinner>
</LinearLayout>
```

如果下拉列表中的选项固定，可以通过创建数组资源来进行设置。编写用于指定列表项的数组资源文件，将其保存于 res/values 目录中，并将其命名为 arrays.xml，具体代码如下：

```xml
<?xml version="1.0" encoding="utf-8"?>
<resources>
    <string-array name="list_type">//数组资源名称
        <item>全部</item>
        <item>动作</item>
        <item>喜剧</item>
        <item>爱情</item>
        <item>科幻</item>
        <item>悬疑</item>
    </string-array>
</resources>
```

在主活动 MainActivity 中，修改继承关系为 Activity，并导入 android:app:Activity 类，然后加入如下代码：

```java
public class MainActivity extends Activity {
    @Override
    protected void onCreate(Bundle savedInstanceState) {
        super.onCreate(savedInstanceState);
        setContentView(R.layout.activity_main);
        Spinner sp=findViewById(R.id.spin);//获取下拉列表框组件
        //设置下拉列表框组件选择监听事件
        sp.setOnItemSelectedListener(new AdapterView.OnItemSelectedListener() {
            @Override
            public void onItemSelected(AdapterView<?> adapterView, View view,
                int i, long l) {
                //获取下拉列表中选项
                String str=adapterView.getSelectedItem().toString();
                if(!str.equals("全部"))//判断不是默认选项
                {   //打印提示信息
                    Toast.makeText(MainActivity.this,"你选择的电影类型是："+str+
                        "电影",Toast.LENGTH_SHORT).show();
                }
            }
            @Override
            public void onNothingSelected(AdapterView<?> adapterView) {
            }
        });
    }
}
```

上面的代码中创建了一个下拉列表框组件，并且通过数组资源的形式为其指定了表项，在主活动中设置下拉列表选中监听事件，获取选中项后对其进行判断，如果不是默认选项，则打印提示信息。

查看下拉结果，如图 5-11 所示，选中改变项后如图 5-12 所示。

图 5-11　下拉列表选项

图 5-12　选中选项后的效果

5.3.2　列表视图组件

列表视图(ListView)组件将需要显示的信息以垂直列表的形式进行展现，例如，微信中的个人信息就是以列表的形式展现的。

ListView 在 XML 布局文件中的基本语法格式如下：

```
<ListView
    属性
    android:layout_width="wrap_content"
    android:layout_height="wrap_content">
</ListView>
```

ListView 的常用属性如下。

- divider：设置列表视图的分隔线，可以使用颜色，也可以使用图像资源。
- dividerHeight：设置分隔条的高度。
- entries：通过数组资源为其添加列表项。
- footerDividersEnabled：是否在 footerView(表尾)前绘制一个分隔条，默认为 true。
- headerDividersEnabled：是否在 headerView(表头)前绘制一个分隔条，默认为 true。

下面通过一个字符串为 ListView 组件添加列表项。

在 Values 目录下添加一个 arry.xml 文件，添加如下内容，并修改 ListView 中的 entries 属性为 type 字符串数组，这样就简单地为 ListView 添加了列表项。

```
<?xml version="1.0" encoding="utf-8"?>
<resources>
    <string-array name="type">
        <item>"电影"</item>
```

```xml
        <item>"游戏"</item>
        <item>"小说"</item>
        <item>"音乐"</item>
    </string-array>
</resources>
```

下面通过实例演示添加一个带图像的列表视图。

【例5-8】列表视图组件的使用。

创建一个新的 Module 并命名为"ListView",在布局文件中加入如下代码:

```xml
<LinearLayout xmlns:android="http://schemas.android.com/apk/res/android"
    xmlns:tools="http://schemas.android.com/tools"
    android:layout_width="match_parent"
    android:layout_height="match_parent"
    tools:context="com.example.listview.MainActivity"
    android:orientation="vertical">
    <TextView
        android:layout_width="match_parent"
        android:layout_height="wrap_content"
        android:background="#000000"
        android:text="@string/title"
        android:textColor="#ffffff"
        android:gravity="center_horizontal"/>
    <ListView
        android:id="@+id/listv"
        android:layout_width="match_parent"
        android:layout_height="wrap_content"/>
</LinearLayout>
```

在 res\layout 目录下创建新的布局文件 list_main.xml,并加入如下代码:

```xml
<?xml version="1.0" encoding="utf-8"?>
<LinearLayout xmlns:android="http://schemas.android.com/apk/res/android"
    android:layout_width="match_parent"
    android:layout_height="match_parent"
    android:orientation="horizontal">
    <ImageView
        android:id="@+id/image_list"
        android:maxHeight="76dp"
        android:maxWidth="76dp"
        android:paddingStart="10dp"
        android:adjustViewBounds="true"
        android:layout_width="wrap_content"
        android:layout_height="wrap_content" />
    <TextView
        android:id="@+id/text_list"
        android:layout_width="wrap_content"
        android:layout_height="wrap_content"
        android:padding="10dp"
        android:layout_gravity="center"/>
</LinearLayout>
```

将要用到的图像文件拷贝到 drawable 目录中,并在主活动中加入如下代码:

```java
public class MainActivity extends AppCompatActivity {
    @Override
    protected void onCreate(Bundle savedInstanceState) {
        super.onCreate(savedInstanceState);
        setContentView(R.layout.activity_main);
        int pic[] = new int[]{//创建图像数组
                R.drawable.tiq01,R.drawable.tiq02,R.drawable.tiq03,
                R.drawable.tiq04,R.drawable.tiq05,R.drawable.tiq06
        };
        String name[] = new String[]{//创建字符串数组
                "晴天","小雨","小雪","阴天","雷电","多云"
        };
        //创建一个list对象、一个map对象
        List<Map<String,Object>> listItem=new ArrayList<Map<String,Object>>();
        for(int i=0;i<pic.length;i++)
        {//使用for循环为map对象进行赋值
            Map<String,Object> map=new HashMap<String,Object>();
            map.put("image",pic[i]);
            map.put("name",name[i]);
            listItem.add(map);//将赋值后的map加入list中
        }//创建一个适配器并将其实例化
        SimpleAdapter adapter=new SimpleAdapter
                (this,listItem,R.layout.list_main,new String[]{"image","name"},
                        new int[]{R.id.image_list,R.id.text_list});
        ListView lis=findViewById(R.id.listv);//找到listView组件
        lis.setAdapter(adapter);//使用创建好的适配器对象
        //设置列表视图选中监听事件
        lis.setOnItemClickListener(new AdapterView.OnItemClickListener() {
            @Override
            public void onItemClick(AdapterView<?> adapterView, View view,
                                    int i, long l) {
                //获取选中项的字符串
             Map<String,Object> map= (Map<String, Object>)
                    adapterView.getItemAtPosition(i);
                //将获取的字符串打印输出
                Toast.makeText(MainActivity.this,"你选中了"+map.get
                        ("name").toString()+"天气", Toast.LENGTH_SHORT).show();
            }
        });
    }
}
```

上面代码主要通过以下几个步骤，完成创建带图像的列表视图。

step 01 在主布局文件中添加了一个列表视图组件。

step 02 由于创建的是带图像的列表视图，所以这里创建了新的布局文件。关于如何调用多个布局文件，后续章节还会讲解，这里了解即可。

step 03 将用到的图片资源拷贝到 drawable 目录中，并在主活动中创建图片数组及与之对应的字符串数组。

step 04 将字符串数组与图片数组以 map 的形式加入列表中。

step 05 创建适配器，通过组件 id 获取组件并添加新创建的适配器。

step 06 通过设置列表视图选中监听事件，获取选中项，然后打印输出选中项信息。

运行结果如图 5-13 所示。

5.3.3 RecyclerView 组件

RecyclerView 是 support-v7 包中的新组件，是一个强大的滑动组件，与 ListView 组件相比，除了包含 ListView 的所有功能外，还扩展了新的功能，所以 RecyclerView 组件更像是一个增强版 ListView 组件。下面讲解 RecyclerView 组件的使用。

图 5-13　例 5-8 运行效果

1. RecyclerView 组件的优点

(1) RecyclerView 组件封装了 Viewholder 的回收复用，也就是说，RecyclerView 组件标准化了 ViewHolder，编写 Adapter 面向的是 ViewHolder，而不再是 View 了，复用的逻辑被封装了，写起来更加简单。

(2) 提供了更加灵活的操作。RecyclerView 组件专门设定了相应的类，来控制 Item 的显示，使其扩展性更强。例如，想要控制横向或者纵向滑动列表效果，可以通过 LinearLayoutManager 类来进行控制(与 GridView 效果对应的是 GridLayoutManager，与瀑布流对应的是 StaggeredGridLayoutManager 等)，也就是说，RecyclerView 组件不再单独局限于线性展示方式，它可以扩展出更加丰富多样的展示形式。

(3) 控制 Item 增删的动画。可以通过 ItemAnimator 类进行控制，当然针对增删的动画，RecyclerView 有自己默认的实现方式。

2. RecyclerView 组件的方法

1) onCreateViewHolder()

该方法主要为每个 Item 生成一个 View，但是该方法返回的是一个 ViewHolder。该方法把 View 直接封装在 ViewHolder 中，然后只操作 ViewHolder 实例，当然 ViewHolder 需要自己去实现。直接省去了当初的 convertView.setTag(holder)和 convertView.getTag()这些烦琐的步骤。

2) onBindViewHolder()

该方法主要用于适配绑定数据到 View 中。该方法提供一个 ViewHolder，而不是原来的 convertView。

3) getItemCount()

该方法类似于 BaseAdapter 的 getCount 方法，即总共有多少个条目。

下面通过实例演示如何使用 RecyclerView。

【例 5-9】RecyclerView 组件的使用。

创建一个新的 Module 并命名为"RecyclerView"，选择 Gradle Scripts/build.gradle 文件，在 dependencies 闭包中选中一段内容：

```
implementation 'com.android.support:appcompat-v7:26.1.0'
```

将其替换成下面这样即可：

```
implementation 'com.android.support:recyclerview-v7:26.1.0'
```

注意

读者的版本可能跟上面的版本不相同，但操作是相同的，只需要将 appcompat 替换为 recyclerview 即可。

定义一个适配器类，具体代码如下：

```java
public class MyAdapter extends RecyclerView.Adapter<Myholder>{
    private Context mContext;              //定义一个设备上下文
    private List<String> mData;            //定义一个数据 List
    private LayoutInflater inflater;       //定义一个布局填充器
    public MyAdapter(Context context,List<String> mData)
    {
        //初始化数据
        this.mData = mData;
        this.mContext = context;
        this.inflater = LayoutInflater.from(context);
    }
    @Override
    public Myholder onCreateViewHolder(ViewGroup parent, int viewType) {
        //获取控件中 item 的布局文件
        View view = inflater.inflate(R.layout.item,parent,false);
        Myholder holder = new Myholder(view);//定义返回的 holder
        return holder;
    }
    @Override
    public void onBindViewholder(Myholder holder, int position) {
        holder.tv.setText(mData.get(position));//获取数据显示到控件
    }
    @Override
    public int getItemCount() {
        return mData.size();//返回数据项
    }
}
class Myholder extends RecyclerView.ViewHolder
{
    TextView tv;//定义控件
    public Myholder(View itemView) {
        super(itemView);
        tv = itemView.findViewById(R.id.tv);//绑定控件
    }
}
```

在布局文件中添加一个 RecyclerView 控件，用于显示内容，具体内容如下：

```xml
<LinearLayout xmlns:android="http://schemas.android.com/apk/res/android"
    android:layout_width="match_parent"
    android:layout_height="25dp">
    <TextView
```

```xml
        android:id="@+id/tv"
        android:layout_width="match_parent"
        android:layout_height="wrap_content"
        android:gravity="center"
        android:background="#4400ff00"/>
</LinearLayout>
```

在主活动中加入如下代码：

```java
public class MainActivity extends AppCompatActivity {
    private MyAdapter mAdpter;                              //创建自定义的适配器
    private RecyclerView mRecycler;                         //创建 RecyclerView
    private List<String> mData;                             //创建一个 List 数据
    @Override
    protected void onCreate(Bundle savedInstanceState) {
        super.onCreate(savedInstanceState);
        setContentView(R.layout.activity_main);
        mData = new ArrayList<String>();                    //实例化数据
        for(int i=0;i<30;i++)
        {
            mData.add("内容"+i);                             //为数据赋值
        }
        mRecycler = findViewById(R.id.RecyclerV);           //绑定 RecyclerView
        //设置 RecyclerView 的布局管理器
        mRecycler.setLayoutManager(new LinearLayoutManager(this,
                LinearLayoutManager.VERTICAL,false));
        mAdapter = new MyAdapter(this,mData);               //初始化适配器
        mRecycler.setAdapter(mAdapter);                     //设置适配器
    }
}
```

以上代码通过 RecyclerView 实现了一个类似 ListView 组件的功能，步骤如下。

step 01 在主布局文件中添加了一个 RecyclerView 组件，注意这里需要使用全名。

step 02 RecyclerView 的适配器需要单独创建，所以创建一个继承自 RecyclerView.Adapter 的类。

step 03 在主活动中初始化数据，并设置相应的适配器、布局管理器。

step 04 重写其中的三个方法，并创建一个内部类继承自 RecyclerView.ViewHolder，对数据进行绑定。

运行结果如图 5-14 所示。

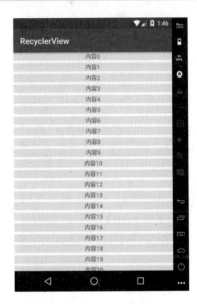

图 5-14 例 5-9 运行效果

5.4 通 用 组 件

Android 提供了 ScrollView 滚动视图组件，用于为其他组件提供滚动效果，还提供了选项卡组件，它由 TabHost、TabWidget 和 FrameLayout 三个组件组成。下面将对这两个组件进行详细讲解。

5.4.1 滚动视图组件

当内容比较多、不能够一屏显示的时候就可以使用滚动视图组件，使用户通过滚动屏幕查看完整的内容。下面将对滚动视图组件进行讲解。

滚动视图组件继承自帧布局管理器，因此，在滚动视图中，可以添加任何组件，但是一个滚动视图中只能放置一个组件，如果有放入多个组件的需求，可以在滚动视图中添加一个布局管理器，然后将要放入的组件放入布局管理中来实现。

注意　　滚动视图只支持垂直滚动，如有水平滚动需求，可以通过水平滚动视图(HorizontalScrollView)来实现。

ScrollView 滚动视图在 XML 布局文件中的语法如下：

```xml
<ScrollView
  android:layout_width="match_parent"
  android:layout_height="match_parent">
</ScrollView>
```

滚动视图相对比较简单，只需在其中加入其他组件即可。下面一段代码就可以为一个文本框组件添加滚动效果。

```xml
<ScrollView
  android:layout_width="match_parent"
  android:layout_height="wrap_content">
  <TextView
   android:layout_width="wrap_content"
   android:layout_height="wrap_content"
  />
</ScrollView>
```

下面通过一个完整的实例演示如何使用滚动视图组件。

【例 5-10】滚动视图组件的使用。

创建一个新的 Module 并命名为"ScrollView"，在布局管理器中修改默认的布局管理器为水平线性布局管理器，并为其设置 id 属性，修改后的代码如下：

```xml
<LinearLayout xmlns:android="http://schemas.android.com/apk/res/android"
  xmlns:tools="http://schemas.android.com/tools"
  android:layout_width="match_parent"
  android:layout_height="match_parent"
  tools:context="com.example.scrollview.MainActivity"
```

```
    android:orientation="vertical"
    android:id="@+id/main_layout">
</LinearLayout>
```

在 res\values\Strings.xml 文件中加入一个 text_shi 的字符串资源，代码如下：

```
<resources>
    <string name="app_name">一段对联</string>
    <string name="text_shi">
        一\t\t\t\t\t\t 万\n\n
        卷\t\t\t\t\t\t 丈\n\n
        诗\t\t\t\t\t\t 豪\n\n
        书\t\t\t\t\t\t 情\n\n
        满\t\t\t\t\t\t 千\n\n
        腹\t\t\t\t\t\t 秋\n\n
        才\t\t\t\t\t\t 伟\n\n
        华\t\t\t\t\t\t 业\n\n
        试\t\t\t\t\t\t 敢\n\n
        问\t\t\t\t\t\t 对\n\n
        天\t\t\t\t\t\t 苍\n\n
        下\t\t\t\t\t\t 穹\n\n
        谁\t\t\t\t\t\t 我\n\n
        为\t\t\t\t\t\t 是\n\n
        王\t\t\t\t\t\t 英\n\n
        者\t\t\t\t\t\t 雄\n\n
    </string>
</resources>
```

其中，"\t" 是转义字符，表示输出一个 tab 空格；"\n" 也是转义字符，表示换行。

在主活动中添加如下代码：

```
public class MainActivity extends AppCompatActivity {
    @Override
    protected void onCreate(Bundle savedInstanceState) {
        super.onCreate(savedInstanceState);
        setContentView(R.layout.activity_main);
        //获取线性布局管理器
        LinearLayout linear=findViewById(R.id.main_layout);
        //创建滚动视图组件
        ScrollView s=new ScrollView(MainActivity.this);
        //创建文本框组件
        TextView t=new TextView(MainActivity.this);
        t.setText(R.string.text_shi);      //为文本框组件添加文本内容
        s.addView(t);                       //将文本框组件加入滚动视图组件中
        linear.addView(s);                  //将滚动视图组件加入布局管理器中
    }
}
```

查看运行效果，如图 5-15 所示。

滚动视图需要拖动才可以显示，默认是不显示的，拖动停止以后滚动条会消失。

5.4.2 选项卡组件

当一个页面无法满足显示需求，同时这些页面具有不同的功能属性时，则可以采用选项卡组件，这样既能满足分页显示，还不至于排列凌乱。下面对选项卡组件进行详细讲解。

在 Android 中通过以下几个步骤来实现选项卡的分页功能。

step 01 在布局文件中添加实现选项卡的三个组件，即 TabHost、TabWidget 和 TabContent。通常情况下，TabContent 组件需要 FrameLayout 来实现。

step 02 为不同的分页建立对应的 XML 布局文件。

step 03 在 Activity 中获取并初始化 TabHost 组件。

step 04 为 TabHost 对象添加标签页。

图 5-15 例 5-10 运行效果

下面通过实例演示通过选项卡组件实现分页显示的效果。

【例 5-11】 选项卡组件的使用。

创建一个新的 Module 并命名为"TableView"，修改布局管理器文件，修改后的代码如下：

```xml
<?xml version="1.0" encoding="utf-8"?>
<TabHost xmlns:android="http://schemas.android.com/apk/res/android"
    xmlns:app="http://schemas.android.com/apk/res-auto"
    xmlns:tools="http://schemas.android.com/tools"
    android:layout_width="match_parent"
    android:layout_height="match_parent"
    tools:context="com.example.tableview.MainActivity"
    android:id="@android:id/tabhost">
    <LinearLayout
        android:layout_width="match_parent"
        android:layout_height="match_parent"
        android:orientation="vertical">
        <TabWidget
            android:id="@android:id/tabs"
            android:layout_width="match_parent"
            android:layout_height="wrap_content">
        </TabWidget>
        <FrameLayout
            android:layout_width="match_parent"
            android:layout_height="match_parent"
            android:id="@android:id/tabcontent">
        </FrameLayout>
    </LinearLayout>
</TabHost>
```

注意

TabHost 组件的命名方式不一样,如果不按照这样来命名会报错。

在 res\layout 目录下新建两个标签页布局管理器,并将要用到的图片添加到 res/drawable 目录中,布局代码如下:

```xml
<?xml version="1.0" encoding="utf-8"?>
<LinearLayout xmlns:android="http://schemas.android.com/apk/res/android"
    android:layout_width="match_parent"
    android:layout_height="match_parent"
    android:id="@+id/lin1"
    android:orientation="vertical">
<ImageView
    android:layout_width="match_parent"
    android:layout_height="match_parent"
    android:src="@drawable/image1"/>
</LinearLayout>
```

第二个 tab 布局管理器代码如下:

```xml
<?xml version="1.0" encoding="utf-8"?>
<FrameLayout xmlns:android="http://schemas.android.com/apk/res/android"
    android:layout_width="match_parent"
    android:layout_height="match_parent"
    android:id="@+id/fra1">
<LinearLayout
    android:layout_width="match_parent"
    android:layout_height="match_parent"
    android:id="@+id/lin2">
    <ImageView
        android:layout_width="match_parent"
        android:layout_height="match_parent"
        android:src="@drawable/image2"/>
</LinearLayout>
</FrameLayout>
```

在主活动中添加如下代码:

```java
public class MainActivity extends AppCompatActivity {
    @Override
    protected void onCreate(Bundle savedInstanceState) {
        super.onCreate(savedInstanceState);
        setContentView(R.layout.activity_main);
        TabHost tab=findViewById(android.R.id.tabhost);
        tab.setup();
        //声明并实例化一个 LayoutInflater 对象
        LayoutInflater inflater=LayoutInflater.from(this);
        inflater.inflate(R.layout.tab1,tab.getTabContentView());
        inflater.inflate(R.layout.tab2,tab.getTabContentView());
        tab.addTab(tab.newTabSpec("tab1").setIndicator("湖光")
            .setContent(R.id.lin1));//添加第一个标签
        tab.addTab(tab.newTabSpec("tab2").setIndicator("山色")
            .setContent(R.id.fra1));//添加第二个标签
    }
}
```

以上代码创建了一个简单选项卡实例，分别为两个标签页添加布局文件，并在主活动中添加 TabHost 组件，实现分页显示。

运行结果，如图 5-16 所示。

图 5-16　例 5-11 运行效果

5.5　大神解惑

小白：在使用 ListView 控件时，item 中包含按钮类控件，如何为 ListView 设置单击事件？

大神：item 内如果有按钮类控件，焦点会被 item 内的按钮控件抢走，从而导致在 ListView 中设置的 onitemclick 事件不会被触发。解决方法是在初始化 item 的时候屏蔽其内部按钮类控件的焦点获取，具体方法可以在自定义 item 的根控件中调用：

```
setDescendantFocusability(ViewGroup.FOCUS_BLOCK_DESCENDANTS);
```

小白：既然有 ListView 控件，为何还要使用 RecyclerView 控件？

大神：RecyclerView 控件是在 ListView 控件之后发展起来的，功能非常强大，而且它是一个插件式控件，需要什么功能通过相应的配置类进行设置即可，在开发复杂多样的列表工程时，RecyclerView 更加便于扩充与维护。

5.6　跟我学上机

练习 1：使用网格视图组件实现模拟手机桌面。

练习 2：创建一个带图标的下拉列表。

练习 3：实现 ListView 的下拉刷新功能。

练习 4：使用 RecyclerView 实现多种样式显示。

练习 5：使用选项卡组件实现多页面切换。

第 6 章 精通活动

使用 Android Studio 创建完成第一个 Android 项目后，要想进一步认识 Android，就要从界面开始，这是因为不管程序算法如何高效、架构如何出色，用户在乎的永远只是看到的感兴趣的内容，因此需要首先认识容纳各种组件的活动。本章将详细介绍活动的基础知识。

本章要点(已掌握的在方框中打钩)

- ☐ 掌握如何创建、加载和注册活动
- ☐ 掌握如何手动创建活动及其布局文件
- ☐ 掌握如何实现活动间的跳转
- ☐ 掌握活动的状态
- ☐ 掌握活动的生命周期
- ☐ 掌握活动回收后的处理

6.1 认识活动

活动(Activity)是一种包含用户界面的组件，它是 Android 四大基本组件之一，主要用于和用户进行交互。在一个应用程序中，Activity 相当于一屏，它相当于一个容器容纳这些组件，它可以添加很多其他组件，为其他组件提供具体功能。

在一个 Android 应用中可以有多个 Activity，这些 Activity 只能有一个在当前显示，其他的则处于休眠状态，只有当用户操作被唤醒以后才可以显示，在 Activity 中有 4 个重要的状态。

- 运行状态：处于当前显示状态，可见，也可操作。
- 暂停状态：处于休眠状态，随时可以被唤醒，不能被系统 killed(杀死)，在被唤醒前不能操作。
- 停止状态：被其他的应用程序覆盖，不可见，但是还可以被重新启用，同时系统内存低时将被系统 killed(杀死)。
- 销毁状态：该 Activity 被结束，或者所在的进程结束。

下面通过一张图来了解 Activity 的 4 个重要状态，以及它们调用的方法，如图 6-1 所示。

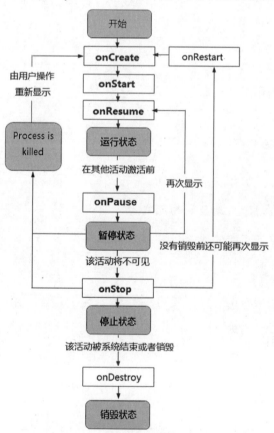

图 6-1 Activity 生命周期及回调方法

Activity 的一些重要回调方法如下。
- onCreate：初次创建时调用此方法，该方法是最常见的方法。
- onStart：启动时调用，当一个活动变为可见时调用此方法。
- onResume：当一个活动从休眠变为可见时调用此方法，此方法一定是 onPause 方法之后被调用。
- onPause：暂停活动时调用，该方法通常用于持久保持数据，正在使用的程序突然被中断将调用此方法进行暂停。
- onRestart：重新启用活动时被调用，该方法总是在 onStart 方法以后执行。
- onStop：停止活动时调用。
- onDestroy：销毁活动时调用。

6.2 深入活动

通过上一节的学习，已经对 Activity 有了简单的了解，其实在之前的程序中也已经使用过，只是不深入，本节将继续深入了解 Activity。

6.2.1 初建 Activity

创建 Activity 需要几个步骤，下面就带领大家建立一个 Activity，具体操作步骤如下。

step 01 Activity 创建在 Java 目录下，新建程序默认会为我们创建一个主活动，所以还需要创建新的活动。

（1）选中 Java 目录，右击，从弹出的快捷菜单中选择 New→Activity 命令，在级联菜单中选择需要建立的活动即可，如图 6-2 所示。

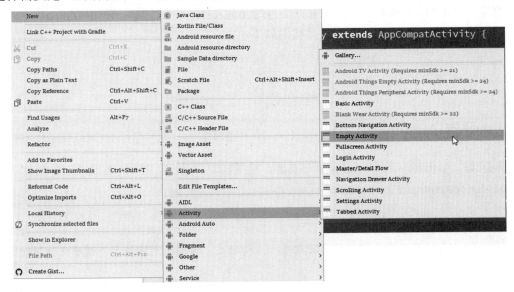

图 6-2　新建活动

(2) 这里以创建一个空的活动为例,选择 Empty Activity 命令,创建一个空的活动,在弹出对话框的 Activity Name 文本框中输入 "TestActivity",如图 6-3 所示。

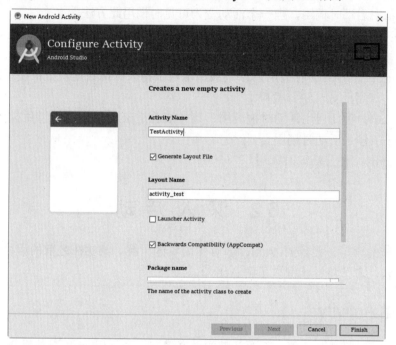

图 6-3 修改活动名称

(3) 单击 Finish 按钮即可创建一个空的 Activity。

step 02 一般活动都继承自 android.app 包中的 Activity 类,但是根据实际需要也可以继承自 Activity 的子类。

step 03 选择好继承方式后,通常需要重写 onCreate 方法,并且在 setContentView 方法中设置需要显示的页面,具体代码如下:

```
protected void onCreate(Bundle savedInstanceState) {
    super.onCreate(savedInstanceState);
    setContentView(R.layout.activity_main);}
```

6.2.2 配置 Activity

创建好 Activity 后,Android Studio 会自动将新建的活动进行配置,即在 AndroidManifest.xml 文件中加入如下代码:

```
<activity android:name=".TestActivity"></activity>
```

注意

这条配置非常关键,如果没有进行活动配置,活动将无法显示,程序也会报错。

具体的配置方法是通过 Activity 标记来进行添加,其语法格式如下:

```xml
<activity android:name="对应的活动实现类"
    android:label="为 Activity 指定标签"
    android:theme="应用的主题">
</activity>
```

如果该活动类在<manifest>标记的 package 属性指定的包中，那么此活动的 name 属性可以直接使用类名；如果 package 属性指定类存在于子包中，那么 name 属性需填写完整路径名。本例中活动保存于指定的包中，所以使用活动类名即可(这是一种简写，当然也可以书写完整包名加类名)，对应代码如下：

```xml
<?xml version="1.0" encoding="utf-8"?>
<manifest xmlns:android="http://schemas.android.com/apk/res/android"
    package="com.example.administrator.app">
    <application
        android:allowBackup="true"
        android:icon="@mipmap/ic_launcher"
        android:label="@string/app_name"
        android:roundIcon="@mipmap/ic_launcher_round"
        android:supportsRtl="true"
        android:theme="@style/AppTheme">
        <activity android:name=".MainActivity">          //这里便是注册的活动
            <intent-filter>
                <action android:name="android.intent.action.MAIN" />
                <category android:name="android.intent.category.LAUNCHER" />
            </intent-filter>
        </activity>
        <activity android:name=".TestActivity"></activity>//直接使用类名
    </application>
</manifest>
```

6.2.3 Activity 的启动与关闭

1. Activity 的启动

启动 Activity 分为单活动启动和多活动启动两种，下面分别对这两种情况进行讲解。

- 单活动：在 Android 程序中，如果只有一个活动，那么它是一个主活动，当程序运行时，主活动被调用进行显示，之前的程序都是采用这种单活动模式。
- 多活动：在应用程序中存在多个活动，依然只有一个主活动，当其他活动需要启动时，需要通过 startActivity()方法来启动需要的活动，该方法的语法格式如下：

```
public void startActivity(Intent intent)
```

该方法没有返回值，只有一个 Intent 类型的参数，Intent 是 Android 应用中各组件之间通信的一个信使，具体内容后续的章节会重点讲解。在创建 Intent 对象时需要指定被启动的 Activity。

多活动启动 Activity 实例代码如下：

```
Intent intent=new Intent(MainActivity.this,TestActivity);
startActivity(intent);
```

2. 关闭 Activity

在 Android 中想要关闭一个 Activity 非常简单，使用 Activity 类提供的 finish()方法即可。这个方法没有参数也没有返回值，直接调用即可关闭 Activity。下面给出一段关闭 Activity 的代码，通过一个按钮来关闭 Activity，具体代码如下：

```java
public class TestActivity extends AppCompatActivity {
    @Override
    protected void onCreate(Bundle savedInstanceState) {
        super.onCreate(savedInstanceState);
        setContentView(R.layout.activity_test);
        Button btn=findViewById(R.id.btn_close);
        btn.setOnClickListener(new View.OnClickListener() {
            @Override
            public void onClick(View view) {
                finish();//调用此方法关闭Activity
            }
        });
    }
}
```

关闭 Activity 也分为两种情况。
- 多活动中关闭其中一个活动，那么关闭后将返回上层活动。
- 如果只有一个活动，那么关闭后将返回桌面。

下面通过实例来演示如何启动与关闭 Activity。

【例 6-1】启动与关闭 Activity。

创建一个新的 Module 并命名为"StartActivity"，因为实例需要两个 Activity，所以创建新的 Activity 并命名为"TestActivity"，如何创建新的 Activity 请参考 6.2.1 小节，修改主活动布局管理器文件，代码如下：

```xml
<?xml version="1.0" encoding="utf-8"?>
<RelativeLayout
xmlns:android="http://schemas.android.com/apk/res/android"
    xmlns:tools="http://schemas.android.com/tools"
    android:layout_width="match_parent"
    android:layout_height="match_parent"
    tools:context="com.example.startactivity.MainActivity">
    <TextView
        android:id="@+id/text_main"
        android:layout_width="wrap_content"
        android:layout_height="wrap_content"
        android:text="唐诗-劝学！"
        />
    <Button
        android:id="@+id/btn_ok"
        android:layout_toRightOf="@+id/text_main"
        android:layout_width="wrap_content"
        android:layout_height="wrap_content"
        android:text="详情"/>
</RelativeLayout>
```

新建活动布局管理器文件，修改代码如下：

```xml
<?xml version="1.0" encoding="utf-8"?>
<RelativeLayout xmlns:android="http://schemas.android.com/apk/res/android"
    xmlns:tools="http://schemas.android.com/tools"
    android:layout_width="match_parent"
    android:layout_height="match_parent"
    tools:context="com.example.startactivity.TestActivity">
    <TextView
        android:id="@+id/text1"
        android:gravity="center"
        android:layout_width="wrap_content"
        android:layout_height="wrap_content"
        android:text="@string/shi"/>
    <Button
        android:id="@+id/btn_back"
        android:layout_width="wrap_content"
        android:layout_height="wrap_content"
        android:layout_below="@+id/text1"
        android:gravity="center"
        android:layout_toRightOf="@+id/text1"
        android:text="返回"/>
</RelativeLayout>
```

新建活动布局文件中使用了字符串资源，所以在字符串资源中添加如下代码：

```xml
<resources>
    <string name="app_name">StartActivity</string>
    <string name="shi">//添加字符串变量资源
        劝学\n
        三更灯火五更鸡，正是男儿读书时。\n
        黑发不知勤学早，白首方悔读书迟。\n
    </string>
</resources>
```

主活动 Java 代码如下：

```java
public class MainActivity extends AppCompatActivity {
    @Override
    protected void onCreate(Bundle savedInstanceState) {
        super.onCreate(savedInstanceState);
        setContentView(R.layout.activity_main);
        Button btn=findViewById(R.id.btn_ok);//获取按钮
        btn.setOnClickListener(new View.OnClickListener() {
            @Override
            public void onClick(View view) {//创建 Intent 对象并初始化
                Intent intent=new Intent(MainActivity.this,TestActivity.class);
                startActivity(intent);          //启动新建活动
            }
        });
    }
}
```

新建活动中的 Java 代码如下：

```java
public class TestActivity extends AppCompatActivity {
    @Override
    protected void onCreate(Bundle savedInstanceState) {
        super.onCreate(savedInstanceState);
        setContentView(R.layout.activity_test_activity);
        Button btn=findViewById(R.id.btn_back);//获取退出按钮
        btn.setOnClickListener(new View.OnClickListener() {
            @Override
            public void onClick(View view) {
                finish();                    //退出此活动页面
            }
        });
    }
}
```

以上代码创建了两个活动，主活动布局管理器使用相对布局，包括一个文本框组件和一个按钮组件，单击按钮调用新建活动页面。新建活动布局管理器使用相对布局，包括一个文本框组件和一个按钮组件，单击按钮退出此活动。

运行结果如图 6-4 所示，单击"详情"按钮将跳转到新建页面，如图 6-5 所示。

图 6-4　主活动页面

图 6-5　跳转页面

6.3　构建多个活动的应用

在 Android 应用中，单个 Activity 应用非常少见，为了满足更多的需求一般会采用多 Activity 应用，而这些页面之间就需要进行数据交换，下面将介绍如何进行多页面交互数据。

6.3.1　数据交换之 Bundle

两个页面之间进行数据交互，首先要创建 Intent 对象，Intent 像是两个页面之间的一个桥梁，但是只有桥梁是不能传送数据的，Android 将要传送的数据存放在 Bundle 对象中，然后通过 Intent 提供的 putExtras()方法将要传送的数据携带过去。

Bundle 相当于超市的储物柜，一个编号对应一个储物盒，只要拿到编号就可以取出物品。Bundle 携带的数据可以是基本数据类型也可以是数组，还可以是对象或者对象数组，如果是对象或者对象数组，需要使用 Serializable 或者 Parcelable 接口。

注意

在使用 Bundle 传递数据时，Bundle 是有大小限制的，数据必须小于 0.5MB，如果大于这个值会报 TransactionTooLargeException 异常。

下面通过实例来演示如何在两个页面之间传递数据。

【例 6-2】页面间传递数据。

创建一个新的 Module 并命名为"Bundle-one"，因为实例需要两个 Activity，所以创建新的 Activity 并命名为"ShowActivity"。如何创建新的 Activity 请参考 6.2.1 小节，修改主活动布局管理器文件代码如下：

```xml
<?xml version="1.0" encoding="utf-8"?>
<LinearLayout xmlns:android="http://schemas.android.com/apk/res/android"
    xmlns:tools="http://schemas.android.com/tools"
    android:layout_width="match_parent"
    android:layout_height="match_parent"
    tools:context="com.example.bundle_one.MainActivity"
    android:orientation="vertical">
    <EditText
        android:id="@+id/Edit1"
        android:layout_width="match_parent"
        android:layout_height="wrap_content"
        android:hint="请输入姓名"/>
    <EditText
        android:id="@+id/Edit2"
        android:layout_width="match_parent"
        android:layout_height="wrap_content"
        android:hint="年龄"/>
    <EditText
        android:id="@+id/Edit3"
        android:layout_width="match_parent"
        android:layout_height="wrap_content"
        android:hint="电话"/>
    <EditText
        android:id="@+id/Edit4"
        android:layout_width="match_parent"
        android:layout_height="wrap_content"
        android:hint="地址"/>
    <Button
        android:id="@+id/btn_ok"
        android:layout_width="match_parent"
        android:layout_height="wrap_content"
        android:text="确定"/>
</LinearLayout>
```

主活动布局文件中创建了四个编辑框，分别用于保存用户输入的姓名、年龄、电话、地址信息，还创建了一个按钮用于打开另一个页面。

显示信息页面的布局文件代码如下：

```xml
<?xml version="1.0" encoding="utf-8"?>
<LinearLayout xmlns:android="http://schemas.android.com/apk/res/android"
    xmlns:tools="http://schemas.android.com/tools"
```

```xml
    android:layout_width="match_parent"
    android:layout_height="match_parent"
    tools:context="com.example.bundle_one.ShowActivity"
    android:orientation="vertical">
    <TextView
        android:layout_width="match_parent"
        android:layout_height="wrap_content"
        android:text="基本信息"/>
    <TextView
        android:id="@+id/text1"
        android:layout_width="match_parent"
        android:layout_height="wrap_content" />
    <Button
        android:id="@+id/btn_back"
        android:layout_width="match_parent"
        android:layout_height="wrap_content"
        android:text="返回"/>
</LinearLayout>
```

显示信息布局文件中，添加了两个文本框控件，一个用于显示提示信息，另一个用于显示传入过来的信息，一个"返回"按钮用于退出此页面。

修改主活动中 Java 代码如下：

```java
public class MainActivity extends AppCompatActivity {
    @Override
    protected void onCreate(Bundle savedInstanceState) {
        super.onCreate(savedInstanceState);
        setContentView(R.layout.activity_main);
        Button btn=findViewById(R.id.btn_ok);
        btn.setOnClickListener(new View.OnClickListener() {
            @Override
            public void onClick(View view) {
                //获取文本框中的信息
                String str1=((EditText)findViewById(R.id.Edit1)).getText().toString();
                String str2=((EditText)findViewById(R.id.Edit2)).getText().toString();
                String str3=((EditText)findViewById(R.id.Edit3)).getText().toString();
                String str4=((EditText)findViewById(R.id.Edit4)).getText().toString();
                //判断文本框中是否都输入了信息
                if(!str1.equals("")&&!str2.equals("")&&!str3.equals("")
                    &&!str4.equals(""))
                {//创建并实例化一个 Intent 对象
                    Intent intent=new Intent
                        (MainActivity.this,ShowActivity.class);
                    Bundle bund = new Bundle();//创建并实例化一个 bundle 对象
                    bund.putCharSequence("name",str1);//保存姓名
                    bund.putCharSequence("age",str2);//保存年龄
                    bund.putCharSequence("phone",str3);//保存手机号
                    bund.putCharSequence("site",str4);//保存地址
                    intent.putExtras(bund);//将 bundle 对象添加到 Intent 对象中
                    startActivity(intent);//启动 Activity
                }
                else
                {
```

```
                Toast.makeText(MainActivity.this,"请填写完整内容",
                    Toast.LENGTH_SHORT).show();
            }
        }
    });
}
```

主活动中创建了一个 bundle 对象，并将获取到的文本框信息存入 bundle 对象中，将 bundle 对象添加到 Intent 对象中，实现了数据的打包。在"确定"按钮单击事件中实现页面跳转。

修改显示页面 Java 代码如下：

```
public class ShowActivity extends AppCompatActivity {
    @Override
    protected void onCreate(Bundle savedInstanceState) {
        super.onCreate(savedInstanceState);
        setContentView(R.layout.activity_show);
        Intent intent = getIntent();//获取 intent 对象
        Bundle bun=intent.getExtras();
        TextView text=findViewById(R.id.text1);//绑定文本框组件
        //组合字符串
        String str="姓名："+bun.getString("name")+"\n"+"年龄："
            +bun.getString("age")+"\n"+"电话："+bun.getString("phone")
            +"\n"+"地址："+bun.getString("site");
        text.setText(str);//将获取到的信息显示到文本框中
        Button btn = findViewById(R.id.btn_back);//绑定按钮组件
        btn.setOnClickListener(new View.OnClickListener() {
            @Override
            public void onClick(View view) {
                finish();//返回
            }
        });
    }
}
```

显示页面中，获取 Intent 对象并将 Bundle 对象中的数据提取出来，在文本框中显示提取出来的信息，单击"返回"按钮退出此页面的显示。

主活动页面如图 6-6 所示，输入信息后单击"确定"按钮转入的显示页面如图 6-7 所示。

图 6-6　输入信息页面

图 6-7　显示信息页面

6.3.2 调用页面返回数据

在 Android 实际开发中,有时需要调用另一个页面来返回数据,当用户选择或者输入完成后再返回调用页面,同时获取用户选择的数据。

与之前的传递数据类似,同样需要使用 Intent 对象与 Bundle 对象,不同的是,此处需要调用 startActivityForResult()方法来启动另一个 Activity,调用此方法之后,在关闭页面时可以将用户输入的数据返回到调用 Activity 的页面。startActivityForResult()方法的语法如下:

```
public void startActivityForResult(Intent intent, int requestCode)
```

该方法将设置一个请求码,启动的 Activity 完成工作后进行返回,此时调用者可以通过重写 onActivityResult()方法来获取返回的数据。requestCode 由开发者自行设置,用于标识发起数据的来源。

下面通过实例演示如何调用一个页面,完成设置后返回数据。

【例 6-3】页面返回数据实例。

创建一个新的 Module 并命名为"Backdata"。因为实例需要两个 Activity,所以创建新的 Activity 并命名为"BackActivity"。如何创建新的 Activity 请参考 6.2.1 小节,将 Activity 命名为"ShowActivity",修改主活动布局管理器文件代码如下:

```xml
<?xml version="1.0" encoding="utf-8"?>
<LinearLayout xmlns:android="http://schemas.android.com/apk/res/android"
    xmlns:tools="http://schemas.android.com/tools"
    android:layout_width="match_parent"
    android:layout_height="match_parent"
    tools:context="com.example.backdata.MainActivity"
    android:orientation="vertical">
    <TextView
        android:layout_gravity="center_horizontal"
        android:layout_width="match_parent"
        android:layout_height="wrap_content"
        android:text="单击按钮选择喜欢的图标!" />
    <ImageView
        android:id="@+id/image1"
        android:layout_width="match_parent"
        android:layout_height="wrap_content"
        android:src="@drawable/icon1"/>
    <Button
        android:id="@+id/btn_ok"
        android:layout_width="match_parent"
        android:layout_height="wrap_content"
        android:text="选择"/>
</LinearLayout>
```

主活动布局文件中采用线性布局,创建了一个用于提示信息的文本框、一个用于显示图标的图像组件、一个用于打开另一个页面的按钮。

返回选项页面的布局文件代码如下:

```xml
<?xml version="1.0" encoding="utf-8"?>
<GridLayout xmlns:android="http://schemas.android.com/apk/res/android"
    xmlns:tools="http://schemas.android.com/tools"
    android:layout_width="match_parent"
    android:layout_height="match_parent"
    tools:context="com.example.backdata.BackActivity">
    <GridView
        android:id="@+id/grid1"
        android:gravity="center"
        android:layout_width="match_parent"
        android:layout_height="match_parent"
        android:layout_marginTop="10dp"
        android:horizontalSpacing="4px"
        android:verticalSpacing="4px"
        android:numColumns="4">
    </GridView>
</GridLayout>
```

返回页面的布局管理器采用网格布局,创建了一个网格视图组件。

修改主活动 Java 代码如下:

```java
public class MainActivity extends AppCompatActivity {
    @Override
    protected void onCreate(Bundle savedInstanceState) {
        super.onCreate(savedInstanceState);
        setContentView(R.layout.activity_main);
        Button btn=findViewById(R.id.btn_ok);//获取选择按钮
        //设置选择按钮事件监听器
        btn.setOnClickListener(new View.OnClickListener() {
            @Override
            public void onClick(View view) {//创建 Intent 对象并实例化
                Intent intent=new Intent(MainActivity.this,
                    BackActivity.class);
                startActivityForResult(intent,0xFF);//启动页面并设置发送码
            }
        });
    }
}
```

主活动中创建了 Intent 对象,在启动页面时设置了发送码。

修改返回页面 Java 代码如下:

```java
public class BackActivity extends AppCompatActivity {
    //定义图片资源数组
    public int[] pic=new int[]{
        R.drawable.icon1,R.drawable.icon2,R.drawable.icon3,
            R.drawable.icon4, R.drawable.icon5,
    };
    @Override
    protected void onCreate(Bundle savedInstanceState) {
        super.onCreate(savedInstanceState);
        setContentView(R.layout.activity_back);
        GridView grid=findViewById(R.id.grid1);//获取网格组件
```

```java
        //设置网格组件的选择监听事件
        grid.setOnItemClickListener(new AdapterView.OnItemClickListener() {
            @Override
            public void onItemClick(AdapterView<?> adapterView, View view,
                int i, long l) {
                Intent intent=getIntent();          //获取intent对象
                Bundle bund=new Bundle();           //创建bundle对象
                bund.putInt("id",pic[i]);           //将选中的图片保存于bundle对象中
                intent.putExtras(bund);             //将数据保存于intent中
                setResult(0xFF,intent);             //设置返回的结果码
                finish();                           //选择完成后关闭此页面
            }
        });
        BaseAdapter adapter = new BaseAdapter(){
            @Override
            public int getCount() {
                return pic.length;//获取图片资源数组长度
            }
            @Override
            public Object getItem(int i) {
                return i;
            }
            @Override
            public long getItemId(int i) {
                return i;
            }
            @Override
            public View getView(int i, View view, ViewGroup viewGroup) {
                ImageView imageView;//声明图像视图组件
                if(view==null)
                {   //如果视图组件为空,实例化一个视图组件
                    imageView=new ImageView(BackActivity.this);
                    imageView.setAdjustViewBounds(true);//设置组件的宽度和高度
                    imageView.setMaxWidth(150);//设置宽度
                    imageView.setMaxHeight(150);//设置高度
                    //设置组件内边距
                    imageView.setPadding(5,5,5,5);
                }
                else
                {
                    imageView=(ImageView)view;//直接赋值视图组件
                }
                imageView.setImageResource(pic[i]);//设置显示图片资源
                return imageView;//返回图像视图
            }
        };
        grid.setAdapter(adapter);//设置适配器
    }
}
```

首先创建一个用于存放图像资源的数组,获取网格视图组件,设置网格视图选择事件监

听器，获取 Intent 对象创建 Bundle 对象，将数据打包捆绑并设置返回码，创建图像适配器并配置显示图像。

在主活动中重写 onActivityResult()方法，代码如下：

```
@Override
    protected void onActivityResult(int requestCode, int resultCode, Intent data) {
        if(requestCode==0xFF)
        {
            Bundle bund=data.getExtras();                   //获取 bundle 对象
            int imageID=bund.getInt("id");                  //定义图像 id
            ImageView image = findViewById(R.id.image1);    //创建并绑定视图组件
            image.setImageResource(imageID);                //设置图片显示
        }
}
```

此方法中判断返回码是否一致，如果一致获取返回信息，并修改图像显示。

重写方法的实现步骤如下。

step 01 在需要添加重写方法的位置处右击，从弹出的快捷菜单中选择 Generate 命令，如图 6-8 所示。

step 02 选择完成后，在 Generate 菜单中选择 Override Methods 命令，如图 6-9 所示。

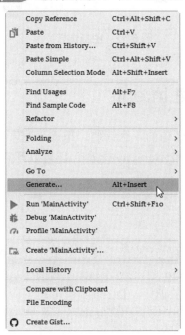

图 6-8　快捷菜单　　　　　　　　图 6-9　Generate 菜单

step 03 在弹出的对话框中选择相应的函数进行重写，如图 6-10 所示，也可以使用 Ctrl+O 快捷键。

查看运行结果，主活动页面如图 6-11 所示，单击"选择"图标后选择页面如图 6-12 所示。

图 6-10　重写函数对话框

图 6-11　主活动页面

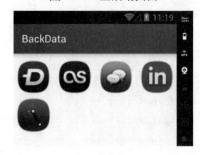

图 6-12　图标选择页面

6.4　组件间的信使 Intent

Intent 中文翻译的意思是"意图",它是组件之间通信的一个信使,是一个抽象描述,之前的章节已经使用过 Intent 对象了,它除了可以开启一个 Activity 之外,还可以开启 Service 服务,或者发送广播。本节将对 Intent 进行详细的讲解。

6.4.1　什么是 Intent

在 Android 中提供了 Intent 机制来协助应用间的交互与通信。Intent 负责对应用中一次操作的动作、动作涉及的数据、附加数据进行描述,Android 则根据此 Intent 的描述,负责找到对应的组件,将 Intent 传递给调用的组件,并完成组件的调用。Intent 不仅可用于应用程序之间,也可用于应用程序内部 Activity/Service 之间的交互。因此,可以将 Intent 理解为不同组件之间通信的"媒介",专门提供组件互相调用的相关信息。

Intent 是一个将要执行动作的抽象描述,一般来说是作为参数来使用,由 Intent 来协助完成 Android 各个组件之间的通信。比如说调用 startActivity()来启动一个 Activity,或者由 broadcaseIntent()来传递给所有感兴趣的 BroadcaseReceiver,再或者由 startService()/bindservice() 来启动一个后台的 Service。可以看出来,Intent 主要是用来启动其他的 Activity 或者 Service,所以可以将 Intent 理解成 Activity 之间的枢纽。

6.4.2 应用 Intent

Intent 的主要作用在于各个组件之间的沟通。那么它是如何进行通信的？通信的方式有哪些？这些将是本节讲解的内容。

第一种应用：开启 Activity。

之前学过，通过创建 Intent 对象并使用 startActivity()方法，可以启动一个新的 Activity，还可以通过 Intent 对象携带数据，另外，还可以通过 startActivityForResult()方法启动 Activity，当 Activity 结束时，可以通过 onActivityResult()方法接收返回数据。

第二种应用：开启 Service。

通过创建 Intent 对象并使用 startService()方法，可以启动一个 Service 来完成必要的操作，或者通过传递指令给现有的 Service，还可以将 Intent 对象传递给 bindService()方法，建立组件与目标服务之间的连接。

第三种应用：传递 Broadcast。

通过 sendBroadcast()、sendOrderedBroadcast()或者 sendStickyBroadcast()方法都可以传递一个广播，感兴趣的用户则可以接收这些发出的广播内容。

关于使用 Intent 开启 Service 与 Broadcast 的内容将会在后面的章节进行讲解。

Android 系统会自动匹配相应的组件来响应 Intent，当这些 Intent 没有重叠时，BroadcastReceiver 中的 Intent 只会传播给接收者，而不会传递给 Activity 或者 Service。

6.4.3 Intent 的属性

Intent 对象具有 7 个属性，它们分别是：ComponentName(组件名称)、Action(动作)、Category(类别)、Data(数据)、Type(MIME 类型)、Extras(额外)、Flags(标记)。下面将对这 7 个属性进行详细讲解。

1. ComponentName(组件名称)

ComponentName 属性用来设置 Intent 对象的组件名称，由组件所在应用程序配置文件中设置的包名，加上组件中定义的类名组成。这样可以保证组件的唯一性，通过组件名，应用程序可以启动特定的组件。

如果采用显式 Intent 就需要设置组件名称，通过 setComponent()、setClass() 或 setClassName()方法设置，并通过 getComponent()方法来读取。下面分别介绍这几个方法。

setComponent()方法：用来为 Intent 对象设置组件，语法格式如下：

```
public Intent setComponent(ComponentName component)
```

该方法有一个参数是要设置组件的名称，并返回一个 Intent 对象。

在使用该方法时，需要先创建 android.content.ComponentName 对象，该对象常用的构造方法有以下两种：

```
ComponentName(Context context,Class<?> cls)
```

或者

```
ComponentName(String pkg, String cls)
```

其中：
- context：是设备上下文对象，可以使用"当前 Activity 名.this"来指定。
- cls：是指具体打开的 Activity 对象。
- pkg：用于指定包名。
- 第二个 cls：用于指定具体启动 Activity 的完整包名。

比如需要启动 TestActivity 的 Intent 对象，具体实例代码如下：

```
ComponentName cn = new ComponentName(OneActivity.this,TwoActivity.class);
Intent it = new Intent();
it.setComponent(cn);
```

2. Action(动作)

Action 属性用来指定将要执行的动作，一个普通的字符串，代表 Intent 要完成的一个抽象"动作"，比如发信息的权限，而具体由哪个组件来完成，则需要明确此动作的相关组件，Intent 只负责提供这个动作，具体由谁来完成则交由 Intent-filter 进行筛选。

在 Java 文件中，Action 与 Intent-filter 的格式是不一样的，例如：

```
<action android:name = "android.intent.action.CALL"/>
intent.setAction(Intent.CALL_ACTION);//Java 文件中的格式
```

其中的取值可以参考 API 文档中的 Intent 类的说明，位于 docs/reference/android/content/Intent.html 文件中。

3. Category(类别)

同样是普通的字符串，Category 则用于为 Action 提供额外的附加类别信息，两者通常结合使用，一个 Intent 对象只能有一个 Action，但是能有多个 Category。

同样，在 Java 与 Intent-filter 中的格式也是不一样的，例如：

```
<category android:name="android.intent.category.DEFAULT"/>
intent.addCategorie(Intent.CATEGORY_DEFAULT);
```

可以调用 removeCategory()删除上次添加的种类，也可以用 getCategories()方法获得当前对象包含的全部种类。

4. Data(数据)和 Type(MIME 类型)

Data 通常用于向 Action 属性提供操作的数据，它可以是一个 URI 对象；Type 通常用于指定 Data 所指定的 URI 对应的 MIME 类型，不同的 Action 有不同的数据规格，下面给出一些常用的数据规格。

- 浏览网页：http://www.baidu.com

- 拨打电话：tel:010888888
- 发送短信：smsto:186666666
- 联系人信息：content://com.android.contacts/contacts/1
- 查找 SD 卡文件：file:///sdcard/Download/xx.text

注意

如果在 Java 代码中进行设置，另外两个属性是会相互覆盖的，所以如果两个属性都有需要，则需要调用 setDataAndType()方法进行设置，在 AndroidManifest.xml 文件中，这两个属性都存放在 data 标签中，例如：

```
<data
android:mineType = "Intent 的 Type 属性"
android:scheme = "Data 的 scheme 协议头"
android:host = "Data 的主机号"
android:port = "Data 的端口号"
android:path = "Data 的路径"
android:pathPattern = "Data 属性 path 的字符串模板"/>
```

5. Extras(额外)

该属性用于向 Intent 组件添加附加信息，通常使用键值对的形式保存附加信息。通过一个 Bundle 对象，使用 putExtras()方法和 getExtras()方法添加和读取。例如：

```
intent.putIntExtra().getputExtra()
Bundle:intent.putExtras().getExtras()
```

6. Flags(标记)

此属性用于指示 Android 程序如何启动一个 Activity(例如，Activity 属于哪个 Task)以及启动后如何处理，标记都定义在 Intent 类中，比如：FLAG_ACTIVITY_SINGLE_TOP 相当于加载模式中的 singleTop 模式。

注意

由于默认的系统不包含 Task 管理功能，因此，尽量不要使用 FLAG_ACTIVITY_MULTIPLE_TASK 标记，除非能够提供一种可以返回到已经启动的 Task 的方式。

6.4.4 Intent 的种类

Intent 按其显示类型可以分为显式 Intent 和隐式 Intent 两种，下面分别针对这两种类型进行讲解。

1. 显式 Intent

这种类型的 Intent 在创建之初，已经指定了接收者，如 Activity、Service 或者 BroadcastReceiver，由此明确知道要启动的是哪个组件，这种方式便是显式 Intent。

下面给出一段代码，通过显式调用 Intent 打开一个网页，具体代码如下：

```
Intent it = new Intent();                              //创建一个Intent对象
it.setAction(Intent.ACTION_VIEW);                      //设置一个Intent动作
it.setData(Uri.parse("http://www.baidu.com"));         //设置数据
startActivity(it);                                     //启动活动页面
```

2. 隐式 Intent

隐式 Intent 是相对于显式 Intent 而言的，在创建 Intent 对象时并不指定具体的接收者，而是根据要执行的 Action、Category 和 Data 来决定，系统根据相应的匹配找到需要启动的 Activity。

例如，我们需要拍照可以直接通过 Intent 调用系统相机，而不必因为拍照创建一个拍照的程序，下面给出一段具体代码：

```
//创建一个打开相机的intent
Intent intent = new Intent(MediaStore.ACTION_IMAGE_CAPTURE);
startActivityForResult(intent, 0);              //启动一个需要返回值的活动页面
```

取出照片则可以使用下面一段代码：

```
Bundle extras = intent.getExtras();                    //设置Bundle对象
Bitmap bitmap = (Bitmap) extras.get("data");//从Bundle中取出数据还原成位图对象
```

6.4.5 Intent 过滤器

使用隐式 Intent 启动 Activity 时并没有明确指定 Activity 类，所以系统需要根据匹配机制找到相应的 Activity 类，这种机制需要通过 Intent 过滤器来实现。

Android 中各个组件注册 Intent 过滤器，需要在 AndroidManifest.xml 文件中进行设置，使用<intent-filter>标记声明该组件所支持的动作、数据和信息种类等信息。除此之外，还可以通过 Java 代码，在声明的 Intent 对象中配置相应的属性来进行设置。这里主要介绍使用 AndroidManifest.xml 文件进行配置。

1. 动作配置

动作通过<action>标记来进行配置，主要用于设置此组件可以响应哪些动作，以字符串形式表示。<action>标记的语法格式如下：

```
<action android:name="android.intent.action.MAIN" />
```

除了使用包名外，还可以使用自定义的 action 名字，只要是方便记忆并且有意义即可。例如：

```
<action android:name="action.SendMessage" />
```

2. 配置数据

配置数据使用<data>标记，用于向 Action 提供要操作的数据，它可以是一个 URI 对象或者数据类型(MIME 媒体类型)。其中，URI 可以分成 scheme(协议或服务方式)、host(主机)、port(端口)、path(路径)等，它们的组成格式如下：

```
<scheme>://<host>:<port>/<path>
```

例如下面一段 URI：

```
content://com.example.test:888/temp/image
```

其中，content 是 scheme 固定格式；com.example.test 是 host；888 是端口；temp/image 是 path。它们组合起来构成一个 URI，其中 host 与 port 是绑定在一起的，它们成对出现代表一个 URI 授权，这些属性都是可选的，但是并非完全独立，如果授权有效，则 scheme 必须指定。

<data>标记的语法格式如下：

```
<data
android:scheme=""
android:host=""
android:port=""
android:path=""
android:mimeType=""/>
```

- scheme：用于指定所需要的协议类型。
- host：用于指定一个有效的主机名。
- port：用于指定主机中一个有效的端口。
- path：提供一个有效的 URI 路径。
- mimeType：用于指定组件能够处理的数据类型，支持使用 "*" 通配符来指定所有类型。在过滤器中此属性比较常见。

例如，要设置播放的媒体类型，可以使用如下代码：

```
<data android:mimeType = "mp4">
```

3. 配置种类

<category>标记用于配置以何种方式去执行 Intent 请求的动作。<category>标记的语法格式如下：

```
<category android:name=""/>
```

其中赋值为一个字符串，可以是此属性所支持的一些对应常量，但不能直接使用常量。

例如，要设置作用于测试的 Activity(对应的常量是 ACTEGORY_TEST)需要将其指定为 android.intent.category.TEST，当然除了使用系统常量外，还可以自定义 category 的名字，此时为了保证名字的唯一性，需要在自定义名称前面加上完整的应用包名。

```
<action android:name = " com.example.test.category.DELETE">
```

此时的 DELETE 便是自定义常量。

6.5 大神解惑

小白：如何理解 onResume()方法，它在何时调用？

大神：onResume()方法必须是在调用 onPause()方法之后，因为它是让一个活动由休眠转回激活状态,如果没有休眠何来的重新激活!

小白:为什么要理解活动的生命周期?

大神:因为 Activity 在不同生命周期提供了相应的方法,熟练掌握这些生命周期的方法将会使一些控件与活动进行绑定,从而减少开发者逻辑处理上的设计,提高开发效率。

小白:活动之间只能通过 Intent 传输数据吗?

大神:首先 Intent 不能传输数据,它可以携带带有数据的 Bundle 对象,其次并不是唯一传输数据的方式,如果传输的数据量较少,通过 Intent 是一个不错的选择,后面章节还会讲到其他用于传输数据的方式。

6.6 跟我学上机

练习 1:重写 Activity 的生命周期,使用 log 日志查看每个方法在何时调用。

练习 2:试着手动创建一个活动,并配置 Manifest.xml 清单文件将其显示出来。

练习 3:熟记 Intent 的各种属性并写出代码实际操作一下。

练习 4:分别实现一个显式调用 Intent 的程序和隐式调用 Intent 的程序。

第 7 章

服务与广播

在前面的章节中对 Android 中的 Activity 进行了学习,相信大家获益良多!本章我们来学习 Android 中的服务与广播。

本章要点(已掌握的在方框中打钩)

- ☐ 掌握什么是服务
- ☐ 掌握使用服务都能做哪些事情
- ☐ 掌握启动与停止服务
- ☐ 掌握什么是广播机制
- ☐ 掌握创建广播与接收广播

7.1 认识服务

服务(Service)是一种可以在后台执行长时间运行操作，而不需要用户界面的应用组件。服务可由其他应用组件(如 Activity)启动，服务一旦被启动将在后台一直运行，即使启动服务的组件(Activity)已销毁，也不会受影响。

下面给出了服务的生命周期，如图 7-1 所示。

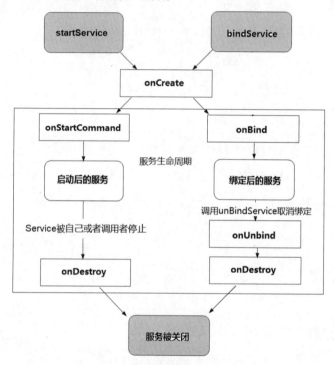

图 7-1　服务生命周期

通过这张图可以清晰地看到，服务分为两种方式，虽然启动方式不同，但创建服务与停止服务却是相同的。

7.1.1　服务的分类

应用程序其他组件可以通过 startService 方法传递 Intent 对象来启动服务，在 Intent 对象中指定了服务所需要使用的所有数据，服务使用 onStartCommand 方法接收 Intent 数据。

Android 提供了两个类用于创建启动服务。

- Service：这是所有服务的一个基类，当继承该类创建服务时建议创建一个线程，因为服务默认使用应用程序的主线程，这样将会大大降低 Activity 的运行性能。
- IntentService：这是 Service 的一个子类，它由一个 Worker 线程类处理启动，如果没有多种请求的需要，使用这种方式创建服务是最好的选择，开发者只需实现 onHandleIntent 方法，该方法接收每次启动请求的 Intent，并完成后台任务。

按照启动形式可以将服务分为以下两种形式。
- Started Service：被其他程序组件通过调用 startedService 方法启动的服务，这样的服务是直接启动的，不受调用方干扰，一旦启动服务，便可以在后台无限期运行。
- Bound Service：当应用程序组件通过 bindService 方法绑定到服务，这时服务是以绑定的形式启动的，一旦调用方销毁，服务也随之消失，多个组件可以一次绑定到一个服务上。

第一种：以 startService 启动 Service。

首次启动会创建一个 Service 实例，依次调用 onCreate()和 onStartCommand()方法，此时 Service 进入运行状态，如果再次调用 startService 启动 Service，将不会再创建新的 Service 对象，系统会直接复用前面创建的 Service 对象，调用它的 onStartCommand()方法。

但这样的 Service 与它的调用者无必然的联系，假如调用者结束了自己的生命周期，但只要不调用 stopService，那么 Service 还是会继续运行的。

无论启动了多少次 Service，只需调用一次 StopService 即可停掉 Service。

第二种：以 bindService 启动 Service。

当首次使用 bindService 绑定一个 Service 时，系统会实例化一个 Service 实例，并调用其 onCreate()和 onBind()方法，然后调用者就可以通过 IBinder 和 Service 进行交互，此后如果再次使用 bindService 绑定 Service，系统将不会创建新的 Service 实例，也不会再调用 onBind()方法，只会直接把 IBinder 对象传递给后来增加的客户端。

如果需要解除与服务的绑定，只需调用 unbindService()，此时 onUnbind 和 onDestroy 方法将会被调用，这是一个客户端的情况。假如是多个客户端绑定同一个 Service，当一个客户完成和 Service 之间的互动后，它调用 unbindService()方法来解除绑定。当所有的客户端都和 Service 解除绑定后，系统会销毁 Service，除非 Service 也被 startService()方法开启。

另外，和上面那种情况不同，bindService 模式下的 Service 是与调用者相互关联的，可以理解为"一荣俱荣，一损俱损"，在 bindService 后一旦调用者销毁，那么 Service 也立即终止。

7.1.2 创建服务

通过上面的学习读者已经对服务有了一个简单的了解，下面来创建一个服务，讲解如何创建服务并配置服务。

创建服务可以分为以下几个步骤。

step 01 在应用程序包名上右击，在弹出的快捷菜单中依次选择 New→Service→Service 命令，如图 7-2 所示。

注意

从图 7-2 可见，在 Service 菜单中有两个命令，选择 Service 即可创建一个 Service。

step 02 在弹出的 New Android Component 对话框的 Class Name 文本框中输入服务的名称，如图 7-3 所示。

step 03 输入服务名称后，单击 Finish 按钮即可创建一个服务。

图 7-2 选择 Service 命令

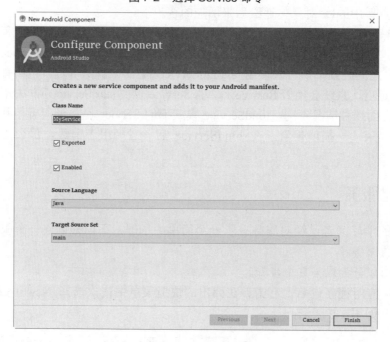

图 7-3 设定服务名称

step 04 在创建好的服务类中，重写必要的回调方法，这里重写以下三个方法。

- onCreate：创建服务时调用。
- onStartCommand：每次启动服务时调用。
- onDestroy：销毁服务时调用。

在刚刚创建的服务中重写以上三个方法，由于服务在后台运行，所以这里创建一个线程并打印日志(关于打印日志后面章节会详细讲解，这里只要会用就好)，这样即可查看服务运行情况，具体代码如下：

```java
public class MyService extends Service {
    public MyService() {}//构造函数
    @Override//重写的 onBind 方法用于绑定服务
    public IBinder onBind(Intent intent) {
        throw new UnsupportedOperationException("Not yet implemented");
    }
    @Override//重写的 onCreate 方法用于创建一个服务
    public void onCreate() {
        Log.i("服务状态:", "服务被创建");
        super.onCreate();
    }
    @Override
    public int onStartCommand(Intent intent, int flags, int startId) {
        new Thread(new Runnable() {//创建一个新的线程
            @Override
            public void run() {
                Log.i("服务状态:", "服务已开启");
                int i = 0;//设置一个循环用于查看服务运行状态
                while (i < 100) {
                    try {
                        Thread.sleep(1000);//设置线程延时1秒
                    } catch (InterruptedException e) {
                        e.printStackTrace();
                    }
                    Log.i("服务执行中:", Integer.toString(i));
                    i++;
                }
                stopSelf();//停止服务
            }
        }).start();
        return super.onStartCommand(intent, flags, startId);
    }
    @Override//重写的 onDestroy 用于销毁服务
    public void onDestroy() {
        Log.i("服务状态:", "服务被销毁");
    }
}
```

step 05 查看配置文件中的服务配置，通过向导创建的服务会在 AndroidManifest.xml 文件中配置 Service，使用<service></service>标记来配置服务，代码如下：

```xml
<service
    android:name=".MyService"
    android:enabled="true"
    android:exported="true">
</service>
```

- enabled 属性：用于指定服务是否能被实例化，布尔类型默认是 true，可以被实例化，另外，<application>标记中也有一个 enabled 属性，它适用于应用中的所有组件，默认也是 true，如果这两个属性有一个被设置为 false，服务都将被禁用，这个需要注意。

- **exported 属性**：用于指定该服务能否被其他应用调用或者交互，true 表示可以，false 表示不可以，一旦设置成 false，该服务只能由同一个应用程序的组件或者具有相同 ID 的应用程序启动或者绑定。

该属性默认值依赖于服务是否包含 Intent 过滤器，如果没有过滤器，说明服务只能使用完整类名调用，那么这个服务将是私有的，该属性应该设置为 false。如果存在过滤器，则允许其他程序使用该属性，可以设置为 true。

7.1.3 启动与停止服务

了解了服务的分类以及如何创建服务，那么如何启动一个服务呢？这是本小节研究的重点。启动和停止服务的具体操作如下。

1. 启动服务

通过 Activity 可以启动一个服务，或者通过其他应用程序组件传递一个 Intent 对象(指定服务)到 startService 也可以启动服务，系统将调用服务的 onStartCommand 方法，并将 Intent 传递给它。

通过 Activity 显式 Intent 启动上节创建的服务，具体代码如下：

```
Intent intent = new Intent(MainActivity.this,MyService.class);//创建一个intent对象
startService(intent);                                          //启动一个服务
```

服务不是以绑定形式运行的，startService 方法发送的 Intent 将是程序与服务之间的唯一通信方式，如果有获取服务返回结果的需求，则启动该服务的客户端可以广播创建 PendingIntent(广播将在后续章节讲解)，此时服务便可以使用广播发送结果。

另外，每一次启动服务都将调用一次 onStartCommand 方法。

2. 停止服务

不是以绑定模式开启的服务，将自行控制生命周期，它在执行完 onStartCommand 方法后继续执行，只有在系统必须回收内存时才会被销毁，否则系统不会停止或者销毁服务。所以服务必须调用 stopSelf 方法停止，或者其他组件调用该方法停止服务。使用 stopSelf 或者 stopService 方法，系统将会尽快销毁服务。

应用程序的任务完成后，需要及时停止该程序启动的服务，否则将会对系统造成资源浪费以及电池损耗，当绑定服务调用了 onStartCommand 方法后也需要停止服务。

下面通过实例演示如何通过 Activity 启动服务。

【例 7-1】启动服务实例。

创建一个新的 Module 并命名为"StartService"，修改主活动布局管理器文件代码如下：

```xml
<?xml version="1.0" encoding="utf-8"?>
<LinearLayout xmlns:android="http://schemas.android.com/apk/res/android"
    xmlns:app="http://schemas.android.com/apk/res-auto"
    xmlns:tools="http://schemas.android.com/tools"
```

```xml
        android:layout_width="match_parent"
        android:layout_height="match_parent"
        tools:context="com.example.startservice.MainActivity"
        android:orientation="vertical">
    <Button
        android:id="@+id/btn_start"
        android:layout_width="match_parent"
        android:layout_height="wrap_content"
        android:text="启动服务"/>
    <Button
        android:id="@+id/btn_stop"
        android:layout_width="match_parent"
        android:layout_height="wrap_content"
        android:text="停止服务"/>
</LinearLayout>
```

主活动中的代码如下:

```java
public class MainActivity extends AppCompatActivity {
    @Override
    protected void onCreate(Bundle savedInstanceState) {
        super.onCreate(savedInstanceState);
        setContentView(R.layout.activity_main);
        Button btn1=findViewById(R.id.btn_start);//绑定按钮
        Button btn2=findViewById(R.id.btn_stop);
        //创建一个Intent对象
        final Intent intent = new Intent
            (MainActivity.this,ActivitySer.class);
        //设置按钮单击监听事件
        btn1.setOnClickListener(new View.OnClickListener() {
            @Override
            public void onClick(View view) {
                startService(intent);//启动服务
            }
        });
        btn2.setOnClickListener(new View.OnClickListener() {
            @Override
            public void onClick(View view) {
                stopService(intent); //停止服务
            }
        });
    }
}
```

因为实例需要一个服务，所以创建新的服务并命名为"ActivitySer"，如何创建新的服务请参考 7.1.2 小节。创建服务后重写三个方法，具体代码如下:

```java
public class ActivitySer extends Service {
    volatile boolean isStop=false;//设置一个标记,用于停止线程
    public ActivitySer() {
    }
    @Override
    public IBinder onBind(Intent intent) {
        throw new UnsupportedOperationException("Not yet implemented");
```

```java
    }
    @Override
    public void onCreate() {
        Log.i("服务:","服务已创建");
    }
    @Override
    public int onStartCommand(Intent intent, int flags, int startId) {
        new Thread(new Runnable() {//创建一个线程用于显示服务在运行
            @Override
            public void run() {
                Log.i("服务:","服务已开启");
                int i=0;
                while(!isStop)
                {
                    try {
                        Thread.sleep(1000);//延迟 1 秒输出
                    } catch (InterruptedException e) {
                        e.printStackTrace();
                    }
                    i++;
                    Log.i("服务运行中: ",Integer.toString(i));
                }
            }
        }).start();
        return super.onStartCommand(intent, flags, startId);
    }
    @Override
    public void onDestroy() {
        isStop=true;//修改标记,服务停止
        Log.i("服务:","服务已停止");
    }
}
```

以上代码创建了一个服务，并从 Activity 中启动服务，重写了服务的三个方法：onCreate、onDestroy 和 onStartCommand，服务一旦启动，如果没有关闭服务，即使界面退出服务仍然执行，这里设置了一个多线程用于执行一个循环。

查看运行结果，如图 7-4 所示，单击"启动服务"按钮后查看 LogCat 输出，如图 7-5 所示。

图 7-4　例 7-1 运行效果

图 7-5　日志输出

7.1.4 绑定服务

通过调用 bindService 方法可以绑定服务，使服务以绑定的形式运行，多个组件可以绑定到同一个服务上，当调用绑定服务的组件全部消失时服务也将被销毁。

如果服务是专属的并且不执行跨进程工作，那么开发者可以实现自己的 Binder 类，并为客户端提供相应的方法即可，当然这只能在客户端与服务同处于一个应用中时有效。

绑定服务需要通过 bindService 方法，该方法的语法格式如下：

```
bindService(Intent service,ServiceConnection conn,int flags)
```

参数说明如下。
- service：要启动的服务需通过 Intent 来指定。
- conn：监听访问者与服务连接情况的对象。
- flags：指定是否自动创建服务。

值得注意的是，只有 Activity、Service、ContentProvider 能够使用绑定服务，BroadcastReceiver 不能使用绑定服务。

下面通过实例演示如何使用绑定服务。

【例 7-2】 通过 bindService 绑定服务。

创建一个新的 Module 并命名为"bindSer"，修改主活动布局管理器文件代码如下：

```xml
<?xml version="1.0" encoding="utf-8"?>
<LinearLayout xmlns:android="http://schemas.android.com/apk/res/android"
    xmlns:tools="http://schemas.android.com/tools"
    android:layout_width="match_parent"
    android:layout_height="match_parent"
    tools:context="com.example.bindservice.MainActivity"
    android:orientation="vertical">
    <Button
        android:id="@+id/btn_start"
        android:text="绑定服务"
        android:layout_width="match_parent"
        android:layout_height="wrap_content" />
    <Button
        android:id="@+id/btn_stop"
        android:text="解除绑定"
        android:layout_width="match_parent"
        android:layout_height="wrap_content" />
    <Button
        android:id="@+id/btn_count"
        android:text="获取状态"
        android:layout_width="match_parent"
        android:layout_height="wrap_content" />
</LinearLayout>
```

主活动的代码如下：

```java
public class MainActivity extends AppCompatActivity {
    bindSer.MyBinder binder;//创建一个 binder 对象
    private ServiceConnection conn = new ServiceConnection() {
        //Activity 与 Service 断开连接时回调该方法
```

```java
        @Override
        public void onServiceDisconnected(ComponentName name) {
            Log.i("客户端:","------Service DisConnected-------");
        }
        //Activity 与 Service 连接成功时回调该方法
        @Override
        public void onServiceConnected(ComponentName name, IBinder service) {
            Log.i("客户端:","------Service Connected-------");
            binder = (bindSer.MyBinder) service;//赋值一个服务
        }
    };
    @Override
    protected void onCreate(Bundle savedInstanceState) {
        super.onCreate(savedInstanceState);
        setContentView(R.layout.activity_main);
        Button btn1=findViewById(R.id.btn_start);//获取绑定按钮
        Button btn2=findViewById(R.id.btn_stop);//获取解绑按钮
        Button btn3=findViewById(R.id.btn_count);//获取状态按钮
        //创建并实例化一个 Intent 对象
        final Intent intent = new Intent(MainActivity.this,bindSer.class);
        btn1.setOnClickListener(new View.OnClickListener() {
            @Override
            public void onClick(View view) {//绑定并启动一个服务
                bindService(intent,conn, Service.BIND_AUTO_CREATE);
            }
        });
        btn2.setOnClickListener(new View.OnClickListener() {
            @Override
            public void onClick(View view) {
                unbindService(conn);//解除服务绑定
            }
        });
        btn3.setOnClickListener(new View.OnClickListener() {
            @Override
            public void onClick(View view) {
                Toast.makeText(MainActivity.this,"服务状态:"+binder.getCount(),
                    Toast.LENGTH_SHORT).show();//获取服务状态
            }
        });
    }
}
```

由于这个程序需要绑定并启动一个服务，所以创建一个新的服务，并命名为"bindSer"，具体代码如下：

```java
public class bindSer extends Service {
    private int count=0;//创建一个计数器
    private String Ser="服务: ";
    boolean isStop = false;//创建一个标记用于结束线程
    private MyBinder binder=new MyBinder();//创建一个继承自 binder 的类
    class MyBinder extends Binder
    {
        public int getCount()//用于获取服务状态
        {
            return count;
```

```java
        }
    }
    public bindSer() {
    }
    @Override
    public IBinder onBind(Intent intent) {
        Log.i(Ser,"服务被绑定");
        return binder;
    }
    @Override
    public void onCreate() {
        new Thread(new Runnable() {//创建一个线程用于累加计数器
            @Override
            public void run() {
                Log.i(Ser,"onCreate方法执行");
                while(!isStop)
                {
                    try {
                        Thread.sleep(1000);
                    } catch (InterruptedException e) {
                        e.printStackTrace();
                    }
                    count++;
                }
            }
        }).start();
    }
    @Override
    public boolean onUnbind(Intent intent) {
        Log.i(Ser,"onUnbind方法执行");
        return true;
    }
    @Override
    public void onRebind(Intent intent) {
        Log.i(Ser,"onRebind方法执行");
        super.onRebind(intent);
    }
    @Override
    public void onDestroy() {
        super.onDestroy();
        this.isStop = true;//更改标记
        Log.i(Ser, "onDestroy方法执行!");
    }
}
```

以上代码创建了一个新的服务，通过单击"绑定"按钮绑定并启动一个服务，服务中通过创建一个新的线程累加计数器，实现客户端与服务的交互。单击"解除绑定"按钮可以解除服务绑定。

运行结果如图 7-6 所示，单击"绑定服务"按钮即可启动服务，单击"获取状态"按钮可以获取当前服务计数器的值，单击"解除绑定"按钮可以停止服务。查看 LogCat 运行结果，如图 7-7 所示。

图 7-6　例 7-2 运行结果

图 7-7　LogCat 输出日志

7.2　IntentService

在前面的学习中，读者应该已经注意到了，服务不会单独开启线程，所有的操作都在主线程中执行，这样很容易出现 ANR(Application Not Responding)的情况，所以需要手动创建新的线程。服务启动后还不会自动停止，需要使用 stopSelf 方法或者 stopService 方法停止。

而使用 IntentService 就没有这些问题。IntentService 是 Service 的一个子类，并且 IntentService 自带启动新线程的功能，另外，当它执行完后会自动停止。

在创建服务时可以选择 Service(IntentService)，给出下面关键代码：

```java
protected void onHandleIntent(Intent intent) {
  Log.i("IntentService:","服务运行");
  int i=0;
  while(i<5)
  {
     Log.i("运行状态:",Integer.toString(i));
     i++;
  }
}
@Override
public void onDestroy() {
  Log.i("IntentService:","服务停止");
}
```

在主活动中创建一个按钮，单击按钮启动该服务，查看 LogCat 结果如图 7-8 所示。

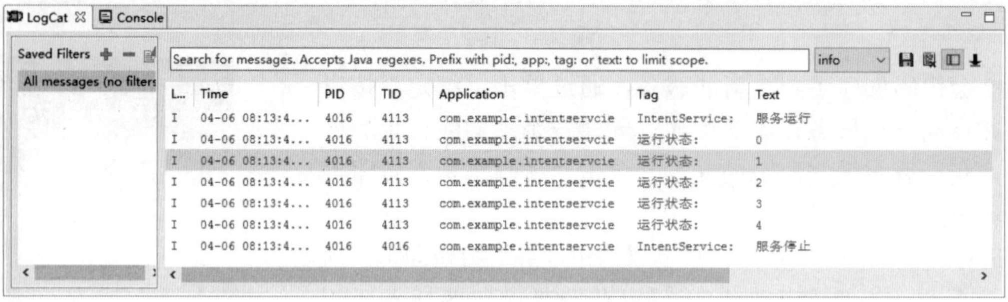

图 7-8　LogCat 输出日志

7.3 认识广播

BroadcastReceiver 翻译过来是广播的意思，它是 Android 四大组件之一，Android 中使用广播机制还是非常灵活的。为什么这么说？因为每一个应用可以指定感兴趣的广播，Android 提供了一系列完整的 API 用于定制发送和接收广播。

7.3.1 广播的分类

根据广播类型可以将其划分为两类，一类是标准广播，另一类是有序广播。下面针对这两种类型的广播进行讲解。

1. 标准广播(Normal broadcasts)

这是一种完全异步的广播机制，在广播发出以后所有广播接收者可以同时接收到此条广播，因此不存在先后次序。这种类型的广播效率比较高，我们可以通过一张图来演示标准广播的运行机制，如图 7-9 所示。

2. 有序广播(Ordered broadcasts)

这种广播是一种同步执行的广播，在广播发出之后，同一时间只能有一个广播接收者接收到这条广播，当这个接收者处理完之后，广播才会继续传递，所以这类广播是有先后次序的，一旦之前的广播被截取，后面的接收者将无法获取此条广播。下面通过一张图演示有序广播的运行机制，如图 7-10 所示。

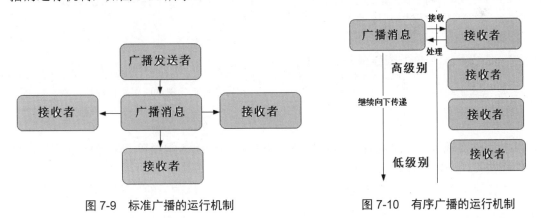

图 7-9 标准广播的运行机制　　　　图 7-10 有序广播的运行机制

7.3.2 接收系统广播

Android 系统会发送一些广播，应用程序则可以获取这些广播，以此来获取系统的一些状态信息，例如，手机电池电量发生变化、手机时间时区改变等。可以设置广播接收者。接收广播同样有两种方式，下面讲解如何接收系统广播。

1. 动态注册

接收者可以针对自己感兴趣的广播进行注册，这样当有相应的广播发出便可以获取，并进行处理。动态注册首先需要新建一个继承自 BroadcastReceiver 的子类，同时重写父类中的 onReceive()方法，并创建一个 IntentFilter，在 IntentFilter 中加入相应的动作即可。

下面通过实例演示一段动态注册的代码。

【例 7-3】动态注册网络改变广播。

创建一个新的 Module 并命名为"BroadcastReceiverTest"，新建类具体代码如下：

```java
public class MyBRReceiver extends BroadcastReceiver{
    @Override
    public void onReceive(Context context, Intent intent) {
        Toast.makeText(context,"获取网络状态发生改变",
            Toast.LENGTH_SHORT).show();
    }
}
```

主活动中的具体代码如下：

```java
public class MainActivity extends AppCompatActivity {
    private MyBRReceiver brReceiver;//定义广播接收者
    @Override
    protected void onCreate(Bundle savedInstanceState) {
        super.onCreate(savedInstanceState);
        setContentView(R.layout.activity_main);
        brReceiver = new MyBRReceiver();//初始化广播接收者
        IntentFilter intentFilter = new IntentFilter();//初始化 IntentFilter
        //设置网络发生改变动作
        intentFilter.addAction("android.net.conn.CONNECTIVITY_CHANGE");
        registerReceiver(brReceiver, intentFilter);//注册广播
    }
    @Override
    protected void onDestroy() {
        super.onDestroy();
        unregisterReceiver(brReceiver);//记得在窗口销毁的时候取消注册广播
    }
}
```

以上代码实现了一个动态注册接收广播的小实例，代码非常简单。需要注意的是，动态注册广播接收，一定要在程序退出时取消注册广播。

继续修改上面的代码，使接收到的广播内容更加具体，修改后的代码如下：

```java
class MyBRReceiver extends BroadcastReceiver {
    @Override
    public void onReceive(Context context, Intent intent) {
        //Toast.makeText(context,"截取网络状态广播",Toast.LENGTH_SHORT).show();
        ConnectivityManager connManager = (ConnectivityManager)
            context.getSystemService(Context.CONNECTIVITY_SERVICE);//获取系统服务
        //获取网络状态的信息
        NetworkInfo networkInfo = connManager.getActiveNetworkInfo();
        if (networkInfo != null && networkInfo.isAvailable()) {
            //网络连接时做出连接的提示
```

```
            Toast.makeText(context,"连接",Toast.LENGTH_SHORT).show();
        }
        else
        {//否则做出断开的提示
            Toast.makeText(context,"断开",Toast.LENGTH_SHORT).show();
        }
    }
}
```

以上代码通过系统服务类 getSystemService()方法得到了 ConnectivityManager 的实例，然后通过 getActiveNetworkInfo()方法得到 NetworkInfo 的实例，接着调用 isAvailable()方法来判断是否有网络，最后做出提示。

 由于系统做了权限保护，所以获取网络状态信息需要开启相应的权限，通过在 AndroidManifest.xml 文件中加入如下代码，才可以获取系统网络状态，具体代码如下：

```
<uses-permission android:name="android.permission.ACCESS_NETWORK_STATE" />
```

运行程序改变网络，如图 7-11 所示。

2. 静态注册

虽然动态注册广播接收有很多的优势与灵活性，但是有一个缺点，程序在不运行状态时是无法获取广播的，所以 Android 提供了一种静态注册的方式。

这里以接收开机广播为例进行讲解，同样需要创建一个新类，给出具体代码如下：

图 7-11　例 7-3 运行效果

```
public class MyReceiver extends BroadcastReceiver {
    //定义一个开机动作的常量
    private final String ACTION_BOOT = "android.intent.action.BOOT_COMPLETED";
    @Override
    public void onReceive(Context context, Intent intent) {
        if (ACTION_BOOT.equals(intent.getAction()))//判断如果是这个动作则做出提示
            Toast.makeText(context, "开机完毕~", Toast.LENGTH_LONG).show();
    }
}
```

在 AndroidManifest.xml 文件中静态注册广播接收，具体代码如下：

```
<receiver android:name=".BootCompleteReceiver">
    <intent-filter>
        <action android:name = "android.intent.cation.BOOT_COMPLETED">
    </intent-filter>
</receiver>
```

最后记得加入权限。加入权限的代码如下：

```
<uses-permission android:name="android.permission.RECEIVE_BOOT_COMPLETED"/>
```

这样系统开机就可以正常接收到开机广播了，代码比较简单。

切记使用广播不要添加过多的逻辑处理或者耗时操作，因为广播中是不允许开辟线程的，当 onReceive()方法运行时间(超过 10 秒)没有结束，程序会报 ANR 的错误。

7.3.3 发送广播

除了接收广播外，Android 还允许用户自定义广播，这样用户可以根据需要发送自定义的广播。下面将针对标准广播和有序广播这两种形式进行讲解。

1. 发送标准广播

下面通过实例演示自定义广播的发送与接收。

【例 7-4】自定义广播的发送与接收。

创建一个新的 Module 并命名为"SendBroadcast"，在发送广播之前需要先定义一个广播接收者，具体代码如下：

```java
public class MyReceiver extends BroadcastReceiver {
    @Override
    public void onReceive(Context context, Intent intent) {
        Toast.makeText(context,"广播来了",Toast.LENGTH_SHORT).show();
    }
}
```

接下来在 AndroidManifest.xml 文件中静态注册广播接收，具体代码如下：

```xml
<receiver
  android:name=".MyReceiver"
  android:enabled="true"
  android:exported="true">
  <intent-filter>
    <action android:name="0x123"/>
  </intent-filter>
</receiver>
```

在布局文件中加入一个按钮，并在主活动中加入如下代码：

```java
public class MainActivity extends AppCompatActivity {
    @Override
    protected void onCreate(Bundle savedInstanceState) {
        super.onCreate(savedInstanceState);
        setContentView(R.layout.activity_main);
        Button btn = findViewById(R.id.btn);//定义并绑定按钮
        btn.setOnClickListener(new View.OnClickListener() {
            @Override
            public void onClick(View v) {
                //创建 intent 对象并初始化，Intent 携带一个状态码
                Intent intent = new Intent("0x123");
                sendBroadcast(intent);//发送指定类型的广播
            }
        });
    }
}
```

以上代码构建了一个自定义广播，通过静态注册广播接收指定接收广播类型，完成一个标准广播的发送与接收。

单击按钮发送广播，运行结果如图 7-12 所示。

广播是一种可以跨进程的通信方式，在之前接收系统广播就可以看出来，因此自定义的广播其他程序也可以接收到，下面通过一个实例求证一下。

新建一个项目，在项目中加入接收广播的代码，具体代码如下：

图 7-12　例 7-4 运行效果

```
public class MyReceiver extends BroadcastReceiver {
    @Override
    public void onReceive(Context context, Intent intent) {//当接收到广播后做出提示
        Toast.makeText(context,"我也可以接收到广播",Toast.LENGTH_SHORT).show();
    }
}
```

不要忘记在 AndroidManifest.xml 文件中静态注册广播接收，这个代码同上个案例，这里不再给出具体代码。

此时当单击上一个案例中的"发送"按钮，新建的这个程序同样也能收到此条广播。

2. 发送有序广播

上面的案例演示了如何发送标准广播，除了标准广播以外还有一种有序广播，有序广播有先后次序，下面通过案例演示如何发送有序广播。

实现有序广播非常简单，只需要改动上面案例中的发送代码即可，具体代码如下：

```
Button btn2= findViewById(R.id.btn2);//定义并绑定按钮
btn2.setOnClickListener(new View.OnClickListener() {
@Override
public void onClick(View v) {
    Intent intent = new Intent("0x111");      //定义 Intent 对象
    sendOrderedBroadcast(intent,null);         //改变发送方式，采用有序发送广播
  }
});
```

既然是有序的，那么就需要设置优先级，通过 android:priority 属性设置优先级，具体代码如下：

```
<intent-filter android:priority="50">
    <action android:name="0x111"/>
</intent-filter>
```

这里给定了 50，数值越高优先级越高，如果不想此条广播继续传递，在接收者 onReceive()方法中加入 abortBroadcast()方法，这样表示不再继续传递，具体代码如下：

```
public class MyReceiver extends BroadcastReceiver {
    @Override
    public void onReceive(Context context, Intent intent) {
```

```
        Toast.makeText(context,"广播来了",Toast.LENGTH_SHORT).show();
        abortBroadcast();              //此处截流，广播不再继续传递
    }
}
```

7.4 大神解惑

小白：Service 运行在哪里？

大神：默认情况下 Service 运行在主线程的托管进程中。

小白：什么时候应该使用 Service？而什么时候应该使用线程(Thread)？

大神：Service 是一个简单的组件，可以在后台运行，即使用户没有与应用程序交互，它也可以运行。如果需要执行一个工作，但它无须在主线程中执行，且需要在用户与应用程序交互中运行，那么你应该创建一个新的线程，而不是使用 Service。

小白：广播接收器的 onReceive 中会不会存在多线程的问题？

大神：接收器是以队列的形式接收广播，所以不存在这样的问题，另外四大组件除特别声明外，它们会运行在同一个线程中。

7.5 跟我学上机

练习 1：创建一个 Android 服务，查看服务的生命周期。

练习 2：使用 IntentService 并与 Service 做比较。

练习 3：创建并发送一个广播，熟悉广播发送与接收的机制。

练习 4：自定义一个广播，分别采用标准广播与有序广播进行发送，体会两者的区别。

第 8 章

事件与消息

用户与程序交互都是通过按键与触摸屏等来进行的,那么软件是怎么知道这些操作的?其实用户的各种操作,都会被系统转换成不同的事件,应用程序只需处理相应的事件即可,本章将对 Android 的各种事件进行讲解。

本章要点(已掌握的在方框中打钩)

- ☐ 掌握事件是如何进行分类的
- ☐ 掌握触摸事件与单击事件的本质区别
- ☐ 掌握 Toast 提示的使用方法
- ☐ 掌握创建并使用对话框与通知栏提示
- ☐ 掌握 Handler 运行机制的原理
- ☐ 掌握在线程中使用 Handler 消息机制

8.1 事件的处理

软件间的交互都是通过事件来完成的，那么事件是如何分类的？事件按照调用方式可以分为两类，一类是基于监听的事件，另一类是基于回调的事件。下面针对这两类事件进行详细讲解。

8.1.1 基于监听的事件处理

通过字面意思大概可以了解，监听事件是一种主动的事件，通过对组件设定相应的事件，一旦事件被触发，便进入到事件处理中。就好比安防中的声光报警器，一旦触发便会报警。监听事件主要处理以下 3 类对象。

- Event sources(事件源)：产生事件的来源，通常是各种组件，比如按钮、菜单等。
- Event(事件)：其中封装了 UI 组件感兴趣的具体信息，组件通过 Event 对象来传递。
- Event Listener(事件监听)：监听事件源发生的事件，并针对不同的事件分别做出响应。

事件处理可以通过图 8-1 来了解。

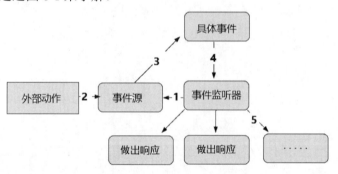

图 8-1　事件处理流程

从图 8-1 可以看到，事件处理流程如下。

step 01 在事件源中注册事件监听器。
step 02 由外部操作触发了某一个事件。
step 03 生成具体的事件对象。
step 04 将具体的事件作为参数，传入事件监听器。
step 05 针对不同的事件做出相应的处理与响应。

下面通过 5 种不同的形式对事件做出响应，以按钮单击事件为例。

(1) 直接用匿名内部类，具体代码如下：

```
Button btn =findViewById(R.id.btn_ok);//获取按钮
btn.setOnClickListener(new View.OnClickListener() {//通过匿名类设置按钮监听事件
    @Override
    public void onClick(View view) {//处理单击事件
    }
});
```

之前的案例大多使用这种方式，相信读者对这种方式已比较了解。

(2) 使用内部类，具体代码如下：

```
//定义一个内部类，引入相应的接口
class BtnClickListener implements View.OnClickListener {
  @Override
  public void onClick(View v) {//从这里处理单击事件
  }
}
btn_ok.setOnClickListener(new BtnClickListener());//直接新建一个内部类对象作为参数
```

和上面的匿名内部类不同，使用内部类，可以在该类中进行复用，同时内部类可直接访问界面中的所有组件，作用范围更广。

(3) 使用外部类，具体代码如下：

```
public class MyClick implements OnClickListener {
    private TextView textshow;
    //把文本框作为参数传入
    public MyClick(TextView txt){
        textshow = txt;
    }
    @Override
    public void onClick(View v) {
        //单击后设置文本框显示的文字
        textshow.setText("单击了按钮!");
    }
}
```

在主活动按钮的 onCreate 方法中加入如下代码：

```
Button btn = (Button) findViewById(R.id.btnshow);//获取按钮
TextView txtshow = (TextView) findViewById(R.id.textshow);//获取文本框
//直接新建一个外部类，并把 TextView 作为参数传入
btnshow.setOnClickListener(new MyClick(txtshow));//通过外部类响应事件
```

创建一个处理事件的 Java 文件，这种形式用得比较少，因为外部类不能直接访问用户界面类中的组件，要通过构造方法将组件传入来使用，这样导致的结果就是代码不够简洁。

(4) 直接使用 Activity 作为事件监听器，具体代码如下：

```
public class MainActivity extends Activity implements OnClickListener{
    private Button btn;//定义按钮控件
    @Override
    protected void onCreate(Bundle savedInstanceState)
        super.onCreate(savedInstanceState);
        setContentView(R.layout.activity_main);
        btn = (Button) findViewById(R.id.btnshow);//绑定按钮控件
        //直接写个 this 传入本地上下文对象
        btn.setOnClickListener(this);
    }
    //重写接口中的抽象方法
    @Override
    public void onClick(View v) {
    }
}
```

在 Activity 类实现事件监听接口，在 Activity 中定义重写对应的事件处理器方法，本例中 Activity 实现了 OnClickListener 接口，重写了 onClick(view)方法，在为某些组件添加该事件监听对象时，直接传入 this 作为参数即可。

（5）直接绑定到标签，XML 布局文件中部分代码如下：

```xml
<Button
  android:layout_width="wrap_content"
  android:layout_height="wrap_content"
  android:text="按钮"
  android:onClick="myclick"/>
```

主活动中的代码如下：

```java
public class MainActivity extends Activity {
   @Override
   protected void onCreate(Bundle savedInstanceState) {
      super.onCreate(savedInstanceState);
      setContentView(R.layout.activity_main);
   }
   //自定义一个方法，传入一个 view 组件作为参数
   public void myclick(View source)
   {
      Toast.makeText(getApplicationContext(),"按钮被点击",Toast.LENGTH_SHORT).show();
   }
}
```

直接在 XML 布局文件对应的 Activity 中定义一个事件处理方法，public void myClick (View source)source 对应事件源（即组件），在布局文件中对应要触发事件的组件，设置一个属性:onclick = "myclick"即可，这种方式将事件单独分离开来，每个控件只处理自己的事件。

以上便是处理监听事件的五种方法，实际开发中针对不同的情况可选择合适的方法。

8.1.2 基于回调的事件处理

回调事件处理，是将功能定义与功能分开的一种手段，是一种解耦合的设计思想，主要是通过重写 Android 组件特定的回调方法，或者重写 Activity 的回调方法。为了实现回调机制的事件处理，Android 为所有 GUI 组件提供了事件处理回调的方法。

在 View 类中包含了一些事件处理的回调方法，具体如下。

- boolean onTouchEvent(MotionEvent event)：在该组件上触发屏幕事件。
- boolean onKeyDown(int keyCode,KeyEvent event)：在该组件上按下某个按钮时。
- boolean onKeyUp(int keyCode,KeyEvent event)：释放组件上的某个按钮时。
- boolean onKeyLongPress(int keyCode,KeyEvent event)：长按组件某个按钮时。
- boolean onKeyShortcut(int keyCode,KeyEvent event)：键盘快捷键事件发生。
- boolean onTrackballEvent(MotionEvent event)：在组件上触发轨迹球屏事件。
- protected void onFocusChanged(boolean gainFocus, int direction, Rect previouslyFocusedRect)：与上面的方法不同，当组件的焦点发生改变时调用该方法，这个方法只能够在 View 中重写。

回调事件处理的代码相对比较简洁，但对于某些特定事件，无法采用回调的方式处理，这是由于回调事件只可以处理通用事件，对于公共事件需要提前约定接口，而特殊的则需要单独处理。

下面给出一个重写 Button 三个回调方法的实例，部分代码如下：

```java
public class MyButton extends Button{
    private static String Teg= "按钮:";
    public MyButton(Context context, AttributeSet attrs) {
        super(context, attrs);
    }
    //重写键盘按下触发的事件
    @Override
    public boolean onKeyDown(int keyCode, KeyEvent event) {
        super.onKeyDown(keyCode,event);
        Log.i(Teg, "onKeyDown 方法被调用");
        return true;
    }
    //重写弹起键盘触发的事件
    @Override
    public boolean onKeyUp(int keyCode, KeyEvent event) {
        super.onKeyUp(keyCode,event);
        Log.i(Teg,"onKeyUp 方法被调用");
        return true;
    }
    //组件被触摸了
    @Override
    public boolean onTouchEvent(MotionEvent event) {
        super.onTouchEvent(event);
        Log.i(Teg,"onTouchEvent 方法被调用");
        return true;
    }
}
```

布局管理器文件中的部分代码如下：

```xml
<com.example.administrator.mybutton.MyButton
    android:layout_width="wrap_content"
    android:layout_height="wrap_content"
    android:text="按钮"/>
```

这个实例中自定义一个 MyButton 类继承 Button 类，然后重写相应方法，接着在 XML 文件中通过完整类名调用自定义的 view。

8.2 物理按键事件

Android 设备提供了多种物理按键，同样这些按键也提供了相应的事件方法，本节讲解物理按键的事件处理。

Android 设备各个物理按键可触发的事件如下。

- KEYCODE_POWER：电源键，用于开机、关机或锁屏。

- KEYDODE_BACK：返回键，用于返回上一个界面。
- KEYCODE_MENU：菜单键，用于显示菜单。
- KEYCODE_HOME：Home 键，用于返回主界面。
- KEYCODE_SEARCH：查找键，用于启动搜索。
- KEYCODE_VOLUME_UP：音量键，用于提高音量。
- KEYCODE_VOLUME_DOWN：音量键，用于减小音量。
- KEYCODE_DPAD_CENTER：方向键。
- KEYCODE_DPAD_UP：方向键。
- KEYCODE_DPAD_DOWN：方向键。
- KEYCODE_DPAD_LEFT：方向键。
- KEYCODE_DPAD_RIGHT：方向键。

在 Android 处理物理按键的事件中，有以下几个回调方法。

- onKeyDown()：用户按下某个按键时触发该方法(前提是未释放)。
- onKeyUp()：用户释放某个按键时触发。
- onKeyLongPress()：用户长按某个按键时触发。

下面通过实例演示如何触发物理按键事件。

【例 8-1】连续按下两次退出并未退出的整蛊小程序。

创建一个新的 Module 并命名为"HardButton"，主活动代码如下：

```
public class MainActivity extends AppCompatActivity {
    private long exitTime = 0;
    @Override
    public boolean onKeyDown(int keyCode, KeyEvent event) {
       if(keyCode==KeyEvent.KEYCODE_BACK)
       {
           if (System.currentTimeMillis()-exitTime>2000)//判断两次单击连续2秒内
           {
               exitTime= System.currentTimeMillis();//获取系统时间
               Toast.makeText(MainActivity.this,"再单击一次退出",
                     Toast.LENGTH_LONG).show();
           }
           else
           {
               Toast.makeText(MainActivity.this,"哈哈 我骗你的",
                     Toast.LENGTH_LONG).show();//做出提示
           }
       }
       return true;
    }
    @Override
    protected void onCreate(Bundle savedInstanceState) {
       super.onCreate(savedInstanceState);
       setContentView(R.layout.activity_main);
    }
}
```

以上代码重写了 onKeyDown()方法，并判断是否为退出按键，2 秒内连续按下做出提示。

8.3 触摸事件

随着科技的发展，目前 Android 设备更多的是通过触摸来与用户进行交互，所以有必要对触摸事件进行学习和了解，本节对触摸事件进行讲解。

8.3.1 长按事件

Android 中手指触碰到屏幕可以触发多种事件，最常见的一种是单击事件，还有一种是长按事件。之前已经对单击事件做过深入的分析，长按事件与单击事件不同，该事件需要长按某个组件 2 秒以后才触发，下面针对长按事件进行讲解。

该事件可以通过 setOnlongClickListener()方法设置监听，该方法的参数是一个 View.OnLongClickListener 接口的实现类。此接口的定义如下：

```
Public static interface View.OnLongClickListener{
    Public Boolean onLongClick(View v)
}
```

下面通过实例演示如何触发长按事件。

【例 8-2】长按事件演示。

创建一个新的 Module 并命名为"LongClick"，在布局管理器中添加一个图片组件并设置相应的图片资源，在主活动中设置如下代码：

```java
public class MainActivity extends AppCompatActivity {
    @Override
    protected void onCreate(Bundle savedInstanceState) {
        super.onCreate(savedInstanceState);
        setContentView(R.layout.activity_main);
        ImageView im=findViewById(R.id.image);//获取图片组件
        //设置长按事件监听器
        im.setOnLongClickListener(new View.OnLongClickListener() {
            @Override
            public boolean onLongClick(View view) {//当长按事件触发后做出提示
                Toast.makeText(MainActivity.this,"再按我也不出来",
                    Toast.LENGTH_SHORT).show();
                return true;
            }
        });
    }
}
```

以上代码在主活动中，为图片组件设置了一个长按事件监听器，当事件触发时做出提示。运行结果如图 8-2 所示。

8.3.2 触摸事件

当用户与 Android 设备发生接触，即可产生一个触摸事件，可以通过触摸事件获取用户触碰的屏幕坐标，Android 提供了 setOnTouchListener()方法。

该方法用于设置触摸事件监听，它的参数是一个 View.OnTouchListener 接口的实现类对象，具体定义如下：

```
Public interface View.OnTouchListener{
  Public abstract boolean onTouch(View
v,MothionEvent event);
}
```

下面通过实例演示如何触发触摸事件。

【例 8-3】触摸事件实例。

创建一个新的 Module 并命名为"Touch"，在主活动中新建一个自定义类 MyView 将其继承自 View，并在类中重写 onDraw()与 onTouchEvent() 两个方法，设置如下代码：

图 8-2　例 8-2 运行效果

```
class MyView extends View {
    public float X = 200;                    //定义 x 坐标并赋初值
    public float Y = 200;                    //定义 y 坐标并赋初值
    Paint paint = new Paint();               //创建画笔
    public MyView(Context context, AttributeSet set)
    {
        super(context,set);
    }
    @Override
    public void onDraw(Canvas canvas) {
        super.onDraw(canvas);
        paint.setColor(Color.GREEN);         //设置颜色为绿色
        canvas.drawCircle(X,Y,30,paint);     //绘制圆
    }
    @Override
    public boolean onTouchEvent(MotionEvent event) {
        this.X = event.getX();               //获取手指 x 坐标
        this.Y = event.getY();               //获取手指 y 坐标
        //通知组件进行重绘
        this.invalidate();
        return true;
    }
}
```

修改布局管理器文件，代码如下：

```
<?xml version="1.0" encoding="utf-8"?>
<RelativeLayout xmlns:android="http://schemas.android.com/apk/res/android"
    xmlns:tools="http://schemas.android.com/tools"
```

```
android:layout_width="match_parent"
android:layout_height="match_parent"
tools:context="com.example.touch.MainActivity">
<com.example.touch.MyView          //自定义View组件
    android:layout_width="match_parent"
    android:layout_height="match_parent" />
</RelativeLayout>
```

以上代码自定义了一个 View 类，通过重写两个方法获取手指坐标并绘制绿色的圆圈，手指滑动实现跟随的效果。关于绘图相关知识后面会详细讲解，这里只做了解即可。

运行结果如图 8-3 所示。

图 8-3　例 8-3 运行效果

8.3.3　触摸与单击的区别

当手指触摸屏幕到底是单击事件还是触摸事件，系统如何区分呢？其实一次操作可以触发多种事件，而用户需要做的是关注自己感兴趣的事件进行处理即可。

下面通过具体实例演示事件触发的先后次序。

【例 8-4】事件触发次序。

创建一个新的 Module 并命名为"ClickOrder"，在主活动中设置如下代码：

```java
public class MainActivity extends AppCompatActivity {
    private static String Tag= "提示:";//定义提示资源串标记
    @Override
    protected void onCreate(Bundle savedInstanceState) {
        super.onCreate(savedInstanceState);
        setContentView(R.layout.activity_main);
        Button btn=findViewById(R.id.btn_ok);//定义并绑定按钮
        btn.setOnClickListener(new View.OnClickListener() {//设置单击事件监听器
            @Override
            public void onClick(View view) {
                Log.i(Tag,"单击事件执行");
            }
        });
        btn.setOnTouchListener(new View.OnTouchListener() {
            @Override//设置触摸事件监听器
            public boolean onTouch(View view, MotionEvent motionEvent) {
                if(motionEvent.getAction()==MotionEvent.ACTION_DOWN)
                {
                    Log.i(Tag,"手指按下");//手指按下做出提示
                }
                else if(motionEvent.getAction()==MotionEvent.ACTION_UP)
                {
                    Log.i(Tag,"手指抬起");//手指抬起做出提示
                }
                return false;//表示没有处理完该事件
            }
```

```
            });
    }
}
```

修改布局管理器文件，代码如下：

```xml
<?xml version="1.0" encoding="utf-8"?>
<android.support.constraint.ConstraintLayout
xmlns:android="http://schemas.android.com/apk/res/android"
    xmlns:tools="http://schemas.android.com/tools"
    android:layout_width="match_parent"
    android:layout_height="match_parent"
    tools:context="com.example.clickorder.MainActivity">
    <Button
        android:id="@+id/btn_ok"
        android:layout_width="match_parent"
        android:layout_height="wrap_content"
        android:text="确定"/>
</android.support.constraint.ConstraintLayout>
```

以上代码创建了一个按钮，并在主活动中分别为其设置了单击监听事件以及触摸监听事件，分别为其做出响应。

运行实例，单击按钮，查看 LogCat，如图 8-4 所示。

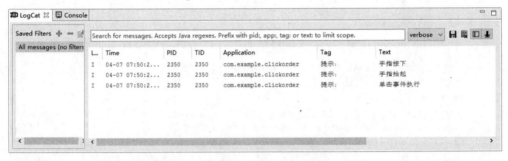

图 8-4 输出日志信息

从图 8-4 中可以清晰地看到，首先触发的是触摸事件，当触摸事件处理完才是单击事件。

 注意　处理完触摸事件后，返回 false，表示没有处理完该事件，后续还可以处理；如果返回 true，将不会再处理单击事件。

8.4 Toast 提示消息

在之前的操作中，已经使用 Toast 类实现简单消息提示，Toast 别名"吐丝"，正如其名，它可以在屏幕上显示一些提示信息，本节将对 Toast 做一个详细的讲解。

Toast 有以下一些特性。
(1) 没有任何控制按钮。
(2) 不会获得焦点。

(3) 运行一段时间后会自动消失。

8.4.1 makeText 方法

makeText()方法是 Toast 类使用最频繁的一个方法，调用此方法即可轻松完成一个消息提示。

makeText()方法的语法格式如下：

```
public static Toast makeText (Context context, CharSequence text, int duration)
```

它有三个参数，说明如下。
- context：是一个设备上下文，一般传入调用者的 this。
- text：具体提示的消息内容。
- duration：消息停留的时间，可选常量：LENGTH_SHORT，短时间；LENGTH_LONG，长时间。

使用 makeText 方法时，末尾一定要调用 show()方法，否则将看不到任何提示信息。

8.4.2 定制 Toast

Toast 除了调用 makeText 方法以外还可以使用构造方法，下面将使用 Toast 的构造方法，定制 Toast。

Toast 类提供了一些方法，用于设置消息的对齐方式、页边距、显示内容等，常用方法如下。
- setDuration (int duration)：设置消息显示时间。
- setGravity (int gravity, int xOffset, int yOffset)：设置消息提示框的位置，gravity 设置对齐方式，另外两个参数设置偏移量。
- setMargin (float horizontalMargin, float verticalMargin)：设置消息提示的页边距。
- setText (CharSequence s)：设置要显示的文本内容。
- setView (View view)：设置在消息提示框中显示的视图。

下面通过实例演示如何采用构造方法实现带图片的消息提示。

【例 8-5】带图片的消息提示。

创建一个新的 Module 并命名为"Toast"，在主活动中设置如下代码：

```java
public class MainActivity extends AppCompatActivity {
    @Override
    protected void onCreate(Bundle savedInstanceState) {
        super.onCreate(savedInstanceState);
        setContentView(R.layout.activity_main);
        Button btn = findViewById(R.id.btn_ok);
        btn.setOnTouchListener(new View.OnTouchListener() {
            @Override
            public boolean onTouch(View view, MotionEvent motionEvent) {
```

```
            Toast toast = Toast.makeText
                (MainActivity.this, "发光并非太阳的
                专利,你也可以发光。",
                Toast.LENGTH_SHORT);
                //使用构造方法构造提示消息
            toast.setGravity(Gravity.CENTER_
                HORIZONTAL | Gravity.BOTTOM,
                0, 0);//设置显示位置
            //创建一个线性布局管理器
            LinearLayout layout =
                (LinearLayout) toast.getView();
            //创建一个图片视图
            ImageView image = new
                ImageView(MainActivity.this);
            image.setImageResource(R.drawable.ss);
                //为图片视图设置图片资源
            layout.addView(image, 0);
                //将图像视图加入到布局管理器中
            //定义文本视图,将文本视图加入到 Toast 中
            TextView v = (TextView)toast.getView().
                findViewById(android.R.id.message);
            toast.show();//显示消息
            return true;
        }
    });
    }
}
```

以上代码使用 Toast 构造函数,实现了一个定制提示消息的输出。其中加入了线性布局管理器,并加入了一个图片视图、一个文本视图,通过单击按钮实现效果,没有给出布局管理器代码,其中只加入了按钮组件。

运行代码,效果如图 8-5 所示。

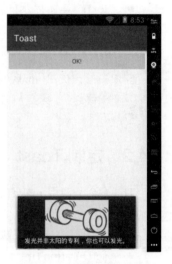

图 8-5 例 8-5 运行效果

8.5 AlertDialog 消息

简单的消息可以使用 Toast 进行提示,这样只能用于提示,实际开发中更多的是软件与用户的交互,而通过 AlertDialog 可以实现带按钮的对话框或者带列表的对话框,这样既可以进行信息提示,还可以同用户进行交互。本节讲解 AlertDialog 的使用方法。

AlertDialog 是一个功能强大的类,通过它可以实现 4 种对话框。

(1) 带按钮的对话框。这类对话框的使用比较普遍,按钮个数可根据实际需求选择。
(2) 带列表的对话框。
(3) 带多个单选列表项和按钮的组合对话框。
(4) 带多个多选列表项和按钮的组合对话框。

AlertDialog 类生成对话框,常用的方法如下。

- public void setTitle (CharSequence title):为对话框设置标题。

- public void setIcon (Drawable icon)：使用 Drawable 为对话框设置图标。
- public void setIcon (int resId)：使用 id 所指的资源为对话框设置图标。
- public void setMessage (CharSequence message)：设置对话框需要显示的内容。
- public void setButton：为对话框设置按钮，这里可以选择添加几个按钮，也可以选择按钮的类型。

通过以上方法只能生成带按钮的对话框，生成其他三种对话框，还需要使用 AlertDialog.Builder 类，该类提供的常用方法如下：

- setTitle (CharSequence title)：设置对话框标题。
- setIcon (Drawable icon)：为对话框设置图标。
- setIcon (int iconId)：通过 id 为对话框设置图标。
- setMessage (CharSequence message)：为对话框设置提示信息。
- setMessage (int messageId)：通过 id 为对话框设置提示信息。
- setNegativeButton()：设置取消按钮。
- setPositiveButton()：设置确定按钮。
- setNeutralButton()：设置中立按钮。
- setItems()：设置对话框的列表项。
- setSingleChoiceItems()：设置对话框的单选列表项。
- setMultiChoiceItems()：设置对话框的多选列表项。

下面通过实例演示如何使用 AlertDialog 的四种对话框。

【例 8-6】 演示对话框消息。

创建一个新的 Module 并命名为 "AlertDialog-one"，第一个普通对话框主要代码如下：

```
Button btn1=findViewById(R.id.btn1);            //获取第一个按钮
btn1.setOnClickListener(new View.OnClickListener() {
@Override
public void onClick(View view) {
    //创建对话框
    AlertDialog alertDlg=new AlertDialog.Builder(MainActivity.this).create();
    alertDlg.setIcon(R.drawable.icon1);         //设置对话框图标
    alertDlg.setTitle("友情提示");               //设置对话框标题
    alertDlg.setMessage("您已离开地球，正在飞往火星的路上,确定继续,取消返回地球");
        //设置提示内容
    alertDlg.setButton(DialogInterface.BUTTON_NEGATIVE,"取消",
        new DialogInterface.OnClickListener() {
        @Override//设置取消按钮并添加取消按钮单击事件监听
        public void onClick(DialogInterface dialogInterface, int i) {
            Toast.makeText(MainActivity.this,"准备返回地球",
            Toast.LENGTH_SHORT).show();
        }
    });
    alertDlg.setButton(DialogInterface.BUTTON_POSITIVE, "确定",
        new DialogInterface.OnClickListener() {
        @Override//设置确定按钮并添加确定按钮单击事件监听
        public void onClick(DialogInterface dialogInterface, int i) {
            Toast.makeText(MainActivity.this,"继续星际旅行",
```

```
            Toast.LENGTH_SHORT).show();
        }
    });
    alertDlg.show();//显示创建的对话框
    }
});
```

主程序启动后如图 8-6 所示，单击第一个按钮后，运行结果如图 8-7 所示。

图 8-6　主程序效果

图 8-7　普通对话框

第二个对话框主要代码如下：

```
Button btn2=findViewById(R.id.btn2);//获取第二个按钮
btn2.setOnClickListener(new View.OnClickListener() {
    @Override
    public void onClick(View view) {
        //以数组的形式设置列表显示内容
        final String str[]=new String[]{"英语","数学","语文","历史","地理"};
    //创建并实例化对话框
    AlertDialog.Builder builder = new AlertDialog.Builder(MainActivity.this);
    builder.setIcon(R.drawable.icon2);          //给对话框设置图标
    builder.setTitle("请选择你喜欢的课程");       //设置对话框标题
    builder.setItems(str, new DialogInterface.OnClickListener() {
    @Override  //设置对话框列表项并添加单击事件监听
        public void onClick(DialogInterface dialogInterface, int i) {
            Toast.makeText(MainActivity.this,"你喜欢的课程是："+str[i],
            Toast.LENGTH_SHORT).show();//选择后弹出提示信息
        }
    });
builder.create().show();//创建并显示对话框
    }
});
```

第三个按钮主要代码如下：

```
Button btn3=findViewById(R.id.btn3);           //获取第三个按钮
btn3.setOnClickListener(new View.OnClickListener() {
    @Override
    public void onClick(View view) {
//创建单选列表项显示的字符数组
final String str[]=new String[]{"苹果","香蕉","菠萝","橘子","西瓜","香梨"};
AlertDialog.Builder builder=new AlertDialog.Builder(MainActivity.this);
```

```
builder.setTitle("这么多水果但只能吃一样哦~");//设置对话框标题
builder.setSingleChoiceItems(str, 0, new DialogInterface.OnClickListener() {
    @Override
    public void onClick(DialogInterface dialogInterface, int i) {
        Toast.makeText(MainActivity.this,"看来你喜欢吃:"+str[i],
        Toast.LENGTH_SHORT).show();
    }
});
builder.setPositiveButton("确定",null);        //添加"确定"按钮
builder.create().show();                      //创建并显示对话框
    }
});
```

第四个按钮的主要代码如下:

```
Button btn4=findViewById(R.id.btn4);
btn4.setOnClickListener(new View.OnClickListener() {
    @Override
    public void onClick(View view) {
//设置多选列表项数组内容
final String str[]=new String[]{"电影","音乐","爬山","旅游","交友","唱歌"};
//多选列表布尔数组
final boolean chickID[] = {false,false,false,false,false,false,};
//创建并实例化对话框
AlertDialog.Builder builder=new AlertDialog.Builder(MainActivity.this);
builder.setTitle("业余生活都做什么?");//设置对话框标题
builder.setMultiChoiceItems(str, chickID, new
DialogInterface.OnMultiChoiceClickListener() {
    @Override
    public void onClick(DialogInterface dialogInterface, int i, boolean b) {
chickID[i]=b;//将选中项的对应布尔值改变
    }
});
builder.setPositiveButton("确定", new DialogInterface.OnClickListener() {
    @Override
    public void onClick(DialogInterface dialogInterface, int i) {
String strResult="";//定义一个空的字符串用于保存选中项
for(int j=0;j<chickID.length;j++)
{//循环选中项
    if(chickID[j])
    {//将选中项合并到字符串中
strResult+=str[j]+"、";
    }
}
if(!"".equals(strResult))
{//判断选项不为空时做出提示
    Toast.makeText(MainActivity.this,"业余生活挺丰富嘛"+strResult+"你也不嫌累",
    Toast.LENGTH_SHORT).show();
}
else
{//选项为空也做出提示
    Toast.makeText(MainActivity.this,"这个人真是懒,什么都不做!",
    Toast.LENGTH_SHORT).show();
}
```

```
                }
        });
builder.create().show();//创建并显示对话框
        }
});
```

单击第二个按钮,运行结果如图 8-8 所示。单击第三个按钮,运行结果如图 8-9 所示。单击第四个按钮,运行结果如图 8-10 所示。

图 8-8　列表对话框

图 8-9　单选列表对话框

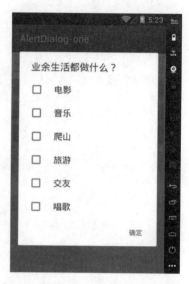
图 8-10　多选列表对话框

8.6　状态栏通知消息

状态栏位于手机屏幕的最上方,一般用于显示一些系统信息,比如网络状态、系统时间、电池电量等。除此之外,当有未接电话或者短信时,系统也会给出相应的提示信息。这些信息会显示在状态栏里。本节讲解状态栏信息的使用。

通过 Notification 可以发送状态栏消息,Notification 是 Android 提供的用于显示状态信息的类,除此之外还有 NotificationManager,它是用来发送 Notification 通知的系统服务。

Notification 常用方法如下。

- SetDefaults:设置通知 LED 灯、音乐、振动等。
- SetAutoCancel:设置点击此条通知后,状态栏将不再显示此通知。
- SetContentTitle:设置此消息的标题。
- SetContentText:设置消息的主体内容。
- setSmallIcon:设置消息图标。
- setLargeIcon:设置消息大图标。
- setContentIntent:设置点击通知后将要启动的程序组件对应的 PendingIntent。

显示一个状态栏消息可以通过以下几个步骤。

step 01 创建一个通知消息对象(Notification)。
step 02 为消息对象设置必要的属性。
step 03 调用 getSystemService()方法获取系统的 NotificationManager 服务。
step 04 通过 NotificationManager 类的 notify()方法发送通知消息。

值得注意的是，使用 notify()方法发送通知消息时，必须要保证 API 版本不能低于 16，即 Android 4.1 版本，低于此版本将会显示一个错误。

下面通过具体实例演示如何使用 NotificationManager 显示通知消息。

【例 8-7】在状态栏显示通知消息。

创建一个新的 Module 并命名为 Notification，在布局文件中添加一个按钮用于发送通知消息，新建一个 Activity，当通知消息被点击后跳转到这个页面。布局文件如何设计这里不做讲解，主活动中代码如下：

```java
public class MainActivity extends AppCompatActivity {
    @Override
    protected void onCreate(Bundle savedInstanceState) {
        super.onCreate(savedInstanceState);
        setContentView(R.layout.activity_main);
        Button btn=findViewById(R.id.btn1);
        btn.setOnClickListener(new View.OnClickListener() {
            @Override
            public void onClick(View view) {
                //创建一个Notification对象
                Notification.Builder notification =
                    new Notification.Builder(MainActivity.this);
                notification.setAutoCancel(true);//设置打开通知,通知自动消失
                notification.setSmallIcon(R.drawable.icon3);//设置消息图标
                notification.setContentTitle("励志信息");//设置标题
                notification.setContentText("点我看看");//设置提示文本
                //设置提示方式
                notification.setDefaults(Notification.DEFAULT_SOUND);
                notification.setWhen(System.currentTimeMillis());//设置发送时间
                //创建启动Activity的Intent对象
                Intent intent=new Intent(MainActivity.this,Massage.class);
                //创建一个pendingIntent对象
                PendingIntent p=PendingIntent.getActivity
                    (MainActivity.this,0,intent,0);
                notification.setContentIntent(p);//设置通知栏点击跳转
                //获取通知管理器
                NotificationManager notificationManager =
                    (NotificationManager)getSystemService(NOTIFICATION_SERVICE);
                notificationManager.notify(0x11,notification.build());//发送通知
            }
        });
    }
}
```

当单击按钮后会出现系统提示信息，如图 8-11 所示。向下滑动通知栏，在消息队列中看到具体通知消息，如图 8-12 所示。

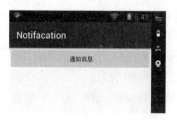
图 8-11 例 8-7 运行效果

图 8-12 通知消息

8.7 Handler 消息

Android 中不允许子线程更新 UI，为此专门提供了一种机制，即 Handler 消息机制，如果子线程有需要更新 UI 的操作，则通过 Handler 消息来完成。本节讲解 Handler 消息机制。

8.7.1 Handler 的运行机制

想要深入了解 Handler 的运行机制，可通过一张运行图学习，如图 8-13 所示。

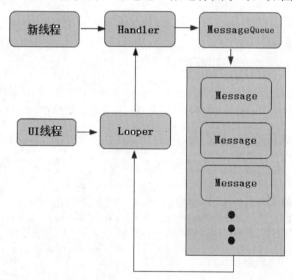

图 8-13 Handler 运行机制

图 8-13 中，UI 线程即主线程，系统在创建 UI 线程的时候会初始化一个 Looper 对象，同时也会创建一个与其关联的 MessageQueue。

- Handler：作用就是发送与处理信息，如果希望 Handler 正常工作，在当前线程中要有一个 Looper 对象。
- Message：Handler 接收与处理的消息对象。
- MessageQueue：消息队列，先进先出管理 Message，在初始化 Looper 对象时会创建一个与之关联的 MessageQueue。
- Looper：每个线程只能够有一个 Looper 管理 MessageQueue，不断地从中取出 Message

分发给对应的 Handler 处理。

当子线程想要修改 Activity 中的 UI 组件时,可以新建一个 Handler 对象,通过这个对象向主线程发送信息,而发送的信息会先到主线程的 MessageQueue 进行等待,由 Looper 按先进先出原则取出,再根据 Message 对象的 what 属性分发给对应的 Handler 进行处理,这就是整个 Handler 的运行机制。

8.7.2 Handler 类中的常用方法

Handler 类中包含了一些用于发送和处理消息的方法,常用的方法如下。

- handleMessage(Message msg):处理消息的方法,重写该方法,在发送消息时会自动回调。
- sendEmptyMessage(int what):发送空消息。
- sendEmptyMessageDelayed(int what,long delayMillis):指定延时多少毫秒后发送空信息。
- sendMessage(Message msg):立即发送信息。
- sendMessageDelayed(Message msg):指定延时多少毫秒后发送信息。
- boolean hasMessage(int what):检查消息队列中是否包含 what 属性为指定值的消息,如果参数为(int what,Object object),除了判断 what 属性,还需要判断 Object 属性是否为指定对象的消息。

下面通过实例演示如何使用 Handler 消息更新 UI 组件。

【例 8-8】通过 Handler 消息实现轮播动画。

创建一个新的 Module 并命名为"Handler",在布局文件中加入一个图片视图控件,并加入三张图片资源,修改主活动中的代码如下:

```java
public class MainActivity extends AppCompatActivity {
    private ImageView image;
    //定义切换的图片的数组 id
    int imgids[] = new int[]{
            R.drawable.s1, R.drawable.s2,R.drawable.s3
    };
    int imgstart = 0;//定义起始位置
    final Handler myHandler = new Handler()
    {
        @Override
        //重写 handleMessage 方法,根据 msg 中 what 的值判断是否执行后续操作
        public void handleMessage(Message msg) {
            if(msg.what == 0xFF)
            {   //轮播三张图片
                image.setImageResource(imgids[imgstart++ % 3]);
            }
        }
    };
    @Override
    protected void onCreate(Bundle savedInstanceState) {
        super.onCreate(savedInstanceState);
        setContentView(R.layout.activity_main);
```

```
image = findViewById(R.id.image);
//使用定时器,每隔 1 秒让 handler 发送一个空消息
new Timer().schedule(new TimerTask() {
    @Override
    public void run() {
        myHandler.sendEmptyMessage(0xFF);
    }
}, 0,1000);
```

以上代码通过 Handler 消息实现了一个图片轮播的效果,创建一个图片数组,在定时器中间隔 1 秒发送一次 Handler 消息,收到消息后更换显示的图片,实现轮播。

运行结果如图 8-14 所示。

8.7.3 Handler 与 Looper、MessageQueue 的关系

通过之前 Handler 运行机制图了解到,Handler 在整个运行过程中有两个非常重要的组件,一个是 Looper,另一个是 MessageQueue,下面来讲解它们之间的关系。

图 8-14 例 8-8 运行效果

- Looper:负责管理 MessageQueue,每个线程只能有一个 Looper,它用于循环从消息队列中取出消息。
- MessageQueue:消息队列,它用于存放消息,按照先进先出的原则进行存储。
- Message:消息主体,它是整个机制中传送的主体部分。

消息队列中存在多种消息对象,每个消息对象可以通过 Message.obtain() 或 Handler.obtainMessage()方法获得。一个 Message 对象具有下面的 5 种属性。

- arg1:用于存放整型数据。
- arg2:用于存放整型数据。
- obj:用于存放一个任意对象。
- replyTo:用于指定发送到何处,可选 Messager 对象。
- what:用于指定发送消息的消息码,可以是任意的形式,接收后用于判断。

 Message 类本身提供了两个 int 类型的数据,如果要携带其他数据类型,可以先定义一个类,由 obj 对象的形式传入,或者使用 Bundle 对象进行传递。

Message 类使用方法比较简单,使用过程中要注意以下 3 点。

- 虽然 Message 有 public 的默认构造方法,但是通常情况下,需要使用 Message.obtain()或者 Handler.obtainMessage()方法从消息队列中获得消息对象,以节

省资源。
- 如果一个 Message 需要携带 int 型数据，优先使用 arg1 和 arg2 来传递消息。
- 通过 Message.what 来标识不同消息，以方便区分。

Looper 对象用来为一个线程开启一个消息循环，通过消息队列不断地取出消息。默认情况下系统会自动为主线程创建一个 Looper 对象，子线程则需要自行创建。

Looper 对象的一些常用方法如下。
- prepare()：此方法用于初始化一个 Looper 对象。
- loop()：此方法用于启动 Looper 线程，从消息队列取出处理消息。
- myLooper()：用于获取当前线程的 Looper 对象。
- getThread()：用于获取 Looper 对象所属的线程。
- quit()：用于结束消息循环。

在子线程中创建一个 Handler 对象，大概需要以下几个步骤。

step 01 使用 Looper 类的 prepare()方法来初始化 Looper 对象，而它的构造器会创建配套的 MessageQueue。

step 02 创建 Handler 对象，重写 handleMessage()方法，这样可以处理来自于其他线程的消息。

step 03 使用 Looper 类的 loop()方法启动 Looper，开始消息循环。

下面通过实例演示在新线程中实现消息循环。

【例 8-9】 在线程中实现消息循环。

创建一个新的 Module 并命名为"ThreadHandler"，在布局文件中创建一个按钮控件，修改主活动中的代码如下：

```java
public class MainActivity extends AppCompatActivity {
    @Override
    protected void onCreate(Bundle savedInstanceState) {
        super.onCreate(savedInstanceState);
        setContentView(R.layout.activity_main);
        Button btn = findViewById(R.id.btn);
        btn.setOnClickListener(new View.OnClickListener() {
            @Override
            public void onClick(View v) {
                CallThread callT = new CallThread();//创建线程
                callT.start();//启动线程
            }
        });
    }
    //定义一个线程
    class CallThread extends Thread{
        public Handler mHandler;        //定义一个 Handler 对象
        public void run() {
            super.run();
            Looper.prepare();           //创建一个 Looper 对象
            mHandler = new Handler()    //定义并实例化一个 handler
            {
                @Override
                public void handleMessage(Message msg) {
```

```
                super.handleMessage(msg);
                //打印接收到的消息
                Toast.makeText(getApplication(),"接收到消息:"
                    +msg.what,Toast.LENGTH_SHORT).show();
            }
        };
        Message msg = mHandler.obtainMessage();//获取一个消息实例
        msg.what = 0xFF;                       //定义消息码
        mHandler.sendMessage(msg);             //发送消息
        Looper.loop();                         //开启消息循环
    }
  }
}
```

以上代码通过在新线程中创建 Looper 对象，实现消息循环。注意，创建线程实现消息循环必须手动创建 Looper 对象，否则会报错。

运行结果如图 8-15 所示。

图 8-15　例 8-9 运行效果

8.8　大 神 解 惑

小白：Toast 在什么情况下使用？

大神：Toast 是一种弹出消息，一般用于对用户做出提示时使用。

小白：Handler 与 Thread 有什么区别？

大神：Handler 与调用者处于同一线程，如果 Handler 里面做耗时的动作，调用者线程会阻塞。一个线程要处理消息，那么它必须拥有自己的 Looper，并不是 Handler 在哪里创建，就可以在哪里处理消息。

8.9　跟我学上机

练习 1：创建一个工程，建立 5 个按钮，分别用不同的形式调用，实现单击事件。

练习 2：分别使用 Toast、AlertDialog、状态栏通知实现一个案例，分析何种情况下使用。

练习 3：在线程中创建并实现一个 Handler 消息机制，试着封装一个带 Handler 的子线程类。

练习 4：查看 Handler 的源码，通过源码深入理解 Handler 的运行机制。

第 9 章
使 用 资 源

在一个程序开发工程中,资源很重要,它是构成整个程序必需的部分,那么一个程序中都有哪些资源呢? Android 程序中给出了这样几类资源,它们分别是字符串资源、颜色资源、数组资源、尺寸资源、布局资源、图像资源、主题和样式资源、菜单资源等。本章将针对这些资源进行详细讲解。

本章要点(已掌握的在方框中打钩)

- ☐ 掌握字符串资源的使用
- ☐ 掌握数组资源的使用
- ☐ 掌握图像资源的使用
- ☐ 掌握主题和样式资源的使用
- ☐ 掌握菜单资源的使用
- ☐ 掌握国际化程序的开发方法

9.1 字符串资源

在一个应用程序中字符串是不可或缺的，少量的字符串可以直接定义赋值，但是大量的字符串则需要采用资源的形式进行存放，这样既方便管理，更简化了代码的阅读。

9.1.1 字符串资源文件

字符串资源文件位于 res\values 目录下，在实际开发中，Android Studio 会默认在此目录下创建一个资源文件"string.xml"，该文件的基本结构如下：

```
<resources>
    <string name="app_name">Notification</string>
</resources>
```

在这个文件中，<resources>与</resources>标记是根元素，在该元素中使用<string>标记定义各种字符串资源，name 属性用于设置字符串的名称，<string>与</string>中间则是字符串的主体内容。

例如：

```
<resources>
    <string name="title">我是一条消息</string>
    <string name="message">永远都不要放弃自己，勇往直前，直至成功！</string>
</resources>
```

上面这段代码中，定义了两个字符串资源。

注意　字符串资源的标记一定要使用小写，<string>与 Java 文件中定义字符串 String 不同，所以如果写错可能导致无法识别。

除此之外，用户还可以创建新的字符串资源文件，具体操作步骤如下：

step 01 在 values 文件夹上右击，在弹出的快捷菜单中依次选择 new → XML → Values XML file 命令，弹出 New Android Component 对话框，如图 9-1 所示。

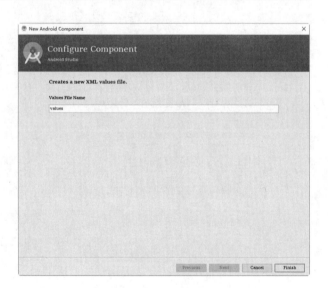

图 9-1　创建资源文件对话框

step 02 输入预创建的资源名称"String-one"，单击 Finish 按钮即可完成空资源文件的创建，新创建的资源文件代码如下：

```
<?xml version="1.0" encoding="utf-8"?>
<resources></resources>
```

注意   如果输入的文本资源中需要换行时，可以使用\n 转义字符进行换行，如果文本中没有这类转义字符，那么字符串资源将是连续的。

9.1.2 使用字符串资源

在 Android 中使用资源文件有两种方式，第一种是在 XML 布局文件中进行使用，也称为静态使用，另一种是在 Java 文件中进行使用，也称为动态调用。下面针对这两种方式分别讲解。

首先定义一个字符串资源文件，设置 name 属性为 Test。

在 XML 布局管理器文件中使用，这个相对比较简单，这里以文本框使用为例，具体代码如下：

```
<TextView
android:layout_width="wrap_content"
android:layout_height="wrap_content"
android:text="@string/Test"/>          //这里静态引用字符串资源
```

这里只用修改文本框的 text 属性为资源即可，注意获取资源文件的格式：@string/具体资源名称。

在 Java 文件中使用，这里还以文本框为例，具体代码如下：

```
TextView t=findViewById(R.id.text);//获取文本框
t.setText(getResources().getText(R.string.Test));//设置显示字符串资源
```

9.2　颜色资源

颜色在程序开发中也是不可或缺的，颜色的搭配可以使开发出来的程序界面友好，更有层次感，本节讲解颜色资源的使用。

9.2.1 颜色资源文件

同字符串资源文件一样，颜色资源文件也属于资源的一种，并且 Android Studio 会默认在 res\values 目录下生成一个 colors.xml 颜色资源文件。

颜色资源文件的基本格式如下：

```
<?xml version="1.0" encoding="utf-8"?>
<resources>
    <color name="colorPrimary">#3F51B5</color>
    <color name="colorPrimaryDark">#303F9F</color>
    <color name="colorAccent">#FF4081</color>
</resources>
```

在<resources>与</resources>标记中间进行颜色资源的设置，使用<color>标记进行颜色配置，name 属性设定颜色的名称，<color>与</color>之间是具体颜色信息。例如：

```
<color name="red">#FF0000</color>
<color name="gre">#00FF00</color>
<color name="blu">#0000FF</color>
```

以上代码设定了三种颜色。

9.2.2 颜色的设置

在 Android 中颜色用 RGB(红、绿、蓝)三种基色和一个透明度(Alpha)值表示，在设定颜色值时必须以"#"开头，#Alpha-R-G-B 这样一种形式，其中透明度可以省略，一旦省略颜色将不透明。

颜色值的设定有以下几种形式。
- #RGB：使用红、绿、蓝三种基色设定，三种基色采用十六进制形式，例如：#F60。
- #ARGB：使用透明度及三基色设定，透明度也采用十六进制形式，例如：#7F00。
- #RRGGBB：这里的三种基色取值是 00～FF 这种形式，例如：#FF6688。
- #AARRGGBB：与上面相同，取值也是 00～FF 这种形式，例如：#77FF88FF。

其中，表示透明度的 Alpha 取值越小，越透明，0 表示完全透明，F 表示完全不透明。

另外，除了可以使用这些设定值以外，还可以通过 Android Studio 提供的拾色器，来进行颜色的选取与设定。它位于设定颜色的最左侧，这里有一个带颜色的小色块，单击这个色块即可打开颜色拾取器，如图 9-2 所示。

从这里不但可以选取颜色，还可以通过修改 ARGB 更加直观地查看颜色，获取到想要的颜色以后，单击 Choose 按钮即可完成取色。

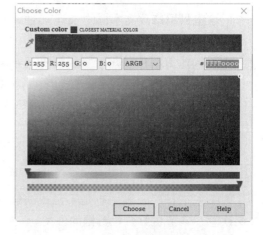

图 9-2　颜色拾取器

9.2.3 文本框使用颜色

使用颜色资源同样有两种方式，第一种是在 XML 布局文件中，另一种是通过 Java 文件直接使用。

这里首先定义一个颜色资源，并为其设定颜色值。

在布局管理器中使用颜色资源，以修改文本框字体颜色为例，具体代码如下：

```
<TextView
android:layout_width="wrap_content"
android:layout_height="wrap_content"
android:textColor="@color/red"/>        //这里设置字体颜色，采用颜色资源
```

通过修改文本框 textColor 属性，为其设定颜色资源即可修改文本颜色。

在 Java 文件中使用颜色资源，具体代码如下：

```
TextView t=findViewById(R.id.text);//获取文本框
t.setTextColor(getResources().getColor(R.color.red));//为文本设置颜色
```

这里的 getResources 方法在 Android 高版本中已经过时，高版本中提供了 getColor 直接获取颜色资源，这里大家需要注意。

```
t.setBackground(getColor(R.color.gre));//通过getColor直接获取颜色资源
```

9.3 数组资源

在 Android 中提供了数组资源，在实际开发中，推荐将数据存放于资源文件中，以实现程序的逻辑代码与数据分离，这样便于项目的管理，同时也会减少开发中逻辑代码的修改。本节对数组资源进行详细讲解。

9.3.1 定义资源文件

数组资源文件有默认的存放路径，它位于 res\values 目录下，新创建的项目并没有给出数组资源文件，需要用户手动添加。

同其他资源文件一样，数组资源也位于<resources>与</resources>标记之中，与其他资源不同的是，数组资源包含三个子元素。
- <array>子元素：用于定义普通类型的数组。
- <integer-array>：用于定义整型数组。
- <string-array>：用于定义字符串数组。

这三个子元素都包含 name 属性，用于设定数组的名称，除此之外，每一个数组项位于<item>与</item>标记中。

例如，添加一个学生成绩的整型数组代码如下：

```
<resources>
    <integer-array name="grade">//整型数组名称
        <item>85</item>//数组具体值
        <item>100</item>
        <item>45</item>
        <item>70</item>
    </integer-array>
</resources>
```

9.3.2 使用数组资源

定义完数组资源以后，根据需要可以在 XML 文件中或 Java 文件中使用数组资源。

使用方法与之前其他资源类似，如在 XML 文件中使用数组资源，这里以给 ListView 组件添加列表项为例，代码如下：

```xml
<ListView
    android:layout_width="match_parent"
    android:layout_height="match_parent"
    android:entries="@array/grade">        //引用数组资源
</ListView>
```

在 Java 文件中使用，具体代码如下：

```java
int arr[] = getResources().getIntArray(R.array.grade);//获取 grade 数组的具体项
```

下面通过具体代码演示如何使用数组资源。

【例 9-1】通过数组资源实现四方阁效果。

创建一个新的 Module 并命名为"StringArray"，创建一个整型数组用于存放颜色数据，再创建一个字符串数组用于存放需要演示的文本内容，具体代码如下：

```xml
<resources>
    <integer-array name="color1">//用于存放颜色值的整型数组
        <item>0xbb660000</item>
        <item>0xbb006600</item>
        <item>0xbb000066</item>
        <item>0xbb282828</item>
    </integer-array>
    <string-array name="text1">//用于存放显示文本的字符串数组
        <item>心情</item>
        <item>爱好</item>
        <item>学业</item>
        <item>事业</item>
    </string-array>
</resources>
```

由于布局文件过长，请参考源码，源码位于资源包\code\9\stringarray 中，主活动中源码如下：

```java
public class MainActivity extends AppCompatActivity {
    int[] tvid={R.id.textView1,R.id.textView2,R.id.textView3,
        R.id.textView4};//定义文本框数组
    @Override
    protected void onCreate(Bundle savedInstanceState) {
        super.onCreate(savedInstanceState);
        setContentView(R.layout.activity_main);
        int[] color=getResources().getIntArray(R.array.color1);    //颜色数组
        String[] str=getResources().getStringArray(R.array.text1);//字符串数组
        for(int i=0;i<4;i++)
        {//使用循环给文本框赋值
            TextView t=findViewById(tvid[i]);
            t.setBackgroundColor(color[i]);        //颜色赋值
            t.setText(str[i]);                     //显示内容赋值
        }
    }
}
```

运行效果如图 9-3 所示。

图 9-3 例 9-1 运行效果

9.4 尺 寸 资 源

在一个应用程序中不可或缺的是尺寸,如果没有统一的尺寸,格式界面将无法合理布局。Android 中的尺寸应用有字体大小、组件大小、组件间隙等,并且可以将其设定成资源的形式,本节讲解如何使用尺寸资源。

9.4.1 尺寸单位

Android 提供了一些尺寸单位,具体的尺寸描述如下。
- dip 或 dp:为解决 Android 设备碎片化,引入一个概念 dp,也就是密度。指在一定尺寸的物理屏幕上显示像素的数量,通常指分辨率。
- sp(比例像素):主要用于处理字体大小,它可以根据设备的字体进行自适应。
- px(pixels,像素):每个 px 对应屏幕上的一个像素点。
- pt(points,磅):屏幕实际长度单位,1 磅为 1/72 英寸。
- in(inches,英寸):目前使用最为广泛的单位,屏幕大小都用此单位描述。
- mm(Millimeters,毫米):也用于屏幕单位使用。

典型的设计尺寸有以下几种。
- 320dp:一个普通的手机屏幕(240×320、320×480、480×800)。
- 480dp:初级平板电脑(480×800)。
- 600dp:7 寸平板电脑(600×1024)。
- 720dp:10 寸平板电脑(720×1280、800×1280)。

这几种单位在实际开发中使用最多的是 dp 与 sp,下面具体讲解这两个单位。

dp 使用比较多的地方是组件大小、间隙大小、图标大小等。

sp 使用比较多的地方是字体大小,通过 sp 设置的字体可以自适应设备。

9.4.2 尺寸资源文件

尺寸资源文件位于 res\values 目录下,它与字符串资源、颜色资源不一样,创建工程以后不会默认生成，需要手动创建。

创建方式与前面创建其他资源文件相同，创建好的资源文件如果需要添加尺寸资源，可以从<resources>与</resources>之间进行添加，添加尺寸资源使用<dimen>标记，name 属性用于设定尺寸资源的标识，<dimen>与</dimen>标记之间是具体尺寸资源。

例如，新建一个尺寸资源 dimens.xml，具体代码如下：

```xml
<?xml version="1.0" encoding="utf-8"?>
<resources>
    <dimen name="longdp">16dp</dimen>
    <dimen name="wide">20dp</dimen>
    <dimen name="tell">30dp</dimen>
    <dimen name="textSize">20sp</dimen>
</resources>
```

如果有需要，可以建立多个资源文件，针对不同的布局界面进行设置。

9.4.3 使用尺寸资源

定义好尺寸资源文件后，就可以使用这些资源了。使用尺寸资源相对比较简单，同其他资源文件一样，也有两种使用方式。

在 XML 布局文件中使用尺寸资源，具体代码如下：

```xml
<TextView
android:layout_width="wrap_content"
android:layout_height="wrap_content"
android:textSize="@dimen/textSize" />//设置字体大小
```

在 Java 文件中使用尺寸资源，具体代码如下：

```java
TextView text=findViewById(R.id.text);//获取文本框
//通过尺寸资源设置字体大小
text.setTextSize(getResources().getDimension(R.dimen.textSize));
```

下面通过实例演示如何使用尺寸资源。

【例 9-2】通过设置字体大小及组件边距，演示使用尺寸资源。

创建一个新的 Module 并命名为 dimenTest，创建字符资源的具体代码如下：

```xml
<resources>
    <dimen name="textsize">18sp</dimen>
    <dimen name="margin">6dp</dimen>
</resources>
```

创建一个数组资源用于存放显示文本，创建一个颜色资源用于存放文本颜色，由于不是本节重点，请参考实例源文件，源码位于资源包\code\9\dimenTest 中，布局管理器文件如下：

```xml
<?xml version="1.0" encoding="utf-8"?>
<LinearLayout xmlns:android="http://schemas.android.com/apk/res/android"
    xmlns:app="http://schemas.android.com/apk/res-auto"
    xmlns:tools="http://schemas.android.com/tools"
    android:layout_width="match_parent"
    android:layout_height="match_parent"
```

```
    tools:context="com.example.dimentest.MainActivity"
    android:orientation="vertical">
    <TextView
        android:layout_width="match_parent"
        android:layout_height="wrap_content"
        android:text="当以自勉"
        android:gravity="center_horizontal|center_vertical"
        android:background="@color/bgcolor"        //设置组件背景颜色
        android:textColor="@color/txcolor"         //设置文本颜色
        android:layout_marginTop="@dimen/margin"   //设置顶边距
        android:layout_marginBottom="@dimen/margin" //设置底边距
        android:textSize="@dimen/textsize"/>       //设置字体大小
    <ListView
        android:layout_width="match_parent"
        android:layout_height="wrap_content"
        android:entries="@array/str">//设置列表项为字符串数组
    </ListView>
</LinearLayout>
```

运行效果如图 9-4 所示。

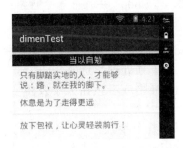

图 9-4　例 9-2 运行效果

9.5 布 局 资 源

　　布局资源是使用最频繁的一个资源，在之前的各种实例中，都要用到布局资源。在第 3 章布局管理器中，已经详细讲解了各种布局管理器的知识，这里只对布局资源进行讲解。

　　由于布局资源比较重要，所以 Android 将其与其他资源做了分离，单独存放于 res\layout 目录下。布局资源的根元素通常是各种布局管理器，一般在创建新的工程后，Android Studio 都会默认生成一些代码，可以根据实际开发进行调整。访问布局资源同样有两种方式，下面针对这两种访问方式进行讲解。

　　在 XML 文件中使用布局资源，通常是一个布局资源中包含另一个布局资源，具体代码如下：

```
<include layout="@layout/layout"></include>
```

通过<include>标记可以引用其他布局资源。

在 Java 中使用布局资源，具体代码如下：

```
setContentView(R.layout.activity_main);
```

9.6 图像资源

图像资源分为图片资源和图标资源，虽然它们都属于图像资源，但在 Android 中对于这两种资源却进行了分别存储，本节针这类资源进行讲解。

9.6.1 Drawable 资源

Drawable 资源位于 res\drawable 目录中，它不但用于存放图片资源信息，还存放一些其他资源，比如可以被编译成 Drawable 子类对象的 XML 文件。

Drawable 资源使用比较多的还是存放图片资源，Android 可以存放的图片类型有 png、jpg、gif、bmp 等图片格式。

为了保证不同分辨率都能够显示出最佳的效果，Android 提供了将资源分目录存放，可以将不同分辨率的图片资源存放于 res\drawable-mdpi、res\drawable-hdpi、res\drawable-xhdpi 目录下，mdpi 存放中等分辨率图片，hdpi 存放高分辨率图片，xhdpi 存放超高分辨率图片。

另外值得注意的是，Android 还提供了一种可拉伸图片资源，扩展名为.9.png 的 9-Patch 图片资源，这种图片资源需要进行单独处理，通常用于背景。与其他图片资源不同，9-Patch 图片用于屏幕或者按钮背景时，当屏幕或者按钮大小发生变化时，它将自动缩放，保证显示的是最佳效果。

制作 9-Patch 图片大概需要以下几个步骤。

step 01 先在 drawable 目录中存放一张需要修改的图片，这里需要一张.png 的图片，其他格式的图片不可以。

step 02 选中图片，右击，在弹出的快捷菜单中选择 Create 9-Patch file 命令，如图 9-5 所示。

step 03 在弹出的保存图片对话框中，在 File name 文本框中输入修改后的名称，如图 9-6 所示。

图 9-5 右键快捷菜单

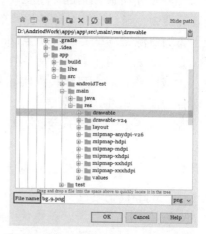

图 9-6 保存图片对话框

step 04 双击保存后的图片，在 Android Studio 代码编辑区会出现 9-Patch 图片编辑区，如图 9-7 所示。

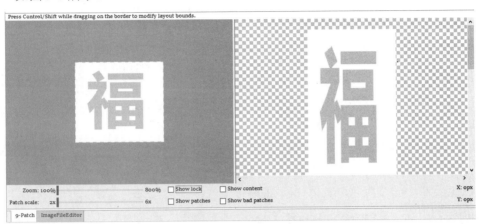

图 9-7　图片编辑区

step 05 单击图片的边缘，将会出现 1 像素的黑色边缘，这个边缘可以进行修改，如图 9-8 所示。

step 06 拖动编辑区，将固定不变的图像保留，标注出可拉伸区域，如图 9-9 所示，框起来的地方即是可改变区域。

图 9-8　可编辑状态

图 9-9　编辑后的图片

这样就完成了一个 9-Patch 图片的创建工作，将生成后的图用于背景，此时的图片就不会被拉伸变形了。

在使用图片资源时也有两种方式，分别是在 XML 文件中使用以及在 Java 文件中使用。

在 XML 布局文件中的使用相对比较简单，只需要对相应的属性进行设置即可，这里以在布局文件中设置背景为例，具体代码如下：

```
android:background="@drawable/bg"//引用背景图片
```

在 Java 中使用图片资源，这里以图像视图为例，具体代码如下：

```
ImageView i=findViewById(R.id.image);//定义并绑定图像视图组件
i.setImageResource(R.drawable.bg);      //设置图像显示图片
```

9.6.2 Drawable 中的 XML 资源

Drawable 资源除了可以是图片以外，还可以是 XML 文件，本小节针对 XML 文件的 Drawable 资源进行分类讲解。

1. ColorDrawable

这是一种简单的颜色资源，可以通过该资源修改背景颜色等。

在 Java 中的使用，具体代码如下：

```
ColorDrawable drawable = new ColorDrawable(0x66FF00FF);//创建一个颜色资源
txt.setBackground(drawable);//设置背景颜色
```

在 XML 文件中定义颜色，具体代码如下：

```
<?xml version="1.0" encoding="utf-8"?>
<color
   xmlns:android="http://schemas.android.com/apk/res/android"
   android:color="#FF0000"/>
```

2. ShapeDrawable

通过这个资源可以定义以下基本形状，比如，矩形、圆形、线条等。

根元素是<shape>，通过<shape>与</shape>标记中间进行定义，相关的属性如下。

(1) shape 属性。

- visible：设置是否可见。
- shape：形状，可选 rectangle(矩形，包括正方形)、oval(椭圆，包括圆)、line(线段)和 ring(环形)。
- innerRadiusRatio：设置 shape 为 ring 才有效，表示环内半径所占半径的比率，如果设置了 innerRadius，它会被忽略。
- innerRadius：设置 shape 为 ring 才有效，表示环的内半径的尺寸。
- thicknessRatio：设置 shape 为 ring 才有效，表示环厚度占半径的比率。
- thickness：设置 shape 为 ring 才有效，表示环的厚度，即外半径与内半径的差。
- useLevel：设置 shape 为 ring 才有效，表示是否允许根据 level 来显示环的一部分。

(2) size 属性。

- width：图形形状宽度。
- height：图形形状高度。
- gradient：后面 GradientDrawable 再讲。

(3) solid 属性。

Color：背景填充色，设置 solid 后会覆盖 gradient 设置的所有效果。

(4) stroke 属性。

- width：边框的宽度。
- color：边框的颜色。

- dashWidth：边框虚线段的长度。
- dashGap：边框虚线段的间距。

(5) conner 属性。

radius：取值 topLeftRadius 为左上，toRightRadius 为右上，BottomLeftRadius 为左下，tBottomRightRadius 为右下。

(6) padding 属性。

left,top,right,bottom：依次是左、上、右、下方向上的边距。

例如，圆角矩形的资源，具体代码如下：

```xml
<?xml version="1.0" encoding="utf-8"?>
<shape xmlns:android="http://schemas.android.com/apk/res/android">
    <solid android:color="#87CEEB" /><!-- 设置透明背景色 -->
    <stroke<!-- 设置黑色边框 -->
        android:width="2px"
        android:color="#000000" />
    <corners<!-- 设置四个圆角的半径 -->
        android:bottomLeftRadius="10px"
        android:bottomRightRadius="10px"
        android:topLeftRadius="10px"
        android:topRightRadius="10px" />
    <padding<!-- 设置边距 -->
        android:bottom="5dp"
        android:left="5dp"
        android:right="5dp"
        android:top="5dp" />
</shape>
```

3. GradientDrawable

渐变属性资源，可以使一个组件的背景呈线性渐变，同时多个组件共同使用会有融合的效果。

根元素是<shape>，通过<shape>与</shape>标记中间进行定义，通过<gradient>与</gradient>标记之间定义资源，此元素的可选属性如下。

- startColor：起始颜色。
- centerColor：中间颜色。
- endColor：结束颜色。
- type：渐变类型，有三个取值，分别是 linear(线性渐变)、radial(发散渐变)、sweep(平铺渐变)。
- centerX：渐变中间颜色的 x 坐标，取值范围为 0～1。
- centerY：渐变中间颜色的 Y 坐标，取值范围为 0～1。
- angle：只有线性类型的渐变才有效，表示渐变角度，必须为 45 的倍数。
- gradientRadius：只有 radial 和 sweep 类型的渐变才有效，radial 必须设置，表示渐变效果的半径。
- useLevel：判断是否根据 level 绘制渐变效果。

例如,一个线性渐变的资源,具体代码如下:

```xml
<?xml version="1.0" encoding="utf-8"?>
<shape
    xmlns:android="http://schemas.android.com/apk/res/android"
    android:shape="oval" >
    <gradient
        android:angle="90"
        android:centerColor="#DEACAB"
        android:endColor="#25FF75"
        android:startColor="#FF6635" />
    <stroke
        android:dashGap="4dip"
        android:dashWidth="3dip"
        android:width="2dip"
        android:color="#fff" />
</shape>
```

4. StateListDrawable

这个资源是定义在 XML 文件中的 Drawable 对象,它能根据组件的不同状态分别进行设置,例如一个按钮组件获得焦点、按钮按下、按钮抬起等。

与图片资源一样,StateListDrawable 资源也存放于 res\drawable-xxx 目录中,该资源的根元素是<selector>与</selector>,在该元素中间通过<item>与</item>标记定义具体资源信息,每个<item>元素有以下属性。

- android:color:设置颜色。
- android:drawable:设置 drawable 资源。
- android:state_xxx:设置某一个状态,常用的状态如下。
    ◆ state_focused:是否获得焦点。
    ◆ state_window_focused:是否获得窗口焦点。
    ◆ state_enabled:是否可用。
    ◆ state_checked:勾选状态。
    ◆ state_selected:有滚轮时,是否被选择。
    ◆ state_pressed:按下状态。
    ◆ state_active:活动状态。
    ◆ state_single:控件包含多个子控件时,确定是否只显示一个子控件。
    ◆ state_first:控件包含多个子控件时,确定第一个子控件是否处于显示状态。
    ◆ state_middle:控件包含多个子控件时,确定中间一个子控件是否处于显示状态。
    ◆ state_last:控件包含多个子控件时,确定最后一个子控件是否处于显示状态。

例如,创建一个改变按钮状态的资源文件,当按钮按下时改变按钮字体颜色,资源名称为 btn_select.xml,具体代码如下:

```xml
<?xml version="1.0" encoding="utf-8"?>
<selector xmlns:android="http://schemas.android.com/apk/res/android">
    <item android:state_pressed="true" android:color="#f60"></item>
    <item android:state_pressed="false" android:color="#6f0"></item>
</selector>
```

配置按钮的字体属性，使用新创建好的 drawable 资源，具体代码如下：

```
<Button
    android:textColor="@drawable/btn_select"   //这里引用 Drawable 资源
    android:text="测试按钮"
    android:layout_width="wrap_content"
    android:layout_height="wrap_content" />
```

9.6.3 Mipmap 资源

Mipmap 资源一般用于存放应用程序的图标文件，这些图标资源位于 res 目录下的 mipmap 文件夹中。

对于图标与图片分类存放，既方便工程的分类管理，另一方面图标资源根据不同的分辨率进行了分类设置，这样可以更好地兼容不同设备。根据不同设备，Android 为图标资源提供了 mdpi、hdpi、xhdpi 和 xxhdpi 四种目录，hdpi 存放的是高分辨率的图标资源，xhdpi 保存更高分辨率的图标资源，往后 x 越多分辨率更高。

图标资源的使用同样有两种方式，不同方式访问的语法格式如下。

在 Java 中，访问的语法格式如下：

```
[<package>.]R.mipmap.(具体图标名)
```

在 XML 文件中，访问的语法格式如下：

```
@[<package>:]mipmap/具体图标名
```

Mipmap 资源同 Drawable 资源的区别：虽然它们都可以存放图片资源，但是默认情况下，Mipmap 用于存放图标资源，而应用程序使用的其他图片资源，则存放于 Drawable 目录下。

9.7 主题和样式资源

在 Android 开发中，系统默认提供了一些主题资源和样式资源，这些资源存放于什么位置？如何自定义主题和样式？这将是本节研究的重点。

9.7.1 主题资源

每一个应用程序 Android 都会默认提供主题资源，它位于 res\values 目录下的 styles.xml 文件中，该文件代码如下：

```
<resources>
    <!-- Base application theme. -->
    <style name="AppTheme" parent="Theme.AppCompat.Light.DarkActionBar">
        <!-- Customize your theme here. -->
        <item name="colorPrimary">@color/colorPrimary</item>
        <item name="colorPrimaryDark">@color/colorPrimaryDark</item>
        <item name="colorAccent">@color/colorAccent</item>
```

```
    </style>
</resources>
```

这个 styles.xml 文件不但用于存放主题资源，样式资源也同样存放于这个位置。

主题资源在<resources>与</resources>标记之间，通过<style>与</style>标记来定义。主题资源除可以用于设置整体 Activity 样式，当然也可以对单个的 Activity 进行设置，但是它不能对单个 View 组件进行设置。

主题资源可以定义在默认的主题当中，也可以自定义新的主题。

下面给出一段自定义主题的代码，具体代码如下：

```
<style name="MyTheme" parent="AppTheme">
    <item name="android:windowNoTitle">false</item>//没有标题
    <item name="android:windowBackground">@drawable/bg</item>//设置了背景图片
</style>
```

使用创建好的主题资源有两种方式，第一种是在 AndroidManifest.xml 文件中使用，第二种是在 Java 文件中使用。

(1) 在 AndroidManifest.xml 文件中使用主题资源。

在 AndroidManifest.xml 文件中使用时，只需要修改 android:theme 属性即可，这里给出具体代码如下：

```
<application
    android:allowBackup="true"
    android:icon="@mipmap/ic_launcher"
    android:label="@string/app_name"
    android:roundIcon="@mipmap/ic_launcher_round"
    android:supportsRtl="true"
    android:theme="@style/MyTheme">//从这里修改主题风格
```

在这里这样设置将改变全部项目的样式，如果某一个 Activity 有改变样式的需求，可以通过修改单个 Activity 中的 theme 属性来实现，关键代码如下：

```
<activity android:theme="@style/MyTheme"></activity>//定制活动风格
```

Android 默认提供了大量的主题，要想使用这些主题资源，只需进行相应设置即可，例如，android:theme="@style/Animation.AppCompat.Dialog"设置后，这个 Activity 将转变成一个对话框。

(2) 在 Java 文件中使用主题资源。

在 Java 文件中使用主题资源时，需要在 Activity 的 onCreate()方法中通过 getTheme()方法实现，具体代码如下：

```
protected void onCreate(Bundle savedInstanceState) {
    super.onCreate(savedInstanceState);
getTheme(R.style.MyTheme);//设置主题样式
    setContentView(R.layout.activity_main);
}
```

值得注意的是，当在 Java 文件中使用主题资源时，一定要将设置主题资源的代码放到 setContentView()方法之前，否则将没有任何效果。

9.7.2 样式资源

在实际开发中可能会遇到这样的问题，多个页面之间需要风格统一，比如：字体大小、字体颜色等，这样如果将其定义成样式资源，不但可以统一风格，还便于后期的管理与维护。

样式资源同主题资源一样，都存放于 res\values 目录下的 style.xml 文件中，同样是通过<style>与</style>标记进行定义，在<style>与</style>标记之间通过<item>与</item>标记定义具体样式，同一个<style>与</style>标记内可以有多个<item>，它们分别用于定义不同的样式。

定义样式的关键代码如下：

```xml
<style name="text">
   <item name="android:textSize">20sp</item>      //字体大小
   <item name="android:textColor">#f60</item>     //字体颜色
</style>
```

多种样式可以进行继承，继承分为两种方式：一种是隐式继承，另一种是显式继承。
首先定义一个父类样式，具体代码如下：

```xml
<style name="Parent">
   <item name="android:layout_width">100dp</item>
   <item name="android:layout_height">100dp</item>
   <item name="android:layout_margin">5dp</item>
</style>
```

隐式继承代码如下：

```xml
<style name="Parent.test1">
   <item name="android:background">#009688</item>
</style>
<style name="Parent.test2">
   <item name="android:background">#00BCD4</item>
</style>
```

显式继承代码如下：

```xml
<style name="Test" parent="Parent">
   <item name="android:background">#009688</item>
</style>
```

9.7.3 主题编辑器的使用

通过上面的学习读者已经对主题样式有一定的了解，虽然可以通过编写 XML 文件定义主题和样式，但是这样的效率并不高，而且不直观，下面学习如何使用 Android Studio 自带的主题编辑器来建立主题。

创建并修改一个新的主题分为以下几个步骤。

step 01 打开主题编辑器，选择 tools→Android→Theme Editor 命令即可打开主题编辑器，左侧为样式预览区，右侧为样式编辑区，如图 9-10 所示。

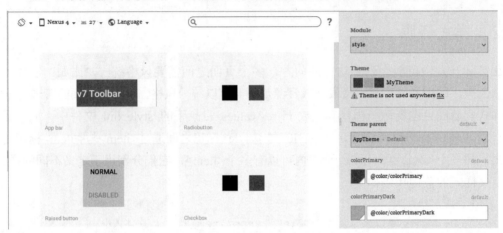

图 9-10　主题编辑器

step 02 在 Theme 下拉列表中选择 Create New Theme 选项，如图 9-11 所示。

step 03 在弹出的 New Theme 对话框的 New theme name 文本框中输入新建主题的名称，如图 9-12 所示。

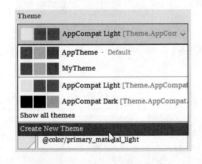

图 9-11　Theme 下拉列表

图 9-12　New Theme 对话框

step 04 单击 OK 按钮即可创建新的主题，此时 style.xml 文件中会多出一行代码。

```
<style name="MyStyle" parent="AppTheme"/>
```

注意

这里默认继承自 AppTheme 样式类，它是所有样式的父类。

step 05 在每个样式的左侧有一个颜色按钮，单击可以打开颜色选取对话框，如图 9-13 所示。

step 06 选择你想要的颜色，在 Name 文本框中输入新的名称。这里需要注意的是，如果忘记输入名称，主题编辑器将覆盖 AppTheme 的这个颜色，最后单击 OK 按钮即可完成修改。

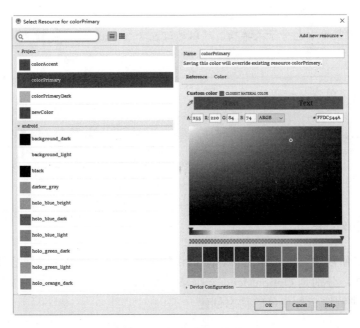

图 9-13　颜色选取对话框

9.8　菜 单 资 源

菜单可以将一类操作放置在一起，既方便管理同时还可以减少显示的空间。Android 中提供了两种方式创建菜单，一种是通过 Java 文件创建菜单，另一种是通过菜单资源创建菜单，推荐使用菜单资源创建菜单。

9.8.1　静态创建菜单

菜单资源与其他资源不同，默认并没有创建，需要手动创建一个位于 res 目录下的 menu 目录，创建好目录以后，可以在此目录中创建菜单资源文件。

菜单资源根元素的标记是<menu>与</menu>，在该标记中通过<item>与</item>标记添加具体菜单项，菜单项有以下属性。

- android:id：设置菜单的标识，也是唯一的标识。
- android:title：设置菜单标题。
- android:alphabeticShortcut：为菜单项添加字符快捷键。
- android:numbericShortcut：为菜单项添加数字快捷键。
- android:icon：设置菜单图标。
- android:enabled：设置菜单项是否可用。
- android:eheckable：设置菜单项是否可选。
- android:checked：判断菜单项是否被选中。
- android:visible：设置菜单项是否可见。

注意：如果菜单中包含子菜单项，可以通过包含<menu>与</menu>标记来实现。

下面给出一段菜单资源代码：

```xml
<?xml version="1.0" encoding="utf-8"?>
<menu xmlns:android="http://schemas.android.com/apk/res/android">
    <item android:id="@+id/openMenu" android:title="打开"/>
    <item android:id="@+id/closeMenu" android:title="关闭"/>
</menu>
```

9.8.2 动态创建菜单

上面讲解了如何创建菜单资源文件，下面讲解如何在 Java 中动态创建菜单。Android 提供了三种菜单形式，分别是 OptionMenu(选项菜单)、SubMenu(子菜单)和 ContextMenu(上下文菜单)。本小节将讲解这三种菜单的动态创建。

1. OptionMenu

该菜单在 Java 中动态创建，需要重写 onCreateOptionsMenu()方法，通过其参数 menu 调用 add()方法来实现，形式为 add(菜单项的组号,ID,排序号,标题)。如果排序号是按添加顺序排序的则都填 0 即可，具体代码如下：

```java
public boolean onCreateOptionsMenu(Menu menu) {
    menu.add(1,1,0,"新建");
    menu.add(1,2,0,"打开");
    menu.add(1,3,0,"保存");
    menu.add(1,4,0,"关闭");
    return true;
}
```

通过单击模拟器的菜单键，即可打开菜单。

2. SubMenu

该菜单在 Java 中动态创建，也需要重写 onCreateOptionsMenu()方法，具体代码如下：

```java
@Override
public boolean onCreateOptionsMenu(Menu menu) {
    SubMenu file = menu.addSubMenu("文件");//定义并创建"子文件"菜单项
    SubMenu edit = menu.addSubMenu("编辑");//定义并创建"编辑"菜单项
    file.setHeaderTitle("文件");//"文件"菜单项设置标题
    file.add(1,1,0,"打开");//"文件"菜单项设置子项
    file.add(1,2,0,"保存");//"文件"菜单项设置子项
    file.add(1,3,0,"关闭");//"文件"菜单项设置子项
    edit.setHeaderTitle("编辑");//"编辑"菜单项设置标题
    edit.add(2,1,0,"剪切");//"编辑"菜单项设置子项
    edit.add(2,2,0,"复制");//"编辑"菜单项设置子项
    edit.add(2,3,0,"粘贴");//"编辑"菜单项设置子项
```

```
        return true;
}
```

3. ContextMenu

该菜单在 Java 中动态创建，需要重写 onCreateContextMenu()方法，具体代码如下：

```
@Override
public void onCreateContextMenu(ContextMenu menu, View v,
ContextMenu.ContextMenuInfo menuInfo) {
    menu.add(1,1,0,"剪切");
    menu.add(1,2,0,"复制");
    menu.add(1,3,0,"粘贴");
    super.onCreateContextMenu(menu, v, menuInfo);
}
```

9.8.3 使用菜单

创建好菜单，就需要使用这些菜单，菜单使用可以分为两类，一类是选项菜单(子菜单同选项菜单，使用方法相同)，另一类是上下文菜单。下面针对这两种使用方式进行讲解。

1. 选项菜单的使用方法

这里以静态创建菜单资源为例进行讲解。

【例 9-3】 选项菜单实例。

创建一个新的 Module 并命名为"menu"，具体操作步骤如下。

step 01 创建菜单资源 optionmenu.xml 文件，请参考静态创建菜单小节，这里不做讲解。

step 02 重写 onCreateOptionsMenu()方法，在该方法中创建一个用于解析菜单资源文件的 MenuInflater 对象，然后调用该方法的 inflater()方法解析菜单资源文件，最后将解析的菜单保存到 menu 参数中，具体代码如下：

```
@Override
public boolean onCreateOptionsMenu(Menu menu) {
    //创 MenuInflater 对象
    MenuInflater inflater=new MenuInflater(MainActivity.this);
    //调用 inflate 方法解析菜单资源文件
    inflater.inflate(R.menu.optionmenu,menu);
    return super.onCreateOptionsMenu(menu);//返回菜单项
}
```

step 03 重写 onOptionsItemSelected()方法，当菜单项被单击时做出响应。这里以单击"打开"菜单后弹出一条提示消息为例，具体代码如下：

```
@Override
public boolean onOptionsItemSelected(MenuItem item) {
    switch (item.getItemId())//switch 判断选项
    {
        case R.id.option_item1://单击"打开"菜单项做出提示
            Toast.makeText(MainActivity.this,"你单击了打开菜单项",
```

```
            Toast.LENGTH_SHORT).show();
      break;
      }
      return super.onOptionsItemSelected(item);
}
```

运行结果如图 9-14 所示,单击"打开"菜单项后做出提示,如图 9-15 所示。

图 9-14 运行效果

图 9-15 单击选项后效果

2. 上下文菜单的使用方法

这里同样以静态创建菜单资源为例进行讲解,当用户长按组件才会触发上下文菜单。

【例 9-4】上下文菜单实例。

创建一个新的 Module 并命名为"menuop",具体操作步骤如下:

step 01 创建菜单资源 optionmenu.xml 文件,请参考静态创建菜单小节,这里不做讲解。

step 02 重写 onCreateContextMenu()方法,在该方法中创建一个用于解析菜单资源文件的 MenuInflater 对象,然后调用该方法的 inflater()方法解析菜单资源文件,最后将解析的菜单保存到 menu 参数中,具体代码如下:

```
@Override
public void onCreateContextMenu(ContextMenu menu, View v, ContextMenu.ContextMenuInfo menuInfo) {
    //创建并实例化一个 MenuInflater 对象
    MenuInflater inflater=new MenuInflater(MainActivity.this);
    inflater.inflate(R.menu.contextmenu,menu);//解析菜单资源
}
```

step 03 重写 onContextItemSelected()方法,当菜单项被单击时做出响应,这里以长按控件弹出菜单演示,具体代码如下:

```
@Override
public boolean onContextItemSelected(MenuItem item) {
    switch (item.getItemId())
    {
    case R.id.Context_item2:
        Toast.makeText(MainActivity.this,"你单击了复制菜单项",
            Toast.LENGTH_SHORT).show();
    break;
    }
    return super.onContextItemSelected(item);
}
```

step 04 设置好的菜单项注册到控件，这里以长按文本框为例，具体代码如下：

```
TextView tx=findViewById(R.id.text1);
registerForContextMenu(tx);//注册上下文菜单
```

长按文本框控件，运行结果如图 9-16 所示，单击弹出菜单中的"复制"菜单项，效果如图 9-17 所示。

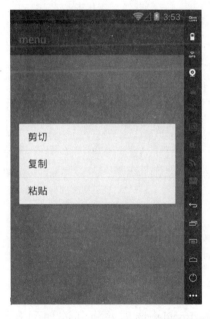
图 9-16　例 9-4 运行效果

图 9-17　单击菜单项后的效果

9.9　国　际　化

目前全世界使用 Android 设备的用户越来越多，不同国家的用户使用同一款应用程序，则会出现语言不统一的问题，如何解决这个问题呢？为不同国家的用户设置不同的字符串资源，便可以很好地解决这一问题，这个即是国际化实现的基础。本节讲解如何让程序实现国际化。

这里以一个输入用户信息的小程序为实例，演示如何实现程序国际化。

【例 9-5】 程序实现国际化实例。

创建一个新的 Module 并命名为"menu",具体操作步骤如下。

step 01 为程序建立字符串资源,将程序操作中显示和用到的字符串都放入字符串资源中,具体代码如下:

```xml
<resources>
    <string name="app_name">internationalization</string>
    <string name="hime_name">请输入姓名</string>
    <string name="hime_addr">请输入地址</string>
    <string name="btn_ok">确定</string>
    <string name="btn_cancel">取消</string>
</resources>
```

step 02 添加其他国家语言目录,选中 values 目录,右击,在弹出的快捷菜单中选择 New→Values resource file 命令,打开 New Resource File 对话框,如图 9-18 所示。

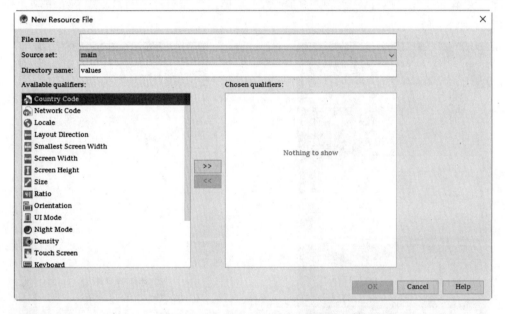

图 9-18 新建资源文件对话框

step 03 在打开的对话框左侧列表框中,选择 Locale 选项并将其添加到右侧,在 Language 列表框中选择 en:English 选项(这里以美国为例),在 File name 文本框中输入"strings",如图 9-19 所示。

step 04 修改创建好的资源文件,代码如下:

```xml
<resources>
    <string name="app_name">internationalization</string>
    <string name="hime_name">Please input your name</string>
    <string name="hime_addr">enter your primary address</string>
    <string name="btn_ok">OK</string>
    <string name="btn_cancel"> cancel</string>
</resources>
```

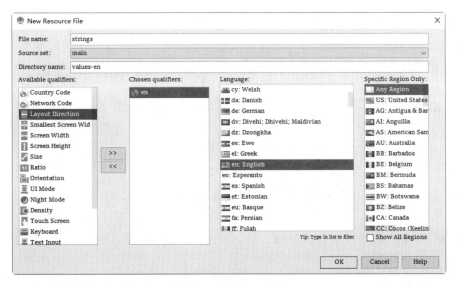

图 9-19　选择国家语言

此时这个程序就完成了国际化的配置，中文运行效果如图 9-20 所示，英文运行效果如图 9-21 所示。

图 9-20　中文运行效果　　　　　　　　图 9-21　英文运行效果

9.10　大 神 解 惑

小白：为什么要使用这么多资源文件？

大神：使用资源文件，可以方便对程序的不同资源进行分类管理，这也是开发大型程序协同合作的前提。

小白：什么时候使用资源文件？

大神：如果程序中有大量引用，此时可以使用资源文件，如果大型项目分工合作也可以采用资源的形式开发。

小白：Drawable 资源与 Mipmap 资源有何区别？

大神：Mipmap 文件夹对应的是图标资源，而图片资源存放于 Drawable 目录，在实际开发中存放于哪个目录都可以，但是为了区分，还是应该进行分类，这样便于管理。另外 Drawable 目录不仅仅是存放图片资源的，这一点需要注意。

9.11 跟我学上机

练习 1：一个工程使用字符串资源、颜色资源、尺寸资源，分别定义不同的按钮，通过按钮改变字体大小与颜色。

练习 2：创建一个工程，制作一个 9-Path 图片，将图片用于背景与普通图片进行比较。

练习 3：创建一个工程，使用多个活动，通过主题和样式实现风格统一。

练习 4：创建一个工程，定义学生信息使用数组资源的形式，使用菜单项完成学生成绩的分类，对比使用菜单项与按钮控件的区别。

练习 5：创建一个工程，使用程序国际化，体验使用资源使程序通用化的编程思想。

第 10 章

图形与图像处理

　　图形技术在 Android 中是不可或缺的，它也是自定义 View 的基础，有了这个技术，才能开发出界面更加绚丽的应用程序，还有各种游戏场景设置等都需要使用图形技术。本章将针对图形、图像技术进行详细讲解。

本章要点(已掌握的在方框中打钩)

- ☐ 掌握 bitmap 类的用法与图像的显示
- ☐ 掌握绘图常用类的使用
- ☐ 掌握绘制图像与路径
- ☐ 掌握动画的实现与应用
- ☐ 掌握属性动画的实现与应用

10.1 bitmap 图片

之前已经学习了图片资源的存放位置，本节将学习如何将这些位图显示在工程当中、如何引用 Drawable 资源，以及如何绘制这些位图。

10.1.1 Bitmap 类

Bitmap 类是位图类，在 Android 负责图像处理的一个类，可以将它看成是一个画架，先把画放到画架上面，然后可以进行一些处理，比如获取图像文件信息、进行图像旋转切割、放大缩小等。

Bitmap 提供了一些方法。常用的方法如下。

1) 静态方法
- Bitmap createBitmap(Bitmap src)：以 src 为原图生成新图像。
- Bitmap createScaledBitmap(Bitmap src, int dstWidth,int dstHeight, boolean filter)：以 src 为原图，创建新的图像，指定新图像的高宽以及是否可变。
- Bitmap createBitmap(int width, int height, Config config)：创建指定宽度与高度的新位图。
- Bitmap createBitmap(Bitmap source, int x, int y, int width, int height)：以 source 为原图，指定坐标以及新图像的高宽，挖取一块图像，创建成新的图像。
- public static Bitmap createBitmap(Bitmap source, int x, int y, int width, int height, Matrix m, boolean filter)：从源位图的指定坐标点开始，挖取指定宽度与高度的一块图像，创建成新的图像。

2) 普通方法
- void recycle()：强制回收位图资源。
- boolean isRecycled()：判断位图内存是否已释放。
- int getWidth()：获取位图的宽度。
- int getHeight()：获取位图的高度。
- boolean isMutable()：图片是否可修改。

10.1.2 BitmapFactory 类

上面了解了 Bitmap 类，但是 Bitmap 类的构造函数是私有的，通过该类无法直接实例化位图对象，只能通过 JNI 实例化。这必然是某个辅助类提供了创建 Bitmap 的接口，而这个类的实现通过 JNI 接口来实例化 Bitmap，这个类就是 BitmapFactory。

BitmapFactory 提供了一些常用的方法。
- decodeByteArray (byte[] data, int offset, int length)：从指定的字节数组中解码一个不可变的位图。
- decodeFile(String pathName)：从文件中解码生成一个位图。

- decodeFileDescriptor (FileDescriptor fd)：从 FileDescriptor 文件中解码生成一个位图。
- decodeResource (Resources res, int id)：根据指定的资源 id，从资源中解码位图。
- decodeStream (InputStream is)：从指定的输入流中解析出位图。

下面给出一段通过 BitmapFactory 获取图像的代码，具体如下：

```
//通过资源 ID
private Bitmap getBitmapFromResource(Resources res, int resId) {
    return BitmapFactory.decodeResource(res, resId);
}
//文件
private Bitmap getBitmapFromFile(String pathName) {
    return BitmapFactory.decodeFile(pathName);
}
//字节数组
public Bitmap Bytes2Bimap(byte[] b) {
   if (b.length != 0) {
     return BitmapFactory.decodeByteArray(b, 0, b.length);
   } else {
     return null;
   }
}
//输入流
private Bitmap getBitmapFromStream(InputStream inputStream) {
    return BitmapFactory.decodeStream(inputStream);
}
```

下面通过一个实例演示如何创建位图。

【例 10-1】演示如何截取图像。

创建一个新的 Module 并命名为"StringArray"，在布局中创建一个图像组件、一个按钮，这里不做讲解，主活动中的代码如下：

```
public class MainActivity extends AppCompatActivity {
    @Override
    protected void onCreate(Bundle savedInstanceState) {
        super.onCreate(savedInstanceState);
        setContentView(R.layout.activity_main);
        Button btn=findViewById(R.id.btn);//获取按钮组件
        final ImageView img_bg = findViewById(R.id.image);//获取图像组件
        btn.setOnClickListener(new View.OnClickListener() {
            @Override
            public void onClick(View v) {
                Bitmap bitmap1 = BitmapFactory.decodeResource(getResources(),
                    R.drawable.pic1);   //创建第一个位图通过 Drawable 资源
                    //剪切图像生成第二个位图
                Bitmap bitmap2 = Bitmap.createBitmap(bitmap1,300,20,300,300);
                img_bg.setImageBitmap(bitmap2);//显示剪切后的图像
            }
        });
    }
}
```

以上代码演示了如何通过资源创建位图，并截取图像中的一部分再创建新的位图。

运行效果如图 10-1 所示，单击"剪切"按钮后效果如图 10-2 所示。

图 10-1　例 10-1 运行效果　　　　　　　　图 10-2　剪切后效果

10.2　绘图常用类

前面我们学习了 Drawable 以及 Bitmap，都是加载好图片的，而本节将要学习与绘图相关的类，它们分别是 Paint(画笔)、Canvas(画布)和 Path(路径)。这几个类非常重要，同时也是自定义 View 的基础。

10.2.1　Paint 类

Paint 是画笔的意思，用于设置绘制风格，如：线宽(笔触粗细)、颜色、透明度、填充风格等，使用时需要先创建一个该类的对象，可以使用无参构造方法来创建。

Paint 类提供了一些方法，用于修改默认属性的设置。常见方法如下。

- setARGB(int a,int r,int g,int b)：设置绘制的颜色，a 代表透明度，r、g、b 代表颜色值，各值范围为 0～255。
- setAlpha(int a)：设置绘制图形的透明度，取值为 0～255 的整数。
- setColor(int color)：设置绘制的颜色，使用颜色值来表示，该颜色值包括透明度和 RGB 颜色。
- setAntiAlias(boolean aa)：设置是否使用抗锯齿功能，会消耗较大资源，绘制图形速度会变慢。
- setPathEffect(PathEffect effect)：设置绘制路径的效果，如点画线等。

- setShader(Shader shader)：设置图像效果，使用 Shader 可以绘制出各种渐变效果。
- setShadowLayer(float radius, float dx, float dy, int color)：在图形下面设置阴影层，产生阴影效果，radius 为阴影的角度，dx 和 dy 为阴影在 x 轴和 y 轴上的距离，color 为阴影的颜色。
- setStyle(Paint.Style style)：设置画笔的样式，为 FILL、FILL_OR_STROKE 或 STROKE。
- setTextAlign(Paint.Align align)：设置绘制文字的对齐方向。
- setTextScaleX(float scaleX)：设置绘制文字 x 轴的缩放比例，可以实现文字的拉伸效果。
- setTextSize(float textSize)：设置绘制文字的字号大小。
- setTextSkewX(float skewX)：设置斜体文字，skewX 为倾斜弧度。
- setStrokeMiter(float miter)：设置画笔的倾斜度。

10.2.2 Canvas 类

Canvas 是画布的意思。通过上面的学习，我们已经了解了画笔，有了画笔接下来需要有个地方来绘画，而 Canvas 正好可以满足这个需求，可以在上面绘制任意的图形。下面讲解 Canvas 类的使用。

使用 Canvas 类首先需要构造一个 Canvas 类的对象，而构造 Canvas 类的对象有以下两种方法。

- Canvas()：创建一个空的画布，可以使用 setBitmap()方法来设置绘制具体的画布。
- Canvas(Bitmap bitmap)：以 bitmap 对象为元素创建一个画布，将内容都绘制在 bitmap 上，因此 bitmap 不得为 null。

Canvas 还提供了一些方法，这些方法具体如下。

1. drawXXX()方法族

此方法族以一定的坐标值在当前画图区域画图，另外，绘制出的图层会叠加，即后面绘画的图层会覆盖前面绘画的图层。具体方法如下。

- drawRect(RectF rect, Paint paint)：绘制区域。
    - rect：RectF 的一个区域。
    - paint：Paint 对象。
- drawPath(Path path, Paint paint)：绘制一个路径。
    - path：Path 路径对象。
    - paint：Paint 对象。
- drawBitmap(Bitmap bitmap, Rect src, Rect dst, Paint paint)：贴图。
- bitmap：Bitmap 对象。
    - src：是源区域(这里是 bitmap)。
    - dst：是目标区域(在 Canvas 中的位置和大小)。
    - paint：Paint 画刷对象，因为用到了缩放和拉伸的可能，当原始 Rect 不等于目标 Rect 时性能将会有大幅损失。

- drawLine(float startX, float startY, float stopX, float stopY, Paintpaint)：画线。
  - startX：起始点的 x 轴位置。
  - startY：起始点的 y 轴位置。
  - stopX：终点的 x 轴水平位置。
  - stopY：终点的 y 轴垂直位置。
  - Paintpaint：Paint 画刷对象。
- drawPoint(float x, float y, Paint paint)：画点。
  - x：水平 x 轴。
  - y：垂直 y 轴。
  - paint：Paint 对象。
- drawText(String text, float x, float y, Paint paint)：渲染文本，Canvas 类除了上面的一些功能，还可以描绘文字。
  - text：String 类型的文本。
  - x：x 轴。
  - y：y 轴。
  - paint：Paint 对象。
- drawOval(RectF oval, Paint paint)：画椭圆。
  - oval：扫描区域。
  - paint：Paint 对象；
- drawCircle(float cx, float cy, float radius,Paint paint)：画圆。
  - cx：中心点的 x 轴。
  - cy：中心点的 y 轴。
  - radius：半径。
  - paint：Paint 对象。
- drawArc(RectF oval, float startAngle, float sweepAngle, boolean useCenter, Paint paint)：画弧。
  - oval：RectF 对象，一个矩形区域椭圆形的界限，用于定义形状、大小、圆弧。
  - startAngle：起始角(度)在圆弧的开始处。
  - sweepAngle：扫描角(度)默认是顺时针测量的。
  - useCenter：如果是真，包括椭圆中心的圆弧，并关闭它；如果是假，画出一个弧线。
  - paint：Paint 对象。

2. clipXXX()方法族

在当前的画图区域裁剪(clip)出一个新的画图区域，这个画图区域就是 Canvas 对象的当前画图区域。具体方法如下。

- clipRect(new Rect())：该矩形区域就是 Canvas 的当前画图区域。
- save()：用来保存 Canvas 的状态。保存之后，可以调用 Canvas 的平移、缩放、旋转、裁剪等操作。

- Restore()：用来恢复 Canvas 之前保存的状态。防止保存后对 Canvas 执行的操作影响后续的绘制。

save()和 restore()要成对使用(restore 可以比 save 少，但不能多)，若 restore 调用次数比 save 多，将会报错。

- translate(float dx, float dy)：平移，将画布的坐标原点向左右方向移动 x 大小，向上下方向移动 y 大小，Canvas 的默认位置是在(0,0)。
- scale(float sx, float sy)：放大，x 为水平方向的放大倍数，y 为竖直方向的放大倍数。
- rotate(float angle)：旋转，angle 指旋转的角度，顺时针旋转。

10.2.3　Path 类

Path 是路径的意思，用于将一些点连接起来构成一条线。该类常用于矢量绘图，例如，画圆、矩形、圆弧、线段等。下面讲解 Path 类的使用。

Path 类提供了一些绘图方法，具体如下。

- addArc(RectF oval, float startAngle, float sweepAngle)：添加弧形路径。
- addCircle(float x, float y, float radius, Path.Direction dir)：添加圆形路径。
- addOval(RectF oval, Path.Direction dir)：添加椭圆形路径。
- addRect(RectF rect, Path.Direction dir)：添加矩形路径。
- addRoundRect(RectF rect, float[] radii, Path.Direction dir)：添加圆角矩形路径。
- isEmpty()：判断路径是否为空。

更高级的效果可以使用 PathEffect 类。

- moveTo(float x,float y)：设置开始绘制直线的起点。
- lineTo(float x,float y)：绘制直线的终点，默认从(0,0)开始绘制，如果使用 moveTo 将改变。
- quadTo(float x1, float y1, float x2, float y2)：用于绘制圆滑曲线，即贝塞尔曲线，同样可以结合 moveTo 使用。
- rCubicTo(float x1, float y1, float x2, float y2, float x3, float y3)：同样是用来实现贝塞尔曲线的。(x1,y1)为控制点，(x2,y2)也为控制点，(x3,y3)为结束点。
- arcTo(ovalRectF, float startAngle, float sweepAngle)：绘制弧线(实际是截取圆或椭圆的一部分)，ovalRectF 为椭圆的矩形，startAngle 为开始角度，sweepAngle 为结束角度。

10.3　绘 制 图 像

通过前面的学习，相信读者已经对三个绘图类有了一定的了解，本节就来使用这些类绘制一些图像，加深对这些类的印象。

在绘制图像之前，需要先创建一个 Java 类，让其继承自 android.view.View 类，并为其添加构造方法与重写 onDraw 方法，绘制图像都要从 onDraw 方法中实现。

下面通过一个实例演示如何绘制图像。

【例 10-2】绘制一个小房子。

创建一个新的 Module 并命名为"Draw"，在布局界面时使用一个帧布局管理器并添加 id，在 Java 代码中创建一个自定义 MyView 的类并继承自 View 类，重写 onDraw 方法，具体代码如下：

```java
class MyView extends View {
    public MyView(Context context) {
        super(context);
    }
    @Override
    protected void onDraw(Canvas canvas) {
        Paint paint=new Paint();//创建一个画笔
        paint.setAntiAlias(true);//抗锯齿
        paint.setColor(0xffFF6666);//设置画笔为砖红色
        canvas.drawRect(100,150,360,300,paint);//绘制房屋主体
        //绘制屋檐
        paint.setColor(Color.BLACK);//将画笔设置为黑色
        paint.setStrokeWidth(2);//调整笔触的粗细
        canvas.drawLine(230,50,50,185,paint);
        canvas.drawLine(230,50,410,185,paint);
        //绘制窗户
        paint.setColor(Color.WHITE);
        canvas.drawCircle(150,200,30,paint);
        canvas.drawCircle(310,200,30,paint);
        //绘制门
        RectF f=new RectF(210,230,255,310);
        canvas.drawRoundRect(f,10,10,paint);
        //绘制窗户格栅
        paint.setColor(Color.BLACK);//将画笔再设置成黑色
        paint.setStrokeWidth(2);
        canvas.drawLine(150,170,150,230,paint);
        canvas.drawLine(120,200,180,200,paint);
        canvas.drawLine(310,170,310,230,paint);
        canvas.drawLine(280,200,340,200,paint);
    }
}
```

在主活动 onCreate 方法中将获取布局管理器，并将新创建的视图加入布局管理器中，具体代码如下：

```java
FrameLayout frame = findViewById(R.id.frame);
//获取布局管理器
frame.addView(new MyView(this));
//将自定义 View 加入布局管理器
```

以上代码通过绘图类提供的方法绘制了一个小房子，主要是自定义 View 的使用，以及各种绘图类方法的使用。

运行效果如图 10-3 所示。

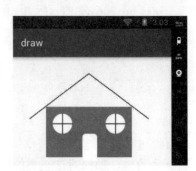

图 10-3　例 10-2 运行效果

10.4 绘制路径

绘图工具相信大家都使用过，其中有一个功能，根据鼠标的移动绘制移动的轨迹，这就是路径的一个经典应用。本节通过一个具体实例演示如何绘制路径。

绘制路径首先需要创建一个路径，这个可以通过 Canvas 类提供的 drawPath()方法来实现。下面通过一个实例演示如何绘制路径。

【例 10-3】绘制路径。

创建一个新的 Module 并命名为"Path"，在 Java 代码中创建一个自定义 MyView 的类并继承自 View 类，重写 onDraw 方法，具体代码如下：

```java
class MyView extends View {                      //自定义视图类
    private Paint mPaint;                        //绘制线条的 Path
    private Path mPath;                          //记录用户绘制的 Path
    private Canvas mCanvas;                      //内存中创建的 Canvas
    private Bitmap mBitmap;                      //缓存绘制的内容
    private int mLastX;                          //x 点的坐标
    private int mLastY;                          //y 点的坐标
    public MyView(Context context) {             //构造方法
        super(context);
        init();//调用初始化方法
    }
    private void init(){//初始化方法
        mPath = new Path();                      //创建一个路径
        mPaint = new Paint();                    //初始化画笔
        mPaint.setColor(Color.BLACK);            //设置颜色为黑色
        mPaint.setAntiAlias(true);               //抗锯齿
        mPaint.setDither(true);                  //设置防抖动
        mPaint.setStyle(Paint.Style.STROKE);     //设置填充方式为描边
        mPaint.setStrokeJoin(Paint.Join.ROUND);  //结合处为圆角
        mPaint.setStrokeCap(Paint.Cap.ROUND);    //设置转弯处为圆角
        mPaint.setStrokeWidth(3);                //设置画笔宽度
    }
    @Override
    protected void onMeasure(int widthMeasureSpec, int heightMeasureSpec) {
        super.onMeasure(widthMeasureSpec, heightMeasureSpec);
        int width = getMeasuredWidth();          //获取宽度
        int height = getMeasuredHeight();        //获取高度
        // 初始化 bitmap, Canvas
        mBitmap = Bitmap.createBitmap(width, height, Bitmap.Config.ARGB_8888);
        mCanvas = new Canvas(mBitmap);           //创建画布
    }
    @Override
    protected void onDraw(Canvas canvas) {       //重写该方法，在这里绘图
        drawPath();
        canvas.drawBitmap(mBitmap, 0, 0, null);
    }
    //绘制线条
```

```java
    private void drawPath(){
        mCanvas.drawPath(mPath, mPaint);
    }
    @Override
    public boolean onTouchEvent(MotionEvent event) {
        int action = event.getAction();         //获取动作
        int x = (int) event.getX();             //获取 x 坐标点
        int y = (int) event.getY();             //获取 y 坐标点
        switch (action)
        {
            case MotionEvent.ACTION_DOWN:       //手指按下动作
                mLastX = x;
                mLastY = y;
                mPath.moveTo(mLastX, mLastY);
                break;
            case MotionEvent.ACTION_MOVE:       //手指抬起动作
                int dx = Math.abs(x - mLastX);
                int dy = Math.abs(y - mLastY);
                if (dx > 2 || dy > 2)           //判断是否移动
                    mPath.lineTo(x, y);
                mLastX = x;
                mLastY = y;
                break;
        }
        invalidate();              //刷新
        return true;
    }
    public void clear() {          //清空写字板
        if (mCanvas != null) {     //如果绘制路径不为空
            mPath.reset();         //重置路径
            mCanvas.drawColor(Color.TRANSPARENT, PorterDuff.Mode.CLEAR);
            invalidate();          //刷新
        }
    }
}
```

在主活动 onCreate 方法中加入如下代码：

```
FrameLayout frame=findViewById(R.id.frame);
//获取布局管理器
final MyView vie = new MyView(this);
//创建并实例化一个自定义类
frame.addView(vie);//加入视图
```

在按钮单击事件中加入如下代码：

```
vie.clear();//清空绘图路径
```

运行效果如图 10-4 所示。

图 10-4　例 10-3 运行效果

10.5 动　　画

在 Android 开发中，动画的使用比较频繁，大量地使用动画会使程序操作更加酷炫。Android 中的动画可以分为三类：逐帧动画(Frame)、补间动画(Tween)，以及 Android 3.0 以后引入的属性动画(Property)，本节将对动画进行讲解。

10.5.1 逐帧动画

逐帧动画非常容易理解，其实就是简单地将 N 张静态图片收集起来，依次显示这些图片，因为人眼"视觉停留"的原因，会造成动画的"错觉"，这便是逐帧动画。

在 Android 中实现逐帧动画，可以通过编写动画资源文件实现，当然也可以在 Java 代码中创建逐帧动画，创建 AnimationDrawable 对象，然后调用 addFrame(Drawable frame,int duration)向动画中添加帧，接着调用 start()或 stop()播放或停止动画。

在资源中使用动画，首先需要编写动画资源文件，在 drawable 目录中创建动画文件 animation.xml，资源文件中的<animation-list>与</animation-list>标记是根元素，<item>与</item>标记包含动画图片信息，具体代码如下：

```xml
<?xml version="1.0" encoding="utf-8"?>
<animation-list xmlns:android="http://schemas.android.com/apk/res/android"
    android:oneshot="false">
    <item
        android:drawable="@mipmap/image01" android:duration="80" />
</animation-list>
```

其中，android:oneshot 用于设置是否循环播放动画，默认是 true，自动播放。

下面通过一个实例演示如何使用资源文件创建动画。

【例 10-4】 跳动的小球。

创建一个新的 Module 并命名为"frame_animation"，在布局管理器中添加一个图像视图组件、两个按钮组件，在 drawable 目录中创建动画资源文件 anim.xml 并添加动画图片，具体代码如下：

```xml
<?xml version="1.0" encoding="utf-8"?>
<animation-list android:oneshot="false"
    xmlns:android="http://schemas.android.com/apk/res/android">
    <item android:drawable="@drawable/p01" android:duration="80"/>
    <item android:drawable="@drawable/p02" android:duration="80"/>
    <item android:drawable="@drawable/p03" android:duration="80"/>
<--!部分代码，其余的代码请参考源码-->
</animation-list>
```

在主活动中添加如下代码：

```java
public class MainActivity extends AppCompatActivity {
    @Override
    protected void onCreate(Bundle savedInstanceState) {
        super.onCreate(savedInstanceState);
```

```
        setContentView(R.layout.activity_main);
        Button btn1=findViewById(R.id.btn_start);          //获取开始按钮
        Button btn2=findViewById(R.id.btn_stop);           //获取停止按钮
        final ImageView l=findViewById(R.id.image1);       //获取视图组件
        l.setImageResource(R.drawable.anim);               //为视图组件添加图像资源
        //获取动画资源
        final AnimationDrawable anim = (AnimationDrawable)l.getDrawable();
        btn1.setOnClickListener(new View.OnClickListener() {
            @Override
            public void onClick(View v) {
                anim.start();//开始动画
            }
        });
        btn2.setOnClickListener(new View.OnClickListener() {
            @Override
            public void onClick(View v) {
                anim.stop();//停止动画
            }
        });
    }
}
```

以上代码创建了一个逐帧动画，在资源中添加动画资源的每一张图片，通过按钮控制动画的播放与停止。

运行效果如图 10-5 所示。

默认情况下建议使用动画资源文件创建动画，也可以在 Java 文件中创建动画。在 Java 文件中创建动画，可以先创建 AnimationDrawable 对象，然后用 addFrame()方法向动画中添加帧图片，一次添加一帧动画，这里不做讲解，有兴趣的读者可以自己动手试试。

图 10-5　例 10-4 运行效果

10.5.2　补间动画

与前面学的逐帧动画不同，逐帧动画是通过连续播放图片来模拟动画效果，而补间动画开发者只需指定动画的开始，以及动画结束的"关键帧"，动画变化的"中间帧"则由系统计算并补齐。

Android 提供的补间动画有以下五种。

- AlphaAnimation：透明度渐变动画，创建时需指定开始以及结束透明度，还有动画的持续时间。透明度的变化范围为(0,1)，0 是完全透明，1 是完全不透明；对应<alpha/>标记。
- ScaleAnimation：缩放渐变动画，创建时需指定开始和结束的缩放比，以及缩放参考点，还有动画的持续时间，对应<scale/>标记。
- TranslateAnimation：位移渐变动画，创建时指定起始以及结束位置，并指定动画的持续时间即可，对应<translate/>标记。
- RotateAnimation：旋转渐变动画，创建时指定动画起始以及结束的旋转角度，以及动画持续时间和旋转的轴心，对应<rotate/>标记。

- AnimationSet：组合渐变动画，是以上四种动画的一个组合，对应<set/>标记。

在开始讲解各种动画的用法之前，还需要了解一下 Interpolator。

Interpolator(插值器)用来控制动画的变化速度，可以理解成动画渲染器，在 Android 中提供了五个可供选择的实现类，当然也可以自定义实现接口，这不是本节重点，读者可以自行了解。

android:Interpolator 常用属性如下。
- Linear_Interpolator：动画以均匀的速度改变。
- Accelerate_Interpolator：在动画开始的地方速度改变较慢，然后开始加速。
- Accelerate_Decelerate_Interpolator：在动画开始、结束的地方速度改变较慢，中间时加速。
- Cycle_Interpolator：动画循环播放特定次数，变化速度按正弦曲线改变。
- Decelerate_Interpolator：在动画开始的地方速度改变较快，然后开始减速。
- Anticipate_Interpolator：先向相反方向改变一段，再加速播放。
- Anticipate_Overshoot_Interpolator：在动画开始的地方先向后退一小步，再开始动画，快结束时超出一小步，最后再返回到结束的地方。
- Bounce_Interpolator：动画结束的时候采用弹球效果。
- Overshott_Interpolator：回弹，先超出结束动画一步，然后缓慢改变到结束的地方。

1. AlphaAnimation(透明度渐变)

透明度渐变动画，主要是通过改变显示界面的透明度来达到动画效果，需要设定开始时的透明度和结束时的透明度，同样它也可以采用资源文件的形式来创建，基本语法格式如下：

```
<alpha xmlns:android="http://schemas.android.com/apk/res/android"
    android:interpolator="@android:anim/accelerate_decelerate_interpolator"
    android:fromAlpha="1.0"
    android:toAlpha="0.1"
    android:duration="2000"/>
```

AlphaAnimation 常用的属性如下。
- fromAlpha：起始透明度。
- toAlpha：结束透明度。

透明度的范围为 0~1，0 为完全透明，1 为完全不透明。

2. ScaleAnimation(缩放渐变)

缩放渐变动画是通过为动画设定开始时的缩放系数、结束时的缩放系数以及持续时间来创建的动画，在缩放时还可以通过改变轴心点坐标来改变缩放的中心，同样它也可以采用资源文件的形式来创建，基本语法格式如下：

```
<scale xmlns:android="http://schemas.android.com/apk/res/android"
    android:interpolator="@android:anim/accelerate_interpolator"
    android:fromXScale="0.2"
    android:toXScale="1.5"
    android:fromYScale="0.2"
    android:toYScale="1.5"
```

```
    android:pivotX="50%"
    android:pivotY="50%"
    android:duration="2000"/>
```

ScaleAnimation 常用的属性如下。

- fromXScale/fromYScale：沿着 X 轴/Y 轴缩放的起始比例。
- toXScale/toYScale：沿着 X 轴/Y 轴缩放的结束比例。
- pivotX/pivotY：缩放的中轴点 X/Y 坐标，即距离自身左边缘的位置，比如 50%就是以图像的中心为中轴点。

3. TranslateAnimation(位移渐变)

位移渐变动画是通过改变图像的位置来实现的，需要给定一个起始位置、结束位置以及持续时间，同样它也可以采用资源文件的形式来创建，基本语法格式如下：

```
<translate xmlns:android="http://schemas.android.com/apk/res/android"
    android:interpolator="@android:anim/accelerate_decelerate_interpolator"
    android:duration="2000"
    android:fromXDelta="0%"
    android:fromYDelta="0%"
    android:toXDelta="50%"
    android:toYDelta="0%" />
```

TranslateAnimation 常用的属性如下。

- fromXDelta/fromYDelta：动画起始位置的 X/Y 坐标。
- toXDelta/toYDelta：动画结束位置的 X/Y 坐标。

4. RotateAnimation(旋转渐变)

旋转渐变动画是通过为动画指定开始时的旋转角度、结束时的旋转角度以及持续时间来创建的，在旋转时，还可以通过指定轴心点坐标来改变旋转的中心，同样它也可以采用资源文件的形式来创建，基本语法格式如下：

```
<rotate xmlns:android="http://schemas.android.com/apk/res/android"
    android:interpolator="@android:anim/accelerate_decelerate_interpolator"
    android:fromDegrees="0"
    android:toDegrees="360"
    android:duration="1000"
    android:repeatCount="1"
    android:repeatMode="reverse"/>
```

RotateAnimation 常用的属性如下。

- fromDegrees/toDegrees：旋转的起始/结束角度。
- repeatCount：用于设置动画的重复次数，属性可以是代表次数的数值，也可以是 infinite(无限循环)。
- repeatMode：用于设置动画的重复方式，可以选值 reverse(反向)或 restart(重新开始)。

5. AnimationSet(组合渐变)

用于将以上四种动画组合来实现，下面给出一段组合代码：

```xml
<set xmlns:android="http://schemas.android.com/apk/res/android"
    android:interpolator="@android:anim/decelerate_interpolator"
    android:shareInterpolator="true" >
    <scale
        android:duration="2000"
        android:fromXScale="0.2"
        android:fromYScale="0.2"
        android:pivotX="50%"
        android:pivotY="50%"
        android:toXScale="1.5"
        android:toYScale="1.5" />
    <rotate
        android:duration="1000"
        android:fromDegrees="0"
        android:repeatCount="1"
        android:repeatMode="reverse"
        android:toDegrees="360" />
    <translate
        android:duration="2000"
        android:fromXDelta="0"
        android:fromYDelta="0"
        android:toXDelta="320"
        android:toYDelta="0" />
    <alpha
        android:duration="2000"
        android:fromAlpha="1.0"
        android:toAlpha="0.1" />
</set>
```

下面通过一个实例演示补间动画的效果。

【例 10-5】 补间动画效果演示。

创建一个新的 Module 并命名为"AnimTest",使用线性布局管理器创建五个按钮分别对应相应的动画、一个视图显示控件,添加动画资源目录,并添加相应的动画资源,动画资源请参看上面的代码,这里不再给出,主活动的具体代码如下:

```java
public class MainActivity extends AppCompatActivity implements
View.OnClickListener{
    ImageView image;           //定义视图组件
    Button btn_Alpha;          //定义渐变动画按钮
    Button btn_Scale;          //定义缩放动画按钮
    Button btn_Rotate;         //定义位移动画按钮
    Button btn_Translate;      //定义旋转动画按钮
    Button btn_AnimSet;        //定义组合动画按钮
    @Override
    protected void onCreate(Bundle savedInstanceState) {
        super.onCreate(savedInstanceState);
        setContentView(R.layout.activity_main);
        //组件进行相应的绑定
        btn_Alpha = findViewById(R.id.Alpha);
        btn_Scale = findViewById(R.id.Scale);
        btn_Rotate = findViewById(R.id.Rotate);
        btn_Translate = findViewById(R.id.Translate);
        btn_AnimSet = findViewById(R.id.AnimSet);
```

```java
    //对按钮控件设置监听事件
    btn_Alpha.setOnClickListener(this);
    btn_Scale.setOnClickListener(this);
    btn_Rotate.setOnClickListener(this);
    btn_Translate.setOnClickListener(this);
    btn_AnimSet.setOnClickListener(this);
    image = findViewById(R.id.pic);//绑定视图控件
    image.setImageResource(R.mipmap.ic_launcher_round);//设置视图显示安卓图标
}
@Override
public void onClick(View v) {
    Animation loadAni;
    switch (v.getId())
    {
        case R.id.Alpha://单击渐变按钮实现渐变动画
            loadAni = AnimationUtils.loadAnimation(this,R.anim.alpha1);
            image.startAnimation(loadAni);
            break;
        case R.id.Scale://单击缩放按钮实现缩放动画
            loadAni = AnimationUtils.loadAnimation(this,R.anim.scale);
            image.startAnimation(loadAni);
            break;
        case R.id.Rotate://单击位移按钮实现位移动画
            loadAni = AnimationUtils.loadAnimation(this,R.anim.rotate);
            image.startAnimation(loadAni);
            break;
        case R.id.Translate://单击旋转按钮实现旋转动画
            loadAni = AnimationUtils.loadAnimation(this,R.anim.translate);
            image.startAnimation(loadAni);
            break;
        case R.id.AnimSet://单击组合按钮实现组合动画
            loadAni = AnimationUtils.loadAnimation(this,R.anim.animationset);
            image.startAnimation(loadAni);
            break;
    }
}
```

以上代码演示了补间动画的一个基本效果，创建了 5 个按钮分别对应相应的动画资源，单击相应的按钮后在单击事件中实现动画，由于动画是连续的，所以只能读者亲自体验才能看到效果，这里只给出界面效果。

运行效果如图 10-6 所示。

10.5.3 布局动画

布局动画是针对 ViewGroup 使用的，它的作用是 ViewGroup 初始化时对其内部子控件的动画操作，不同于之前讲解的逐帧动画与补间动画，它是专属的一种动画。下面将详细讲解布局动画的实现与应用。

图 10-6　例 10-5 运行效果

布局动画主要是通过设置 LayoutAnimationController 和 LayoutTransition 这两个类来完成的。

(1) LayoutAnimationController 的使用与设置，通过下面这段代码即可完成。

```
//通过加载 XML 动画设置文件来创建一个 Animation 对象
Animation animation= AnimationUtils.loadAnimation(this,R.anim.listview_item_anim);
//得到一个 LayoutAnimationController 对象
LayoutAnimationController controller = new LayoutAnimationController(animation);
//设置控件显示的顺序
controller.setOrder(LayoutAnimationController.ORDER_NORMAL);
//设置控件显示间隔时间
controller.setDelay(0.3f);
//为 ListView 设置 LayoutAnimationController 属性
mParent.setLayoutAnimation(controller);
```

① 其中子控件显示顺序可取值如下。

ORDER_NORMAL：正常顺序，即按照从上往下开始执行。

ORDER_REVERSE：倒序。从下往上。

ORDER_RANDOM：随机。

② 间隔时间，可设置的值为 0.0～1.0(百分比值)。即上一个控件显示到多少时下一个控件开始执行动画。

> 因为其只是在控件初始化时调用，并且只是针对控件整体的子控件，加载一个固定顺序显示的动画，所以调用 ViewGroup.startLayoutAnimation()可以让其重新显示一遍。

(2) LayoutTransition 可以在 XML 中进行设置，具体添加如下代码：

```
android:animateLayoutChanges="true"
```

同样也可以在 Java 文件中进行设置，具体代码如下：

```
LayoutTransition mTransition = new LayoutTransition();
mParent.setLayoutTransition(mTransition);
```

LayoutTransition 本身具有默认的动画效果，使用它后再添加子控件或删除子控件，就有了动画效果。当然，用户可以根据需要自定义动画效果。自定义动画需要使用 setAnimator() 方法，其语法格式如下：

```
public void setAnimator(int transitionType, Animator animator)
```

参数说明如下。

- transitionType：用于设置动画的目标、类型。
- animator：用于设置使用的动画。

类型中有以下四个选项。

① LayoutTransition.APPEARING：当一个 View 在 ViewGroup 中出现时，对此 View 设置的动画。

② LayoutTransition.CHANGE_APPEARING：当一个 View 在 ViewGroup 中出现时，此

View 对其他 View 位置造成影响，对其他 View 设置的动画。

③ LayoutTransition.DISAPPEARING：当一个 View 在 ViewGroup 中消失时，对此 View 设置的动画。

④ LayoutTransition.CHANGE_DISAPPEARING：当一个 View 在 ViewGroup 中消失时，此 View 对其他 View 位置造成影响，对其他 View 设置的动画。

下面通过一个实例演示如何使用布局动画。

【例 10-6】实现 ListView 视图动画排列。

创建一个新的 Module 并命名为"LayoutAnim"，该案例可以通过以下几个步骤完成。

step 01 创建一个布局动画。如何创建动画资源请参考上一节内容，具体代码如下：

```xml
<?xml version="1.0" encoding="utf-8"?>
<set xmlns:android="http://schemas.android.com/apk/res/android">
    <scale
        android:duration="300"
        android:fromXScale="0.0"
        android:fromYScale="0.0"
        android:toYScale="1.0"
        android:toXScale="1.0"
        android:pivotX="50%"
        android:pivotY="50%"/>
</set>
```

step 02 在主活动中加入一个按钮，用于跳转到另一个活动，具体代码如下：

```java
public class MainActivity extends AppCompatActivity {
    @Override
    protected void onCreate(Bundle savedInstanceState) {
        super.onCreate(savedInstanceState);
        setContentView(R.layout.activity_main);
        Button btn = findViewById(R.id.btn1);
        btn.setOnClickListener(new View.OnClickListener() {
            @Override
            public void onClick(View v) {
                //创建一个 intent 对象
                Intent intent = new Intent(MainActivity.this,item.class);
                startActivity(intent);//启动到另一个 activity
            }
        });
    }
}
```

step 03 新建一个活动，在布局管理器中创建一个 ListView 组件。活动中的代码如下：

```java
public class item extends AppCompatActivity {
    @Override
    protected void onCreate(Bundle savedInstanceState) {
        super.onCreate(savedInstanceState);
        setContentView(R.layout.activity_item);
        ListView listv = findViewById(R.id.list);//创建并绑定列表视图控件
        List<String> list =new ArrayList<String>();//创建一个字符串链表
        for(int i=0;i<20;i++)
        {
```

```
            list.add("子项"+i);//初始化显示项
        }
        //创建一个数组适配器
        Adapter adapter = new ArrayAdapter<String>(this, android.R.layout.simple_
            list_item_1,list);
        listv.setAdapter((ListAdapter) adapter);//设置适配器
        //新建一个布局动画并初始化
        LayoutAnimationController lac_anim = new LayoutAnimationController
            (AnimationUtils.loadAnimation(this,R.anim.scale));
        lac_anim.setOrder(LayoutAnimationController.ORDER_RANDOM);//设置动画模式
        listv.setLayoutAnimation(lac_anim);//给 listv 设置布局动画
        listv.startLayoutAnimation();//启动动画
    }
}
```

以上代码实现了一个布局动画的效果，当用户单击按钮跳转到另一个活动中时，ListView 组件子控件进行布局，从这里实现布局动画的效果。具体效果需要用户自己运行体验，这里只给出运行时的静态图片。

运行效果如图 10-7 所示。

10.5.4 属性动画

通过前面的学习，对动画已经有了初步的了解。自 Android 3.0 版本开始，系统提供了一种全新的动画模式，即属性动画(property animation)。它的功能非常强大，弥补了之前补间动画的一些缺陷，几乎可以替代掉补间动画。下面将详细讲解属性动画的实现与应用。

图 10-7　例 10-6 运行效果

属性动画主要通过 ValueAnimator 类来实现，它使用时间循环机制计算值与值之间的动画过渡，同时负责管理动画的播放次数、播放模式、对动画设置监听等，运行在一个自定义的 handler 上，以确保动画的属性的改变是运行在 UI 线程上。

ValueAnimator 类的常用方法如下。

- public static ValueAnimator ofInt(int... values)和 public static ValueAnimator ofFloat (float... values)：这两个方法参数类型都是可变长参数，只是传入的值不同而已，可以传入任何数量的值，传进去的值列表，就表示动画时的变化范围，这两个方法通常用于构建出一个 ValueAnimator 的实例。
- ValueAnimator setDuration(long duration)：设置动画时长，单位是毫秒。
- Object getAnimatedValue()：获取 ValueAnimator 在运动时、当前运动点的值。
- void start()：开始动画。
- void setRepeatCount(int value)：设置循环次数，设置为 INFINITE，表示无限循环。
- void setRepeatMode(int value)：设置循环模式，value 取值为 RESTART、REVERSE。
- void cancel()：取消动画。
- void onAnimationUpdate(ValueAnimator animation)：监听动画过程中值的实时变化。

- void onAnimationStart(Animator animation)：当动画开始时触发此监听。
- void onAnimationEnd(Animator animation)：当动画结束时触发此监听。
- void onAnimationCancel(Animator animation)：当动画取消时触发此监听。
- void onAnimationRepeat(Animator animation)：当动画重启时触发此监听。
- public void setStartDelay(long startDelay)：设置动画延时多长时间开始。
- public ValueAnimator clone()：克隆一个动画实例。

Android 还提供了一个 AnimatorSet 类，该类提供了一个 play()方法，向这个方法中传入一个 Animator 对象(ValueAnimator 或 ObjectAnimator)，将会返回一个 AnimatorSet.Builder 的实例，AnimatorSet.Builder 中包括以下四个方法。

- after(Animator anim)：将现有动画插入传入的动画之后执行。
- after(long delay)：将现有动画延迟指定毫秒后执行。
- before(Animator anim)：将现有动画插入传入的动画之前执行。
- with(Animator anim)：将现有动画和传入的动画同时执行。

AnimatorSet 类可以实现组合动画的效果。了解了它的一些常用方法后，下面通过一个实例演示如何使用属性动画。

【例 10-7】属性动画实际应用。

创建一个新的 Module 并命名为"PropertyAnim"，在布局管理器中创建 5 个按钮控件、一个文本框控件。主活动的具体代码如下：

```java
public class MainActivity extends AppCompatActivity implements
View.OnClickListener{
    private TextView tv;//创建文本框控件
    @Override
    protected void onCreate(Bundle savedInstanceState) {
        super.onCreate(savedInstanceState);
        setContentView(R.layout.activity_main);
        tv = findViewById(R.id.tv);//绑定文本控件
        //创建按钮控件并绑定
        Button btn1 = findViewById(R.id.btn1);
        Button btn2 = findViewById(R.id.btn2);
        Button btn3 = findViewById(R.id.btn3);
        Button btn4 = findViewById(R.id.btn4);
        Button btn5 = findViewById(R.id.btn5);
        //设置按钮控件的监听事件
        btn1.setOnClickListener(this);
        btn2.setOnClickListener(this);
        btn3.setOnClickListener(this);
        btn4.setOnClickListener(this);
        btn5.setOnClickListener(this);
    }
    @Override
    public void onClick(View v) {
        switch (v.getId())
        {
            case R.id.btn1://创建一个渐变动画
                ObjectAnimator anim1 = ObjectAnimator.ofFloat(tv, "alpha",
                    1f, 0f, 1f);
```

```
            anim1.setDuration(5000);//设置持续时间
            anim1.start();
            break;
        case R.id.btn2://创建一个旋转动画
            ObjectAnimator anim2 = ObjectAnimator.ofFloat(tv, "rotation",
                0f, 360f);
            anim2.setDuration(5000);
            anim2.start();
            break;
        case R.id.btn3://创建一个移动动画
            float curTranslationX = tv.getTranslationX();//获取控件当前位置
            ObjectAnimator anim3 = ObjectAnimator.ofFloat(tv, "translationX",
                curTranslationX, -500f, curTranslationX);
            anim3.setDuration(5000);
            anim3.start();
            break;
        case R.id.btn4://创建一个缩放动画
            ObjectAnimator anim4 = ObjectAnimator.ofFloat(tv, "scaleY",
                1f, 3f, 1f);
            anim4.setDuration(5000);
            anim4.start();
            break;
        case R.id.btn5://组合动画
            ObjectAnimator moveIn = ObjectAnimator.ofFloat
                (tv, "translationX", -500f, 0f);
            ObjectAnimator rotate = ObjectAnimator.ofFloat
                (tv, "rotation", 0f, 360f);
            ObjectAnimator fadeInOut = ObjectAnimator.ofFloat
                (tv, "alpha", 1f, 0f, 1f);
            AnimatorSet animSet = new AnimatorSet();//新建一个组合动画的实例
                //让旋转和淡入淡出动画同时进行，它们在平移动画执行完之后才运行
            animSet.play(rotate).with(fadeInOut).after(moveIn);
            animSet.setDuration(5000);
            animSet.start();
            break;
    }
}
```

以上代码实现了属性动画中的基础动画，主要是 ValueAnimator 类的一些使用，由于篇幅的限制，更多属性动画的内容需要读者自己去研究。

运行效果如图 10-8 所示。

图 10-8　例 10-7 运行效果

10.6 大神解惑

小白：如何看待 BitmapFactory 类与 Bitmap 中的 CreateBitmap 方法，都是创建一个位图。

大神：BitmapFactory 是一个工厂类，是一种设计模式，目的是将对象的创建与具体实现进行分离，用户无须关心生产细节。

小白：绘图中的 Paint 类、Canvas 类、Path 类之间是什么关系？

大神：绘图中 Paint 类、Canvas 类、Path 类是绘图的基础，Canvas 是一个画布，但只有画布是无法完成绘画的，必须使用 Paint 画笔的 Path 路径勾勒出具体图像的样式。

10.7 跟我学上机

练习 1：创建一个工程，通过 Bitmp 类显示图片。
练习 2：使用 Bitmap 类实现图像的旋转裁切。
练习 3：制作一个绘图类软件，实现简单功能。
练习 4：创建一个工程，实现补间动画的各种动画样式。
练习 5：创建一个工程，实现属性动画的各种动画样式。
练习 6：对比属性动画与补间动画的区别。

第 11 章

多媒体开发

随着科技的发展,多媒体在日常生活中已经非常普及,平时观看的电影、听到的音乐都是多媒体,那么如何开发出一款自己的多媒体播放器?本章将学习这方面的内容。

本章要点(已掌握的在方框中打钩)

- ☐ 掌握如何使用 MediaPlayer 播放音频
- ☐ 掌握如何使用 SoundPool 播放音频
- ☐ 掌握如何使用 MediaPlayer 播放视频
- ☐ 掌握如何使用 VideoView 播放视频
- ☐ 掌握调用系统相机完成拍照
- ☐ 掌握自定义相机完成拍照

11.1 音频与视频

日常生活中听到的数码声音即音频，主要的格式有 MP3、3GPP、Ogg 和 WAVE 等，通常看到的视频其主要格式有 3GP 和 mpeg-4，这些格式在 Android 中都支持，本节将逐一讲解。

11.1.1 MediaPlayer 播放音频

在 Android 中提供了一个 MediaPlayer 类，使用该类可以轻松播放音频，只需要指定播放的音频调用相应的方法即可。MediaPlayer 提供了很多的方法，比较常用的方法如下。

- Create()：创建一个要播放的多媒体。
- setDataSource()：设置数据来源。
- Prepare()：准备播放。
- Start()：开始播放。
- Stop()：停止播放。
- Pause()：暂停播放。
- Reset()：恢复 MediaPlayer 到未初始化状态。

其他一些方法如下。

- getCurrentPosition()：得到当前的播放位置。
- getDuration()：得到文件的时间。
- getVideoHeight()：得到视频高度。
- getVideoWidth()：得到视频宽度。
- isLooping()：是否循环播放。
- isPlaying()：是否正在播放。
- prepare()：准备(同步)。
- prepareAsync()：准备(异步)。
- release()：释放 MediaPlayer 对象。
- reset()：重置 MediaPlayer 对象。
- seekTo(int msec)：指定播放的位置(以毫秒为单位的时间)。
- setAudioStreamType(int streamtype)：指定流媒体的类型。
- setDisplay(SurfaceHolder sh)：设置用 SurfaceHolder 来显示多媒体。
- setLooping(boolean looping)：设置是否循环播放。

播放音频需要以下几个步骤。

step 01 添加音频资源。音频也是一种资源，它存放在 res 目录下的 raw 中，创建工程的时候并没有创建这个目录，所以需要手动创建它并把需要的文件拷贝到此目录。

step 02 创建 MediaPlayer 对象。创建 MediaPlayer 对象有以下两种方式。

(1) 使用 MediaPlayer 类提供的静态方法 create 来创建 MediaPlayer 对象，语法格式如下：

```
MediaPlayer mediaPlayer=MediaPlayer.create(this,R.raw.hls);
```

参数说明如下。

第一个参数：设备上下文可以直接使用 this 关键字指定。

第二个参数：需要播放音频的资源文件。

(2) 通过无参构造方法创建 MediaPlayer 对象。

使用无参构造方法创建 MediaPlayer 对象时，需要单独指定装载的资源文件，这里 MediaPlayer 提供了一个 setDataSource 方法，此方法用于指定文件位置，真正装载文件还需要调用 prepare 方法，下面给出一段具体代码：

```
MediaPlayer player = new MediaPlayer();
 try
 {
player.setDataSource("/sdcard/hls.mp3");//设置播放文件的具体路径
player.prepare();//装载播放的文件
 }catch (IOException e)
 {
e.printStackTrace();
 }
```

step 03 开始播放音频。这里 MediaPlayer 类提供了一个 start()方法，用于开始播放音频文件。

step 04 播放途中如果需要暂停，MediaPlayer 类提供了一个 pause()方法，此方法用于暂停正在播放的音频文件。

step 05 停止播放音频。MediaPlayer 类提供了一个 stop()方法，此方法用于终止正在播放的音频文件。

通过以上步骤，读者已经可以创建一个音乐播放器了，下面通过实例演示如何创建音频播放器。

【例 11-1】简易音频播放器。

创建一个新的 Module 并命名为 "MediaPlayer"，在布局管理器中使用一个水平排列的线性布局，并添加三个按钮分别用于播放、暂停、停止，创建 raw 音频资源目录并将需要播放的音频文件复制进去，在主活动中加入如下代码：

```java
public class MainActivity extends AppCompatActivity {
    @Override
    protected void onCreate(Bundle savedInstanceState) {
        super.onCreate(savedInstanceState);
        setContentView(R.layout.activity_main);
        final MediaPlayer mediaPlayer=MediaPlayer.create(this,R.raw.hls);
        Button btn1=findViewById(R.id.btn1);//获取播放按钮
        Button btn2=findViewById(R.id.btn2);//获取暂停按钮
        Button btn3=findViewById(R.id.btn3);//获取停止按钮
        btn1.setOnClickListener(new View.OnClickListener() {
            @Override
            public void onClick(View v) {
                mediaPlayer.start();//开始播放音频
            }
        });
```

```
    btn2.setOnClickListener(new View.OnClickListener() {
        @Override
        public void onClick(View v) {
            mediaPlayer.pause();//暂停播放音频
        }
    });
    btn3.setOnClickListener(new View.OnClickListener() {
        @Override
        public void onClick(View v) {
            mediaPlayer.stop();//停止播放音频
        }
    });
    }
}
```

以上代码非常简单,通过 MediaPlayer 类的静态方法创建了一个 MediaPlayer 对象,并在三个按钮的单击监听事件中分别调用它们。MediaPlayer 类的三个方法分别控制音频的播放、暂停与停止。

运行效果如图 11-1 所示。如果读者想听到声音,那么赶快自己动手做一个出来吧。

图 11-1 例 11-1 运行效果

11.1.2 SoundPool 播放音频

上一节读者已经简单了解了如何通过 MediaPlayer 来播放音频,但是 MediaPlayer 并不是完美的,使用它占用资源多、延迟时间较长,并且不支持同时播放多个音频文件,所以 Android 还提供了一个用于播放音频的类 SoundPool,它不仅可以同时播放多个音频文件,而且占用资源较小。

SoundPool 类大多数用于播放应用程序中的按键以及提示音,还有游戏中的各种密集短暂的声音。SondPool 有一个缺点是不能长时间连续播放,所以它同 MediaPlayer 各有不同的用处。

使用 SoundPool 播放音频需要以下几个步骤。

step 01 创建 SoundPool 对象。SoundPool 类提供了一个构造方法,具体语法格式如下:

```
SoundPool(int maxStreams,int streamType,int srcQuality)
```

参数说明如下。

- maxStreams:用于指定音频数量的上限。
- streamType:用于指定声音类型,可以通过 AudioManager 类提供的常量进行指定。
- srcQuality:用于指定音频的品质,默认值是 0。

假设需要创建一个可以容纳 5 个音频的 SoundPool 对象,具体代码如下:

```
SoundPool soundPool=new SoundPool(5, AudioManager.STREAM_SYSTEM,0);
```

step 02 加载需要播放的音频文件。这里可以通过 SoundPool 类提供的 load()方法来实现。load()方法有四种形式。下面给出各种加载音频的代码,具体代码如下:

```
int load(Context context, int resId, int priority)   //从APK 资源载入
```

```
int load(FileDescriptor fd, long offset, long length, int priority)
//从 FileDescriptor 对象载入
```

```
int load(AssetFileDescriptor afd, int priority)   //从 Asset 对象载入
```

```
int load(String path, int priority)   //从完整文件路径名载入
```

step 03 播放音频。调用 SoundPool 对象的 play()方法可以播放指定的音频,play()方法的语法格式如下:

```
int play(int soundID, float leftVolume, float rightVolume, int priority,
int loop, float rate)
```

参数说明如下。

- soundID:指定需要播放的音频,通过 load()方法进行加载。
- leftVolume:指定左声道的音量,取值范围为 0.0~1.0。
- rightVolume:指定右声道的音量。
- priority:指定播放音频的优先级,数值越大,优先级越高。
- loop:指定循环次数,0 为不循环,-1 为循环。
- rate:指定播放速率,正常为 1,最低为 0.5,最高为 2。

另外,还有几个方法是在播放过程中进行控制的,需要读者了解。

- final void pause(int streamID):暂停指定播放流的音效(streamID 应通过 play()方法返回)。
- final void resume(int streamID):继续播放指定播放流的音效(streamID 应通过 play()方法返回)。
- final void stop(int streamID):终止指定播放流的音效(streamID 应通过 play()方法返回)。

下面通过一个实例,演示如何通过 SoundPool 实现播放音频。

【例 11-2】同时播放多种音效。

创建一个新的 Module 并命名为"SoundPool",在布局管理器中使用垂直线性布局,并添加两个按钮,创建 raw 资源目录,然后将需要播放的音频文件拷贝进此目录,在主活动中加入如下代码:

```java
public class MainActivity extends AppCompatActivity {
    private int i1,i2;//加载音频返回的整型数据
    @Override
    protected void onCreate(Bundle savedInstanceState) {
        super.onCreate(savedInstanceState);
        setContentView(R.layout.activity_main);
        final SoundPool soundPool= new SoundPool
```

```
        (10,AudioManager.STREAM_SYSTEM,5);  //创建并初始化一个SoundPool对象
    i1 = soundPool.load(this,R.raw.argon,1);//加载音效
    i2 = soundPool.load(this,R.raw.hassium,1);//加载音效
    Button btn1=findViewById(R.id.btn1);//获取第一个按钮
    Button btn2=findViewById(R.id.btn2);//获取第二个按钮
    btn1.setOnClickListener(new View.OnClickListener() {
        @Override
        public void onClick(View v) {
            soundPool.play(i1,1,1,0,0,1);  //按钮单击后播放相应的音效
        }
    });
    btn2.setOnClickListener(new View.OnClickListener() {
        @Override
        public void onClick(View v) {
            soundPool.play(i2,1,1,0,0,1);  //按钮单击后播放相应的音效
        }
    });
    }
}
```

以上代码演示了如何创建 SoundPool 对象并加载音频，通过单击按钮播放相应的音频。SoundPool 对象同 MediaPlayer 最大的不同是它可以同时播放多个音频。

运行效果如图 11-2 所示，单击第一个按钮后，快速单击第二个按钮可以实现多个音频同时播放。

图 11-2　例 11-2 运行效果

11.1.3　MediaPlayer 播放视频

之前已经学习过 MediaPlayer 播放音频的知识，MediaPlayer 除了可以播放音频以外，还可以播放视频，与播放音频不同的是，播放视频需要与 SurfaceView 组件配合使用。本节学习如何使用 MediaPlayer 播放视频。

使用 MediaPlayer 播放视频需要以下几个步骤。

step 01 创建 SurfaceView 组件，建议在布局管理器中创建，具体代码如下：

```
<SurfaceView
    android:id="@+id/surface"
    android:layout_width="match_parent"
    android:layout_height="200dp"
    android:keepScreenOn="true"/>
```

其中，keepScreenOn 属性是一个开关，为 true 时，播放视频会打开屏幕。

step 02 视频文件也属于一种资源，可以将其拷贝于 res\raw 目录下。

step 03 创建 MediaPlayer 对象，并为其加载需要播放的视频资源。这里同之前播放音频一样，可以通过 create()方法或者无参构造方法两种方式来创建。

step 04 将所要播放的视频画面输出到 SurfaceView，这里使用 MediaPlayer 对象的 setDisplay()方法，这样便可以将视频画面输出到 SurfaceView，其语法格式如下：

```
setDisplay(SurfaceHolder sh)
```

传入一个 SurfaceView 对象，可以通过 SurfaceView 对象的 getHolder()方法获得，例如下面这段代码：

```
mPlayer.setDisplay(surfaceHolder.getHolder());
```

step 05 调用 MediaPlayer 对象的对应方法(播放、暂停、停止视频)。

下面给出一个实例，通过这个实例演示如何使用 MediaPlayer 与 SurfaceView 播放视频。

【例 11-3】MediaPlayer 简易视频播放器。

创建一个新的 Module 并命名为"MediaPlayerVideo"，在布局管理器中使用垂直线性布局，并添加三个按钮，创建 raw 资源目录，并将需要播放的视频文件拷贝进此目录，在主活动中加入如下代码：

```java
public class MainActivity extends AppCompatActivity {
    private MediaPlayer mPlayer = null;         //创建 MediaPlayer 对象
    private SurfaceView sfv_show;               //创建 SurfaceView 视图对象
    private SurfaceHolder surfaceHolder;        //创建 SurfaceHolder 对象
    private Button btn_start;       //开始按钮
    private Button btn_pause;       //暂停按钮
    private Button btn_stop;        //停止按钮
    @Override
    protected void onCreate(Bundle savedInstanceState) {
        super.onCreate(savedInstanceState);
        setContentView(R.layout.activity_main);
        sfv_show = (SurfaceView) findViewById(R.id.surface);
            //获取 surfaceView
        surfaceHolder = sfv_show.getHolder();//初始化 SurfaceHolder 类，
            //SurfaceView 的控制器
        surfaceHolder.setFixedSize(320, 220);//显示的分辨率，不设置为视频默认
        btn_start = (Button) findViewById(R.id.btn1);//获取开始按钮
        btn_pause = (Button) findViewById(R.id.btn2);//获取暂停按钮
        btn_stop = (Button) findViewById(R.id.btn3);//获取停止按钮
        //创建 MediaPlayer 对象
        mPlayer = MediaPlayer.create(MainActivity.this, R.raw.video);
        mPlayer.setAudioStreamType(AudioManager.STREAM_MUSIC);//设置媒体类型
        //设置播放完成监听事件
        mPlayer.setOnCompletionListener(new MediaPlayer.OnCompletionListener() {
            @Override
            public void onCompletion(MediaPlayer mp) {//视频播放完成后做出提示
                Toast.makeText(MainActivity.this,"视频播放完毕",
                    Toast.LENGTH_SHORT).show();
            }
        });
```

```
        btn_start.setOnClickListener(new View.OnClickListener() {
            @Override
            public void onClick(View v) {
                mPlayer.setDisplay(surfaceHolder);//设置视频显示在SurfaceView上
                mPlayer.start();//开始播放视频
            }
        });
        btn_pause.setOnClickListener(new View.OnClickListener() {
            @Override//暂停视频
            public void onClick(View v) {
                mPlayer.pause();
            }
        });
        btn_stop.setOnClickListener(new View.OnClickListener() {
            @Override//停止视频
            public void onClick(View v) {
                mPlayer.stop();
            }
        });
    }
}
```

以上代码实现了一个简易播放器，创建 MediaPlayer 对象和 SurfaceView 对象，通过 MediaPlayer 获取播放视频并将视频画面传送到 SurfaceView 界面，通过三个按钮控制视频的播放、暂停、停止。

运行效果如图 11-3 所示。

图 11-3　例 11-3 运行效果

11.1.4　VideoView 播放视频

在 Android 中除了可以通过 MediaPlayer 播放视频外，还提供了一个 VideoView 视频组件用于播放视频文件，该组件自带视频界面，比 MediaPlayer 更容易实现视频播放功能。本节来学习 VideoView 视频组件。

VideoView 可以通过 XML 布局文件来创建，其语法格式如下：

```
<VideoView
    属性目录 />
```

VideoView 支持的 XML 属性如下。
- id：设置组件 ID。
- background：设置背景。
- layout_width：设置宽度。
- layout_height：设置高度。
- layout_gravity：设置对齐方式。

VideoView 提供的常用方法如下。
- setVideoPath()：用于设置播放视频。
- SetVideoURI()：用于设置播放视频，不过该位置由 URI 决定。
- Start()：播放视频。
- Stop()：停止视频。
- Pause()：暂停视频。

使用 VideoView 视频组件播放视频，需要以下几个步骤。

step 01 在布局管理器中创建 VideoView 视频组件，代码如下：

```
<VideoView
android:id="@+id/video"
android:layout_width="match_parent"
android:layout_height="match_parent" />
```

step 02 将要播放的视频放置在资源目录或者 SD 卡的根目录。如何上传文件到 SD 卡后续章节会讲解，这里了解即可。

step 03 获取播放视频路径。这里通过一个 Uri 对象来获取，具体代码如下：

```
//获取播放路径
Uri u = Uri.parse("android.resource://com.example.videoview/" + R.raw.video);
videoView.setVideoURI(u);//将获取到的播放路径设置到VideoView中
```

step 04 在主活动 onCreate()方法中创建一个 android.Widget.MediaControllor 对象，并将其与 VideoView 控件关联，用于控制播放的视频。

```
//创建MediaController对象
android.widget.MediaController m=new MediaController(MainActivity.this);
videoView.setMediaController(m);//设置MediaController与VideoView关联
```

step 05 通过调用 VideoView 组件的 start()方法开始播放视频。

下面通过一个实例演示如何使用 VideoView 实现播放视频的功能。

【例 11-4】 VideoView 简易播放器。

创建一个新的 Module 并命名为 "VideoView"，在布局管理器中加入 VideoView 组件，创建 raw 资源目录，并将需要播放的视频文件拷贝进此目录，在主活动中加入如下代码：

```
protected void onCreate(Bundle savedInstanceState) {
    super.onCreate(savedInstanceState);
    setContentView(R.layout.activity_main);
    //设置全屏显示
    getWindow().setFlags(WindowManager.LayoutParams.FLAG_FULLSCREEN,
        WindowManager.LayoutParams.FLAG_FULLSCREEN);
```

```
VideoView videoView = findViewById(R.id.video);//获取 VideoView 组件
Uri u = Uri.parse("android.resource://com.example.videoview/" + R.raw.video);
videoView.setVideoURI(u);//将获取到的播放路径设置到 VideoView 中
//创建 MediaController 对象
android.widget.MediaController m=new MediaController(MainActivity.this);
videoView.setMediaController(m);//设置 MediaController 与 VideoView 关联
videoView.requestFocus();//设置获取焦点
videoView.start();//开始播放视频
}
```

以上代码通过 VideoView 组件实现了一个简易视频播放器，其中通过 Uri 获取视频播放路径，并创建 MediaController 对象用于控制视频播放，单击屏幕即可弹出控制窗口。

查看运行结果，如图 11-4 所示。

图 11-4　例 11-4 运行效果

11.2 摄 像 头

Android 手机提供了摄像头，可以拍照也可以录像。本节将讲解如何通过编程实现摄像头拍照与录像。

11.2.1 使用系统相机

Android 手机自带一个相机程序，如何启动系统自带相机功能，其实在 Intent 那一章节已经提到过，通过隐式 Intent 可以调用系统自带的很多功能。本节讲解如何使用系统相机拍照。

1．通过隐式 Intent 调用系统相机

具体代码如下：

```
Intent intent = new Intent(MediaStore.ACTION_IMAGE_CAPTURE);
startActivity(intent);
```

2. 获取拍照缩略图

仅仅打开相机还是不够的，当系统相机拍照结束后，还需要获取到拍照的图片。获取拍照的图片需要以下几个步骤。

- **step 01** 这时启动相机就不能使用 startActivity 方法了，因为这个方法会将权限交由系统，所以应使用 startActivityForResult()方法，具体代码如下：

```
startActivityForResult(intent,0x1);
```

- **step 02** 重写 onActivityResult()方法，接收从另外一个 Activity 返回的数据。
- **step 03** 判断是否为自己程序发出的请求码。
- **step 04** 新建一个 bundle 对象，从返回的数据中获取图片信息。
- **step 05** 将获取的图像信息通过 ImageView 进行显示。

下面给出部分代码：

```
if(resultCode == RESULT_OK)
{
  if(requestCode == 0x1)
  {
    Bundle bundle = data.getExtras();//新建bundle对象获取数据
    Bitmap bit = (Bitmap)bundle.get("data");//从bundle对象中获取图像信息
    iv.setImageBitmap(bit);//设置图像视图显示图片
  }
}
```

3. 获取拍照原图

通过上面的步骤已经可以获取到拍照后的预览图片，由于现在相机的像素越来越高，所以通过 bundle 对象传递回来的图像信息只是缩略图，并不是原图，要想获取原图可以通过以下步骤完成。

- **step 01** 获取到设备中 SD 卡的路径，系统提供了 Environment 类，通过调用 getExternalStorageDirectory().getPath()方法获取一个 SD 卡路径。
- **step 02** 创建 URI，将文件路径指定进来，具体代码如下：

```
Uri uri = Uri.fromFile(new File(filePath));//创建一个URI,将路径传入进去
```

 这里要使用(android.net)包下的 Uri，不要选错了。

- **step 03** 从文件路径获取文件信息，将其保存为文件输入流对象。
- **step 04** 将文件输入流对象转换成 bitmap。
- **step 05** 在文件视图中显示图片。
- **step 06** 操作 SD 卡需要获取系统权限，所以必须要在 AndroidManifest 文件中配置 SD 卡的访问权限，加入如下代码：

```
<uses-permission android:name="android.permission.WRITE_EXTERNAL_STORAGE"/>
```

下面通过一个实例演示如何调用系统相机，拍照后预览拍照图片。

【例 11-5】 调用系统相机拍照。

创建一个新的 Module 并命名为"SystemCamera"，加入两个按钮，一个用于展示缩略图，另一个用于展示原图，加入一个图像视图控件，在主活动中加入如下代码：

```java
public class MainActivity extends AppCompatActivity {
    private ImageView iv;//创建图像视图
    private String filePath;
    @Override
    protected void onCreate(Bundle savedInstanceState) {
        super.onCreate(savedInstanceState);
        setContentView(R.layout.activity_main);
        iv = findViewById(R.id.image);//绑定图像视图
        //获取SD卡路径
        filePath = Environment.getExternalStorageDirectory().getPath();
        filePath +="/image.png";//路径加上文件名
    }
    public void OpenCamera(View view)
    {
        Intent intent = new Intent(MediaStore.ACTION_IMAGE_CAPTURE);
            //新建itent并指定
        //startActivity(intent);
        startActivityForResult(intent,0x1);//有回调地启动Activity
    }
    public void CameraImage(View view)
    {
        Intent intent =new Intent(MediaStore.ACTION_IMAGE_CAPTURE);
        Uri picuri = Uri.fromFile(new File(filePath));//创建一个uri,将路径传入进去
        intent.putExtra(MediaStore.EXTRA_OUTPUT,picuri);//更改系统默认存储路径
        startActivityForResult(intent,0x2);
    }
    @Override
    protected void onActivityResult(int requestCode, int resultCode, Intent data) {
        super.onActivityResult(requestCode, resultCode, data);
        if(resultCode == RESULT_OK)
        {
            if(requestCode == 0x1)
            {
                Bundle bundle = data.getExtras();//新建bundle对象获取数据
                Bitmap bit = (Bitmap)bundle.get("data");//从bundle对象中获取图像信息
                iv.setImageBitmap(bit);//设置图像视图显示图片
            }
            else if(requestCode == 0x2)
            {
                FileInputStream fis = null;//定义一个流对象
                try {
                    //创建一个文件输入流并初始化
                    fis = new FileInputStream(filePath);
                    //将获取的文件输入流转换成一个图像
                    Bitmap bitmap = BitmapFactory.decodeStream(fis);
                    iv.setImageBitmap(bitmap);//设置图像视图显示图片
                } catch (FileNotFoundException e) {
```

```
                e.printStackTrace();
            }finally {
                try{
                    fis.close();//关闭流对象
                } catch (IOException e) {
                    e.printStackTrace();
                }
            }
        }
    }
}
```

以上代码实现了一个调用系统相机完成拍照的功能，其中有两种显示拍照图片的方式，第一种显示一个缩略图，第二种显示一个保存后的完整图片，第二种方式改变了相机默认保存图片的位置，并通过文件输入流获取图片信息。

运行效果如图 11-5 所示。

图 11-5　例 11-5 运行效果

11.2.2　自定义相机拍照

在 Android 中提供了一个 Camera 类，它位于 android.Hardware 包中。这个类提供了众多用于控制摄像头的方法，常用方法如下。

- static Camera open()：打开 Camera，返回一个 Camera 实例。
- final void release()：释放掉 Camera 的资源。
- final void setPreviewDisplay(SurfaceHolder holder)：设置 Camera 预览的 SurfaceHolder。
- final void starPreview()：开始 Camera 的预览。
- final void stopPreview()：停止 Camera 的预览。

- final void autoFocus(Camera.AutoFocusCallback cb)：自动对焦。
- final takePicture(Camera.ShutterCallbackshutter,Camera.PictureCallback raw, Camera.PictureCallback jpeg)：拍照。
- final void lock()：锁定 Camera 硬件，使其他应用无法访问。
- final void unlock()：解锁 Camera 硬件，使其他应用可以访问。

下面通过一个实例演示如何使用自定义相机完成拍照功能。

【例 11-6】自定义相机。

创建一个新的 Module 并命名为 "Camera"，再创建一个 Activity 并命名为 MyCamera，加入如下代码：

```java
public class MyCamera extends Activity implements SurfaceHolder.Callback{
    private Button btn;              //定义按钮对象
    private Camera mCamera;          //定义 Camera 对象
    private SurfaceView surfaceView; //定义 SurfaceView 对象
    private SurfaceHolder mHolder;   //定义 SurfaceHolder 对象
    //创建一个相机拍照回调
    private Camera.PictureCallback mCallback= new Camera.PictureCallback() {
        @Override
        public void onPictureTaken(byte[] data, Camera camera) {
            //获取 SD 卡根目录
            File appDir = new File(Environment.getExternalStorageDirectory(),
                "/DCIM/Camera/");
            if (!appDir.exists()) {       //如果该目录不存在
                appDir.mkdir();           //就创建该目录

            }
            String fileName = System.currentTimeMillis() + ".jpg";
                //将获取的当前系统时间设置为照片名称
            File file = new File(appDir, fileName);  //创建文件对象
            try {
                //创建一个输出流对象
                FileOutputStream fos = new FileOutputStream(file);
                //byte 数组写入输出流对象
                fos.write(data);
                fos.close();      //写完之后需要关闭
            } catch (FileNotFoundException e) {
                e.printStackTrace();
            } catch (IOException e) {
                e.printStackTrace();
            }
            //将照片插入到系统图库
            try {
                MediaStore.Images.Media.insertImage
                    (MyCamera.this.getContentResolver(),
                        file.getAbsolutePath(), fileName, null);
            } catch (FileNotFoundException e) {
                e.printStackTrace();
            }
            // 最后通知图库更新
            MyCamera.this.sendBroadcast(new Intent
```

```java
                (Intent.ACTION_MEDIA_SCANNER_SCAN_FILE,
                Uri.parse("file://" + "")));
            Toast.makeText(getApplication(), "照片保存至: " + file,
                Toast.LENGTH_LONG).show();
            Intent intent = new Intent(MyCamera.this,SeeView.class);
            //将路径传递给主活动
            intent.putExtra("picPath",file.getAbsolutePath());
            startActivity(intent);        //启动主活动
            MyCamera.this.finish();       //关闭本活动
        }
    };
    @Override
    protected void onCreate(Bundle savedInstanceState) {
        super.onCreate(savedInstanceState);
        setContentView(R.layout.activity_my_camera);
        //绑定 SurfaceView
        surfaceView = findViewById(R.id.id_pic);
        btn = findViewById(R.id.btn);       //绑定按钮
        mHolder = surfaceView.getHolder();//获取 holder 对象
        mHolder.addCallback(this);           //设置回调
        surfaceView.setOnClickListener(new View.OnClickListener() {
            @Override
            public void onClick(View v) {
                mCamera.autoFocus(null);//点击屏幕实现自动对焦
            }
        });
        btn.setOnClickListener(new View.OnClickListener() {
            @Override
            public void onClick(View v) {
                //获取相机参数
                Camera.Parameters parameters = mCamera.getParameters();
                parameters.setPictureFormat(ImageFormat.JPEG);  //设置照片格式
                parameters.setPictureSize(800,400); //设置照片大小
                //设置为自动对焦
                parameters.setFocusMode(Camera.Parameters.FOCUS_MODE_AUTO);
                //设置相机自动对焦,new 一个自动对焦回调方法
                mCamera.autoFocus(new Camera.AutoFocusCallback() {
                    @Override
                    public void onAutoFocus(boolean success, Camera camera) {
                        if(success)
                            mCamera.takePicture(null,null,mCallback);
                    }
                });
            }
        });
    }
    //设置相机预览,设置两个参数
    private void setStartPreview(Camera camera,SurfaceHolder holder)
    {
        try{
            mCamera.setPreviewDisplay(holder);//与 holder 对象进行绑定
            //Camera 默认是横屏模式,所以这里进行旋转
            mCamera.setDisplayOrientation(90);
```

```java
            mCamera.startPreview();//开始预览
        }
        catch (IOException e)
        {
            e.printStackTrace();
        }
    }
    //释放相机资源
    private void ReleaseCamera()
    {
        if(mCamera!=null) {
            mCamera.stopPreview();   //停止预览
            mCamera.setPreviewCallback(null);//回调置空
            mCamera.release();        //释放Camera对象
            mCamera = null;           //Camera对象置空
        }
    }
    @Override
    protected void onResume() {
        super.onResume();
        //如果Camera对象为空，获取到Camera
        if(mCamera == null) {
            mCamera=Camera.open();
            //判断holder对象不为空时，启动预览
            if(mHolder != null)
                setStartPreview(mCamera,mHolder);
        }
    }
    @Override
    protected void onPause() {
        super.onPause();
        //当主活动暂停时，清空Camera
        if(mCamera!=null)
            ReleaseCamera();
    }
    @Override
    public void surfaceCreated(SurfaceHolder holder) {
        setStartPreview(mCamera,mHolder);
    }
    @Override
    public void surfaceChanged(SurfaceHolder holder, int format, int width,
        int height) {
        //当发生改变时，先停止预览再重启预览
        mCamera.stopPreview();              //停止预览
        setStartPreview(mCamera,mHolder);
    }
    @Override
    public void surfaceDestroyed(SurfaceHolder holder) {
        ReleaseCamera();//销毁时释放Camera对象
    }
}
```

布局代码如下：

```xml
<RelativeLayout xmlns:android="http://schemas.android.com/apk/res/android"
    xmlns:tools="http://schemas.android.com/tools"
    android:layout_width="match_parent"
    android:layout_height="match_parent"
    tools:context="com.example.camera.MyCamera">
    <SurfaceView
        android:id="@+id/id_pic"
        android:layout_width="match_parent"
        android:layout_height="match_parent" />
    <Button
        android:id="@+id/btn"
        android:layout_width="match_parent"
        android:layout_height="wrap_content"
        android:text="拍照"
        android:layout_alignParentBottom="true" />
</RelativeLayout>
```

创建一个新的 Activity 类并命名为"SeeView"，用于拍照后预览拍照效果，具体代码如下：

```java
public class SeeView extends AppCompatActivity {
    //用于保存照片路径
    private String path;
    private ImageView iv;
    @Override
    protected void onCreate(Bundle savedInstanceState) {
        super.onCreate(savedInstanceState);
        setContentView(R.layout.activity_see_view);
        iv = findViewById(R.id.id_image);
        //获取到拍照后的照片路径
        path = getIntent().getStringExtra("picPath");
        try {
            FileInputStream fis = new FileInputStream(path);
            //通过文件输入流获取到图片
            Bitmap bm = BitmapFactory.decodeStream(fis);
            //创建一个矩阵对象
            Matrix matrix = new Matrix();
            matrix.setRotate(90);//调整角度
            //创建一个新的图片，调整其矩阵方向
            bm = Bitmap.createBitmap(bm, 0, 0,
                    bm.getWidth(), bm.getHeight(), matrix, true);
            iv.setImageBitmap(bm);
        } catch (FileNotFoundException e) {
            e.printStackTrace();
        }
    }
}
```

以上代码通过 Android 提供的 Camera 类实现了自定义相机功能，创建了两个方法，setStartPreview()方法用于将相机与预览视图进行绑定，ReleaseCamera()方法用于在停止拍照后对相机资源进行释放，拍照时通过 autoFocus()方法设置自动对焦后进行拍照，通过 Camera 回调方法将拍照后的照片进行保存。

11.3　大 神 解 惑

小白：既然有 MediaPlayer 就可以播放音频，为何还要使用 SoundPool？
大神：因为 MediaPlayer 在播放音频文件时不能连续播放，并且不能多文件同时播放。
小白：既然有 MediaPlayer 就可以播放视频，为何还要使用 VideoView？
大神：MediaPlayer 确实可以播放视频文件，但在实际开发中解决问题不能一成不变地使用同一个方法，要用其他方法以做类比，根据实际情况选择最优方式。

11.4　跟我学上机

练习 1：使用 MediaPlayer 播放音频小程序。
练习 2：使用 SoundPool 播放音频小程序并与第一程序进行类比。
练习 3：使用 MediaPlayer 播放视频小程序。
练习 4：使用 VideoView 播放视频并与上一个小程序进行类比。
练习 5：使用系统相机完成拍照功能，制作一个扫描二维码的小程序。
练习 6：使用自定义相机，实现类似微信拍照功能。

第 3 篇

高级应用

- 第 12 章　数据存储
- 第 13 章　数据共享
- 第 14 章　传感器
- 第 15 章　网络开发
- 第 16 章　精通地图定位
- 第 17 章　Android 碎片开发
- 第 18 章　Android 开发的技巧与调试

第 12 章

数 据 存 储

软件的运行其实是数据的流动,数据在内存与 CPU 之间进行交互,当软件被关闭时运行的数据也随之被清空,如果无法保存数据,使用软件将没有太多意义,数据存储不但是为了保留操作软件的结果,还可以保存一个软件的个性设置、主题风格等。本章将重点研究数据存储技术。

本章要点(已掌握的在方框中打钩)

- ☐ 掌握如何操作文件存储数据
- ☐ 掌握如何操作数据区的数据
- ☐ 掌握如何操作 SD 卡中存储的数据
- ☐ 掌握如何使用 SharedPreferences 存储数据
- ☐ 掌握如何使用 SQLite3 数据库
- ☐ 掌握如何使用 SQLite3 存储与读取数据

12.1 文件存储读写

文件操作是数据读写的关键，它可以分成两个部分，一部分是文件的读取，另一部分是文件的存储。在 Android 中文件操作还分为不同的模式，本节将详细讲解文件存储读写的内容。

12.1.1 文件操作模式及方法

使用过 Java 的用户都知道，新建文件后就可以写入数据了，但 Android 却不一样。因为 Android 是基于 Linux 系统核心的，所以在读写文件的时候还需要加上文件的操作模式。Android 中文件的操作模式如图 12-1 所示。

图 12-1　文件操作模式

从图 12-1 可以清晰地了解到，文件操作模式可以分为两类：一类是私有数据操作，另一类是共享数据操作。私有数据只能被创建的程序本身访问，而共享数据则可以被其他应用程序访问，由于共享数据操作很容易引起数据漏洞，所以在 Android 4.2 之后已经废弃。

Android 中 Context 类提供了一系列文件操作的方法，常用的操作方法如下。

- openFileOutput(filename,mode)：打开文件输出流，往文件中写入数据。
- openFileInput(filename)：打开文件输入流，读取文件中的数据。
- getDir(name,mode)：在 app 的 data 目录下获取创建 name 对应的子目录。
- getFileDir()：获取 app 的 data 目录下文件目录的绝对路径。
- String[] fileList()：返回 app 的 data 目录下的全部文件。
- deleteFile(filename)：删除 appdata 目录下的指定文件。

注意

Android 有一套自己的安全模型，当安装 apk 时，系统会分配给它一个 userid，当应用需要访问其他资源，比如访问文件时，则需要匹配 userid，任何 app 创建的文件、sharedpreferences、数据库文件都是私有的，默认情况下，其他程序是无法访问的。只有当创建时指定模式为其他程序可访问状态时，才可以被其他程序访问。

12.1.2 读写文件操作

Android 中的文件存放在不同位置，它们的读取方式也有所不同，下面针对 Android 中资源文件的读取、数据区文件的读取、SD 卡文件的读取进行讲解。

1. 资源文件的读取

(1) 从 resource 的 raw 中读取文件数据，关键代码如下：

```
String res = "";
try{    //使用trycatch捕获异常
    //得到资源中的raw数据流
    InputStream fin = getResources().openRawResource(R.raw.fileInTest);
    int length = fin.available();           //得到数据的大小
    byte [] buffer = new byte[length];      //创建字符数组
    fin.read(buffer);                       //读取数据
    fin.close();                            //关闭
    }catch(Exception e){
    e.printStackTrace();
}
```

(2) 从 resource 的 asset 中读取文件数据，关键代码如下：

```
String fileName = "fileTest.txt"; //文件名字
String res="";
try{
 //得到资源中的asset数据流
 InputStream fin = getResources().getAssets().open(fileName);
int length = fin.available();           //获取文件的长度
byte [] buffer = new byte[length];      //创建字符数组
fin.read(buffer);                       //将文件读入字符数组中
fin.close();                            //关闭文件
}catch(Exception e){
 e.printStackTrace();
 }
```

2. 读写/data/data/<应用程序名>目录中的文件

(1) 读取/data/data/目录中的文件，关键代码如下：

```
public String readFile(String fileName) throws IOException{
 String res="";
 try{
  FileInputStream fin = openFileInput(fileName);   //以读取的方式打开文件
  int length = fin.available();                    //获取文件大小
  byte [] buffer = new byte[length];               //创建字符数组
  fin.read(buffer);                                //读取文件内容到字符数组
  fin.close();                                     //关闭文件
 }
catch(Exception e){
 e.printStackTrace();
 }
```

```
        return res;                                      //将读取的内容返回
    }
```

(2) 写入数据到/data/data/目录中的文件，关键代码如下：

```
public void writeFile(String fileName,String writestr) throws IOException{
 try{  //以写入的方式打开文件
    FileOutputStream fout =openFileOutput(fileName, MODE_PRIVATE);
    byte [] bytes = writestr.getBytes();        //创建字符数组
    fout.write(bytes);                          //将字符数据写入打开的文件中
    fout.close();                               //关闭文件
    }
    catch(Exception e){
    e.printStackTrace();
    }
}
```

注意

存放在数据区(/data/data/..)的文件只能使用 openFileOutput 和 openFileInput 进行操作，不能使用 FileInputStream 和 FileOutputStream 进行文件操作。

3. 读写 SD 卡中的文件(具体是/mnt/sdcard/目录中的文件)

(1) 读取 SD 卡中文件的关键代码如下：

```
public String readFileSdcardFile(String fileName) throws IOException{
 String res="";
 try{  //创建一个文件输入流
    FileInputStream fin = new FileInputStream(fileName);
    int length = fin.available();               //获取文件长度
    byte [] buffer = new byte[length];          //创建字符数组
    fin.read(buffer);                           //读取文件流内容到字符数组
    fin.close();                                //关闭文件
    }
    catch(Exception e){
    e.printStackTrace();
    }
    return res;                                 //将读取的文件返回
}
```

(2) 将内容写入 SD 卡文件中的关键代码如下：

```
public void writeFileSdcardFile(String fileName,String write_str) throws
IOException{
 try{//创建一个文件输出流
    FileOutputStream fout = new FileOutputStream(fileName);
    byte [] bytes = write_str.getBytes();       //创建字符数组
    fout.write(bytes);                          //将数组内容写入文件
    fout.close();                               //关闭文件
    }
    catch(Exception e){
    e.printStackTrace();
    }
}
```

注意

SD 卡中的文件需要使用 FileInputStream 和 FileOutputStream 来进行文件操作。操作 SD 卡需要获取手机权限，开启权限需要在 Android 的 manifest.xml 文档中加入下面的声明：

```
<uses-permission android:name=
"android.permission.WRITE_EXTERNAL_STORAGE"/>
<uses-permission android:name=
"android.permission.MOUNT_UNMOUNT_FILESYSTEMS"/>
```

4. 使用 File 类进行文件的读写

使用 File 类进行文件读写操作，关键代码如下：

```
//读文件
public String readSDFile(String fileName) throws IOException {
  File file = new File(fileName);                    //创建文件对象
  FileInputStream fis = new FileInputStream(file);   //创建文件输入流对象
  int length = fis.available();                      //获取文件长度
  byte [] buffer = new byte[length];                 //创建字符数组
  fis.read(buffer);                                  //读取文件到字符数组
  fis.close();                                       //关闭文件
  return res;                                        //将读取的内容返回
}
//写文件
public void writeSDFile(String fileName, String write_str) throws
IOException{
  File file = new File(fileName);                    //创建文件对象
  FileOutputStream fos = new FileOutputStream(file); //创建文件输出流对象
  byte [] bytes = write_str.getBytes();              //创建字符数组
  fos.write(bytes);                                  //将字符数组内容写入文件
  fos.close();                                       //关闭文件
}
```

Android 中 file 类用于操作文件，它的一些常用操作方法具体如下：

- File.getName();//获得文件或文件夹的名称。
- File.getParent();//获得文件或文件夹的父目录。
- File.getAbsoultePath();//绝对路径。
- File.getPath();//相对路径。
- File.createNewFile();//建立文件。
- File.mkDir(); //建立文件夹。
- File.isDirectory(); //判断是文件或文件夹。
- File[] files = File.listFiles(); //列出文件夹下的所有文件和文件夹名。
- File.renameTo(dest); //修改文件夹和文件名。
- File.delete(); //删除文件夹或文件。

下面用一个小实例演示如何读写文件。

【例 12-1】保存编辑框输入内容。

创建一个新的 Module 并命名为 "File"，在布局管理器中使用垂直线性布局，添加一个

文本编辑框和两个按钮,在主活动中加入如下代码:

```java
public class MainActivity extends AppCompatActivity {
    byte[] buffer;//用于保存数据的字符数组
    EditText di;  //定义编辑框对象
    @Override
    protected void onCreate(Bundle savedInstanceState) {
        super.onCreate(savedInstanceState);
        setContentView(R.layout.activity_main);
        Button btn = findViewById(R.id.btn);    //获取用于保存数据的按钮
        Button btn1 = findViewById(R.id.btn1);//获取用于读出数据的按钮
        di = findViewById(R.id.edit);           //获取编辑框
        btn.setOnClickListener(new View.OnClickListener() {
            @Override
            public void onClick(View v) {
                FileOutputStream fos = null;     //定义一个文件输出流对象
                String str = di.getText().toString();//将编辑框内容保存到字符串变量
                try {                  //以写的方式打开文件
                    fos = openFileOutput("mode", MODE_APPEND);
                    fos.write(str.getBytes());//将字符数据写入文件
                    fos.flush();           //刷新
                    fos.close();           //写入完成关闭文件
                } catch (FileNotFoundException e) {
                    e.printStackTrace();
                } catch (IOException e) {
                    e.printStackTrace();
                }

            }
        });
        btn1.setOnClickListener(new View.OnClickListener() {
            @Override
            public void onClick(View v) {
                FileInputStream fi = null;   //定义文件输入流对象
                try {                  //以读的方式打开文件
                    fi = openFileInput("mode");
                    buffer = new byte[fi.available()];//获取文件大小
                    fi.read(buffer);              //将内容读取到字符数组
                    buffer.toString();            //将内容转换成字符串
                } catch (FileNotFoundException e) {
                    e.printStackTrace();
                } catch (IOException e) {
                    e.printStackTrace();
                } finally {
                    if (fi != null) {//判断文件对象不为空
                        try {
                            fi.close();//关闭文件对象
                            String str = new String(buffer);//内容保存到字符串
                            di.setText(str);            //将内容显示到编辑框
                        } catch (IOException e) {
                            e.printStackTrace();
                        }
                    }
```

```
            }
        });
    }
}
```

以上代码演示了如何保存数据以及如何读出保存数据,在文本编辑框中输入数据,默认情况关闭程序数据就会消失,当单击"保存"按钮后,关闭程序。单击"读取"按钮,会读出之前保存的数据。

运行效果如图 12-2 所示。

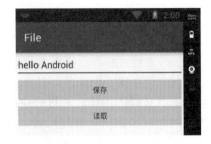

图 12-2 例 12-1 运行效果

12.1.3 通过 DDMS 查看存储内容

DDMS 工具是 Android Studio 提供的调试工具,通过它可以查看存储数据(这里只讲解如何查看数据,后面还会详细讲解通过 DDMS 调试程序),具体操作步骤如下。

step 01 选择 Android Studio 菜单栏上的 Tools→Android 命令,弹出如图 12-3 所示的菜单。

step 02 单击 Android Device Monitor 菜单项,可以打开 DDMS 工具,如图 12-4 所示。

图 12-3 Android 菜单

图 12-4 DDMS 工具

step 03 切换到 File Explorer 选项卡,找到/data/data/com.example.file/files/目录,从这里可以看到上例中保存的文件,如图 12-5 所示。

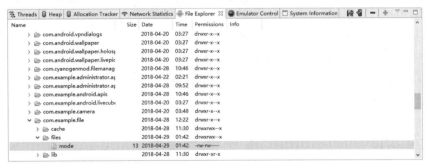

图 12-5 File Explorer 保存的文件

step 04 在 DDMS 工具中有两个按钮，左侧的可以下载模拟器中的文件，右侧的可以上传数据到模拟器，如图 12-6 所示。

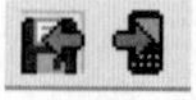

通过以上 4 个步骤可以查看保存在模拟器中的数据。

图 12-6　上传下载

12.2　SharedPreferences 存储

同文件存储不同的是，SharedPreferences 存储是使用键值对的方式来存储数据的，它屏蔽了对底层文件的操作，通过提供的接口来实现最永久保存数据，这种方式适合于保存少量数据，例如玩家积分、程序配置、账号信息等，Sharedpreferences 支持多种不同的数据存储类型。本节将详细讲解 SharedPreferences 存储方法。

12.2.1　获取 SharedPreferences 对象

要想使用 SharedPreferences 存储数据，首先要获取 SharedPreferences 对象，获取 SharedPreferences 对象有三种方式。

（1）Context 类中的 getSharedPreferences()方法，该方法的基本语法格式如下：

```
getSharedPreferences(String name, int mode)
```

参数说明如下。

- name：用于指定 SharedPreferences 文件的名称，如果指定的文件不存在则自动创建。
- mode：用于指定操作的模式，它的参数值可选。
    - ◆ MODE_+PRIVATE 也是默认选项，表示当前应用程序才可以访问，写入的内容会自动覆盖源文件的内容，传入 0 效果相同。
    - ◆ MODE_WORLD_READABLE 和 MODE_WORLD_WRITEABLE 这两种模式在 Andriod 4.2 版本中已被废弃。
    - ◆ MODE_MULTI_PROCESS 模式在 Android 6.0 版本中被废弃。

（2）Activity 类中的 getPreferences()方法，该方法的语法格式如下：

```
getPreferences(int mode)
```

其中参数 mode 的取值与 getSharedPreferences()方法相同。

（3）PreferenceManager 类中的 getDefaultSharedPreferences()方法，该方法语法格式如下：

```
PreferenceManager.getDefaultSharedPreferences(Context c)
```

这是一个静态方法，它接收一个 Context 参数，并自动使用当前应用程序的包名作为前缀来命名 SharedPreferences 文件。

12.2.2　向 SharedPreferences 中存入数据

上一节已经获取了 SharedPreferences，本节通过获取的 SharedPreferences 对象存入数据，具体可以分为以下几个步骤。

step 01 调用 SharedPreferences 对象的 edit()方法来获取一个 SharedPreferences.Editor 对象，具体代码如下：

```
SharedPreferences.Editor
ed=getSharedPreferences("Test",MODE_PRIVATE).edit();
```

step 02 向 SharedPreferences.Editor 对象中添加数据，添加数据可以使用以下三种方法：
putBoolean()方法添加布尔数据。
putString()方法添加字符串数据。
putInt()方法添加整型数据。

step 03 完成以上两步后，通过调用 apply()方法将数据提交保存，至此完成了数据的存储。
这里给出一个通过 SharedPreferences 对象存储数据的实例，具体代码如下：

```
public class MainActivity extends AppCompatActivity {
   @Override
   protected void onCreate(Bundle savedInstanceState) {
      super.onCreate(savedInstanceState);
      setContentView(R.layout.activity_main);
      Button btn = findViewById(R.id.btn_ok);//获取按钮控件
      btn.setOnClickListener(new View.OnClickListener() {
         @Override
         public void onClick(View v) {
//创建并获取 SharedPreferences.Editor 对象，传入打开的文件名与打开模式
            SharedPreferences.Editor ed =
               getSharedPreferences("Test",MODE_PRIVATE).edit();
            ed.putString("name","LiLei");//添加字符串数据
            ed.putBoolean("sex",true);    //添加布尔型数据
            ed.putInt("age",18);          //添加整型数据
            ed.apply();                   //提交数据
         }
      });
   }
}
```

打开 DDMS，从 File Explorer 选项卡中找到/data/data/com.example.SharedPreferences/shared_prefs/目录，可以看到里面生成了一个 Text.xml 文件，如图 12-7 所示。

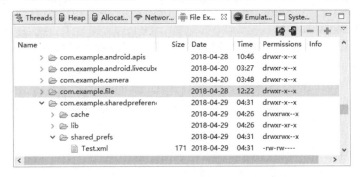

图 12-7 SharedPreferences 保存的数据文件

下载此文件到电脑，用记事本打开，如图 12-8 所示。

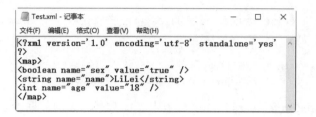

图 12-8 数据内容

12.2.3 读取 SharedPreferences 中的数据

从 SharedPreferences 中读取数据非常简单，通过 SharedPreferences 类提供的 getXXX()系列方法即可，每种数据对应一种读取方法，具体如下：

getBoolean()方法读取布尔数据。

getString()方法读取字符串数据。

getInt()方法读取整型数据。

这里给出一个读取 SharedPreferences 对象存储数据的实例，具体代码如下：

```java
public class MainActivity extends AppCompatActivity {
    @Override
    protected void onCreate(Bundle savedInstanceState) {
        super.onCreate(savedInstanceState);
        setContentView(R.layout.activity_main);
        Button btn = findViewById(R.id.btn_ok);
        btn.setOnClickListener(new View.OnClickListener() {
            @Override
            public void onClick(View v) {
//创建 SharedPreferences 对象并打开 Test 文件
                SharedPreferences pref = getSharedPreferences("Test",0);
                String name = pref.getString("name","");//获取字符串信息
                Boolean sex = pref.getBoolean("sex",false);//获取布尔类型信息
                int age = pref.getInt("age",0);          //获取整型信息
//将获取的数据整合到字符串变量
                String str = "name:"+name+"\n"+
                    "sex:"+sex.toString()+"\n"
                    +"age:"+Integer.toString(age);
//弹出提示获取到的信息
                Toast.makeText(MainActivity.this,str,Toast.LENGTH_SHORT).show();
            }
        });
    }
}
```

下面通过一个综合实例演示记住用户登录密码。

【例 12-2】记住登录密码。

创建一个新的 Module 并命名为"SavData"，在布局管理器中使用垂直线性布局，添加两个文本编辑框和两个按钮，在主活动中加入如下代码：

```java
public class MainActivity extends AppCompatActivity {
    EditText edName;//定义用户名编辑框
    EditText edPass;//定义密码编辑框
    String str_name;//定义保存名称的字符串
    String str_pass;//定义保存密码的字符串
    @Override
    protected void onCreate(Bundle savedInstanceState) {
        super.onCreate(savedInstanceState);
        setContentView(R.layout.activity_main);
        Button btn_sev = findViewById(R.id.btn_sev);//获取保存按钮
        Button btn_wri = findViewById(R.id.btn_write);//获取读取按钮
        edName = findViewById(R.id.edit_name);//获取用户名编辑框组件
        edPass = findViewById(R.id.edit_pass);//获取密码编辑框组件
        btn_sev.setOnClickListener(new View.OnClickListener() {
            @Override
            public void onClick(View v) {
                str_name = edName.getText().toString();//将用户名保存到字符串
                str_pass = edPass.getText().toString();//将密码保存到字符串
                //创建并打开 SharedPreferences 数据文件
                SharedPreferences.Editor ed =
                        getSharedPreferences("data",MODE_PRIVATE).edit();
                ed.putString("name",str_name);//保存用户名信息
                ed.putString("pass",str_pass);//保存密码信息
                ed.apply();//提交数据
                //保存好数据后做出提示
                Toast.makeText(MainActivity.this,
                        "账号密码保存成功",Toast.LENGTH_SHORT).show();
            }
        });
        btn_wri.setOnClickListener(new View.OnClickListener() {
            @Override
            public void onClick(View v) {
                //创建并读取数据文件
                SharedPreferences spf =
                        getSharedPreferences("data",0);
                str_name = spf.getString("name","");//读取用户名
                str_pass = spf.getString("pass","");//读取密码
                //判断之前是否保存过数据
                if(str_name.equals("") && str_pass.equals(""))
                {   //没有保存数据做出提示
                    Toast.makeText(MainActivity.this,
                            "之前没有保存过数据",Toast.LENGTH_SHORT).show();
                }
                else
                {
                    edName.setText(str_name);//将用户数据设置到编辑框
                    edPass.setText(str_pass);//将密码设置到密码编辑框
                }
            }
        });
    }
}
```

以上代码演示了如何保存用户登录数据，并且判断了是否为初次登录，如果之前保存过数据，直接单击"读取"按钮可以将用户信息读取并填写，方便用户使用，避免了重复输入用户信息。

运行效果如图 12-9 所示。

图 12-9　例 12-2 运行效果

12.3　数据库存储

通过之前的学习，相信读者已经可以将数据永久保存并读取，之前的学习针对如何保存少量的数据，如果数据量比较庞大则需要使用数据库。Android 提供了一种轻量级的数据库 SQLite，它的运算速度非常快，占用资源少，而且它支持标准的 SQL 语法，本节详细讲解 SQLite 数据库的使用。

12.3.1　sqlite3 工具的使用

Sqlite3 是 Android 提供的一个数据库管理工具，它位于 Android SDK 的 platform-tools 目录下，通过它可以在命令行手动创建和操作 SQLite 数据库。

1. 启动 sqlite3

启动 sqlite3 大概需要以下几个步骤。

step 01 首先启动一个模拟器，在电脑键盘上按 Windows+R 组合键打开"运行"对话框，在编辑框输入"cmd"命令，如图 12-10 所示。

step 02 在 cmd 控制面板中输入一系列命令。

（1）切换到 sqlite3 的所在目录，输入命令"cd E:\AndroidSDK\platform-tools"（cd 后面根据个人目录进行设置）。

（2）输入 adb shell 命令，进入 shell 命令模式。

（3）输入 sqlite3 命令，启动 sqlite3 工具。

（4）查看控制面板，如图 12-11 所示。

退出数据库可以使用.exit 命令，退出数据库后返回 shell 界面。

2. 建立数据库目录

数据库存放于应用程序各自的/data/data/包名/databases 目录下。下面使用命令行手动创建数据库，数据库目录可以在 Shell 命令模式下使用 mkdir 命令创建，例如，在 /data/data/com.example.file 目录下创建目录 databases，命令如下：

mkdir /data/data/com.example.file/databases

图 12-10 "运行"对话框

图 12-11 cmd 控制面板

执行命令后的运行结果如图 12-12 所示。

命令执行完后没有任何提示，证明已经创建成功，可以通过 DDMS 到程序所在目录查看是否创建成功。

3. 创建/打开数据库文件

数据库位于每个应用程序的 databases 目录，每一个数据库文件是单独存放的，使用"sqlite3+数据库名"这样的方式打开数据库文件，如果指定的文件不存在，自动创建对应文件。创建数据库文件需要两个步骤，具体如下。

step 01 使用 cd 命令进入数据库目录下，输入命令"cd /data/data/com.example.file/databases"。

step 02 这里以创建 db 数据库文件为例，命令为"sqlite3 db"。

执行命令后的运行结果如图 12-13 所示。

图 12-12 执行命令后结果(1)

图 12-13 执行命令后结果(2)

4. 操作数据库

sqlite3 工具提供了对数据库操作的一些常用命令，具体如下。

- create table：创建数据表。例如，create table user(id integer primary key autoincrement, name text not null,pass text);。
- .tables：显示全部数据。
- .schema：查看建表时使用的 SQL 命令。
- insert into：添加数据。例如，insert into user valuse(null,'lilei','123');。
- select：查询数据。例如，select * from user;。

- update：更新数据。例如，updata user set pass='456' where id=5;。
- delete：删除数据。例如，delete from user where id=1;。

SQLite 不像其他数据库提供众多数据类型，它的常用数据类型有 integer(整型)、real(浮点型)、text(文本型)、blob(二进制类型)等。另外，primary key 表示将 id 列设为主键，autoincrement 关键字表示 id 列是自增长的。

使用这些命令，需要先进入 sqlite 数据库中，每条命令都要以";"分号结尾。

12.3.2　代码操作数据库

在实际开发中一般会通过代码来控制数据库，首先要有一个数据库，如果没有则需要动态创建一个数据库，然后再操作数据库。本节讲解如何通过代码操作数据库。

1. 创建数据库

Android 为开发者提供了一个 SqliteDatabase 数据库，应用程序只要获取 SqliteDatabase 对象便可以操作数据库，SqliteDatabase 提供了 openOrCreateDateabase()方法用于打开或创建一个数据库，其语法格式如下：

```
static SQLiteDatabase openOrCreateDatabase(File file, CursorFactory factory)
```

参数说明如下。
- file：用于指定数据库文件。
- factory：实例化一个数据库游标。

游标(Cursor)是处理数据的一种方法，为了查看或者处理结果集中的数据，游标提供了在结果集中一次一行或者多行前进或向后浏览数据的能力。可以把游标当作一个指针，它可以指定结果中的任何位置，然后允许用户对指定位置的数据进行处理。

使用 openOrCreateDateabase()方法创建数据库，具体代码如下：

```
SQLiteDatabase db = SQLiteDatabase.openOrCreateDatabase("data.db",null);
```

2. 操作数据

创建好数据库以后则需要操作数据，操作数据涉及添加、删除、更新和查询，SQLiteDatabase 类提供了一系列操作数据的方法，当然读者也可以通过执行 SQL 语句来完成，这里建议读者使用 SQLiteDatabase 类提供的方法，因为这些方法封装了 SQL 语句，更加简单易用。

1) insert()方法——添加数据

insert()方法用于向数据表中插入数据，其语法格式如下：

```
insert(String table,String nullColumnHack,ContentValues values)
```

参数说明如下。
- table：指定一个表名，不能为 null。
- nullColumnHack：用于指定 values 参数为空时，将哪个字段设置为 null，如果 values 不为空，则该参数值可以设置为 null(可选参数)。
- values：指定具体的字段值，它相当于 Map 集合，也是通过键值对的形式存储值。

2) delete()方法——删除数据

delete()方法用于从表中删除数据，其语法格式如下：

```
delete(String table,String whereClause,String[] whereArgs)
```

参数说明如下。
- table：指定一个表名，不能为 null。
- whereClause：用于指定条件语句，可以使用占位符(?)。
- whereArgs：当上一个参数没有占位符时，该参数用于指定各占位参数的值，如果不包括占位符，该参数可以设置为 null。

3) update()方法——更新数据

update()方法用于更新表中的数据，其语法格式如下：

```
update(String table,ContentValues values,String whereClause,String[] whereArgs)
```

参数说明如下。
- table：指定一个表名，不能为 null。
- values：指定要更新的字段及对应的字段值，它也是通过键值对的形式存储。
- whereClause：指定条件语句，可以使用占位符(?)。
- whereArgs：当上一个参数没有占位符时，该参数用于指定各占位参数的值，如果不包括占位符，该参数可以设置为 null。

4) query()方法——查询数据

query()方法用于查询表中的数据，其语法格式如下：

```
query(String table,String[] columns,String selection,String[] selectionArgs,String groupBy,String having,String orderBy)
```

参数说明如下。
- table：指定一个表名，不能为 null。
- columns：要查询的列名，可以是多个，可以为 null，表示查询所有列。
- selection：查询条件，比如 id=?and name=?，可以为 null。
- selectionArgs：对查询条件赋值，一个占位符对应一个值，可以为 null。
- groupBy：用于指定分组方式。
- having：用于指定 having 条件。
- orderBy：用于指定排序方式，为空表示默认排序。

查询数据返回的是一个 Cursor(游标)对象，这个对象虽然保存着查询结果，但是并不是数据集合的完整复制，只是一个数据集指针，通过这个指针的移动才可以获取数据集合中的数据。

Curosr 类的常用方法举例如下：

```
c.move(int offset);                         //以当前位置为参考，移动到指定行
c.moveToFirst();                            //移动到第一行
c.moveToLast();                             //移动到最后一行
c.moveToPosition(int position);             //移动到指定行
c.moveToPrevious();                         //移动到前一行
c.moveToNext();                             //移动到下一行
c.isFirst();                                //是否指向第一条
c.isLast();                                 //是否指向最后一条
c.isBeforeFirst();                          //是否指向第一条之前
c.isAfterLast();                            //是否指向最后一条之后
c.isNull(int columnIndex);                  //指定列是否为空(列基数为0)
c.isClosed();                               //游标是否已关闭
c.getCount();                               //总数据项数
c.getPosition();                            //返回当前游标所指向的行数
c.getColumnIndex(String columnName);        //返回某列名对应的列索引值
c.getString(int columnIndex);               //返回当前行指定列的值
```

操作数据库实例代码如下：

```
String name;//定义字符串存放名字
int age;      //定义一个整型存放年龄
//打开或创建 test.db 数据库
SQLiteDatabase db = openOrCreateDatabase("test.db",
MainActivity.this.MODE_PRIVATE, null);
db.execSQL("DROP TABLE IF EXISTS user")
//创建 person 表
db.execSQL("CREATE TABLE user (_id INTEGER PRIMARY KEY AUTOINCREMENT,name
VARCHAR, age SMALLINT)");
name = "LiLei";//名字赋值
age = 30;     //年龄赋值
//插入数据
db.execSQL("INSERT INTO user VALUES (NULL, ?, ?)", new Object[]{name, age});
name = "HanMei";//姓名
age = 33;       //年龄
//ContentValues 以键值对的形式存放数据
ContentValues cv = new ContentValues();
cv.put("name", name);//存入名字
cv.put("age", age);    //存入年龄
//插入 ContentValues 中的数据
db.insert("user", null, cv);
cv = new ContentValues();
cv.put("age", 35);   //新建一个年龄
//更新数据
db.update("user", cv, "name = ?", new String[]{"LiLei"});
//获取查询游标
Cursor c = db.rawQuery("SELECT * FROM user WHERE age >= ?", new
String[]{"33"});
//循环遍历数据库
while (c.moveToNext()) {
```

```
        int _id = c.getInt(c.getColumnIndex("_id"));
        String name = c.getString(c.getColumnIndex("name"));
        int age = c.getInt(c.getColumnIndex("age"));
//将所有数据以日志的形式输出
        Log.i("db", "_id=>" + _id + ", name=>" + name + ", age=>" + age);
    }
c.close();//关闭游标
db.delete("user", "age < ?", new String[]{"35"});//删除数据
db.close();//关闭当前数据库
```

12.3.3　SQLiteOpenHelper 类

Android 专门提供了一个 SQLiteOpenHelper 类，借助这个类可以更好地操作数据库。本节详细讲解 SQLiteOpenHelper 类的操作。

SQLiteOpenHelper 是一个抽象类，使用它需要创建一个类继承自它的子类。SQLiteOpenHelper 提供了两个抽象方法，分别是 onCreate()方法和 onUpgrade()方法，需要在子类里实现这两个方法，然后在这两个方法中实现创建、升级数据库的逻辑。

SQLiteOpenHelper 中还有两个非常重要的方法：getReadableDatabase()方法和 getWritableDatabase()方法。

getReadableDatabase()方法的特性：

(1) 它会调用并返回一个可以读写数据库的对象。

(2) 在第一次调用时会调用 onCreate 的方法。

(3) 当数据库存在时会调用 onOpen 方法。

(4) 结束时调用 onClose 方法。

getWritableDatabase()方法的特性：

(1) 它会调用并返回一个可以读写数据库的对象。

(2) 在第一次调用时会调用 onCreate 的方法。

(3) 当数据库存在时会调用 onOpen 方法。

(4) 结束时调用 onClose 方法。

两个方法的区别：

(1) 两个方法都是返回读写数据库的对象，但是当磁盘已经满了时，getWritableDatabase 会抛出异常，而 getReadableDatabase 不会报错，它此时不会返回读写数据库的对象，而是仅仅返回一个读数据库的对象。

(2) getReadableDatabase 会在问题修复后继续返回一个读写的数据库对象。

SQLiteOpenHelper 有两个构造方法，一般默认使用下面这个：

```
public SQLiteOpenHelper(Context context, String name, CursorFactory factory, int version)
```

参数说明如下。

- context：上下文对象。
- name：数据库的名称。

- factory：允许在查询数据库的时候返回一个自定义的 Cursor，一般输入 null 即可。
- version：数据库的版本，可用于数据库升级操作。

SQLiteOpenHelper 类操作数据库的常用方法如下。

- onCreate()：创建数据库。
- onUpgrade()：升级数据库。
- close()：关闭所有打开的数据库对象。
- execSQL()：可进行增删改操作，不能进行查询操作。
- query()、rawQuery()：查询数据库。
- insert()：插入数据。
- delete()：删除数据。

通过 SQLiteOpenHelper 类操作数据库的具体步骤如下。

step 01 创建一个继承自 SQLiteOpenHelper 类的子类，例如：

```
public class MySQLiteOpenHelper extends SQLiteOpenHelper
```

step 02 重写 onCreat()、onUpgrade()两个方法。

step 03 在 MainActivity 里实现需要进行的数据库操作，如增加、删除、查找、修改等操作。

下面通过一个实例，演示如何使用 SQLiteOpenHelper 来操作数据库。

【例 12-3】用 SQLiteOpenHelper 操作数据库。

创建一个新的 Module 并命名为"Sqlite"，在布局管理器中使用垂直线性布局，添加 7 个按钮，并创建一个新类 MySqlite 继承自 SQLiteOpenHelper 类，具体代码如下：

```
public class MySqlite extends SQLiteOpenHelper {
    private Context mContext;//保存一个设备上下文
    private static Integer Version = 1;//数据库版本号
    public MySqlite(Context context, String name,
SQLiteDatabase.CursorFactory factory, int version) {
        super(context, name, factory, version);
        mContext = context;
    }
    //在 SQLiteOpenHelper 的子类中，必须有该构造函数
    @Override
    public void onCreate(SQLiteDatabase db) {
        //创建数据库做出提示
        Toast.makeText(mContext,"创建数据库",Toast.LENGTH_SHORT).show();
        //创建数据库并创建一个叫 user 的表
        String sql = "create table user(id int primary key,name varchar(200))";
        //execSQL 用于执行 SQL 语句
        db.execSQL(sql);
        //数据库实际上是没有被创建或者打开的，直到 getWritableDatabase()
        //或者 getReadableDatabase()方法中的一个被调用时才会进行创建或者打开
    }
    //数据库升级时调用
    @Override
    public void onUpgrade(SQLiteDatabase db, int oldVersion, int newVersion) {
        //数据库更新后做出提示
```

```
            Toast.makeText(mContext,"更新数据库版本为:"+newVersion,
Toast.LENGTH_SHORT).show();
    }
}
```

主活动中创建数据库的代码如下:

```
public class MainActivity extends AppCompatActivity {
    @Override
    protected void onCreate(Bundle savedInstanceState) {
        super.onCreate(savedInstanceState);
        setContentView(R.layout.activity_main);
        //绑定按钮
        Button instablish = (Button) findViewById(R.id.btn1);
        Button upgrade = (Button) findViewById(R.id.btn2);
        Button insert = (Button) findViewById(R.id.btn3);
        Button modify = (Button) findViewById(R.id.btn4);
        Button query = (Button) findViewById(R.id.btn5);
        Button delete = (Button) findViewById(R.id.btn6);
        Button del_database = (Button) findViewById(R.id.btn7);
        instablish.setOnClickListener(new View.OnClickListener() {
            @Override
            public void onClick(View v) {
                //创建SQLiteOpenHelper子类对象
                MySqlite dbHelper = new MySqlite(MainActivity.this,
                SQLiteDatabase sqliteDatabase = dbHelper.getWritableDatabase();
                        SQLiteDatabase sqliteDatabase = 
dbHelper.getWritableDatabase();
            "test_carson",null,1);
                SQLiteDatabase sqliteDatabase = dbHelper.getWritableDatabase();
                //数据库实际上是没有被创建或者打开的,直到getWritableDatabase()
                SQLiteDatabase sqliteDatabase = dbHelper.getWritableDatabase();
            }
        });
    }
}
```

更新数据库的核心代码如下:

```
upgrade.setOnClickListener(new View.OnClickListener() {
    @Override
    public void onClick(View v) {
        //创建SQLiteOpenHelper子类对象
        MySqlite dbHelper_upgrade = new MySqlite(MainActivity.this,
"test_carson",null,2);
        //调用getWritableDatabase()方法创建或打开一个可以读的数据库
        SQLiteDatabase sqliteDatabase_upgrade = dbHelper_
upgrade.getWritableDatabase();
    }
});
```

插入数据核心代码如下:

```
//创建SQLiteOpenHelper子类对象
//注意,一定要传入最新的数据库版本号
MySqlite dbHelper1 = new MySqlite(MainActivity.this,"test_carson",null,2);
```

```
//调用getWritableDatabase()方法创建或打开一个可以读的数据库
SQLiteDatabase sqliteDatabase1 = dbHelper1.getWritableDatabase();
ContentValues values1 = new ContentValues();//创建ContentValues对象
values1.put("id", 1); //向该对象中插入键值对
values1.put("name", "XiaoMing");
//调用insert()方法将数据插入数据库中
sqliteDatabase1.insert("user", null, values1);
sqliteDatabase1.close();//关闭数据库
```

修改数据库的核心代码如下:

```
//传入版本号为2,大于旧版本1,所以会调用onUpgrade()升级数据库
MySqlite dbHelper2 = new MySqlite(MainActivity.this,"test_carson",null,2);
//调用getWritableDatabase()得到一个可写的SQLiteDatabase对象
SQLiteDatabase sqliteDatabase2 = dbHelper2.getWritableDatabase();
ContentValues values2 = new ContentValues();//创建一个ContentValues对象
values2.put("name", "Lisi");//修改数据
//调用update方法修改数据库
sqliteDatabase2.update("user", values2, "id=?", new String[]{"1"});
sqliteDatabase2.close();//关闭数据库
```

查询数据库的核心代码如下:

```
//创建DatabaseHelper对象
MySqlite dbHelper4 = new MySqlite(MainActivity.this,"test_carson",null,2);
//调用getWritableDatabase()方法创建或打开一个可以读的数据库
SQLiteDatabase sqliteDatabase4 = dbHelper4.getReadableDatabase();
//调用SQLiteDatabase对象的query方法进行查询并返回一个游标对象
Cursor cursor = sqliteDatabase4.query("user", new String[] { "id",
        "name" }, "id=?", new String[] { "1" }, null, null, null);
String id = null;
String name = null;
//将光标移动到下一行,从而判断该结果集是否还有下一条数据
while (cursor.moveToNext()) {
    id = cursor.getString(cursor.getColumnIndex("id"));
    name = cursor.getString(cursor.getColumnIndex("name"));
    Log.i("查询到的数据",""+"id: "+id+"  "+"name: "+name);  //输出查询结果
}
sqliteDatabase4.close();//关闭数据库
```

从数据库中删除数据的核心代码如下:

```
//创建DatabaseHelper对象
MySqlite dbHelper3 = new MySqlite(MainActivity.this,"test_carson",null,2);
//调用getWritableDatabase()方法创建或打开一个可以读的数据库
SQLiteDatabase sqliteDatabase3 = dbHelper3.getWritableDatabase();
sqliteDatabase3.delete("user", "id=?", new String[]{"1"});//删除数据
sqliteDatabase3.close();//关闭数据库
```

删除数据库的核心代码如下:

```
MySqlite dbHelper5 = new MySqlite(MainActivity.this,
        "test_carson",null,2);
//调用getReadableDatabase()方法创建或打开一个可以读的数据库
```

```
SQLiteDatabase sqliteDatabase5 = dbHelper5.getReadableDatabase();
deleteDatabase("test_carson");//删除名为test_carson的数据库
```

以上代码通过一个实例演示了如何创建数据库，以及如何增加、修改、查询、删除数据库的操作，代码可能有点多，不过所设计的函数在前面都已经详细讲解过了，这个实例只是综合应用一下。

运行结果如图 12-14 所示。

图 12-14　例 12-3 运行效果

12.4　大神解惑

小白：为什么 SharedPreferences 只适合用来存放少量数据，不能把 SharedPreferences 对应的 XML 文件当成普通文件一样存放大量数据？

大神：因为如果一个 SharedPreferences 对应的 XML 文件很大的话，在初始化时会把这个文件的所有数据都加载到内存中，这样反而会占用大量的内存，有时我们只是想读取某个 XML 文件中一个 key 的 value，结果它把整个文件都加载进来了，显然如果必要的话这里需要进行相关优化处理。

小白：在多线程中使用 Sqlite 写操作是安全的吗？

大神：首先，在多进程或多线程中使用 sqlite 同时操作同一个数据库的话，会导致异常抛出。其次，不同线程或实例化多个 SqliteOpenhelper 来操作同一个数据库，也会导致同样的问题。但不同线程使用同一个 sqliteopenhelper 来获取 SqliteDatabase 进行操作，是可以的。

12.5 跟我学上机

练习 1：创建一个文件分别存储到数据区、SD 卡中。

练习 2：创建一个 SharedPreferences 存储数据，与操作文件做比较。

练习 3：创建一个数据库文件存储数据，比较三种数据存储的优劣。

练习 4：使用 DDMS 打开存储的文件，将其下载到电脑中进行查看。

练习 5：打开一个数据库，将查询数据获取的游标保存到一个文件中，下载文件理解游标的使用。

第 13 章

数 据 共 享

前面学习了数据存储以及数据库的操作,一个软件仅存储与操作数据是不够的,用户使用软件时还需要与软件进行数据交互,同样软件也需要与其他软件进行数据交互,这时就需要数据共享。

本章要点(已掌握的在方框中打钩)

- ☐ 掌握如何使用 ContentProvider
- ☐ 掌握什么是 URI
- ☐ 掌握使用 ContentProvider 打开不同数据所需要的权限
- ☐ 掌握如何使用 ContextResolver
- ☐ 掌握如何共享自己的数据

13.1 数据共享的标准

如何通过一套标准及统一的接口获取其他应用程序暴露的数据呢？Android 提供了 ContentResolver，外界的程序可以通过 ContentResolver 接口访问 ContentProvider 提供的数据。

13.1.1 ContentProvider 简介

ContentProvider 组件(内容提供者)主要用于不同的应用程序之间实现数据共享，但它不同于 SharedPreferences 存储中的两种操作模式，它可以选择只对一部分数据进行共享，这样既保证了数据的安全，也不会出现数据泄漏的风险。

它可以提供多进程通信方式进行数据共享，ContentProvider 封装了数据的跨进程传输，可以通过 getContentResolver()方法获取到 ContentResolver，然后再对数据进行操作。

ContentProvider 以一个或多个表(与在关系型数据库中的表类似)的形式将数据呈现给外部应用。行表示提供程序收集的某种数据类型的实例，行中的每个列表示为实例收集的每条数据。

ContentResolver 的常用方法有以下几个。

- onCreate()：初始化 provider。
- query()：查询数据。
- insert()：插入数据到 provider。
- update()：更新 provider 的数据。
- delete()：删除 provider 中的数据。
- getType()：返回 provider 中数据的 MIME 类型。

注意

onCreate()默认执行在主线程，不会执行耗时操作，查询数据也要采用异步操作。上面的 4 个增删改查操作都可能会被多个线程并发访问，因此需要注意线程安全。

13.1.2 什么是 URI

URI(Uniform Resource Identifier，统一资源标识符)是一个用于标识某一互联网资源名称的字符串。该标识允许用户对任何(包括本地和互联网)资源通过特定协议进行交互操作。

下面通过一个图解释 URI 的组成，如图 13-1 所示。

- Authority：授权信息，用于区别不同的 ContentProvider。
- Path：表名，用于区分 ContentProvider 中不同的数据表。
- Id：ID 号，用于区别表中的不同数据。

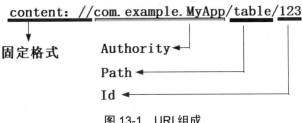

图 13-1　URI 组成

通过图 13-1 可以清晰地了解到，URI 统一的形式是：content://authority/path/id。

当调用 ContentResolver 方法来访问 ContentProvider 中的表时，需要传递要操作表的 URI。

在通过 ContentResolver 进行数据请求(例如：contentResolver.insert(uri, contentValues);)时，系统会检查指定 URI 的 Authority 信息，然后将请求传递给注册监听这个 Authority 的 ContentProvider。ContentProvider 可以监听 URI 想要操作的内容，Android 中提供了 UriMatcher 专门用来解析 URI。

13.1.3　权限

由于提供的数据要被不同的应用访问，所以权限的设置就显得尤为重要，可以对共享数据设置读取、写入操作权限。

设置自定义权限可以分为以下三步。

step 01 向系统声明一个权限。

step 02 给相应的组件设置这个权限。

step 03 在需要使用上述组件的应用中注册这个权限。

(1) 定义权限的具体代码如下：

```
<!--在系统中注册读内容提供者的权限-->
<permission
    android:name="top.shixinzhang.permission.READ_CONTENT"    //指定权限的名称
    android:label="Permission for read content provider"
    android:protectionLevel="normal"
    />
```

其中，android:protectionLevel 的取值主要有以下几种。

- normal：低风险，任何应用都可以申请，在安装应用时，不会直接提示给用户。
- dangerous：高风险，系统可能要求用户输入相关信息才授予权限，任何应用都可以申请，在安装应用时，会直接提示给用户。
- signature：只有和定义了这个权限的 apk 用相同的私钥签名的应用才可以申请该权限。
- signatureOrSystem：以下两种应用可以申请该权限。
  - 和定义了这个权限的 apk 用相同的私钥签名的应用。
  - 在/system/app 目录下的应用。

android:protectionLevel 的取值在这里设置为 normal 即可。

(2) 设置 provider 读权限。

这里设置的 readPermission 为上面声明的值：

```xml
<provider
    android:name=".provider.IPCPersonProvider"
    android:authorities="com.example.contentprovider.IPCPersonProvider"
    android:exported="true"
    android:grantUriPermissions="true"
    android:process=":provider"
    android:readPermission="top.example.contentprovider.READ_CONTENT">
```

这个权限无法在运行时请求，必须在清单文件中使用<uses-permission>元素和内容提供者定义的准确权限名称指明权限。

(3) 在应用中注册权限。

```xml
<uses-permission android:name=" top.example.contentprovider.READ_CONTENT "/>
```

如果在清单文件中指定此元素，将会为应用"请求"此权限。用户安装应用时会隐式授予允许此请求。

注意

对于同一开发者提供的不同应用之间的 IPC 通信，最好将 android:protectionLevel 属性设置为 signature 保护级别。签名权限不需要用户确认，因此，这种方式不仅能提升用户体验，而且在相关应用使用相同的密钥进行签名来访问数据时，还能更好地控制对内容提供程序数据的访问。

13.1.4 运行时权限的获取

在实际开发应用中，权限的获取都是动态的，应用运行前可以提出权限申请，用户授权后应用获取权限开始运行，当然用户可以根据需求随时改变应用权限分配。本节演示如何运行时获取权限。

这里以拨打电话为例进行演示，具体代码如下：

```java
public class MainActivity extends AppCompatActivity {
    @Override
    protected void onCreate(Bundle savedInstanceState) {
        super.onCreate(savedInstanceState);
        setContentView(R.layout.activity_main);
        Button btn = findViewById(R.id.btn);
        btn.setOnClickListener(new View.OnClickListener() {
            @Override
            public void onClick(View v) {
            //设置一个 Intent 对象初始化它的动作
                Intent intent = new Intent(Intent.ACTION_CALL);
                intent.setData(Uri.parse("tel:10000"));//设置数据传入协议与电话号码
                startActivity(intent);//启动 Intent 拨打电话
            }
        });
    }
}
```

应在 AndroidManifest.xml 文件中加入权限声明，具体代码如下：

```xml
<uses-permission android:name="android.permission.CALL_PHONE" />
```

在 Android 6.0 之前的版本这段代码都可以运行,但 6.0 版本之后由于对权限检查更加严格,以上代码并不能运行。

【例 13-1】 运行时获取权限拨打电话。

创建一个新的 Module 并命名为"RuntimePermission",在布局管理器中使用垂直线性布局,添加 1 个按钮,具体代码如下:

```java
public class MainActivity extends AppCompatActivity {
    @Override
    protected void onCreate(Bundle savedInstanceState) {
        super.onCreate(savedInstanceState);
        setContentView(R.layout.activity_main);
        Button btn = findViewById(R.id.btn);
        btn.setOnClickListener(new View.OnClickListener() {
            @Override
            public void onClick(View v) {//判断用户是否授权
                if (ActivityCompat.checkSelfPermission(MainActivity.this, Manifest.
                    permission.CALL_PHONE) != PackageManager.PERMISSION_GRANTED) {
                    //用户申请权限
                    ActivityCompat.requestPermissions(MainActivity.this,new 
                    String[]{Manifest.permission.CALL_PHONE},1);
                }
                else
                {//判断获取权限之后拨打电话函数
                    Call();
                }
            }
        });
    }
    private void Call()
    {   //拨打电话函数
        Intent intent = new Intent(Intent.ACTION_CALL);
        intent.setData(Uri.parse(""tel:18866668888""));
        startActivity(intent);
    }
    @Override
    public void onRequestPermissionsResult(int requestCode, @NonNull 
        String[] permissions, @NonNull int[] grantResults) {
        switch (requestCode)
        {
            case 1://相应的请求码做出判断
                if(grantResults.length>0 && grantResults[0]==
                    PackageManager.PERMISSION_GRANTED)
                {   //获取权限直接拨打电话
                    Call();
                }
                else
                {//如果没有获取权限做出提示
                    Toast.makeText(MainActivity.this,"没有权限运行",
                                Toast.LENGTH_SHORT).show();
```

```
            }
            break;
        default:
    }
}
```

运行时权限获取的严格检测在于，程序不能自己获取权限，需要获取用户授权，借助的是 ActivityCompat.checkSelfPermission()方法，checkSelfPermission()方法有以下两个参数。

参数一：是 Context 设备上下文对象。

参数二：是具体的权限名称，这里是"Manifest.permission.CALL_PHONE"拨打电话的权限，将其与 PackageManager.PERMISSION_GRANTED 做比较，判断用户是否授权。

ActivityCompat.requestPermissions()方法，用来向用户申请获取权限，接收三个参数。

参数一：传入一个运行实例。

参数二：是一个 String 数组，传入要申请的权限名称。

参数三：请求码，设置唯一即可，这里传入"1"。

当程序首次运行时会弹出提示框，要求用户授予权限，如图 13-2 所示。

不管选择何种操作，最终都会调用 onRequestPermissionsResult()方法，授权结果是封装在 grantResults 参数中，此时做出判断，如果授权则拨打电话，没有授权则做出提示，如图 13-3 所示。

图 13-2　要求用户授权

图 13-3　没有授权

当获得用户授权时，可以直接拨打电话，如图 13-4 所示。

如果用户想要更改应用权限也是可以的，通过"设置"→"应用"→"实际应用程序"→"权限"对权限列表内的权限进行修改，如图 13-5 所示。

图 13-4　授权拨打电话

图 13-5　修改权限

13.2　访问其他程序的数据

ContentProvider 访问数据分为两种方式，一种是使用 ContentProvider 访问本身程序的数据，另一种是创建自己的 ContentProvider 数据接口供外部程序访问。Android 系统中自带的电话本、短信、媒体库等程序都提供了类似的访问接口。本节研究数据访问。

13.2.1　ContextResolver 的基本用法

应用程序要想访问共享数据，必须借助 ContextResolver 类(内容解析者)，通过 Context 中的 getContentResolver()方法获取到该类的实例，获取到实例后可以对数据进行相应的操作。

ContextResolver 类提供了与 ContentProvider 类相同签名的四个方法：

- insert()。添加数据，其语法格式如下：

```
public Uri insert(Uri uri, ContentValues values)
```

- delete()。删除数据，其语法格式如下：

```
public int delete(Uri uri, String selection, String[] selectionArgs)
```

- update()。更新数据，其语法格式如下：

```
public int update(Uri uri, ContentValues values, String selection, String[] selectionArgs)
```

- query()。查询数据，其语法格式如下：

```
public Cursor query(Uri uri, String[] projection, String selection, String[] selectionArgs, String sortOrder)
```

这些方法与操作数据库的方法差不多，这里通过 URI 来找到数据进行访问，不再做讲解。

下面通过一个实例演示如何通过 ContextResolver 访问数据。

【例 13-2】 读取手机联系人信息。

创建一个新的 Module 并命名为"RuntimePermission"，在布局管理器中添加一个 ListView 组件，在主活动中加入如下代码：

```java
public class MainActivity extends AppCompatActivity {
    ArrayAdapter<String> arr;                //创建一个适配器
    List<String> list = new ArrayList<>();  //创建一个list
    @Override
    protected void onCreate(Bundle savedInstanceState) {
        super.onCreate(savedInstanceState);
        setContentView(R.layout.activity_main);
        ListView l = findViewById(R.id.listview);//获取listView组件
        //初始化适配器
        arr = new ArrayAdapter<String>
                (this,android.R.layout.simple_list_item_1,list);
        l.setAdapter(arr);
        //判断是否获取权限
        if(ContextCompat.checkSelfPermission(this, Manifest.permission.READ_
            CONTACTS)!= PackageManager.PERMISSION_GRANTED)
        {
            ActivityCompat.requestPermissions(this,new String[]
                {Manifest.permission.READ_CONTACTS},1);
        }
        else
        {
            readData();
        }
    }
    //读取联系人方法
    private void readData() {
        Cursor cursor = null;//创建一个数据游标
        try{//获取到数据游标
            cursor = getContentResolver().query (ContactsContract.
                CommonDataKinds.Phone.CONTENT_URI,null,null,null,null);
            if(cursor != null)
            {//循环遍历数据
                while(cursor.moveToNext())
                {
                    //获取联系人姓名
                    String name = cursor.getString
                        (cursor.getColumnIndex(ContactsContract.
                            CommonDataKinds.Phone.DISPLAY_NAME));
                    //获取联系人电话
                    String tel = cursor.getString(cursor.getColumnIndex
                        (ContactsContract.CommonDataKinds.Phone.NUMBER));
                    list.add("Name:"+name+"-"+"tel:"+tel);
                    //将姓名、电话加入Listview组件
                }
                arr.notifyDataSetChanged();
            }
        }catch (Exception e)
        {
            e.printStackTrace();
        }finally {
```

```java
            if(cursor!=null)
            {
                cursor.close();//记得关闭数据集
            }
        }
    }
    @Override
    public void onRequestPermissionsResult(int requestCode, @NonNull
        String[] permissions, @NonNull int[] grantResults) {
        switch (requestCode)
        {
            case 1:
                if(grantResults.length>0 && grantResults[0]==
                    PackageManager.PERMISSION_GRANTED)
                {
                    readData();//获取权限读取联系人信息
                }
                else {//没有权限做出提示
                    Toast.makeText(MainActivity.this,
                        "没有权限这样操作",Toast.LENGTH_SHORT).show();
                }
                break;
            default:
        }
    }
}
```

最后记得在 AndroidManifest.xml 文件中加入权限声明，具体代码如下：

```xml
<uses-permission android:name="android.permission.READ_CONTACTS"/>
```

通过以上代码动态获取权限，并通过 Android 提供的外部接口访问联系人数据，访问数据 uri 系统已经封装好，使用 CONTENT_URI 常量即可。

联系人姓名常量是 ContactsContract.CommonDataKinds.Phone.DISPLAY_NAME。

联系人电话常量是 ContactsContract.CommonDataKinds.Phone.NUMBER。

运行后获取权限，如图 13-6 所示。

获取权限后读取联系人信息，如图 13-7 所示。

图 13-6　权限提示

图 13-7　读取联系人

13.2.2 创建自己的共享数据

了解了如何共享数据，也通过代码访问了其他应用程序的数据，接下来读者可以创建一个内容提供器，给其他的应用程序访问。本节讲解如何创建一个数据提供器。

创建自己的共享数据可以通过以下几个步骤。

step 01 创建一个继承自 PersonDBProvider 的类，并且重写 ContentProvider 类中的 6 个抽象方法，在这之前先定义一些处理数据的基本常量，具体代码如下：

```java
//定义一个Uri的匹配器,用于匹配Uri,如果路径不满足条件则返回 -1
private static UriMatcher matcher = new UriMatcher(UriMatcher.NO_MATCH);
private static final int INSERT = 1;      //添加数据匹配Uri路径成功时返回码
private static final int DELETE = 2;      //删除数据匹配Uri路径成功时返回码
private static final int UPDATE = 3;      //更改数据匹配Uri路径成功时返回码
private static final int QUERY = 4;       //查询数据匹配Uri路径成功时返回码
private static final int QUERYONE = 5;    //查询一条数据匹配Uri路径成功时返回码
```

step 02 匹配数据库操作类的对象，具体代码如下：

```java
private PersonSQLiteOpenHelper helper;
static {
  //添加一组匹配规则
  matcher.addURI("1314", "insert", INSERT);
  matcher.addURI("1314", "delete", DELETE);
  matcher.addURI("1314", "update", UPDATE);
  matcher.addURI("1314", "query", QUERY);
  //这里的"#"号为通配符,凡是符合"query/"皆返回 QUERYONE 的返回码
  matcher.addURI("1314", "query/#", QUERYONE);
}
```

step 03 获取当前 Uri 的数据类型，具体代码如下：

```java
public String getType(Uri uri) {
  if (matcher.match(uri) == QUERY) {
  //返回查询的结果集
    return "vnd.android.cursor.dir/person";
  } else if (matcher.match(uri) == QUERYONE) {
    return "vnd.android.cursor.item/person";
  }
  return null;
}
```

step 04 添加数据，具体代码如下：

```java
public Uri insert(Uri uri, ContentValues values) {
  if (matcher.match(uri) == INSERT) {
  //匹配成功,返回查询的结果集
    SQLiteDatabase db = helper.getWritableDatabase();
    db.insert("person", null, values);
  } else {
    throw new IllegalArgumentException("路径不匹配,不能执行插入操作");
  }
  return null;
}
```

step 05 删除数据，具体代码如下：

```java
public int delete(Uri uri, String selection, String[] selectionArgs) {
  if (matcher.match(uri) == DELETE) {
   //匹配成功，返回查询的结果集
   SQLiteDatabase db = helper.getWritableDatabase();
   db.delete("person", selection, selectionArgs);
  } else {
    throw new IllegalArgumentException("路径不匹配,不能执行删除操作");
  }
  return 0;
}
```

step 06 更新数据，具体代码如下：

```java
public int update(Uri uri, ContentValues values, String selection,
  String[] selectionArgs) {
  if (matcher.match(uri) == UPDATE) {
   //匹配成功，返回查询的结果集
   SQLiteDatabase db = helper.getWritableDatabase();
   db.update("person", values, selection, selectionArgs);
  } else {
   throw new IllegalArgumentException("路径不匹配,不能执行修改操作");
  }
  return 0;
}
```

step 07 查询数据操作，具体代码如下：

```java
public Cursor query(Uri uri, String[] projection, String selection,String[]
selectionArgs, String sortOrder) {
  if (matcher.match(uri) == QUERY) { //匹配查询的Uri路径
    //匹配成功，返回查询的结果集
    SQLiteDatabase db = helper.getReadableDatabase();
    //调用数据库操作的查询数据的方法
    Cursor cursor = db.query("person", projection, selection,
    selectionArgs, null, null, sortOrder);
    return cursor;
  } else if (matcher.match(uri) == QUERYONE) {
    //匹配成功，根据id查询数据
    long id = ContentUris.parseId(uri);
    SQLiteDatabase db = helper.getReadableDatabase();
    Cursor cursor = db.query("person", projection, "id=?",
    new String[]{id+""}, null, null, sortOrder);
    return cursor;
  } else {
    throw new IllegalArgumentException("路径不匹配,不能执行查询操作");
  }
}
```

step 08 记得修改AndroidMainfest文件，使数据提供有效，具体代码如下：

```xml
<provider
  android:name="com.example.contentprovider.PersonDBProvider"
  android:authorities="1314" >
</provider>
```

13.2.3 辅助类

为方便操作数据库，这里创建三个辅助类，用于操作数据。

1. Person 类

将数据实体类命名为"Person"，该类用于提供数据的具体条目，代码如下：

```java
public class Person {
    private int id;              //数据 id
    private String name;         //用户名
    private String number;       //电话号码
    public Person() {
    }//用于打印字符串的方法
    public String toString() {
        return "Person [id=" + id + ", name=" + name + ", number=" + number
                + "]";
    }//构造方法用于初始化数据
    public Person(int id, String name, String number) {
        this.id = id;
        this.name = name;
        this.number = number;
    }
    public int getId() {
        return id;
    }
    public void setId(int id) {
        this.id = id;
    }
    public String getName() {
        return name;
    }
    public void setName(String name) {
        this.name = name;
    }
    public String getNumber() {
        return number;
    }
    public void setNumber(String number) {
        this.number = number;
    }
}
```

2. PersonSQLiteOpenHelper 类

数据库工具类，用于创建、打开、更新数据库，具体代码如下：

```java
public class PersonSQLiteOpenHelper extends SQLiteOpenHelper {
    private static final String TAG = "PersonSQLiteOpenHelper";
    // 数据库的构造方法，用来定义数据库的名称、数据库查询的结果集、数据库的版本
    public PersonSQLiteOpenHelper(Context context) {
        super(context, "person.db", null, 3);
```

```java
    }
    //数据库第一次被创建的时候调用的方法
    public void onCreate(SQLiteDatabase db) {
        //初始化数据库的表结构
        db.execSQL("create table person (id integer primary key
            autoincrement, name varchar(20), number varchar(20)) ");
    }
    //当数据库的版本号发生变化的时候(增加的时候)调用
    public void onUpgrade(SQLiteDatabase db, int oldVersion, int newVersion) {
        Log.i(TAG,"数据需要更新...");
    }
}
```

3. PersonDao 类

用于将数据写入数据库，具体代码如下：

```java
public class PersonDao {
    private PersonSQLiteOpenHelper helper;
    //在构造方法里面完成helper的初始化
    public PersonDao(Context context){
        helper = new PersonSQLiteOpenHelper(context);
    }
    //添加一条记录到数据库
    public long add(String name, String number){
        //创建一个数据库对象
        SQLiteDatabase db = helper.getWritableDatabase();
        ContentValues values = new ContentValues();
        values.put("name", name);
        values.put("number", number);
        //将数据插入数据库
        long id = db.insert("person", null, values);
        db.close();
        return id;
    }
}
```

13.2.4 打包与解析数据

有了内容提供者并封装了数据库操作类，接下来需要添加数据并通过解析者读取数据。

1. 添加数据

这里创建一个 addData()方法，该方法用于向数据库插入一些模拟数据，具体代码如下：

```java
public void addData() {
  PersonDao dao = new PersonDao(this);
  long number = 123450;
  Random random = new Random();
  for (int i = 0; i < 10; i++) {
    dao.add("zhangsan" + i, Long.toString(number + i));
  }
}
```

2. 适配器

这里通过一个 ListView 展示数据，所以需要构建一个适配器，具体代码如下：

```java
private class MyAdapter extends BaseAdapter {
  //控制 ListView 里面总共有多少个条目
  public int getCount() {
    return persons.size(); //条目个数 == 集合的 size
  }
  public Object getItem(int position) {
    return persons.get(position);
  }
  public long getItemId(int position) {
    return 0;
  }
  public View getView(int position, View convertView, ViewGroup parent) {
    //得到某个位置对应的 person 对象
    Person person = persons.get(position);
    View view = View.inflate(MainActivity.this, R.layout.list_item, null);
    //一定要在 view 对象里面寻找孩子的 id
    //姓名
    TextView tv_name = (TextView) view.findViewById(R.id.tv_name);
    tv_name.setText("name:"+person.getName());
    //电话
    TextView tv_phone = (TextView) view.findViewById(R.id.tv_phone);
    tv_phone.setText("tel:"+person.getNumber());
    return view;
  }
}
```

3. 解析数据

利用 ContentResolver 对象查询本应用程序使用 ContentProvider 暴露出的数据，这里创建一个方法，具体代码如下：

```java
private void getPersons() {
  //首先要获取查询的 Uri
  String url = "content://1314/query";
  Uri uri = Uri.parse(url);
  //获取 ContentResolver 对象，这个对象的使用后面会详细讲解
  ContentResolver contentResolver = getContentResolver();
  //利用 ContentResolver 对象查询数据得到一个 Cursor 对象
  Cursor cursor = contentResolver.query(uri, null, null, null, null);
  persons = new ArrayList<Person>();
  //如果 cursor 为空则立即结束该方法
  if(cursor == null){
    return;
  }
  //通过游标获取数据
  while(cursor.moveToNext()){
    int id = cursor.getInt(cursor.getColumnIndex("id"));
    String name = cursor.getString(cursor.getColumnIndex("name"));
```

```
    String number = cursor.getString(cursor.getColumnIndex("number"));
    Person p = new Person(id, name, number);
    persons.add(p);
  }
cursor.close();
}
```

13.2.5 展示数据

由于使用了 ListView，所以这里提供一个 xml 文件，并命名为 "list_item.xml"，记得将所需资源图片导入 drawable 目录，具体代码如下：

```
<LinearLayout xmlns:android="http://schemas.android.com/apk/res/android"
    android:layout_width="match_parent"
    android:layout_height="60dip"
    android:gravity="center_vertical"
    android:orientation="horizontal" >
    <ImageView
        android:layout_width="wrap_content"
        android:layout_height="wrap_content"
        android:layout_marginLeft="5dip"
        android:src="@drawable/default_avatar" />
    <LinearLayout
        android:layout_width="fill_parent"
        android:layout_height="60dip"
        android:layout_marginLeft="20dip"
        android:gravity="center_vertical"
        android:orientation="vertical" >
        <TextView
            android:id="@+id/tv_name"
            android:layout_width="wrap_content"
            android:layout_height="wrap_content"
            android:layout_marginLeft="5dip"
            android:text="name"
            android:textColor="#000000"
            android:textSize="16sp" />
        <TextView
            android:id="@+id/tv_phone"
            android:layout_width="wrap_content"
            android:layout_height="wrap_content"
            android:layout_marginLeft="5dip"
            android:layout_marginTop="3dp"
            android:text="tel:"
            android:textColor="#88000000"
            android:textSize="16sp" />
    </LinearLayout>
</LinearLayout>
```

主活动中用于展示数据的具体代码如下：

```
public class MainActivity extends AppCompatActivity {
    private Button btnOk;                    //定义按钮组件
    private Button btnOpen;
```

```java
    private ListView lv;                    //定义ListView组件
    private List<Person> persons;           //定义存储数据的链表
    @Override
    protected void onCreate(Bundle savedInstanceState) {
        super.onCreate(savedInstanceState);
        setContentView(R.layout.activity_main);
        btnOk = findViewById(R.id.btn_ok);       //绑定创建数据按钮
        btnOpen = findViewById(R.id.btn_open);//绑定显示数据按钮
        lv = findViewById(R.id.id_lv);
        btnOk.setOnClickListener(new View.OnClickListener() {
            @Override
            public void onClick(View view) {
                addData();//新增数据
                Toast.makeText(MainActivity.this,"创建数据成功",
                    Toast.LENGTH_SHORT).show();//提示消息
            }
        });
        btnOpen.setOnClickListener(new View.OnClickListener() {
            @Override
            public void onClick(View view) {
                getPersons();//获取数据
                lv.setAdapter(new MyAdapter());//组装并显示数据
            }
        });
    }
}
```

运行效果如图13-8 所示。

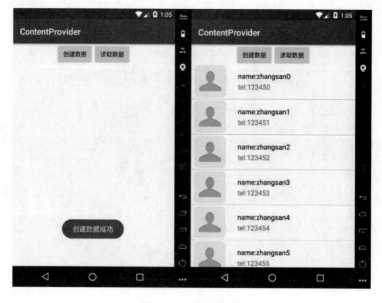

图13-8 运行效果

13.3 大神解惑

小白：如果程序通过 ContentProvider 提供了自己的数据操作接口，不运行其他程序可以访问数据吗？

大神：当一个应用程序通过 ContentProvider 暴露自己的数据操作接口时，不管该应用程序是否启动，其他应用程序都可以通过该接口操作应用程序内部的数据，这也是暴露数据前需要考虑的问题。

小白：使用 ContentProvider 提供的数据接口，但是通过其他程序无法访问到数据。

大神：大概从以下三方面入手查找问题。

① 在创建 ContentProvider 时建议使用向导的方式创建，因为初学者总是会忘记在 AndroidManifest.xml 配置文件中进行注册。

② 检查 URI 地址是否正确。

③ 数据是否真实存在。

13.4 跟我学上机

练习 1：创建一个 ContentProvider，提供数据分享程序。

练习 2：手动注册 ContentProvider 到 AndroidManifest.xml 配置文件中，与通过向导创建的 ContentProvider 进行对比。

练习 3：创建一个新的程序，访问第一个程序暴露出来的数据。

第 14 章
传 感 器

　　手机传感器,就好比是人的各种感官,有了这些传感器,手机就有了知觉,通过传感器进行的开发,可以使手机在接收到感应后做出相应的动作。本章将针对手机传感器进行详细讲解。

本章要点(已掌握的在方框中打钩)

☐ 掌握 Android 手机涉及哪些传感器
☐ 掌握如何获取传感器数据
☐ 掌握方向传感器的使用与开发
☐ 掌握加速传感器的使用与开发
☐ 掌握指南针项目的开发

14.1 传感器简介

传感器是一种物理设备,能够探测和感受外界的信号、物理条件(如光、热、湿度)等,通过传感器可以使这些信号转换成 Android 能够识别的数据。Android 中提供了丰富的传感器,通过这些传感器可以开发出更加人性化的手机应用。

14.1.1 常用传感器简介

Android 中常用的传感器类型有以下几种。
- 方向传感器(Orientation sensor)。
- 加速感应器(Accelerometer sensor)。
- 陀螺仪传感器(Gyroscope sensor)。
- 磁场传感器(Magnetic field sensor)。
- 距离传感器(Proximity sensor)。
- 光线传感器(Light sensor)。
- 气压传感器(Pressure sensor)。
- 温度传感器(Temperature sensor)。
- 重力感应器(Gravity sensor,Android 2.3 引入)。
- 线性加速感应器(Linear acceleration sensor,Android 2.3 引入)。
- 旋转矢量传感器(Rotation vector sensor,Android 2.3)。
- 相对湿度传感器(Relative humidity sensor,Android 4.0)。
- 近场通信(NFC)传感器(Android 2.3 引入)。NFC 和其他不一样,具有读写功能。

14.1.2 使用传感器开发

传感器的开发首先需要获取传感器的一些信息,获取信息需要以下几个步骤。

step 01 获取传感器。Android 提供了一个 sensorManager 管理器,通过这个类可以获取到都有哪些传感器。获取 sensorManager 对象的代码如下:

```
SensorManager sm = (SensorManager)getSystemService(SENSOR_SERVICE);
```

step 02 获取传感器对象列表。通过 sensorManager 管理器的 getSensorList()方法,可以获取传感器对象列表,具体代码如下:

```
List<Sensor> allSensors = sm.getSensorList(Sensor.TYPE_ALL);
```

step 03 循环获取 Sensor 对象,然后调用对应方法获得传感器的相关信息,具体代码如下:

```
for(Sensor s:allSensors){
    sensor.getName();        //获得传感器的名称
    sensor.getType();        //获得传感器的种类
    sensor.getVendor();      //获得传感器的供应商
    sensor.getVersion();     //获得传感器的版本
```

```
sensor.getResolution();         //获得精度值
sensor.getMaximumRange();       //获得最大范围
sensor.getPower();              //传感器使用时的耗电量
}
```

通过上面的步骤即可获取到传感器信息，但实际开发中，开发者更关心传感器传回来的数据，获取这些数据需要以下几个步骤。

step 01 通过调用 Context 的 getSystemService()方法，获取传感器管理器，具体代码如下：

```
SensorManager sm = (SensorManager)getSystemService(SENSOR_SERVICE);
```

step 02 调用 sensorManager 对象的 getDefaultSensor()方法，获取指定类型的传感器。例如，这里使用光线传感器，具体代码如下：

```
Sensor mSensorOrientation = sm.getDefaultSensor(Sensor.TYPE_LIGHT);
```

step 03 为传感器注册监听事件，通过调用 sensorManager 对象的 registerListener()方法来注册监听事件，具体代码如下：

```
<code>ms.registerListener(mContext, mSensorOrientation,
android.hardware.SensorManager.SENSOR_DELAY_UI);</code>
```

参数说明如下。
- listener：监听传感器事件的监听器，通过 SensorEventListener 接口来完成。
- sensor：传感器对象。
- rate：指定获取传感器数据的频率。

step 04 实现 SensorEventListener 接口，重写 onSensorChanged 和 onAccuracyChanged 的方法。

- onSensorChanged(SensorEvent event)：该方法在传感器的值发生改变时调用，其参数是一个 SensorEvent 对象，通过该对象的 values 属性可以获取传感器的值，该值是一个数组，该变量最多有三个元素，而且传感器不同，对应元素代表的含义也不同。
- onAccuracyChanged(Sensor sensor,int accuracy)：当传感器的进度发生改变时会回调。
  参数说明如下。
    - sensor：传感器对象。
    - accuracy：表示传感器新的精度值。

具体代码如下：

```
@Override
public void onSensorChanged(SensorEvent event) {
    final float[] _Data = event.values;
    this.mService.onSensorChanged(_Data[0],_Data[1],_Data[2]);
}
@Override
public void onAccuracyChanged(Sensor sensor, int accuracy) {
}
```

step 05 使用完传感器后对监听事件取消注册，具体代码如下：

```
ms.registerListener(mContext, mSensorOrientation,
    android.hardware.SensorManager.SENSOR_DELAY_UI);
```

14.2 传感器实战

通过前面的学习，相信大家对传感器有了一定的认识和了解，本节将针对具体的传感器来进行开发与学习。

14.2.1 方向传感器

在 Android 平台中，传感器通常是使用三维坐标系来确定方向，这个坐标系是一个数值，通过获取该数值便可以确定所处的方向，系统返回的方向值是长度为 3 的 float 数组，包含三个方向的值。下面通过图 14-1 演示坐标系。

通过图 14-1 可以清晰地了解到三个坐标的方向，具体解释如下。

- X 轴的方向：沿着屏幕水平方向从左到右，即为 X 轴的方向。
- Y 轴的方向：从屏幕的底端开始到屏幕的顶端为 Y 轴的方向。
- Z 轴的方向：手机水平放置时，屏幕上方为正向，屏幕下方为反向。

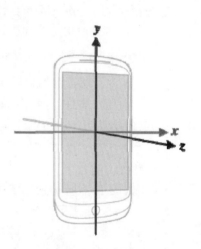

图 14-1 坐标系

了解了坐标系的概念，下面谈谈如何获取坐标系的值。通过传感器的回调方法 onSensorChanged 中的参数 SensorEvent event，即可获取坐标系的值。event 值类型是 float[]的，而且最多只有三个元素，这三个值的对应关系如下。

- values[0]：方位角，手机绕着 Z 轴旋转的角度。0 表示正北(North)，90 表示正东(East)，180 表示正南(South)，270 表示正西(West)。
- values[1]：倾斜角，手机翘起来的程度，当手机绕着 X 轴倾斜时该值会发生变化。其取值范围是[-180,180]。当把手机放在完全水平的桌面上，values1 的值则应该是 0，从手机顶部开始抬起，直到手机沿着 X 轴旋转 180°(此时屏幕向下水平放在桌面上)。在这个旋转过程中，values[1]的值会从 0～-180 变化，即手机抬起时，values1 的值会逐渐变小，直到为-180；而假如从手机底部开始抬起，直到手机沿着 X 轴旋转 180°，此时 values[1]的值会从 0～180 变化。
- values[2]：滚动角，沿着 Y 轴的滚动角度，取值范围为[-90,90]。同样将手机屏幕朝上水平放置在桌面上，假设桌面是水平的，values2 的值应为 0，此时将手机从左侧逐渐抬起，values[2]的值将逐渐减小，直到垂直于手机放置，此时 values[2]的值为 -90，从右侧则是 0～90，假如在垂直位置时继续向右或者向左滚动，values[2]的值将会继续在-90～90 变化。

下面通过一段代码演示如何获取手机中坐标系的值。

【例 14-1】获取坐标系的值。

创建一个新的 Module 并命名为"SensorTest"，在布局管理器中添加 3 个文本框组件，在主活动中加入如下代码：

```java
public class MainActivity extends AppCompatActivity implements
SensorEventListener{
    private TextView tv1;                  //定义文本框组件
    private TextView tv2;
    private TextView tv3;
    private SensorManager sManager;        //定义一个传感器管理器
    private Sensor mSensorOrientation;     //定义方向传感器
    @Override
    protected void onCreate(Bundle savedInstanceState) {
        super.onCreate(savedInstanceState);
        setContentView(R.layout.activity_main);
        tv1 = findViewById(R.id.tv1);      //绑定组件
        tv2 = findViewById(R.id.tv2);
        tv3 = findViewById(R.id.tv3);
        sManager = (SensorManager) getSystemService(SENSOR_SERVICE);
          //获取传感器管理器
        mSensorOrientation = sManager.getDefaultSensor(Sensor.TYPE_ORIENTATION);
          //获取方向传感器
        //注册传感器事件监听
        sManager.registerListener(this, mSensorOrientation,
            SensorManager.SENSOR_DELAY_UI);
    }
    @Override//当发生改变时输出三个坐标值
    public void onSensorChanged(SensorEvent event) {
        tv1.setText("方位角: " + (float) (Math.round(event.values[0] * 100)) / 100);
        tv2.setText("倾斜角: " + (float) (Math.round(event.values[1] * 100)) / 100);
        tv3.setText("滚动角: " + (float) (Math.round(event.values[2] * 100)) / 100);
    }
    @Override
    public void onAccuracyChanged(Sensor sensor, int accuracy) {
    }
}
```

以上代码创建了传感器管理器，并注册了传感器值发生改变时的监听事件。当方向传感器的值发生改变时，在文本框中输出改变后的值。因为模拟器中没有传感器，所以需要从真机上进行测试。

运行结果如图 14-2 所示。

图 14-2　例 14-1 运行结果

14.2.2　加速度传感器

下面学习 Android 传感器中的加速度传感器(Accelerometer sensor)，同方向传感器一样，加速度传感器也有 X、Y、Z 三个轴。

加速度传感器又叫 G-sensor，返回 X、Y、Z 三轴的加速度数值。该数值包含地心引力的影响，单位是 m/s^2。

将手机平放在桌面上，X 轴默认为 0，Y 轴默认为 0，Z 轴默认为 9.81。

将手机朝下放在桌面上，Z 轴为-9.81。

将手机向左倾斜，X 轴为正值。

将手机向右倾斜，X 轴为负值。

将手机向上倾斜，Y 轴为负值。

将手机向下倾斜，Y 轴为正值。

加速度传感器获取三个坐标轴的值与方向传感器相同，这里通过一个例子来讲解。

【例 14-2】大懒猫不起床。

创建一个新的 Module 并命名为"Accelerometer"，在布局管理器中添加两个文本框组件，用于显示提示信息，一个按钮组件，用于控制开始与结束，在主活动中加入如下代码：

```java
public class MainActivity extends AppCompatActivity implements
View.OnClickListener, SensorEventListener {
    private SensorManager sManager;           //创建一个传感器管理器
    private Sensor mSensorAccelerometer;      //创建一个传感器
    private TextView tv;//创建文本框组件
    private Button btn;//创建按钮组件
    private int cont = 0;    //计数
    private double oldV = 0; //原始值
    private double lstV = 0;  //上次的值
    private double curV = 0;  //当前值
    private boolean motiveState = true;    //是否处于摇晃状态
    private boolean processState = false; //标记是否在记录
    @Override
    protected void onCreate(Bundle savedInstanceState) {
        super.onCreate(savedInstanceState);
        setContentView(R.layout.activity_main);
        //获取传感器管理器
        sManager = (SensorManager) getSystemService(SENSOR_SERVICE);
        mSensorAccelerometer = sManager.getDefaultSensor
            (Sensor.TYPE_ACCELEROMETER);
        sManager.registerListener((SensorEventListener) this, mSensorAccelerometer,
            SensorManager.SENSOR_DELAY_UI);//设置传感器监听事件
        tv = (TextView) findViewById(R.id.tv_step);//绑定文本框组件
        btn = (Button) findViewById(R.id.btn_start);//绑定按钮组件
        btn.setOnClickListener((View.OnClickListener) this);
    }
    @Override
    public void onSensorChanged(SensorEvent event) {
        double range = 5;              //设定一个摇摆幅度
        float[] value = event.values;//获取坐标值的数组
        curV= magnitude(value[0], value[1], value[2]);   //计算当前的模
        //向上加速的状态
        if (motiveState == true) {
            if (curV >= lstV)
                lstV = curV;
            else {
                //检测到一次峰值
                if (Math.abs(curV - lstV) > range) {
                    oldV = curV;
                    motiveState = false;
```

```java
            }
        }
        //向下加速的状态
        if (motiveState == false) {
            if (curV <= lstV) lstV = curV;
            else {
                if (Math.abs(curV - lstV) > range) {
                    //检测到一次峰值
                    oldV = curV;
                    if (processState == true) {
                        cont++;  //计数 + 1
                    }
                    motiveState = true;
                }
            }
        }//判断摇摆次数做出相应的提示
        if(cont>0 && cont<10)
        {
            tv.setText("你在摇手机吗");
        }else if(cont>10 && cont<20)
        {
            tv.setText("你还摇~~~");
        }else if(cont>20 && cont<30)
        {
            tv.setText("呜呜~让我再睡会吧");
        }
        else if(cont>30)
        {
            tv.setText("还有完没完~怒");
        }

    }
    @Override
    public void onAccuracyChanged(Sensor sensor, int accuracy) {
    }
    @Override
    public void onClick(View v) {
        cont = 0;//单击按钮后初始化
        tv.setText("睡觉中~~呼~呼~~");
        if (processState == true) {
            btn.setText("开始");
            processState = false;//开始计数
        } else {
            btn.setText("停止");
            processState = true;
        }
    }
    //向量求模
    public double magnitude(float x, float y, float z) {
        double magnitude = 0;//初始化值
        magnitude = Math.sqrt(x * x + y * y + z * z);
        return magnitude;
```

```
    }
    @Override
    protected void onDestroy() {
        super.onDestroy();//退出的时候记得取消注册
        sManager.unregisterListener(this);
    }
}
```

以上代码实现了一个大懒猫不起床的小游戏，通过获取加速度传感器的值，计算是否有晃动产生并进行计数，根据计数次数做出判断。代码非常简单，请在真机上进行测试。

运行效果如图 14-3 所示。

图 14-3　例 14-2 运行效果

14.3　指南针项目

传感器的开发对于手机还是有要求的，因为不是每一部手机都包含所有的传感器，这里选择手机普遍都具有的方向传感器开发一个指南针项目。

14.3.1　创建项目

创建一个新的 Module 并命名为 Compass-master，新建一个类，命名为"CompassView"，用于获取方向信息，并根据方向绘制界面中的指针，具体代码如下：

```
public class CompassView extends ImageView {
    private float mDirection;           //一个位置
    private Drawable compass;           //定义一个Drawable 资源对象
    public CompassView(Context context) {
        super(context);
        mDirection = 0.0f;   //初始化
        compass = null;
    }
    public CompassView(Context context, AttributeSet attrs) {
        super(context, attrs);
        mDirection = 0.0f;
        compass = null;
    }
    public CompassView(Context context, AttributeSet attrs, int defStyle) {
        super(context, attrs, defStyle);
        mDirection = 0.0f;
        compass = null;
    }
```

14.3.2　重绘方法

该项目中指针的绘制是重点，绘制方法的具体代码如下：

```
@Override//重绘方法
    protected void onDraw(Canvas canvas) {
```

```
        //如果资源对象为空，初始化资源对象，设置边界为整个屏幕的大小
        if (compass == null) {
            compass = getDrawable();
            compass.setBounds(0, 0, getWidth(), getHeight());
        }
        canvas.save();//保存画布状态
        //根据方向旋转，中心点为屏幕居中位置
        canvas.rotate(mDirection, getWidth() / 2, getHeight() / 2);
        compass.draw(canvas);    //将旋转完的画布存入Drawable资源
        canvas.restore();        //取出之前的画布状态
    }
```

14.3.3 更新位置

通过传感器获取的数据，更新位置信息，对指针做出调整，具体代码如下：

```
public void updateDirection(float direction) {
    mDirection = direction;
    invalidate();//刷新界面
    }
}
//更新数据
private void updateDirection() {
        LayoutParams lp = new LayoutParams(LayoutParams.WRAP_CONTENT,
            LayoutParams.WRAP_CONTENT);
        mDirectionLayout.removeAllViews();  //移除所有方向信息
        mAngleLayout.removeAllViews();      //移除所有角度值
        //定义图像视图对象
        ImageView east = null;   //东
        ImageView west = null;   //西
        ImageView south = null;  //南
        ImageView north = null;  //北
        //获取当前方向
        float direction = normalizeDegree(mTargetDirection * -1.0f);
        if (direction > 22.5f && direction < 157.5f) {
            //东
            east = new ImageView(this);
            east.setImageResource(mChinease ? R.drawable.e_cn : R.drawable.e);
            east.setLayoutParams(lp);
        } else if (direction > 202.5f && direction < 337.5f) {
            //西
            west = new ImageView(this);
            west.setImageResource(mChinease ? R.drawable.w_cn : R.drawable.w);
            west.setLayoutParams(lp);
        }
        if (direction > 112.5f && direction < 247.5f) {
            //南
            south = new ImageView(this);
            south.setImageResource(mChinease ? R.drawable.s_cn : R.drawable.s);
            south.setLayoutParams(lp);
        } else if (direction < 67.5 || direction > 292.5f) {
            //北
```

```java
            north = new ImageView(this);
            north.setImageResource(mChinease ? R.drawable.n_cn : R.drawable.n);
            north.setLayoutParams(lp);
        }
        //如果为中文，设置相应的文字
        if (mChinease) {
            //east/west should be before north/south
            if (east != null) {
                mDirectionLayout.addView(east);
            }
            if (west != null) {
                mDirectionLayout.addView(west);
            }
            if (south != null) {
                mDirectionLayout.addView(south);
            }
            if (north != null) {
                mDirectionLayout.addView(north);
            }
        } else {
            //north/south should be before east/west
            if (south != null) {
                mDirectionLayout.addView(south);
            }
            if (north != null) {
                mDirectionLayout.addView(north);
            }
            if (east != null) {
                mDirectionLayout.addView(east);
            }
            if (west != null) {
                mDirectionLayout.addView(west);
            }
        }
        //将方向转换成整数
        int direction2 = (int) direction;
        boolean show = false;//定义一个标记，默认为假
        if (direction2 >= 100) {
            mAngleLayout.addView(getNumberImage(direction2 / 100));
            direction2 %= 100;//取百位部分
            show = true;        //将标记设置为真
        }
        //角度大于10，并且标记为真
        if (direction2 >= 10 || show) {
            mAngleLayout.addView(getNumberImage(direction2 / 10));
            direction2 %= 10;//取十位部分
        }
        //将计算后的数值加入角度布局管理器
        mAngleLayout.addView(getNumberImage(direction2));
        ImageView degreeImageView = new ImageView(this);
        degreeImageView.setImageResource(R.drawable.degree);
        degreeImageView.setLayoutParams(lp);
        mAngleLayout.addView(degreeImageView);
    }
}
```

14.3.4　国际化开发

本软件采用国际化方式,提供了中文与英文两种格式,主活动中的具体代码如下:

```java
public class CompassActivity extends Activity {
    private final float MAX_ROATE_DEGREE = 1.0f; //误差值
    private SensorManager mSensorManager;       //传感器管理器
    private Sensor mOrientationSensor;          //传感器对象
    private float mDirection;                   //方向
    private float mTargetDirection;             //目标方向
    private AccelerateInterpolator mInterpolator;
    protected final Handler mHandler = new Handler();//Handler对象
    private boolean mStopDrawing;               //停止绘制标记
    private boolean mChinease;                  //是否为中文标记
    View mCompassView;                          //罗盘视图
    CompassView mPointer;                       //指针视图
    LinearLayout mDirectionLayout;              //方向布局管理器
    LinearLayout mAngleLayout;                  //角度,度数布局管理器
    //创建 rennable 方法,启动线程 runnable 是接口
    protected Runnable mCompassViewUpdater = new Runnable() {
        @Override
        public void run() {
            //如果指针对象不为空,并且停止标记没有停止
            if (mPointer != null && !mStopDrawing) {
                //方向不等于目标方向
                if (mDirection != mTargetDirection) {
                    float to = mTargetDirection;//临时变量等于目标方向
                    //如果目标方向-手机指向后方向值大于180度,目标方向需要减去360度
                    if (to - mDirection > 180) {
                        to -= 360;
                        //如果目标方向-手机指向后方向值小于-180度,目标方向需要加上360度
                    } else if (to - mDirection < -180) {
                        to += 360;
                    }
                    // 将误差限制在 MAX_ROTATE_DEGREE 范围
                    float distance = to - mDirection;//偏移量
                    //偏移量取绝对值,如果大于精度范围,取出一个合适位置
                    if (Math.abs(distance) > MAX_ROATE_DEGREE) {
                        distance = distance > 0 ? MAX_ROATE_DEGREE : (-1.0f *
                            MAX_ROATE_DEGREE);
                    }
                    // 如果偏移量不大,需要减速偏移
                    mDirection = normalizeDegree(mDirection+ ((to - mDirection) *
                        mInterpolator.getInterpolation(Math.abs(distance) >
                        MAX_ROATE_DEGREE ? 0.4f : 0.3f)));
                    mPointer.updateDirection(mDirection);//更新指针数据
                }
                updateDirection();//更新数据
                //提交 handler 消息
                mHandler.postDelayed(mCompassViewUpdater, 20);
```

```java
        }
    }
};
@Override
protected void onCreate(Bundle savedInstanceState) {
    super.onCreate(savedInstanceState);
    setContentView(R.layout.main);
    //初始化相应的服务，获取传感器管理器
    mSensorManager = (SensorManager) getSystemService(Context.SENSOR_SERVICE);
    //获取方向传感器
    mOrientationSensor = mSensorManager.getDefaultSensor(Sensor.TYPE_ORIENTATION);
    initResources();    //初始化资源
}
@Override
protected void onResume() {
    super.onResume();
    //如果有方向传感器
    if (mOrientationSensor != null) {
        //注册传感器管理器，这里的模式使用游戏模式，这样更加灵敏
        mSensorManager.registerListener(mOrientationSensorEventListener,
            mOrientationSensor,SensorManager.SENSOR_DELAY_GAME);
    }
    mStopDrawing = false;//设置停止标记为不停止
    //提交 handler 消息
    mHandler.postDelayed(mCompassViewUpdater, 20);
}
@Override
protected void onPause() {
    super.onPause();
    mStopDrawing = true;//设置停止标记为停止
    if (mOrientationSensor != null) {
        //取消传感器管理器的注册
        mSensorManager.unregisterListener(mOrientationSensorEventListener);
    }
}
private void initResources() {
    mDirection = 0.0f;         //初始化方向
    mTargetDirection = 0.0f;   //目标方向
    mInterpolator = new AccelerateInterpolator();
    mStopDrawing = true;       //
    mChinease = TextUtils.equals(Locale.getDefault().getLanguage(), "zh");
    mCompassView = findViewById(R.id.view_compass);
    mPointer = (CompassView) findViewById(R.id.compass_pointer);
    mDirectionLayout = (LinearLayout) findViewById(R.id.layout_direction);
    mAngleLayout = (LinearLayout) findViewById(R.id.layout_angle);
    mPointer.setImageResource(mChinease ? R.drawable.compass_cn :
        R.drawable.compass);}
//获取数字相应的图片
private ImageView getNumberImage(int number) {
    ImageView image = new ImageView(this);
    // 定义一个布局信息
    LayoutParams lp = new LayoutParams(LayoutParams.WRAP_CONTENT,
        LayoutParams.WRAP_CONTENT);
```

```java
        switch (number) {
            case 0:
                image.setImageResource(R.drawable.number_0);
                break;
            case 1:
                image.setImageResource(R.drawable.number_1);
                break;
            case 2:
                image.setImageResource(R.drawable.number_2);
                break;
            case 3:
                image.setImageResource(R.drawable.number_3);
                break;
            case 4:
                image.setImageResource(R.drawable.number_4);
                break;
            case 5:
                image.setImageResource(R.drawable.number_5);
                break;
            case 6:
                image.setImageResource(R.drawable.number_6);
                break;
            case 7:
                image.setImageResource(R.drawable.number_7);
                break;
            case 8:
                image.setImageResource(R.drawable.number_8);
                break;
            case 9:
                image.setImageResource(R.drawable.number_9);
                break;
        }
        image.setLayoutParams(lp);//设置布局信息
        return image;             //返回数字对应的图片
    }
    //传感器事件监听器
    private SensorEventListener mOrientationSensorEventListener = new
        SensorEventListener() {
        @Override
        public void onSensorChanged(SensorEvent event) {
            float direction = event.values[0] * -1.0f;    //获取传感器数据
            mTargetDirection = normalizeDegree(direction);//转换成方向
        }
        @Override
        public void onAccuracyChanged(Sensor sensor, int accuracy) {
        }
    };
    //坐标转换成方向
    private float normalizeDegree(float degree) {
        return (degree + 720) % 360;//转换公式
    }
}
```

14.3.5 界面布局

采用嵌套帧布局管理器，布局中的具体代码如下：

```xml
<FrameLayout xmlns:android="http://schemas.android.com/apk/res/android"
    android:layout_width="fill_parent"
    android:layout_height="fill_parent" >
    <FrameLayout
        android:layout_width="fill_parent"
        android:layout_height="fill_parent"
        android:background="@drawable/background" >
        <LinearLayout
            android:id="@+id/view_compass"
            android:layout_width="fill_parent"
            android:layout_height="fill_parent"
            android:background="@drawable/background_light"
            android:orientation="vertical" >
            <LinearLayout
                android:layout_width="fill_parent"
                android:layout_height="0dip"
                android:layout_weight="1"
                android:orientation="vertical" >
                <FrameLayout
                    android:layout_width="fill_parent"
                    android:layout_height="wrap_content"
                    android:background="@drawable/prompt" >
                    <LinearLayout
                        android:layout_width="fill_parent"
                        android:layout_height="wrap_content"
                        android:layout_gravity="center_horizontal"
                        android:layout_marginTop="70dip"
                        android:orientation="horizontal" >
                        <LinearLayout
                            android:id="@+id/layout_direction"
                            android:layout_width="0dip"
                            android:layout_height="wrap_content"
                            android:layout_weight="1"
                            android:gravity="right"
                            android:orientation="horizontal" >
                        </LinearLayout>
                        <ImageView
                            android:layout_width="20dip"
                            android:layout_height="fill_parent" >
                        </ImageView>
                        <LinearLayout
                            android:id="@+id/layout_angle"
                            android:layout_width="0dip"
                            android:layout_height="wrap_content"
                            android:layout_weight="1"
                            android:gravity="left"
                            android:orientation="horizontal" >
                        </LinearLayout>
                    </LinearLayout>
```

```xml
            </FrameLayout>
            <LinearLayout
                android:layout_width="fill_parent"
                android:layout_height="0dip"
                android:layout_weight="1"
                android:orientation="vertical" >
                <FrameLayout
                    android:layout_width="fill_parent"
                    android:layout_height="wrap_content"
                    android:layout_gravity="center" >
                    <ImageView
                        android:layout_width="wrap_content"
                        android:layout_height="wrap_content"
                        android:layout_gravity="center"
                        android:src="@drawable/background_compass" />
                    <net.micode.compass.CompassView
                        android:id="@+id/compass_pointer"
                        android:layout_width="wrap_content"
                        android:layout_height="wrap_content"
                        android:layout_gravity="center"
                        android:src="@drawable/compass" />
                    <ImageView
                        android:layout_width="wrap_content"
                        android:layout_height="wrap_content"
                        android:layout_gravity="center"
                        android:src="@drawable/miui_cover" />
                </FrameLayout>
            </LinearLayout>
        </LinearLayout>
    </LinearLayout>
  </FrameLayout>
</FrameLayout>
```

运行后效果如图 14-4 所示。

图 14-4　运行效果

14.4 大神解惑

小白：传感器只能用于单独的领域吗？

大神：传感器相当于手机的感官，它们有各自的感知领域，当然也可以通过传感器的组合模拟出特有的功能。如果不是针对性很强，可以有多重解决方法，所以传感器也不能完全定死，毕竟实际开发中需要灵活运用。

14.5 跟我学上机

练习 1：创建一个应用，读出手机中都有哪些传感器。
练习 2：根据不同的传感器获取到相应的数据，转动手机对这些数据进行比较。
练习 3：实现指南针项目。

第 15 章

网 络 开 发

随着科技的发展，网络已经深入到日常生活中的各个角落，尤其是移动端设备，如新闻查看、提交邮件、视频通话等都是使用网络开发制作的应用。本章将开启网络开发的编程之旅。

本章要点(已掌握的在方框中打钩)

- ☐ 了解网络通信都有哪些协议
- ☐ 掌握 TCP 协议
- ☐ 掌握用 TCP 协议实现简单通信
- ☐ 掌握如何多线程通信
- ☐ 掌握 JSON 数据格式
- ☐ 掌握如何生成 JSON 数据
- ☐ 掌握如何解析 JSON 数据

15.1 网络通信

在学习网络开发之前，读者需要了解网络通信的基本概念。

15.1.1 网络通信的两种形式

Android 中的网络通信有两种形式，一种是 Http 通信，另一种是 Socket 通信。

Http 通信：Android 提供了 HttpClient 类，通过这个类可以发送 Http 请求并获取 Http 响应，实现网络之间的交互。

Socket 通信：Android 同样支持 TCP、UDP 网络通信协议，可以使用 Java 提供的 ServerSocket、Socket 类来建立基于 TCP/IP 协议的网络通信(本章主要讲解与 TCP 协议编程的相关内容)，也可以使用 DatagramSocket、DatagramPacket、MulticastSocket 来建立基于 UDP 协议的网络通信。

两种网络通信形式的区别是：Http 连接使用的是"请求—响应方式"，即在请求时建立连接通道，当有客户发送数据请求后，服务端给出相应的回应。而 Socket 通信则是在双方建立连接后就可以直接进行数据的传输，无须客户端先发出请求。

15.1.2 TCP 协议基础

TCP/IP 通信协议是一种面向连接的、可靠的、基于字节流的传输层通信协议，Java 使用 Socket 对象来代表两端的通信接口，并通过 Socket 产生 I/O 流来进行通信。

IP 协议给 Internet 上的每台计算机和其他设备都规定了一个唯一的地址，叫作"IP 地址"。通过使用 IP 协议，使 Internet 成为一个允许连接不同类型计算机和不同操作系统的网络。

要使两台计算机彼此之间能进行通信，必须使两台计算机使用同一种"语言"。IP 协议保证计算机能发送和接收分组数据，其负责将消息从一个主机传送到另一个主机，消息在传送的过程中被分割成一个个小包。

TCP 协议被称作一种端对端协议，这是因为它是连接两个设备的重要桥梁，通过 TCP 协议可以使一台网络设备与另一台网络设备建立连接，从而实现用于发送和接收数据的虚拟链路。

通过重发机制，TCP 协议向应用程序提供了一种可靠的网络连接，使它能够自动适应网上的各种变化，即使网络出现短暂的中断，TCP 仍然能够提供一种可靠的连接。

虽然 IP 和 TCP 这两个协议的功能不尽相同，也可以分别单独使用，但它们在同一时期是作为一个协议来设计的，它们在功能上是互补的，可以保证 Internet 在复杂的环境下正常运行，凡是要连接 Internet 的网络设备，都必须同时安装和使用这两个协议，因此在实际开发中将这两个协议统称为 TCP/IP 协议。

15.1.3 TCP 简单通信

Java 提供了一个类 ServerSocket，通过它可以接收其他通信实体的连接请求。ServerSocket 对象用于监听来自客户端的 Socket 连接，如果没有连接进入，它将一直处于等待状态。监听来自客户端请求的方法是 Socket.accept()，当接收到客户端的请求后，该方法将返回一个与连接客户端 Socket 对应的 Socket，否则将阻塞等待。具体代码如下：

```
ServerSocket socket = new ServerSocket(8888);//创建一个socket
While(true){
   Socket s = socket.accept();//进行监听
}
```

客户端则使用 Socket 来连接指定服务器，Socket 类提供构造器连接指定远程主机和远程端口的构造器，代码如下：

```
Socket socket = new Socket("192.168.1.101",8000);
```

创建完 Socket 之后就可以进行通信了。Socket 提供了 InputStream getInputStream()方法用于接收数据，还提供了 OutputStream getOutputStream()方法用于输出数据，通过这两个方法实现读写操作。下面给出一段代码：

```
while(true){
   Socket socket = serversocket.accept();//创建 Socket
   OutputStream os = socket.getOutputStream();//创建一个输出流对象
   os.write("我要开始连接了".getBytes("utf-8"));//写入数据
   os.close();//写入数据后关闭数据流对象
   socket.close();//关闭 Socket
}
```

通过以上代码可以建立起与服务端的连接，并实现简单的通信。

15.1.4 使用多线程进行通信

上面已经实现简单通信，在实际开发中如果使用单线程，服务端等待接收数据是阻塞的模式，所以会造成程序卡死，此时只要加入多线程即可解决卡死问题。

注意服务端的程序需要在 Eclipse 下运行，这样方便演示网络中的数据通信。

服务端的程序代码如下：

```
public class MyServer {
    //定义保存所有 Socket 的 ArrayList
    public static ArrayList<Socket> socketList = new ArrayList<Socket>();
    //定义端口号
    final static int LISTEN_PORT = 8888;
    public static void main(String[] args){
        ServerSocket ss = null;
        try {
            ss = new ServerSocket(LISTEN_PORT);//绑定端口
        } catch (IOException e1) {
            e1.printStackTrace();
```

```
            }
            //循环监听
            while(true){
                try {
                    System.out.println("listening...");
                    Socket s = ss.accept();//监听
                    //有连接到来,将其加入链表
                    socketList.add(s);
                    //启动一个新线程用于处理连接
                    new Thread(new ServerThread(s)).start();
                } catch (IOException e) {
                    e.printStackTrace();
                }
            }
        }
}
```

负责处理连接的线程类代码如下:

```
public class ServerThread implements Runnable{
    //与客户端建立连接的Socket
    Socket s =null;
    //该线程所处理的Socket对应的输入流
    BufferedReader br = null;
    public ServerThread(Socket s){
        this.s = s;
        try {
            //初始化该Socket对应的输入流
            br = new BufferedReader(new InputStreamReader(s.getInputStream(),
                "utf-8"));
            System.out.println("excute the constructor of the thread...");
        } catch (UnsupportedEncodingException e) {
            e.printStackTrace();
        } catch (IOException e) {
            e.printStackTrace();
        }
    }
    @Override
    public void run(){
        String send_msg = null;//发送消息
        String recv_msg = null;//接收消息
        System.out.println("begin while for...");
        //循环处理接收消息
        while((recv_msg = readFromClient())!=null){
            //从链表中取出连接
            for(Socket s : MyServer.socketList){
                try {
                    //获取接收的消息
                    OutputStream os = s.getOutputStream();
                    send_msg = "(" + getCurrentTime() + ")" + recv_msg;
                    System.out.println(send_msg);
                    //将接收的消息再返还给客户端
                    os.write((send_msg+"\r\n").getBytes("utf-8"));
                } catch (IOException e) {
```

```java
                    //TODO Auto-generated catch block
                    e.printStackTrace();
                }
            }
        }
    }
    //定义读取客户端数据的方法
    private String readFromClient(){
        try {
            String read_msg = null;      //定义读取字符串
            read_msg = br.readLine();    //读取数据
            return read_msg;
        } catch (IOException e) {
            MyServer.socketList.remove(s);//出现异常,移除此网络连接
            e.printStackTrace();
        }
        return null;
    }
    //获取当前系统时间
    private String getCurrentTime(){
        Calendar calendar = Calendar.getInstance();
        SimpleDateFormat sd = new SimpleDateFormat("yyyy-MM-dd HH:mm:ss");
        String time = sd.format(calendar.getTime());
        return time;
    }
}
```

客户端的代码如下：

```java
public class MainActivity extends AppCompatActivity {
    final static int RECV_MSG = 0x1234;//接收数据消息码
    final static int SEND_MSG = 0x1235;//发送数据消息码
    final static String server_ip = "192.168.223.2";//服务器 IP 地址
    final static int server_port = 8888;//服务器端口
    private TextView show;   //用于显示接收数据
    private EditText input;  //输入发送数据
    private Button send;     //发送按钮
    private Handler handler;//handler 对象
    private ClientThread clientThread;//客户端处理线程
    @Override
    protected void onCreate(Bundle savedInstanceState) {
        super.onCreate(savedInstanceState);
        setContentView(R.layout.activity_main);
        //绑定控件
        show = (TextView) findViewById(R.id.show);        //显示聊天内容文本框
        input = (EditText) findViewById(R.id.input);      //发送数据编辑框
        send = (Button) findViewById(R.id.send);          //发送按钮
        handler = new Handler() {
            @Override
            public void handleMessage(Message msg) {
                if (msg.what == RECV_MSG) {//判断消息码
                    String recv_msg = msg.obj.toString();//接收消息
                    show.append("\n" + recv_msg);//将消息内容加入文本框
```

```
                }
            }
        };
        clientThread = new ClientThread(handler);//创建客户端线程
        new Thread(clientThread).start();//启动线程
        send.setOnClickListener(new View.OnClickListener() {
            @Override
            public void onClick(View arg0) {
                //创建消息对象
                Message msg = new Message();
                msg.what = SEND_MSG;//发送数据
                msg.obj = input.getText().toString();//发送数据内容
                clientThread.recvHandler.sendMessage(msg);
                input.setText("");//发送完成后清空编辑框内容
            }
        });
    }
}
```

为了避免 UI 线程被阻塞，该程序将建立网络连接、与网络服务器通信等工作都交给 ClientThread 线程完成。子线程的具体代码如下：

```
public class ClientThread implements Runnable{
    private Socket s = null;
    private InputStream is = null;        //输入流
    private BufferedReader br = null;     //数据缓冲区
    private OutputStream os = null;       //输出流
    public Handler handler = null;        //发送消息 UI 处理
    public Handler recvHandler = null;    //接收消息 UI 处理
    public ClientThread(Handler handler){
        this.handler = handler;
    }
    @Override
    public void run() {
        try {
            //创建一个socket连接
            s = new Socket(MainActivity.server_ip,MainActivity.server_port);
            is = s.getInputStream();//获取输入数据
            br = new BufferedReader(new InputStreamReader(is));
            os = s.getOutputStream();
            //接收服务端消息
            new Thread(){
                @Override
                public void run(){
                    String recv_msg = null;//定义接收消息字符串
                    while((recv_msg = readFromServer())!= null){
                        Message msg = new Message();//创建一个消息对象
                        msg.what = MainActivity.RECV_MSG;//设置消息码
                        msg.obj = recv_msg;              //获取消息对象
                        handler.sendMessage(msg);   //更新接收到的数据到 UI
                    }
                }
            }.start();
```

```java
            Looper.prepare();
            recvHandler = new Handler(){
                @Override
                public void handleMessage(Message msg){
                    //发送数据到服务器端
                    String send_msg = null;
                    if(msg.what == MainActivity.SEND_MSG){
                        try {
                            //本地地址:消息内容
                            send_msg = s.getLocalAddress().toString() + ":"
                                    + msg.obj.toString() + "\r\n";
                            os.write(send_msg.getBytes("utf-8"));
                        } catch (IOException e) {
                            e.printStackTrace();
                        }
                    }
                }
            };
            Looper.loop();//handler 消息循环
        } catch (UnknownHostException e) {
            e.printStackTrace();
        } catch (IOException e) {
            e.printStackTrace();
        }
    }
    //读取服务器端数据
    private String readFromServer() {
        try {
            return br.readLine();
        } catch (IOException e) {
            e.printStackTrace();
        }
        return null;
    }
}
```

布局代码如下：

```xml
<LinearLayout xmlns:android="http://schemas.android.com/apk/res/android"
    android:orientation="vertical"
    android:layout_width="match_parent"
    android:layout_height="match_parent">
    <!-- TextView 长文本，有滚动条 -->
    <ScrollView
        android:layout_width="fill_parent"
        android:layout_height="0dp"
        android:layout_weight="1">
        <TextView
            android:id="@+id/show"
            android:layout_width="match_parent"
            android:layout_height="match_parent"
            android:background="#ffff"
            android:textSize="14dp"
            android:textColor="#ff00ff"
            android:layout_weight="1" />
```

```xml
        </ScrollView>
        <LinearLayout
            android:orientation="horizontal"
            android:layout_width="match_parent"
            android:layout_height="wrap_content">
            <EditText
                android:id="@+id/input"
                android:layout_width="0dp"
                android:layout_height="wrap_content"
                android:layout_weight="4" />
            <Button
                android:id="@+id/send"
                android:layout_width="0dp"
                android:layout_height="wrap_content"
                android:layout_weight="1"
                android:text="发送" />
        </LinearLayout>
</LinearLayout>
```

运行效果如图 15-1 所示。

当客户端输入数据并单击"发送"按钮后，服务端会接收到发送的数据，如图 15-2 所示。

```
listening...
excute the constructor of the thread...
listening...
begin while for...
(2018-07-17 10:49:15)/192.168.223.101:Hello
(2018-07-17 10:49:40)/192.168.223.101:My name is LiLei!
```

图 15-1　客户端　　　　　　　　　　　图 15-2　接收的数据

15.2　使用 URL 访问网络资源

URL(Uniform Resource Locator)对象代表统一资源定位器，互联网的所有资源都有一个唯一的 URL 地址。资源可以是简单的文件或目录，也可以是对更复杂的对象的引用，例如对数据库或搜索引擎的查询。本节讲解如何使用 URL 方法访问网络资源。

15.2.1 使用 URL 读取网络资源

使用 URL 读取网络资源首先要获取一个 URL 对象，URL 可以由协议名、主机、端口和资源组成。URL 需要满足如下格式：protocol://host:port/resourceName。

Android 提供了 URL 类，该类提供了多个构造方法用于创建 URL 对象，一旦获得 URL 对象，可以调用如下常用方法来访问该 URL 对应的资源。

(1) StringgetFile()：获取 URL 的文件名。
(2) StringgetHost()：获取 URL 的主机名。
(3) StringgetPath()：获取 URL 的路径。
(4) Int getPort()：获取 URL 的端口号。
(5) StringgetProtocol()：获取 URL 的协议名称。

这里给出一个 URL 地址，具体如下：

http://www.baidu.com/xinhua/temp/1314

(6) StringgetQuery()：获取此 URL 的查询部分。
(7) URLConnectionopenConnection()：返回一个 URLConnection 对象，它表示到 URL 所引用的远程对象的连接。
(8) InputStreamopenStream()：打开与此 URL 的连接，读取该 URL 的资源并以输入流的形式返回。

URL 提供了一个 openStream()方法，通过该方法可以方便地读取网络上的资源数据。

下面通过一个实例演示如何使用 URL 读取网络资源。

```
public class URLDemo extends Activity {
  Bitmap bitmap;//创建一个bitmap对象
  ImageView imgShow;//创建一个图像视图对象
  Handler handler=new Handler(){
      @Override
      publicvoid handleMessage(Message msg) {
         //TODO Auto-generated method stub
         if (msg.what==0x125) {
            //显示从网上下载的图片
            imgShow.setImageBitmap(bitmap);
         }
      }
  };
  @Override
  protectedvoid onCreate(Bundle savedInstanceState) {
      super.onCreate(savedInstanceState);
      setContentView(R.layout.main);
      imgShow=(ImageView)findViewById(R.id.imgShow);
      //创建并启动一个新线程用于从网络上下载图片
      new Thread(){
         @Override
         public void run() {
            //TODO Auto-generated method stub
            try {
```

```
            //创建一个URL对象
            URL url=new URL("这里的地址根据实际填写");
            //打开URL对应的资源输入流
            InputStream is= url.openStream();
            //把InputStream转化成ByteArrayOutputStream
            ByteArrayOutputStream baos =new ByteArrayOutputStream();
            byte[] buffer =new byte[1024];
            int len;//定义一个长度
            while ((len = is.read(buffer)) > -1 ) {
                baos.write(buffer, 0, len);
            }
            baos.flush();
            is.close();//关闭输入流
            //将ByteArrayOutputStream转化成InputStream
            is = new ByteArrayInputStream(baos.toByteArray());
            //将InputStream解析成Bitmap
            bitmap=BitmapFactory.decodeStream(is);
            //通知UI线程显示图片
            handler.sendEmptyMessage(0x125);
            //再次将ByteArrayOutputStream转化成InputStream
            is=new ByteArrayInputStream(baos.toByteArray());
            baos.close();
            //打开手机文件对应的输出流
            OutputStream os=openFileOutput("dw.jpg",MODE_PRIVATE);
            byte[]buff=newbyte[1024];
            int count=0;
            //将URL对应的资源下载到本地
            while ((count=is.read(buff))>0) {
                os.write(buff, 0, count);
            }
            os.flush();
            is.close();//关闭输入流
            os.close();//关闭输出流
        } catch (Exception e) {
            //TODO Auto-generated catch block
            e.printStackTrace();
        }
    }
}.start();
```

以上的程序先将 URL 对应的图片资源转换成 BitMap，然后将此资源下载到本地。为了防止多次读取，所以将 URL 获取的资源输入流转换成 ByteArrayInputStream，当需要使用输入流时，再将 ByteArrayInputStream 转换成输入流即可。这样做的目的是防止重复访问以节省流量。

InputStream 不可以重复读取，一个 InputStream 只能读一次，一旦读取完成，将清空内部数据，如果再次读取则会报错。

最后，不要忘记在 AndroidManifest.xml 文件中加入访问网络的权限，具体代码如下：

```
<uses-permission android:name=
"android.permission.INTERNET"/>
```

运行效果如图 15-3 所示。

15.2.2 使用 URLconnection 提交请求

URL 提供了一个 openConnection()方法，用于返回一个 URLConnection 对象，该对象表示应用程序与 URL 建立的连接。程序可以通过 URLConnection 实例向 URL 发送请求，读取 URL 引用的资源。

使用 URLconnection 提交请求大致分为以下 4 个步骤。

step 01 创建一个和 URL 的连接并发送请求，通过调用 URL 对象的 openConnection()方法来创建 URLConnection 对象。

step 02 设置 URLConnection 的参数和普通请求属性。

step 03 发送请求方式，这里有以下两种请求方式。

图 15-3　运行效果

- GET 方式：使用 connect 方法建立和远程资源之间的实际连接。
- POST 方式：需要获取 URLConnection 实例对应的输出流来发送请求参数。

step 04 此时的网络资源变为可用，程序可以访问远程资源的头字段，或通过输入流读取远程资源的数据。

在建立和远程资源的实际连接之前，程序可以通过以下方法来设置请求头字段。

- setAllowUserlnteraction：设置该 URLConnection 的 allowUserlnteraction 请求头字段的值。
- setDoInput：设置该 URLConnection 的 doInput 请求头字段的值。
- setDoOutput：设置该 URLConnection 的 doOutput 请求头字段的值。
- setlfModifiedSince：设置该 URLConnection 的 ifModifiedSince 请求头字段的值。
- setUseCaches：设置该 URLConnection 的 useCaches 请求头字段的值。

除此之外，还可以使用以下方法来设置或增加通用头字段。

- setRequestProperty(String key, String value)：设置该 URLConnection 的 key 请求头字段的值为 value。

如以下代码所示：

```
conn.setRequestProperty("accept", "*/*")
```

- addRequestProperty(String key, String value)：为该 URLConnection 的 key 请求头字段增加 value 值。该方法只是将新值追加到原请求头字段中，并不会覆盖原请求头字段的值。

当网络资源变为可用之后，程序可以使用以下方法访问头字段和内容。

- Object getContent()：获取该 URLConnection 的内容。
- String getHeaderField(String name)：获取指定响应头字段的值。

- getInputStream()：返回该 URLConnection 对应的输入流，用于获取 URLConnection 响应的内容。
- getOutputStream()：返回该 URLConnection 对应的输出流，用于向 URLConnection 发送请求参数。

注意　如果有同时输入输出 URLConnection 的操作，则需要使用输出流发送请求参数，优先使用输出流，再使用输入流。

Java 提供了 getHeaderField()方法用于根据响应头字段来返回对应的值。而某些头字段由于经常需要访问，所以 Java 提供了以下方法来访问特定响应头字段的值。

- getContentEncoding：获取 content-encoding 响应头字段的值。
- getContentLength：获取 content-length 响应头字段的值。
- getContentType：获取 content-type 响应头字段的值。
- getDate()：获取 date 响应头字段的值。
- getExpiration()：获取 expires 响应头字段的值。
- getLastModified()：获取 last-modified 响应头字段的值。

下面通过一段程序演示如何向 Web 站点发送 GET 请求和 POST 请求，并获得 Web 站点响应，该程序发送 GET、POST 请求时会用到一个工具类，该类的具体代码如下：

```java
public class GetPostUtil
{   //向指定 URL 发送 GET 方法的请求
    public static String sendGet(String url, String params)
    {
        String result = "";
        BufferedReader in = null;
        try
        {
            String urlName = url + "?" + params;
            URL realUrl = new URL(urlName);
            //打开和 URL 之间的连接
            URLConnection conn = realUrl.openConnection();
            //设置通用的请求属性
            conn.setRequestProperty("accept","*/*");
            conn.setRequestProperty("connection","Keep-Alive");
            conn.setRequestProperty("user-agent",
              "Mozilla/4.0 (compatible; MSIE 6.0; Windows NT 5.1; SV1)");
            //建立实际的连接
            conn.connect();//1 号注解位置
            //获取所有的响应头字段
            Map<String, List<String>> map = conn.getHeaderFields();
            //遍历所有的响应头字段
            for (String key : map.keySet())
            {
                System.out.println(key +"--->" + map.get(key));
            }
            //定义 BufferedReader 输入流读取 URL 的响应
            in = new BufferedReader(
                new InputStreamReader(conn.getInputStream()));
```

```java
            String line;
            while ((line = in.readLine()) !=null)
            {
                result += "\n" + line;
            }
        }
        catch (Exception e)
        {
            System.out.println("发送GET请求出现异常！" + e);
            e.printStackTrace();
        }
        finally//使用finally块关闭输入流
        {
            try
            {
                if (in !=null)
                {
                    in.close();
                }
            }
            catch (IOException ex)
            {
                ex.printStackTrace();
            }
        }
        return result;
    }
//向指定URL发送POST方法的请求
    public static String sendPost(String url, String params)
    {
        PrintWriter out = null;
        BufferedReader in = null;
        String result = "";
        try
        {
            URL realUrl = new URL(url);
            //打开和URL之间的连接
            URLConnection conn = realUrl.openConnection();
            //设置通用的请求属性
            conn.setRequestProperty("accept","*/*");
            conn.setRequestProperty("connection","Keep-Alive");
            conn.setRequestProperty("user-agent",
                "Mozilla/4.0 (compatible; MSIE 6.0; Windows NT 5.1; SV1)");
            //发送POST请求必须设置如下两行
            conn.setDoOutput(true);
            conn.setDoInput(true);
            //获取URLConnection对象对应的输出流
            out = new PrintWriter(conn.getOutputStream());
            //发送请求参数
            out.print(params);//2号注解位置
            //flush输出流的缓冲
            out.flush();
            //定义BufferedReader输入流来读取URL的响应
            in = new BufferedReader(new InputStreamReader(conn.getInputStream()));
```

```
            String line;
            while ((line = in.readLine()) !=null)
            {
                result += "\n" + line;
            }
        }
        catch (Exception e)
        {
            System.out.println("发送POST请求出现异常！" + e);
            e.printStackTrace();
        }
        //使用finally块关闭输出流、输入流
        finally
        {
            try
            {
                if (out !=null)
                {
                    out.close();
                }
                if (in !=null)
                {
                    in.close();
                }
            }
            catch (IOException ex)
            {
                ex.printStackTrace();
            }
        }
        return result;
    }
}
```

从上面的程序可以看出，如果需要发送 GET 请求，只要调用 URLConnection 的 connect() 方法建立实际的连接即可，如以上程序中 1 号注解位置代码所示；而发送 POST 请求，则需要获取 URLConnection 的 OutputStream，再输入请求参数，如以上程序中 2 号注解位置代码所示。

主活动中的具体代码如下：

```
public class GetPostUtil
{
        //向指定URL发送GET方法的请求
    public static String sendGet(String url, String params)
        {
            String result = "";
            BufferedReader in = null;
            try
            {
                String urlName = url +"?" + params;
                URL realUrl = new URL(urlName);
                //打开和URL之间的连接
                URLConnection conn = realUrl.openConnection();
                //设置通用的请求属性
                conn.setRequestProperty("accept","*/*");
```

```java
                conn.setRequestProperty("connection","Keep-Alive");
                conn.setRequestProperty("user-agent",
                    "Mozilla/4.0 (compatible; MSIE 6.0; Windows
                    NT 5.1; SV1)");
                //建立实际的连接
                conn.connect();
                //获取所有响应头字段
                Map<String, List<String>> map =
                    conn.getHeaderFields();
                //遍历所有的响应头字段
                for (String key : map.keySet())
                {
                        System.out.println(key +"--->" + map.get(key));
                }
                //定义BufferedReader输入流来读取URL的响应
                in = new BufferedReader(
                    new InputStreamReader(conn.getInputStream()));
                String line;
                while ((line = in.readLine()) !=null)
                {
                        result += "\n" + line;
                }
        }
        catch (Exception e)
        {
                System.out.println("发送GET请求出现异常！" + e);
                e.printStackTrace();
        }
        //使用finally块关闭输入流
        finally
        {
                try
                {
                        if (in !=null)
                        {
                                in.close();
                        }
                }
                catch (IOException ex)
                {
                        ex.printStackTrace();
                }
        }
        return result;
}
//向指定URL发送POST方法的请求
public static String sendPost(String url, String params)
{
        PrintWriter out = null;
        BufferedReader in = null;
        String result = "";
        try
        {
                URL realUrl = new URL(url);
```

```
                    //打开和 URL 之间的连接
                    URLConnection conn = realUrl.openConnection();
                    //设置通用的请求属性
                    conn.setRequestProperty("accept","*/*");
                    conn.setRequestProperty("connection","Keep-Alive");
                    conn.setRequestProperty("user-agent",
                            "Mozilla/4.0 (compatible; MSIE 6.0; Windows
                            NT 5.1; SV1)");
                    //发送 POST 请求必须设置如下两行
                    conn.setDoOutput(true);
                    conn.setDoInput(true);
                    //获取 URLConnection 对象对应的输出流
                    out = new PrintWriter(conn.getOutputStream());
                    //发送请求参数
                    out.print(params);
                    //flush 输出流的缓冲
                    out.flush();
                    //定义 BufferedReader 输入流来读取 URL 的响应
                    in = new BufferedReader(
                            new InputStreamReader(conn.getInputStream()));
                    String line;
                    while ((line = in.readLine()) !=null)
                    {
                            result += "\n" + line;
                    }
            }
            catch (Exception e)
            {
                    System.out.println("发送 POST 请求出现异常！" + e);
                    e.printStackTrace();
            }
            //使用 finally 块关闭输出流、输入流
            finally
            {
                    try
                    {
                            if (out !=null)
                            {
                                    out.close();
                            }
                            if (in !=null)
                            {
                                    in.close();
                            }
                    }
                    catch (IOException ex)
                    {
                            ex.printStackTrace();
                    }
            }
            return result;
    }
}
```

上面的程序中 sendGet()方法用于发送 GET 请求，而 sendPost()方法用于发送 POST 请求，该程序所发送的 GET 请求、POST 请求都是向本地局域网内 http://192.168.1.100:8080/simpleWeb/应用下的两个页面发送，这个应用实际上是部署在 Tomcat 上的 Web 应用。

15.3 JSON 数据

JSON(JavaScript Object Notation，JavaScript 对象简谱)，是一种轻量级的数据交换格式，采用完全独立于编程语言的文本格式来存储和表示数据，简洁和清晰的层次结构使得 JSON 成为理想的数据交换语言。它的特点是易于人阅读和编写，同时也易于机器解析和生成，从而可以有效地提升网络传输效率。

15.3.1 JSON 语法

JSON 属于一种语言，既然是语言肯定有一定的语法规则。

1. JSON 的语法规则

在 JSON 语言中，将所有的数据都看成是对象。因此，可以通过其固定的数据类型来表示任何数据，例如字符串、数字、对象、数组等。

注意

由于对象和数组是比较特殊且常用的两种类型，所以需要遵循以下几个原则。
① 对象表示为键/值对。
② 数据由逗号分隔。
③ 花括号保存对象。
④ 方括号保存数组。

2. JSON 键/值对

JSON 键/值对是用来保存数据对象的一种方式，键/值对组合中的键名写在前面并用双引号 "" 包裹，使用冒号：分隔，然后紧接着是值。例如：

```
{"firstName": "Json"}
```

3. 简单数据演示

JSON 可以将对象中表示的一组数据转换为字符串，然后在网络或者程序之间轻松地传递，并在需要的时候将字符串还原为各编程语言所支持的数据格式。在实际使用时，如果需要用到数组传值，就需要用 JSON 将数组转化为字符串。

1) 表示对象

JSON 最常用的格式是对象的键/值对，具体代码如下：

```
{"firstName": "Brett", "lastName": "McLaughlin"}
```

2) 表示数组

和普通的数组一样，JSON 表示数组的方式也是使用方括号 []，具体代码如下：

```
{
    "people":[
        {"Name": "王小二","age":"28"},
        {"Name":"张三","age":"18"}
    ]
}
```

在这个示例中，只有一个名为 people 的变量，它是包含两个条目的数组，每个条目是一个人的记录，其中包含姓名和年龄。上面的示例演示，如何用括号将记录组合成一个值。当然，可以使用相同的语法表示更多的值(每个值包含多个记录)。

在处理 JSON 格式的数据时，没有特殊需要遵守的约束。所以，在同样的数据结构中，可以改变表示数据的方式，也可以使用不同方式表示同一事物。

如前面所说，除了对象和数组，也可以简单地使用字符串或者数字等来存储简单的数据，但这样做并没有多大意义。

15.3.2 JSON 和 XML 的比较

XML 与 JSON 一样都用于网络传输，接下来对它们做个比较。

1. 可读性

JSON 和 XML 的可读性不相上下，一个是简易的语法，一个是规范的标签形式，很难分出胜负。

2. 可扩展性

XML 天生有很好的扩展性，JSON 当然也有，没有什么是 XML 可以扩展而 JSON 却不能扩展的，不过 JSON 可以存储复合对象，有着 XML 不可比拟的优势。

3. 编码难度

XML 拥有丰富的编码工具，比如 Dom4j、JDom 等，JSON 也有提供的工具，即使没有工具，开发人员一样可以通过记事本很快地写出想要的 XML 文档和 JSON 字符串，不过 XML 文件需要多很多结构上的字符。

4. 解码难度

XML 的解析方法有两种。

一种是通过文档模型解析，也就是通过父标签索引出一组标记，如 xmlData.getElementsByTagName("tagName")，但是这种方法需要在预先知道文档结构的情况下使用，无法进行通用的封装。

另外一种方法是遍历节点(document 以及 childNodes)。这个可以通过递归来实现，不过解析出来的数据仍旧是形式各异，往往也不能满足预先的要求。

凡是这样可扩展的结构数据解析起来都很困难，因为它需要深层遍历每一个分支，它的分支数量过多会直接导致解析难度增大。

JSON 也同样如此，如果预先知道 JSON 的结构，可以写出实用美观、可读性强的代码，用于进行数据传递。但如果不知道 JSON 的结构而去解析 JSON，那简直是噩梦。费时费力不说，代码也会变得冗余拖沓，得到的结果也不尽如人意。但是这样也不影响众多前台开发人员选择 JSON。因为通过 JSON 中的 toJSONString()就可以看到 JSON 的字符串结构。当然不是使用这个字符串就行了，这样仍旧是噩梦。常用 JSON 的人看到这个字符串之后，就对 JSON 的结构很明了了，就可以更容易地操作 JSON。

除了上述区别之外，JSON 和 XML 另外一个很大的区别在于有效数据率。JSON 用数据包格式传输的时候具有更高的效率，这是因为 JSON 不像 XML 那样需要有严格的闭合标签，这就让有效数据量与总数据包比大大提升，从而减少了同等数据流量的情况下网络的传输压力。

5. 实例

XML 和 JSON 都使用结构化方法来标记数据，下面来做一个简单的比较。

用 XML 表示动物分支如下：

```
<?xml version="1.0" encoding="utf-8"?>
<animal>
    <name>动物</name>
    <LandAnima>
        <name>马</name>
        <classify>
            <index>黑马</index>
            <index>斑马</index>
        </classify>
    </LandAnima>
    <limnobios>
        <name>淡水动物</name>
        <classify>
            <index>青蛙</index>
            <index>草鱼</index>
            <index>乌龟</index>
        </classify>
    </limnobios>
    <bird>
        <name>鸟</name>
        <classify>
            <index>小鸟</index>
            <index>大雁</index>
        </classify>
    </bird>
</animal>
```

用 JSON 表示同样数据的代码如下：

```
{
    "name": "动物",
```

```
    "LandAnima": [{
        "name": "马",
        "classify": {
            "index": ["黑马", "斑马"]
        }
    }, {
        "name": "鱼",
        "classify": {
            "index": ["鲤鱼", "草鱼", "黄花鱼"]
        }
    }, {
        "name": "鸟",
        "classify": {
            "index": ["小鸟", "大雁"]
        }
    }]
}
```

15.4 构造与解析 JSON 数据

了解了 JSON 的数据结构与语法后,下面通过实例介绍在 Android 中如何构造和解析 JSON 数据。

构造与解析 JSON 数据可以分为两种方式,下面针对这两种方式进行讲解。

首先定义一个简单的 Javabean 对象,将一个 Person 对象转换成 JSON 对象,然后再将这个 JSON 对象反序列化成需要的 Person 对象。具体代码如下:

```java
public class Person
{
    private int id;
    private String name;
    private String address;
    public Person()
    {
    }
    public int getId()
    {
        return id;
    }
    public void setId(int id)
    {
        this.id = id;
    }
    public String getName()
    {
        return name;
    }
    public void setName(String name)
    {
        this.name = name;
    }
```

```java
    public String getAddress()
    {
        return address;
    }
    public void setAddress(String address)
    {
        this.address = address;
    }
    public Person(int id, String name, String address)
    {
        super();
        this.id = id;
        this.name = name;
        this.address = address;
    }
    @Override
    public String toString()
    {
        return "Person [id=" + id + ", name=" + name + ", address=" + address+ "]";
    }
}
```

再定义一个 JsonTools 类，这个类有两个静态方法，可以通过这两个方法得到一个 JSON 类型的字符串对象，以及一个 JSON 对象，具体代码如下：

```java
public class JsonTools
{
    //得到一个 JSON 类型的字符串对象
    public static String getJsonString(String key, Object value)
    {
        JSONObject jsonObject = new JSONObject();
        //put 和 element 都是往 JSONObject 对象中放入 key/value 对
        //jsonObject.put(key, value);
        jsonObject.element(key, value);
        return jsonObject.toString();
    }
    //得到一个 JSON 对象
    public static JSONObject getJsonObject(String key, Object value)
    {
        JSONObject jsonObject = new JSONObject();
        jsonObject.put(key, value);
        return jsonObject;
    }
}
```

构建好 JSON 实体类与工具类后，下面便可以开始解析 JSON 数据了。

1. 直接通过 JSONObject jsonObject = new JSONObject();

这个方法就可以得到一个 JSON 对象，然后通过 element()或者 put()方法给 JSON 对象添加 key/value 对。

下面给出第一个例子，实现一个简单的 Person 对象和 JSON 对象的转换，具体代码如下：

```java
Person person = new Person(1, "xiaoluo", "beijing");
//将Person对象转换成一个JSON类型的字符串对象
String personString = JsonTools.getJsonString("person", person);
System.out.println(personString.toString());
```

{"address":"beijing","id":1,"name":"xiaoluo"}是转换成的JSON字符串对象。

看看如何将JSON对象转换成BEAN对象，具体代码如下：

```java
JSONObject jsonObject = JsonTools.getJsonObject("person", person);
//通过JSONObject的toBean方法可以将JSON对象转换成一个Javabean
JSONObject personObject = jsonObject.getJSONObject("person");
Person person2 = (Person) JSONObject.toBean(personObject, Person.class);
```

2. 转换List<Person>类型的对象

将List中的数据转换成JSON数据也很简单，只需要将List存入即可，具体代码如下：

```java
public void testPersonsJson()
{
  List<Person> persons = new ArrayList<Person>();
  Person person = new Person(1, "xiaoluo", "beijing");
  Person person2 = new Person(2, "android", "shanghai");
  persons.add(person);
  persons.add(person2);
  String personsString = JsonTools.getJsonString("persons", persons);
  JSONObject jsonObject = JsonTools.getJsonObject("persons", persons);
  //List<Person>相当于一个JSONArray对象
  JSONArray personsArray = (JSONArray)jsonObject.getJSONArray("persons");
  List<Person> persons2 = (List<Person>)
personsArray.toCollection(personsArray, Person.class);
}
```

3. 以Map形式存储JSON数据

```java
public void testMapJson()
{
  List<Map<String, String>> list = new ArrayList<Map<String, String>>();
  Map<String, String> map1 = new HashMap<String, String>();//新建hashmap对象
  map1.put("id", "001");        //将id存入map1
  map1.put("name", "xiaoluo"); //将姓名存入map1
  map1.put("age", "20");        //将年龄存入map1
  Map<String, String> map2 = new HashMap<String, String>();
  map2.put("id", "002");
  map2.put("name", "android");
  map2.put("age", "33");
  list.add(map1);//将map对象存入list中
  list.add(map2);
  String listString = JsonTools.getJsonString("list", list);
  JSONObject jsonObject = JsonTools.getJsonObject("list", list);//存储为JSON数据
  JSONArray listArray = jsonObject.getJSONArray("list");
  List<Map<String, String>> list2 =
  (List<Map<String, String>>) listArray.toCollection (listArray, Map.class);
}
```

15.5 大神解惑

小白：TCP 协议必须使用多线程吗？

大神：简单 Socket 编程是阻塞模式的，所以建议使用多线程，否则程序长时间不动作，用户会以为程序死掉了。

15.6 跟我学上机

练习 1：创建一个简单的 TCP 通信程序。

练习 2：使用 URL 获取网络图片，并将其显示在 ImageView 视图中。

练习 3：创建并解析 JSON 格式的数据。

随着移动时代的发展,手机定位也不是什么新鲜事物了,通过手机定位可以实现地图导航、地图查找等多种应用。本章将针对地图定位进行详细讲解。

本章要点(已掌握的在方框中打钩)

☐ 掌握百度地图的创建

☐ 掌握如何在工程中显示地图

☐ 掌握如何实现定位

☐ 掌握在工程中传感器与地图的配合

☐ 掌握地图模式的切换

☐ 掌握切换不同形式的地图

16.1 引入地图

要想实现地图定位，首先要有一张地图，自己制作地图不但成本高昂而且也不现实，其实市面上各大应用已经开发出与地图相关的 SDK，引入相关的 jar 包与 so 库即可轻松实现地图功能，这里以百度地图为例进行开发讲解。

16.1.1 下载百度地图 SDK

使用前需要注册一个百度开发者的账号，然后下载百度地图 SDK。登录百度地图开发平台 http://lbsyun.baidu.com/即可注册百度开发者账号，由于篇幅的限制，如何注册开发者账号这里不做讲解。

在 Android Studio 中引入百度地图，需要以下 4 个步骤。

step 01 登录网站后，切换到"开发文档"页面，选择"Android 地图 SDK"选项，如图 16-1 所示。

图 16-1 选择"Android 地图 SDK"选项

step 02 在打开的网页中，选择左侧导航栏中的"产品下载"选项，如图 16-2 所示。

图 16-2 下载 SDK 页面

step 03 单击"自定义下载"按钮,在打开的网页中选择需要的 SDK。这里选择"基础定位""基础地图""检索功能""计算工具""周边雷达"几个选项即可,如图 16-3 所示。

图 16-3　选择 SDK 选项

step 04 单击"开发包"按钮,选择存放位置进行下载。下载完成后是一个 BaiduLBS_AndroidSDK_Lib.zip 压缩包文件,解压该文件包并打开文件夹,如图 16-4 所示。

至此,便完成了百度地图 SDK 的下载。

图 16-4　SDK 文件

16.1.2　创建百度应用

下载 SDK 后需要创建一个新的应用,获取百度开发的密匙,这样便可以使用百度地图了。下面讲解如何创建百度应用,并获取密匙。

创建新应用分为以下 6 个步骤。

step 01 在网站的导航栏中单击"控制台"标签,打开"控制台"页面,如图 16-5 所示。

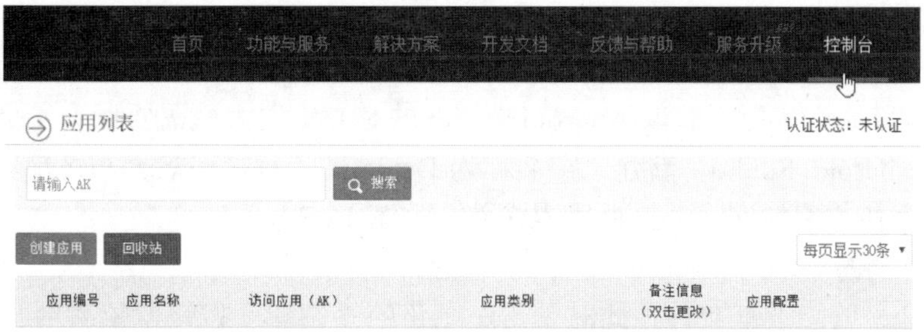

图 16-5　"控制台"页面

step 02 单击"创建应用"按钮,打开"创建应用"页面,如图16-6所示。

图16-6 "创建应用"页面

step 03 输入应用名称,设置"应用类型"为Android SDK,输入包名,需要注意的是这里的包名一定要与开发包名相同,如图16-7所示。

图16-7 输入应用名称及包名

step 04 获取SHA1码。获取Android Studio的SHA1码大概需要以下4个步骤。

(1) 打开Android Studio,新建一个名称为Demo的工程,包名要与之前输入的相同,在左侧的树形控件中选择Gradle Scripts脚本文件,如图16-8所示。

(2) 打开右侧的Gradle projects选项卡,如图16-9所示。

(3) 初次打开可能没有文件,此时单击左上角的"刷新"按钮,依次展开Demo\android节点,双击signingReport节点,如图16-10所示。

(4) 此时左下角会出现 Run 标签,切换到 Run 选项卡并单击上方标注的按钮,如图 16-11 所示,下方被标注的部分即为 SHA1 码。

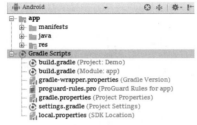

图 16-8　选择 Gradle Scripts 脚本文件

图 16-9　Gradle projects 选项卡

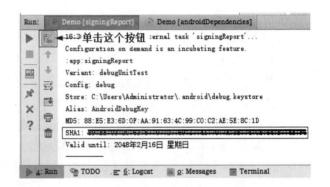

图 16-10　展开节点　　　　　　　　　　　图 16-11　获取 SHA1 码

step 05 这里以开发版为例演示,实际开发中发布版 SHA1 与开发版 SHA1 并不相同,复制 SHA1 码将其填入发布版 SHA1 与开发版 SHA1 中,如图 16-12 所示。

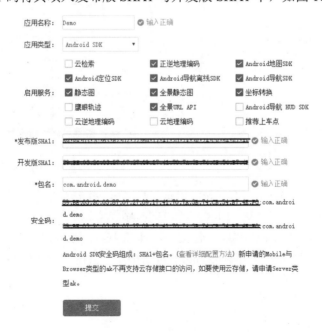

图 16-12　填入 SHA1 码

step 06 单击“提交”按钮，完成新应用的创建，此时会分配一个使用 SDK 的密匙，如图 16-13 所示。

应用编号	应用名称	访问应用（AK）	应用类别
11330508	Demo	[illegible]	Android端

图 16-13　提交完成后的密匙

至此，在百度开发创建新的应用程序便完成了。

16.1.3　将百度 SDK 加入工程

下载完 SDK 并创建好新的应用后，接下来便可以将 SDK 引入工程中进行定制化的开发了。本节讲解如何将 SDK 加入到自己的工程中。

将 SDK 引入工程需要以下 8 个步骤。

step 01 将开发模式切换为 Project 模式，依次展开工程目录中的 Demo\app 节点，如图 16-14 所示。

step 02 将下载的 SDK 中的 BaiduLBS_Android.jar 文件拷贝到 libs 文件夹中。

step 03 在 src\main 目录中新建目录 JNIlibs，注意区分大小写，这个文件夹名字不能写错，将剩余的 so 库文件拷贝到此目录中，如图 16-15 所示。

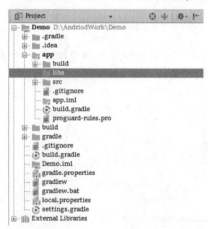

图 16-14　工程目录

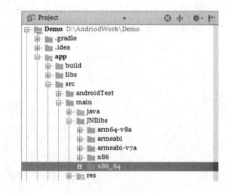

图 16-15　导入 so 库

step 04 选中导入的 BaiduLBS_Android.jar 包文件，右击并在弹出的快捷菜单中选择 Add As Library 命令，将其引入工程，如图 16-16 所示。

step 05 导入成功后可以展开 Java 包文件，如图 16-17 所示。

step 06 导入成功后可以展开 AndroidManifest.xml 文件并加入如下代码，此段代码加入< application>标签中。

```
<meta-data
  android:name="com.baidu.lbsapi.API_KEY"
  android:value="这里写入申请的百度密匙" />
```

图 16-16 引入 jar 包到工程　　　　　　　图 16-17 展开 jar 包

step 07 同样在 AndroidManifest.xml 文件中加入权限代码，此段代码加入<manifest>标签中。

```
<uses-permission
android:name="android.permission.ACCESS_NETWORK_STATE"/>
//获取设备网络状态，禁用后无法获取网络状态
<uses-permission android:name="android.permission.INTERNET"/>
//网络权限，当禁用后，无法进行检索等相关业务
<uses-permission android:name="android.permission.READ_PHONE_STATE" />
//读取设备硬件信息，统计数据
<uses-permission
android:name="com.android.launcher.permission.READ_SETTINGS" />
//读取系统信息，包含系统版本等信息，用作统计
<uses-permission android:name="android.permission.ACCESS_WIFI_STATE" />
//获取设备的网络状态，鉴权所需网络代理
<uses-permission
android:name="android.permission.WRITE_EXTERNAL_STORAGE"/>
//允许 sd 卡写权限，需写入地图数据，禁用后无法显示地图
<uses-permission android:name="android.permission.WRITE_SETTINGS" />
//获取统计数据
<uses-permission android:name="android.permission.GET_TASKS" />
//鉴权所需该权限获取进程列表
<uses-permission android:name="android.permission.CAMERA" />
//使用步行 AR 导航，配置 Camera 权限
```

step 08 同样在 AndroidManifest.xml 文件中加入百度地图服务代码，此段代码加入<application>标签中。

```
<service
  android:name="com.baidu.location.f"
  android:enabled="true"
  android:process=":remote" >
  <intent-filter>
    <action android:name="com.baidu.location.service_v2.2" >
    </action>
  </intent-filter>
</service>
```

至此，引入百度 SDK 到本地工程操作完毕。

16.2 地图开发

将地图引入到本地工程后,接下来便可以进入地图的实际开发阶段。首先学习如何使用百度地图控件,其次便是进行定制化的开发。

16.2.1 实例显示百度地图

本节实例讲解如何使用百度地图控件,将地图显示到自己的手机界面,打开的地图可以实现拖放功能。

显示百度地图需要以下 5 个步骤。

step 01 在布局文件中加入百度地图控件,具体代码如下:

```xml
<?xml version="1.0" encoding="utf-8"?>
<LinearLayout
xmlns:android="http://schemas.android.com/apk/res/android"
    android:layout_width="match_parent"
    android:layout_height="match_parent">
    <com.baidu.mapapi.map.MapView
        android:id="@+id/id_bmapView"
        android:layout_width="fill_parent"
        android:layout_height="fill_parent"
        android:clickable="true" />
</LinearLayout>
```

step 02 在主活动 onCreate()方法中加入如下代码,此代码要放置在 setContentView()方法之前。

```
//在使用SDK各组件之前初始化context信息,传入ApplicationContext
//注意该方法要在setContentView方法之前实现
SDKInitializer.initialize(getApplicationContext());
```

step 03 在工程中定义百度地图组件对象、地图类对象,具体代码如下:

```
private MapView mMapView = null;
private BaiduMap mBaiduMap;//地图对象
```

step 04 新建初始化方法 initMapView(),此方法要放入 onCreate()方法中,在初始化方法中获取百度地图,具体代码如下:

```
private void initMapView() {
  mMapView = findViewById(R.id.id_bmapView);//绑定组件
  mBaiduMap = mMapView.getMap();//获取地图
}
```

step 05 将百度地图与活动进行绑定,分别重写 onResume()、onPause()、onDestroy()三个方法,具体代码如下:

```
@Override
protected void onResume() {
```

```
    super.onResume();
    //在activity执行onResume时执行mMapView.onResume()，实现地图生命周期管理
    mMapView.onResume();
}
@Override
protected void onPause() {
    super.onPause();
    //在activity执行onPause时执行mMapView.onPause()，实现地图生命周期管理
    mMapView.onPause();
}
@Override
protected void onDestroy() {
    super.onDestroy();
    //在activity执行onDestroy时执行mMapView.onDestroy()，实现地图生命周期管理
    mMapView.onDestroy();
}
```

注意

百度地图需要使用真机进行测试，如果使用模拟器可能会出现无法显示等错误。

运行程序查看效果，如图16-18所示。

16.2.2 定位到自己

通过上面的学习，相信读者已经能够成功打开百度地图，本节通过百度地图实现定位自己位置的功能。

通过地图定位到自己的位置需要以下5个步骤。

step 01 定位需要使用 LocationClient 类，该类提供与定位相关的设置。定义 LocationClient 类的对象，同时定义一个布尔类型变量，用于区分是否为第一次进入，具体代码如下：

```
private LocationClient mLocationClient;
//定义对象
private Boolean isFirst = true;
//初次进入变量
```

step 02 定义一个内部类，实现 BDLocationListener 接口，用于 LocationClient 类回调时使用，具体代码如下：

```
private MbdLocationListener mLocationListener;//声明对象
class MbdLocationListener implements BDLocationListener{}//回调监听
```

图 16-18 运行效果

step 03 创建一个初始化定位的函数，初始化定位类、监听类，并注册监听，同时使用 LocationClientOption 类初始化数据，具体代码如下：

```
private void initLocation() {
    mLocationClent = new LocationClient(this);//初始化类
```

```
mLocationListener = new MbdLocationListener();//初始化监听
mLocationClient.registerLocationListener(mLocationListener);//注册监听
LocationClientOption option = new LocationClientOption();
option.setCoorType("bd09ll");  //设置坐标类型
option.setOpenGps(true);//开启 GPS
option.setIsNeedAddress(true);//返回本地位置
option.setScanSpan(1000);//间隔请求时间
mLocationClient.setLocOption(option);//选中设置
}
```

step 04 在回调监听函数中，对数据进行转换，并通过 LatLng 类获取坐标点，同时更新地图。

```
class MbdLocationListener implements BDLocationListener{
    @Override
    public void onReceiveLocation(BDLocation bdLocation) {
        //数据转换
        MyLocationData data = new MyLocationData.Builder()
          .accuracy(bdLocation.getRadius())
          .latitude(bdLocation.getLatitude())
          .longitude(bdLocation.getLongitude())
          .build();
         mBaiduMap.setMyLocationData(data);//将获取的数据设置进地图
        if(isFirst)
        {//坐标类，获取经度、纬度坐标
          LatLng latLng = new LatLng(bdLocation.getLatitude(),
             bdLocation.getLongitude());
          //以此坐标点为依据更新地图
          MapStatusUpdate msu = MapStatusUpdateFactory.newLatLng(latLng);
          mBaiduMap.animateMapStatus(msu);//以动画的形式更新地图
          isFirst = false;//初次进入改变状态
        }
    }
}
```

step 05 与界面的启动、停止进行绑定，具体代码如下：

```
@Override
protected void onStart() {
  super.onStart();
  mBaiduMap.setMyLocationEnabled(true);//开启地图定位允许
  if(!mLocationClient.isStarted())
  {//如果没有开启定位则启动定位
     mLocationClient.start();
  }
}
@Override
protected void onStop() {
  super.onStop();
  mBaiduMap.setMyLocationEnabled(false);//停止地图定位允许
  mLocationClient.stop();//停止定位
}
```

至此，这个程序便可以定位到本地位置。但是有一个问题，当用户改变位置后无法返回当前位置，下面继续完成返回本地位置的操作。

这里以单击系统菜单选项返回本地位置进行讲解，需要以下几个步骤。

step 01 定义两个变量，分别用于保存首次进入的两个坐标位置，具体代码如下：

```
private double mLatitude;//定义经度变量
private double mLongitude;//定义纬度变量
```

step 02 为定位监听函数进行赋值，保证每次定位成功后位置最新，具体代码如下：

```
mLatitude = bdLocation.getLatitude();//获取经度坐标
mLongitude = bdLocation.getLongitude();//获取纬度坐标
```

step 03 创建菜单文件，具体代码如下：

```xml
<?xml version="1.0" encoding="utf-8"?>
<menu xmlns:android="http://schemas.android.com/apk/res/android"
    xmlns:app="http://schemas.android.com/apk/res-auto">
    <item
        android:id="@+id/id_menu_back"
        app:showAsAction="never"
        android:title="我的位置" />
</menu>
```

step 04 重写 onCreateOptionsMenu 方法，获取菜单文件，具体代码如下：

```java
@Override
public boolean onCreateOptionsMenu(Menu menu) {
  MenuInflater inflater = getMenuInflater();//获取菜单 xml 文件
  inflater.inflate(R.menu.main, menu);//设置菜单
  return true;
}
```

step 05 重写 onOptionsItemSelected 方法，当"我的位置"菜单项被单击时返回本地位置，具体代码如下：

```java
@Override
public boolean onOptionsItemSelected(MenuItem item) {
  switch (item.getItemId())
  {
    case R.id.id_menu_back://切换普通地图
      LatLng latLng = new LatLng(mLatitude,mLongitude);//初始化坐标
      //以此坐标点更新地图
      MapStatusUpdate msu = MapStatusUpdateFactory.newLatLng(latLng);
      mBaiduMap.animateMapStatus(msu);//以动画形式打开地图
      break;
  }
  return super.onOptionsItemSelected(item);
}
```

这里定位的代码与初次定位的代码功能一样，考虑优化，读者可以将其抽取出来封装成独立的数。

16.2.3 实现方向跟随

细心的读者会发现百度默认定位图标是一个圆点，这样对于没有方向感的用户很是苦恼，所以本节引入自定义图标，通过方向传感器使图标具有方向跟随的功能。

添加方向传感器实现跟随需要以下几个步骤。

step 01 将自定义图标导入工程，创建一个图片类对象，具体代码如下：

```
private BitmapDescriptor mIcon;//创建一个图片类对象
```

step 02 在初始化定位 initLocation()方法中初始化自定义图标，具体代码如下：

```
//初始化图标
mIcon = BitmapDescriptorFactory.fromResource(R.drawable.map_gps);
```

step 03 在定位监听事件函数中，设置自定义图标，具体代码如下：

```
//设置自定义图标
MyLocationConfiguration config = new MyLocationConfiguration(
        MyLocationConfiguration.LocationMode.NORMAL,true,mIcon);
mBaiduMap.setMyLocationConfiguration(config);//设置本地配置
```

step 04 自定义一个传感器类并实现 SensorEventListener 接口，具体代码如下：

```
public class MySensorListener implements SensorEventListener{
  public void onSensorChanged(SensorEvent event) {}//坐标发生改变时
  public void onAccuracyChanged(Sensor sensor, int accuracy) {}
    //精度发生改变时
}
```

step 05 定义基本变量，创建构造函数初始化设备上下文，并创建启动、停止函数，具体代码如下：

```
private SensorManager sensorManager;//传感管理器
    private Sensor mSensor;//传感器对象
    private Context mContext;//设备上下文
    private float m_fX;//保存坐标
    public MySensorListener(Context context)
    {
        this.mContext = context;
    }
public void Start()
{
  //开始的时候获取传感管理器
  sensorManager = (SensorManager) mContext.getSystemService
            (Context.SENSOR_SERVICE);
  if(sensorManager!=null)
  {//获取方向传感器
    mSensor = sensorManager.getDefaultSensor(Sensor.TYPE_ORIENTATION);
  }
  if(mSensor!=null)
  {//获取传感器后设置监听1、监听2、传感器3需要的精度
    sensorManager.registerListener(this,mSensor,
```

```
      SensorManager.SENSOR_DELAY_UI);
  }
}
public void Stop()
{//移除监听
  sensorManager.unregisterListener(this);
}
```

step 06 创建一个接口，当传感器坐标发生改变时进行回调，具体代码如下：

```
private OnOrientationListener mOnOrientationListener;//定义一个监听的成员变量
  //设置一个set方法
public void SetOnOrientationListener(OnOrientationListener
      onOrientationListener){
  this.mOnOrientationListener = onOrientationListener;}
//回调接口
public interface OnOrientationListener{
  void OnOrientationChanged(float x);}
```

step 07 传感器坐标发生改变可以通过 onSensorChanged()方法进行设置，具体代码如下：

```
public void onSensorChanged(SensorEvent event) {
//判定是方向传感器再进行处理
  if(event.sensor.getType() == Sensor.TYPE_ORIENTATION)
  {
    float x = event.values[0];//获取x轴坐标
    if(Math.abs(x-m_fX)>1.0)//判定大于1度再进行更新
    {//获取传感器改变的值不为空进行回调
      if(mOnOrientationListener!=null)
      {
        mOnOrientationListener.OnOrientationChanged(x);
      }
    }
    m_fX = x;//对坐标点重新赋值
  }
}
```

step 08 主活动中初始化传感器类，并在定位启动、停止时对传感器做出响应动作，具体代码如下：

```
//初始化传感器
mySensorListener = new MySensorListener(this);
//当方向发生改变时注册监听事件
mySensorListener.SetOnOrientationListener(new
MySensorListener.OnOrientationListener() {
  @Override
  public void OnOrientationChanged(float x) {
    mLocationX = x;//将获取的坐标赋值给本地用于记录的坐标
  }
});
@Override
  protected void onStart() {
      super.onStart();
      mBaiduMap.setMyLocationEnabled(true);//开启地图定位允许
      if(!mLocationClent.isStarted())
```

```
    {//如果没有开启定位则启动定位
        mLocationClent.start();
    }
    mySensorListener.Start();//启动传感器
}
@Override
protected void onStop() {
    super.onStop();
    mBaiduMap.setMyLocationEnabled(false);//停止地图定位允许
    mLocationClent.stop();//停止定位
    mySensorListener.Stop();//停止传感器
}
```

step 09 将传感器获取的值集成到百度地图,实现实时刷新数据,具体代码如下:

```
MyLocationData data = new MyLocationData.Builder()
    .direction(mLocationX)//集成方向传感器更新
    .accuracy(bdLocation.getRadius())//精度
    .latitude(bdLocation.getLatitude())//获取经度
    .longitude(bdLocation.getLongitude())//获取纬度
    .build();
```

至此,便实现了方向跟随的功能,安装应用后,可以改变手机方向试试效果。

16.3 辅助功能

地图默认提供了三种不同的模式,还有不同形式的地图,本节将这种辅助功能加入工程中。

16.3.1 模式切换

百度地图提供了三种模式,可以通过单选按钮选择不同的模式。添加模式切换需要以下几个步骤。

step 01 在布局文件中加入三个单选按钮,具体代码如下:

```
<RadioGroup
android:layout_alignParentRight="true"
android:layout_width="wrap_content"
android:layout_height="wrap_content"
android:orientation="vertical">
<RadioButton
    android:id="@+id/btn_b1"
    android:layout_width="wrap_content"
    android:layout_height="wrap_content"
    andbaid:text="普通模式"
    android:background="#cccc2200" />
<RadioButton
    android:id="@+id/btn_b2"
    android:layout_width="wrap_content"
    android:layout_height="wrap_content"
    android:text="罗盘模式"
```

```xml
        android:background="#cccc2200"/>
<RadioButton
    android:id="@+id/btn_b3"
    android:layout_width="wrap_content"
    android:layout_height="wrap_content"
    android:text="跟随模式"
    android:background="#cccc2200"/>
</RadioGroup>
```

step 02 在主活动中声明三个单选按钮控件,并声明模式切换变量,具体代码如下:

```java
//模式切换按钮
private RadioButton btn1;//普通模式
private RadioButton btn2;//罗盘模式
private RadioButton btn3;//跟随模式
//模式切换变量
private MyLocationConfiguration.LocationMode mLocationMode;
```

step 03 在 initLocation()方法中初始化模式切换变量,具体代码如下:

```java
mLocationMode = MyLocationConfiguration.LocationMode.NORMAL;//默认普通模式
```

step 04 添加按钮单击事件,具体代码如下:

```java
public void onClick(View v) {
  switch (v.getId())
  {
    case R.id.btn_b1:
      //普通模式
      mLocationMode = MyLocationConfiguration.LocationMode.NORMAL;
      break;
    case R.id.btn_b2:
      //罗盘模式
      mLocationMode = MyLocationConfiguration.LocationMode.COMPASS;
      break;
    case R.id.btn_b3:
      //跟随模式
      mLocationMode = MyLocationConfiguration.LocationMode.FOLLOWING;
      break;
  }
}
```

step 05 修改之前设置模式的代码:

```java
class MbdLocationListener implements BDLocationListener{
  @Override
  public void onReceiveLocation(BDLocation bdLocation) {
    MyLocationData data = new MyLocationData.Builder()
      .direction(mLocationX)//集成方向传感器更新
      .accuracy(bdLocation.getRadius())//精度
      .latitude(bdLocation.getLatitude())//获取经度
      .longitude(bdLocation.getLongitude())//获取纬度
      .build();
    mBaiduMap.setMyLocationData(data);//将获取的数据设置进地图
    mLatitude = bdLocation.getLatitude();//获取经度坐标
```

```
            mLongitude = bdLocation.getLongitude();//获取纬度坐标
            //设置自定义图标
            MyLocationConfiguration config = new MyLocationConfiguration(
                mLocationMode,true,mIcon);//将模式切换变量设置到这里
            mBaiduMap.setMyLocationConfiguration(config);//设置本地配置
            if(isFirst) {
            LocaInAddr();//定位到本地
            isFirst = false;
          }
        }
     }
```

16.3.2 地图切换

百度地图提供了三种地图方式，即普通地图、卫星地图、实时交通地图，接下来将三种地图切换方式加入工程中，具体需要以下几个步骤。

step 01 为了不破坏地图原始显示，这里以菜单的形式添加三种切换方式，所以需要添加菜单项，具体代码如下：

```
<menu xmlns:android="http://schemas.android.com/apk/res/android"
    xmlns:app="http://schemas.android.com/apk/res-auto">
    <item
        android:id="@+id/id_menu_back"
        app:showAsAction="never"
        android:title="我的位置" />
    <item
        android:id="@+id/id_menu_common"
        app:showAsAction="never"
        android:title="普通地图" />
    <item
        android:id="@+id/id_menu_site"
        app:showAsAction="never"
        android:title="卫星地图" />
    <item
        android:id="@+id/id_menu_traffic"
        app:showAsAction="never"
        android:title="实时交通(off)" />
</menu>
```

step 02 处理菜单项的选中事件，具体代码如下：

```
public boolean onOptionsItemSelected(MenuItem item) {
  switch (item.getItemId())
  {
    case R.id.id_menu_back:
      LocaInAddr();//定位到本地
      break;
    case R.id.id_menu_common://普通地图
      mBaiduMap.setMapType(BaiduMap.MAP_TYPE_NONE);
      break;
    case R.id.id_menu_site://卫星地图
      mBaiduMap.setMapType(BaiduMap.MAP_TYPE_SATELLITE);
```

```
      break;
    case R.id.id_menu_traffic://实时交通地图
      if (mBaiduMap.isTrafficEnabled())
      {
        mBaiduMap.setTrafficEnabled(false);
        item.setTitle("实时交通(off)");
      }else
      {
        mBaiduMap.setTrafficEnabled(true);
        item.setTitle("实时交通(on)");
      }
      break;
  }
  return super.onOptionsItemSelected(item);
}
```

运行效果如图 16-19 所示。

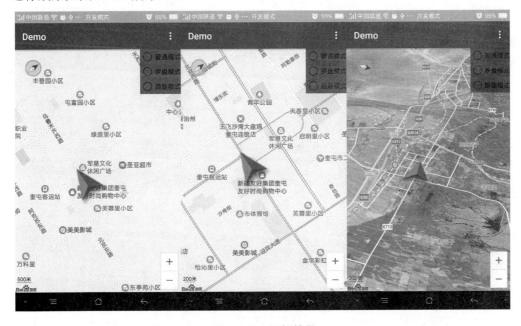

图 16-19　运行效果

16.4　大 神 解 惑

小白：为什么拿到源码运行后没有显示地图？

大神：百度地图需要开发者注册一个账号，并且每个应用有自己独立密匙，所以注册一个应用将密匙替换一下即可。

小白：为什么要与活动页面进行生命周期的绑定？

大神：自定义控件与活动进行生命周期绑定是一个良好的开发习惯，例如当活动页面已经销毁但没有销毁百度地图时，百度地图仍然在请求定位，这样会造成资源浪费，而且也会给用户带来不好的使用体验。

16.5 跟我学上机

练习 1：注册一个百度应用，申请一个密钥。
练习 2：将百度地图引入工程显示出地图。
练习 3：实现定位自己的位置，并在随意拖动后可以返回自己的位置。
练习 4：实现地图模式的切换与不同地图的切换。

第 17 章

Android 碎片开发

Fragment 是 Android 3.0 引入的一个新的 API，它的初衷是为了适应大屏幕的平板电脑，而且普通手机开发也会加入这个 Fragment，可以把它看成一个小型的 Activity。使用 Fragment 可以把屏幕划分成几块，然后分组，进行模块化管理。

本章要点(已掌握的在方框中打钩)

- ☐ 掌握如何创建 Fragment
- ☐ 掌握 Fragment 都有哪些生命周期方法
- ☐ 掌握如何从 Activity 传输数据到 Fragment
- ☐ 掌握如何从 Fragment 向 Activity 传输数据
- ☐ 掌握 Fragment 之间如何进行数据传输
- ☐ 掌握 Fragment 的两个子类的使用

17.1　Fragment 实现

　　Fragment 直译过来就是碎片、片段的意思，它可以让 App 在现有的基础上大幅度提高性能，同样的界面，Activity 占用的内存比 Fragment 要多，在中低端手机上 Fragment 的响应速度比 Activity 快了很多。本节讲解 Fragment 的具体实现。

17.1.1　Fragment 概述

　　如图 17-1 所示，官方对 Fragment 的解释是这样的，Fragment 可以将一个 Activity 活动页面拆分成多个 Fragment，多个不同的 Fragment 组合以适应不同大小屏幕的显示。

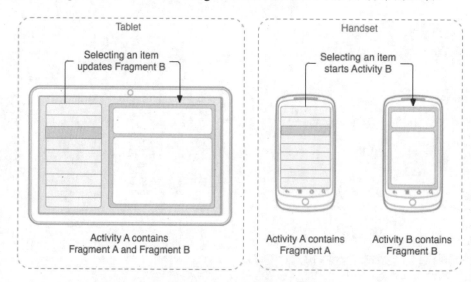

图 17-1　Fragment 的解释

　　官方还给出一个 Fragment 生命周期的图，如图 17-2 所示。
　　通过图 17-2 可以看到，Fragment 比 Activity 多了一些额外的生命周期回调方法。
- onAttach(Activity)：此方法用于 Fragment 与 Activity 发生关联时调用。
- onCreateView(LayoutInflater, ViewGroup,Bundle)：此方法用于生成 Fragment 的视图。
- onActivityCreate(Bundle)：当 Activity 的 onCreate 方法返回时调用此方法。
- onDestoryView()：此方法与 onCreateView 相对应，当 Fragment 的视图被移除时调用。
- onDetach()：此方法与 onAttach 相对应，用于解除 Fragment 与 Activity 的关联。

 　　以上除 onCreateView()方法外，其余方法如果重写，必须调用父类对该方法的实现。

　　这里只做简单了解，后面会针对 Fragment 与 Activity 的生命周期进行讲解。

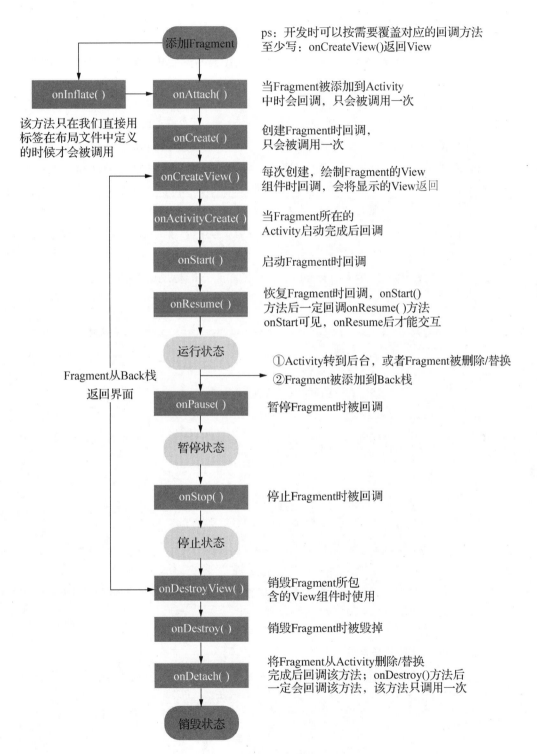

图 17-2 Fragment 生命周期

17.1.2 静态实现 Fragment

Fragment 可以通过两种方式实现,其中一种方式为静态实现。静态实现是通过布局文件以控件的形式进行调用。本节详细讲解静态实现 Fragment。

这里以一个阅读页面为例进行讲解。

【例 17-1】Fragment 静态实现实例。

创建一个新的 Module 并命名为"Fragment1"。静态实现 Fragment 需要以下几个步骤。

step 01 创建继承自 Fragment 的类,可以选择两种继承方式,一种是引入 android.app.Fragment 包下的 Fragment,另一种是引入 android.support.v4.app.Fragment 包下的 Fragment。这里以第一种为例进行讲解,定义两个类的具体代码如下:

```
public class titleFragment extends Fragment {}//定义一个标题Fragment的子类
public class ContentFragment extends Fragment {}//定义一个内容Fragment的子类
```

step 02 分别创建用于显示 Fragment 的布局文件,布局标题的具体代码如下:

```xml
?xml version="1.0" encoding="utf-8"?>
<RelativeLayout
xmlns:android="http://schemas.android.com/apk/res/android"
    android:id="@+id/TitleFragment"
    android:layout_width="match_parent"
    android:layout_height="50dp"
    android:orientation="horizontal">
    <ImageView
        android:id="@+id/iv"
        android:layout_width="30dp"
        android:layout_height="30dp"
        android:layout_centerVertical="true"
        android:paddingLeft="10dp"
        android:scaleType="centerCrop"
        android:src="@drawable/back"/>
    <TextView
        android:layout_width="wrap_content"
        android:layout_height="wrap_content"
        android:layout_centerInParent="true"
        android:text="劝学"
        android:textSize="27sp"
        android:textColor="#33bb33"/>
</RelativeLayout>
```

布局内容的具体代码如下:

```xml
<?xml version="1.0" encoding="utf-8"?>
<LinearLayout
xmlns:android="http://schemas.android.com/apk/res/android"
    android:layout_width="match_parent"
    android:layout_height="match_parent"
    android:id="@+id/ContentLayout">
    <TextView
        android:layout_width="match_parent"
        android:layout_height="match_parent"
```

```
            android:gravity="center"
            android:text="三更灯火五更鸡,\n 正是男儿读书时。\n 黑发不知勤学早,
                \n 白首方悔读书迟。\n"
            android:textSize="30sp"
            android:textColor="#aa0000"/>
</LinearLayout>
```

step 03 初始化标题 Fragment 实现视图转换。使用 Fragment 需要重写 onCreateView()方法，具体代码如下：

```
public class titleFragment extends Fragment {
@Nullable
    @Override
    public View onCreateView(LayoutInflater inflater, @Nullable ViewGroup
        container, Bundle savedInstanceState) {
        //将 XML 文件转换成一个具体的 View 视图
        View view = inflater.inflate(R.layout.title_layout,null);
        //通过 View 视图获取具体控件
        RelativeLayout layout = view.findViewById(R.id.TitleFragment);
        //设置单击监听事件用于提示
        layout.setOnClickListener(new View.OnClickListener() {
            @Override
            public void onClick(View v) {
                Toast.makeText(getActivity(),"人不努力枉少年",
                    Toast.LENGTH_SHORT).show();
            }
        });
        return view;
    }
}
```

step 04 初始化内容 Fragment 实现视图转换。如果没有其他操作可以直接返回，具体代码如下：

```
public class ContentFragment extends Fragment {
    @Nullable
    @Override
    public View onCreateView(LayoutInflater inflater, @Nullable ViewGroup
        container, @Nullable Bundle savedInstanceState) {
        return inflater.inflate(R.layout.content_layout,null);
    }
}
```

step 05 在主活动布局文件中引入各个 Fragment，具体代码如下：

```
<?xml version="1.0" encoding="utf-8"?>
<RelativeLayout
xmlns:android="http://schemas.android.com/apk/res/android"
    xmlns:tools="http://schemas.android.com/tools"
    android:layout_width="match_parent"
    android:layout_height="match_parent"
    xmlns:app="http://schemas.android.com/apk/res-auto"
    tools:context="com.example.test.fragment1.MainActivity">
    <fragment
        android:id="@+id/fragment_title"
```

```
            android:layout_width="match_parent"
            android:layout_height="50dp"
            android:name="com.example.test.fragment1.Fragment.titleFragment"/>
    <fragment
            android:layout_width="match_parent"
            android:layout_height="match_parent"
            android:id="@+id/fragment_Content"
            android:layout_below="@+id/fragment_title"

android:name="com.example.test.fragment1.Fragment.ContentFragment"/>
</RelativeLayout>
```

> **注意**：静态引入 Fragment 是通过<fragment>标签完成，name 属性需要完整的包名加类名。

step 06 为了达到整体效果，这里需要去除程序默认标题显示，可通过修改 AndroidManifest.xml 清单文件中的 theme 属性完成，具体代码如下：

```
android:theme="@style/Theme.AppCompat.DayNight.NoActionBar"
```

运行效果如图 17-3 所示。

17.1.3 动态实现 Fragment

虽然可以静态实现 Fragment，但是不够灵活，因为在实际应用中需要随时更新 Fragment，这样就涉及动态实现 Fragment。

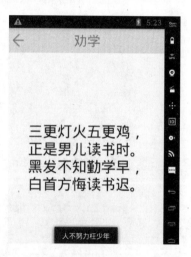

图 17-3 例 17-1 运行效果

1. 动态实现 Fragment 需要认识 Fragment 常用的三个类

- android.app.Fragment 类：主要用于定义 Fragment。
- android.app.FragmentManager 类：主要用于在 Activity 中操作 Fragment。
- android.app.FragmentTransaction 类：该类是事务类，增加、删除、替换 Fragment 都需要通过事务类来完成。

2. 获取 FragmentManage 的方式

(1) 普通包下通过 getFragmentManager()方法来获取。
(2) V4 兼容包下通过 getSupportFragmentManager()方法来获取。

3. FragmentTransaction 的操作方法

```
FragmentTransaction transaction = fm.benginTransaction();//开启一个事务
```

- transaction.add()：往活动中添加一个 Fragment。
- transaction.remove()：从活动中移除一个 Fragment，如果被移除的 Fragment 没有添加

到回退栈，这个 Fragment 实例将会被销毁。
- transaction.replace()：使用另一个 Fragment 替换当前的 Fragment。
- transaction.hide()：隐藏当前的 Fragment。
- transaction.show()：显示之前隐藏的 Fragment。
- detach()：真正移除视图，与 remove()方法不同，此时 Fragment 的状态依然由 FragmentManager 维护。
- attach()：重建 View 视图，附加到 UI 上并显示。
- transaction.commit()：提交事务。

使用 Fragment 可能会遇到 Activity 状态不一致：State loss 这样的错误。主要是因为，commit 方法一定要在 Activity.onSaveInstance()之前调用。

下面通过一个实例演示如何动态调用 Fragment。

【例 17-2】模拟微信切换页面。

创建一个新的 Module 并命名为"Fragment2"，创建三个 Fragment 及布局文件。由于三个 Fragment 及布局文件类似，这里只给出其中一个 Fragment 的代码，具体代码如下。

标题 Fragment 的代码：

```
public class Fragment1 extends Fragment{
    @Nullable
    @Override
    public View onCreateView(LayoutInflater inflater, @Nullable ViewGroup
        container, Bundle savedInstanceState) {
        return inflater.inflate(R.layout.layout_content1,null);
    }
}
```

标题布局文件的代码如下：

```xml
<?xml version="1.0" encoding="utf-8"?>
<RelativeLayout xmlns:android="http://schemas.android.com/apk/res/android"
    android:layout_width="match_parent"
    android:layout_height="match_parent">
    <TextView
        android:layout_width="match_parent"
        android:layout_height="match_parent"
        android:gravity="center"
        android:layout_centerInParent="true"
        android:textSize="20dp"
        android:text="提示消息\n 温馨提示您已欠费\n 请尽快选择充值"
        android:textColor="#aa0000"/>
</RelativeLayout>
```

主布局管理器的具体代码如下：

```xml
<?xml version="1.0" encoding="utf-8"?>
<RelativeLayout xmlns:android="http://schemas.android.com/apk/res/android"
    xmlns:tools="http://schemas.android.com/tools"
    android:layout_width="match_parent"
    android:layout_height="match_parent"
```

```xml
        tools:context="com.example.test.fragment2.MainActivity">
    <LinearLayout
        android:id="@+id/id_content_layout"
        android:layout_width="match_parent"
        android:layout_height="wrap_content"
        android:orientation="vertical">
    </LinearLayout>
    <LinearLayout
        android:id="@+id/id_bottom"
        android:layout_width="match_parent"
        android:layout_height="100dp"
        android:orientation="horizontal"
        android:background="#ffffff"
        android:layout_alignParentBottom="true">
        <RadioGroup
            android:id="@+id/rg_home"
            android:layout_width="match_parent"
            android:layout_height="match_parent"
            android:orientation="horizontal">
            <RadioButton
                android:id="@+id/rb1"
                android:layout_width="0dp"
                android:layout_height="wrap_content"
                android:layout_weight="1"
                android:layout_gravity="center"
                android:button="@null"
                android:drawableTop="@drawable/s1"
                android:drawablePadding="10dp"
                android:text="消息"
                android:textColor="#b3b3b3"
                android:textSize="15sp"
                android:gravity="center" />
            <RadioButton
                android:id="@+id/rb2"
                android:layout_width="0dp"
                android:layout_height="wrap_content"
                android:layout_weight="1"
                android:layout_gravity="center"
                android:button="@null"
                android:drawableTop="@drawable/s2"
                android:drawablePadding="10dp"
                android:text="好友"
                android:textColor="#b3b3b3"
                android:textSize="15sp"
                android:gravity="center" />
            <RadioButton
                android:id="@+id/rb3"
                android:layout_width="0dp"
                android:layout_height="wrap_content"
                android:layout_weight="1"
                android:layout_gravity="center"
                android:button="@null"
                android:drawableTop="@drawable/s3"
                android:drawablePadding="10dp"
```

```xml
            android:text="设置"
            android:textColor="#b3b3b3"
            android:textSize="15sp"
            android:gravity="center" />
    </RadioGroup>
   </LinearLayout>
</RelativeLayout>
```

主活动中的代码如下：

```java
public class MainActivity extends AppCompatActivity implements
View.OnClickListener{
    private FragmentManager mManager;//创建 Fragment 管理器
    private FragmentTransaction mTransaction;//创建事务对象
    private RadioButton btn1;//定义单选按钮对象
    private RadioButton btn2;//定义单选按钮对象
    private RadioButton btn3;//定义单选按钮对象
    @Override
    protected void onCreate(Bundle savedInstanceState) {
        super.onCreate(savedInstanceState);
        setContentView(R.layout.activity_main);
        mManager = getFragmentManager();//获取管理器
        mTransaction = mManager.beginTransaction();//初始化事务
        //增加 Fragment 到布局中
        mTransaction.add(R.id.id_content_layout,new Fragment1());
        mTransaction.commit();//提交事务
        initView();//初始化视图函数
    }
    private void initView() {
        btn1 = findViewById(R.id.rb1);//绑定组件与对象
        btn2 = findViewById(R.id.rb2);
        btn3 = findViewById(R.id.rb3);
        btn1.setOnClickListener(this);//设置监听事件
        btn2.setOnClickListener(this);
        btn3.setOnClickListener(this);
    }
    @Override
    public void onClick(View v) {
        mTransaction = mManager.beginTransaction();//获取事务
        switch (v.getId())
        {
            case R.id.rb1://选择第一个按钮实现插入第一个 Fragment
                mTransaction.replace(R.id.id_content_layout,new Fragment1());
                break;
            case R.id.rb2://选择第二个按钮实现插入第二个 Fragment
                mTransaction.replace(R.id.id_content_layout,new Fragment2());
                break;
            case R.id.rb3://选择第三个按钮实现插入第三个 Fragment
                mTransaction.replace(R.id.id_content_layout,new Fragment3());
                break;
        }
        mTransaction.commit();//提交事务
    }
}
```

以上代码创建了三个 Fragment，通过 17.1.2 节静态加载的内容相信大家对如何创建 Fragment 已经非常熟悉，由于选项显示具有互斥的特性，所以这里选取单选按钮作为选项，分别选择不同的单选按钮时动态替换 Fragment。

运行结果如图 17-4 所示，分别为消息、好友、设置的界面。

图 17-4　例 17-2 运行效果

17.2　Fragment 与 Activity

Fragment 与 Activity 是密不可分的，所以深入研究 Fragment 需要从 Fragment 与 Activity 的关系开始。本节研究 Fragment 与 Activity 的生命周期及交互。

17.2.1　Fragment 的生命周期

研究 Fragment 与 Activity 的生命周期是非常有必要的，这样有助于理解 Fragment 运行时的各种状态，为后面学习 Fragment 与 Activity 的数据交互奠定基础。

这里创建一个简单的应用程序，通过两个标签动态载入两个 Fragment，重写 Fragment 与 Activity 的重要回调方法，并使用 Log.i()方法打印日志。Fragment 的具体代码如下：

```
public class Fragment_tab1 extends Fragment {
    @Override
    public void onAttach(Context context) {//与活动进行关联
        Log.i("tag", "---------Fragment_tab1--onAttach-------");
        super.onAttach(context);
    }
    @Override//创建 Fragment 时调用
    public void onCreate(@Nullable Bundle savedInstanceState) {
        Log.i("tag", "---------Fragment_tab1--onCreate-------");
        super.onCreate(savedInstanceState);
    }
    @Nullable
```

```java
    @Override//第一次初始化视图时调用
    public View onCreateView(LayoutInflater inflater, @Nullable ViewGroup container, Bundle savedInstanceState) {
        Log.i("tag", "---------Fragment_tab1--onCreateView-------");
        View view = inflater.inflate(R.layout.layout_content1, null);
        return view;
    }
    @Override//视图进行创建时调用
    public void onActivityCreated(@Nullable Bundle savedInstanceState) {
        Log.i("tag", "---------Fragment_tab1--onActivityCreated-------");
        super.onActivityCreated(savedInstanceState);
    }
    @Override//启动 Fragment 时调用
    public void onStart() {
        Log.i("tag", "---------Fragment_tab1--onStart-------");
        super.onStart();
    }
    @Override//
    public void onResume() {
        Log.i("tag", "---------Fragment_tab1--onResume-------");
        super.onResume();
    }
    @Override
    public void onPause() {
        Log.i("tag", "---------Fragment_tab1--onPause-------");
        super.onPause();
    }
    @Override//Fragment 停止时调用
    public void onStop() {
        Log.i("tag", "---------Fragment_tab1--onStop-------");
        super.onStop();
    }
    @Override//视图被销毁时调用
    public void onDestroyView() {
        Log.i("tag", "---------Fragment_tab1--onDestroyView-------");
        super.onDestroyView();
    }
    @Override//Fragment 被销毁时调用
    public void onDestroy() {
        Log.i("tag", "---------Fragment_tab1--onDestroy-------");
        super.onDestroy();
    }
    @Override//解除与活动的关联
    public void onDetach() {
        Log.i("tag", "---------Fragment_tab1--onDetach-------");
        super.onDetach();
    }
}
```

主活动中的代码如下：

```java
public class MainActivity extends AppCompatActivity implements View.OnClickListener{
    private FragmentManager mManager;//创建 Fragment 管理器
```

```java
    private FragmentTransaction mTransaction;//创建事务
    private Button btn1;//创建按钮对象
    private Button btn2;//创建按钮对象
    @Override
    protected void onCreate(Bundle savedInstanceState) {
        Log.i("tag","-------MainActivity--onCreate-------");
        super.onCreate(savedInstanceState);
        setContentView(R.layout.activity_main);
        mManager = getFragmentManager();//初始化管理器
        mTransaction = mManager.beginTransaction();//初始化事务
        //加入Fragment视图
        mTransaction.add(R.id.id_content,new Fragment_tab1());
        mTransaction.commit();//提交事务
        btn1 = findViewById(R.id.btn1);//绑定按钮组件
        btn2 = findViewById(R.id.btn2);
        btn1.setOnClickListener(this);//设定监听事件
        btn2.setOnClickListener(this);
    }
    @Override
    public void onClick(View v) {
        mTransaction = mManager.beginTransaction();
        switch (v.getId())
        {
            case R.id.btn1:
                mTransaction.replace(R.id.id_content,new Fragment_tab1());
                break;
            case R.id.btn2:
                mTransaction.replace(R.id.id_content,new Fragment_tab2());
                break;
        }
        mTransaction.commit();
    }
    @Override
    protected void onResume() {
        Log.i("tag","-------MainActivity--onResume-------");
        super.onResume();
    }
    @Override
    protected void onPause() {
        Log.i("tag","-------MainActivity--onPause-------");
        super.onPause();
    }
    @Override
    protected void onStart() {
        Log.i("tag","-------MainActivity--onStart-------");
        super.onStart();
    }
    @Override
    protected void onStop() {
        Log.i("tag","-------MainActivity--onStop-------");
        super.onStop();
    }
    @Override
    protected void onDestroy() {
```

```
        Log.i("tag","-------MainActivity--onDestroy-------");
        super.onDestroy();
    }
}
```

当程序启动时查看日志信息，如图 17-5 所示。

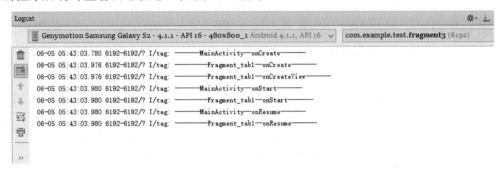

图 17-5　日志信息(1)

通过图 17-5 可以清晰地了解到，程序运行的流程：

主活动创建→Fragment 创建→Fragment 初始化视图→主活动启动→Fragment 启动→主活动获得焦点→Fragment 获得焦点。

当程序被暂停时的流程如图 17-6 所示。

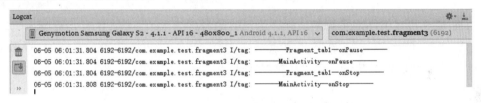

图 17-6　日志信息(2)

通过图 17-6 可以清晰地了解到，程序被暂停时的流程如下：

Fragment 暂停→主活动暂停→Fragment 停止→主活动停止。

当暂停中的程序再次被唤起时的流程如图 17-7 所示。

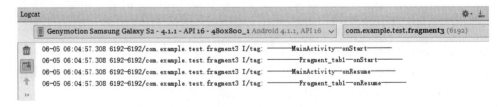

图 17-7　日志信息(3)

通过图 17-7 可以清晰地了解到，暂停中的程序再次获得焦点时的流程如下：

主活动启动→Fragment 启动→主活动获得焦点→Fragment 获得焦点。

当多个 Fragment 进行切换时的流程如图 17-8 所示。

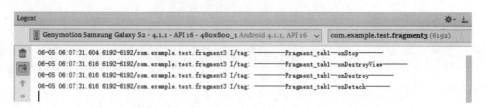

图 17-8 日志信息(4)

通过图 17-8 可以清晰地了解到，多个 Fragment 进行切换时的流程如下：
Fragment 停止→销毁视图→销毁→解除与活动的关联。
当程序退出时的流程如图 17-9 所示。

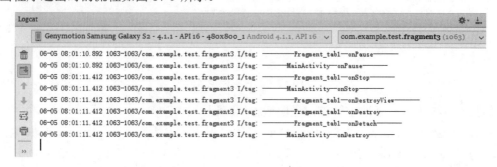

图 17-9 日志信息(5)

通过图 17-9 可以清晰地了解到，程序退出时的流程如下：
Fragment 暂停→主活动暂停→Fragment 停止→主活动停止→Fragment 销毁视图→ Fragment 销毁→Fragment 解除关联→主活动销毁。

17.2.2 Activity 向 Fragment 传值

Activity 与 Fragment 是密不可分的，在实际开发中需要通过 Activity 向 Fragment 进行传值。本节详细讲解如何通过 Activity 向 Fragment 进行传值。

Activity 与 Fragment 的传值主要通过 Bundle 对象。Fragment 中提供了 setArguments()方法用于提交一个 Bundle 对象，还提供了 getArguments()方法用于获取 Bundle 对象。

下面通过一个实例演示 Activity 向 Fragment 传值。

【例 17-3】Activity 向 Fragment 传值。

创建一个新的 Module 并命名为"ActivityToFragment"。如何创建 Fragment 相信大家已经很熟悉了，这里只给出具体实现代码。Fragment 的具体代码如下：

```
public class FragmentContent extends Fragment{
    @Nullable
    @Override
    public View onCreateView(LayoutInflater inflater, @Nullable ViewGroup container, Bundle savedInstanceState) {
        //将 XML 文件转换成 View 对象
        View view = inflater.inflate(R.layout.layout_content,null);
        TextView tv = view.findViewById(R.id.tv);//创建并绑定文本框控件
        Bundle bundle = getArguments();//获取 Bundle 对象
```

```
        if(bundle!=null)//判断是否有数据到来
        {
            String str = bundle.getString("info");//取出数据
            tv.setText(str);//显示数据
        }
        return view;//返回视图对象
    }
}
```

主活动中的具体代码如下:

```
public class MainActivity extends AppCompatActivity {
    private EditText edit;//创建编辑框控件
    private FragmentManager mManager;//创建Fragment管理器
    private FragmentTransaction mTransaction;//创建Fragment事务
    @Override
    protected void onCreate(Bundle savedInstanceState) {
        super.onCreate(savedInstanceState);
        setContentView(R.layout.activity_main);
        edit = findViewById(R.id.edit);//绑定编辑框控件
        mManager = getFragmentManager();//获取Fragment管理器
        mTransaction = mManager.beginTransaction();//初始化事务
        //将Fragment加入Activity中
        mTransaction.add(R.id.ContentLayout,new FragmentContent());
        mTransaction.commit();//提交事务
    }
    public void SendTo(View v)
    {//获取输入文本并去除空格
        String str = edit.getText().toString().trim();
        Bundle bundle = new Bundle();//创建Bundle对象
        bundle.putString("info",str);//将数据存入Bundle对象
        //创建一个Fragment对象并实例化
        FragmentContent content = new FragmentContent();
        content.setArguments(bundle);//将Bundle对象传入
        mManager = getFragmentManager();
        mTransaction = mManager.beginTransaction();
        mTransaction.replace(R.id.ContentLayout,content);
        mTransaction.commit();
    }
}
```

以上代码实现了 Activity 向 Fragment 传输数据的演示,其中通过 Bundle 对象存储传输数据,由 Fragment 自带的 setArguments()方法提交 Bundle 对象,再由 Fragment 的 getArguments()方法获取 Bundle 对象来获取数据。

运行效果如图 17-10 所示。

图 17-10 例 17-3 运行效果

17.2.3 Fragment 向 Activity 传值

学完了 Activity 向 Fragment 的传值,自然要研究 Fragment 如何向 Activity 进行传值。

Fragment 向 Activity 传值需要以下 4 个步骤。
(1) 在 Fragment 中写一个回调接口。
(2) 在 Activity 中实现这个回调接口。
(3) 在 Fragment 中用 onAttach 或者 onCreate 方法得到 Activity 中实现的实例化接口对象。
(4) 用接口的对象进行传值。

下面就通过一个实例演示如何实现 Fragment 向 Activity 传值。

【例 17-4】Fragment 向 Activity 传值。

创建一个新的 Module 并命名为"FragmentToActivity"，这里只给出具体的实现代码。
Fragment 的具体代码如下：

```java
public class FragmentCont extends Fragment {
    private EditText edit;//创建编辑框对象
    private Button btn;//创建按钮对象
    private MyListener listener;//创建一个接口对象
    @Override//在 onCreate 方法中实例化接口对象
    public void onCreate(@Nullable Bundle savedInstanceState) {
        super.onCreate(savedInstanceState);
        //获取当前 Fragment 的 Activity, Activity 实现了这个接口
        listener = (MyListener) getActivity();//实例化接口对象
    }
    @Nullable
    @Override
    public View onCreateView(LayoutInflater inflater, @Nullable ViewGroup
        container, Bundle savedInstanceState) {
        //将 XML 文件转换成 View 视图
        View view = inflater.inflate(R.layout.layout_content,null);
        edit = view.findViewById(R.id.edit);//绑定编辑框
        btn = view.findViewById(R.id.btn_ok);//绑定按钮
        btn.setOnClickListener(new View.OnClickListener() {
            @Override
            public void onClick(View v) {
                //获取编辑框数据
                String str = edit.getText().toString().trim();
                listener.SendMessage(str);//将输入传入回调函数
            }
        });
        return view;
    }
    //定义回调接口，在接口中定义回传数据的方法
    public interface MyListener {
        public void SendMessage(String str);//接口中的回调方法
    }
}
```

主活动中的具体代码如下：

```java
public class MainActivity extends AppCompatActivity implements
FragmentCont.MyListener{
    private FragmentManager mManager;//定义 Fragment 管理器
    private FragmentTransaction mTransaction;//定义 Fragment 事务
    private TextView tv;//定时文本框控件
```

```
@Override
protected void onCreate(Bundle savedInstanceState) {
    super.onCreate(savedInstanceState);
    setContentView(R.layout.activity_main);
    tv = findViewById(R.id.tv);//绑定文本框
    mManager = getFragmentManager();//获取 Fragment 管理器
    mTransaction = mManager.beginTransaction();//获取 Fragment 事务
    //增加 Fragment 视图到 Activity 布局
    mTransaction.add(R.id.ContentLayout,new FragmentCont());
    mTransaction.commit();//提交事务
}
@Override
public void SendMessage(String str) {
    //判断回调中的数据不为空也不为空格
    if(str != null && !" ".equals(str))
    {
        tv.setText(str);//显示数据
    }
}
}
```

以上代码实现了 Fragment 向 Activity 传送数据，主要通过 Fragment 的回调接口实现数据回传，Activity 实现接口通过接口获取数据，这里需要注意接口实例化以及实例化的时机。

运行结果如图 17-11 所示。

17.2.4 Fragment 与 Fragment 之间的传值

研究完 Fragment 与 Activity 之间的数据交互，本小节来详细讲解 Fragment 与 Fragment 之间的数据传输。

Fragment 与 Fragment 之间的数据传输有以下三种方式。

图 17-11 例 17-4 运行效果

（1）在接收数据 Fragment 中设置响应的接收方法，调用 FindFragmentById()方法，通过 ID 获取 Fragment 对象，通过对象调用自己的方法实现数据传送。

（2）调用 FindFragmentById()，通过 ID 获取具体的 Fragment 对象，再通过 Fragment 对象获取具体的控件，直接操作控件达到传送数据的目的。

（3）由于 Fragment 是静态引入的，所以在主活动中 Fragment 可以被视为一个控件，在 Fragment 中调用 getActivity()方法获取主活动，再通过主活动调用 findViewById()获取具体控件，以达到传送数据的目的。

下面通过一个具体实例演示 Fragment 之间的数据传输。

【例 17-5】Fragment 向 Fragment 传值。

创建一个新的 Module 并命名为"FragmentToFragment"，定义一个顶部 Fragment 和一个底部 Fragment，这里只给出具体实现代码：

```java
public class FragmentTop extends Fragment{
    private EditText edit;
    private Button btn;
    @Nullable
    @Override
    public View onCreateView(LayoutInflater inflater, @Nullable ViewGroup
        container, Bundle savedInstanceState) {
        View view = inflater.inflate(R.layout.layout_top,null);
        edit = view.findViewById(R.id.edit);
        btn = view.findViewById(R.id.btn_ok);
        btn.setOnClickListener(new View.OnClickListener() {
            @Override
            public void onClick(View v) {
                String str = edit.getText().toString().trim();//获取编辑框数据
     /*方式一：调用FindFragmentById，通过ID获取具体的Fragment对象
                FragmentBottom mFbottom = (FragmentBottom) getFragmentManager()
                    .findFragmentById(R.id.id_BottomFragment);
                mFbottom.setText(str);//设置文本*/
     /*方式二：先调用FindFragmentById，通过ID获取具体的Fragment对象,
      * 再通过Fragment对象获取具体的控件，直接操作控件
                TextView tv = getFragmentManager()
                    .findFragmentById(R.id.id_BottomFragment)
                    .getActivity().findViewById(R.id.tv);
                tv.setText(str);//设置文本*/
      /*方式三：先调用getActivity获取主活动，再获取具体控件。*/
                TextView tv = getActivity().findViewById(R.id.tv);
                tv.setText(str);
            }
        });
        return view;
    }
}
```

底部 Fragment 的具体代码如下：

```java
public class FragmentBottom extends Fragment{
    private TextView tv;
    @Nullable
    @Override
    public View onCreateView(LayoutInflater inflater, @Nullable ViewGroup
        container, Bundle savedInstanceState) {
        View view = inflater.inflate(R.layout.layout_bottom,null);
        tv = view.findViewById(R.id.tv);
        return view;
    }
    //定义一个设置显示文本的方法，该方法在第一种方式传值时使用
    public void setText(String str)
    {
        tv.setText(str);//显示文本
    }
}
```

以上代码通过三种不同方式实现了 Fragment 之间的数据传输，主要是对 Fragment 对象与 Fragment 对象关系的理解与灵活运用，通过 FindFragmentById()方法获取具体的 Fragment 对象，或者直接获取主活动对象进行操作。

运行结果如图 17-12 所示。

图 17-12　例 17-5 运行效果

17.3　Fragment 的两个子类

为了更加方便开发人员使用 Fragment，Android 工程师提供了两个比较实用的 Fragment 子类，分别是 ListFragment 类和 DialogFragment 类，本节将详细讲解这两个子类。

17.3.1　ListFragment

ListFragment 继承于 Fragment，它除了具有 Fragment 的特性外，内部还封装了一个 ListView 组件，也是为了使页面设计更加灵活。

ListFragment 的布局默认包含一个 ListView，所以在 ListFragment 对应的布局文件中，必须指定一个 android:id 为 "@android:id/list" 的 ListView 控件。

注意

这里的 id 是固定格式，如果不这样书写会报错。

使用 ListFragment 时，需要创建一个继承自 ListFragment 的子类，而不是继承自 Fragment 的子类。这里需要注意，在绑定数据时与使用 ListView 不同，必须通过 ListFragment.setListAdapter()接口来绑定数据，而不是使用 ListView.setAdapter()或其他方法。

下面通过一个实例演示如何使用 ListFragment。

【例 17-6】ListFragment 的使用。

创建一个新的 Module 并命名为 "ListFragment"。创建一个继承自 ListFragment 的 ListFragmentTest 类，类中的具体代码如下：

```
public class ListFragmentTest extends ListFragment{
    private List<String> arr;//创建一个list对象
    @Override
    public View onCreateView(LayoutInflater inflater, ViewGroup container,
        Bundle savedInstanceState) {
        View view =inflater.inflate(R.layout.layout_content,null);
        arr = new ArrayList<>();//创建一个数组list
        for(int i=0;i<20;i++)
        {
            arr.add("内容"+i);//增加内容
        }
        //创建并初始化适配器
        ArrayAdapter adapter = new ArrayAdapter(getActivity(),
```

```
                android.R.layout.simple_list_item_1,arr);
        setListAdapter(adapter);//设置适配器
        return view;
    }
    @Override//重写onListItemClick()方法，若某一具体项被单击，即可做出响应
    public void onListItemClick(ListView l, View v, int position, long id) {
        //当具体项被单击后做出提示
        Toast.makeText(getActivity(),"您单击了"+arr.get(position),
            Toast.LENGTH_SHORT).show();
    }
}
```

其布局文件中的代码如下：

```
<?xml version="1.0" encoding="utf-8"?>
<LinearLayout xmlns:android="http://schemas.android.com/apk/res/android"
    android:layout_width="match_parent"
    android:layout_height="match_parent">
    <ListView
        android:id="@+id/android:list"
        android:layout_width="match_parent"
        android:layout_height="match_parent"/>
</LinearLayout>
```

以上代码实现了一个 ListFragment 的具体使用，布局文件中需要引入一个 ListView 组件，数据绑定时直接通过 setListAdapter()方法进行设置，单击事件的获取也有所改变，重写 onListItemClick()方法即可。

运行结果如图 17-13 所示。

17.3.2 DialogFragment

DialogFragment 是一种特殊的 Fragment，用于在 Activity 的内容之上展示一个模态对话框，典型应用有：展示警告框、输入框、确认框等。

图 17-13 例 17-6 运行效果

使用 DialogFragment 来管理对话框，当旋转屏幕和按下后退键时可以更好地管理其生命周期，DialogFragment 允许开发者把 Dialog 作为内嵌的组件进行重用，类似 Fragment(可以在大屏幕和小屏幕上显示出不同的效果)。使用 DialogFragment 至少需要实现 onCreateView() 方法或者 onCreateDialog()方法，onCreateView()方法是通过 XML 文件的形式展示一个对话框，onCreateDialog()方法则是利用 AlertDialog 或者 Dialog 创建出对话框。

下面通过一个实例演示如何使用 DialogFragment。

【例 17-7】DialogFragment 的使用。

创建一个新的 Module 并命名为"DialogFragment"。创建一个 MyDialog 类继承自 DialogFragment，类中的具体代码如下：

```java
public class MyDialog extends DialogFragment{
    @Override//重写创建对话框方法
    public Dialog onCreateDialog(Bundle savedInstanceState) {
        AlertDialog.Builder builder= new AlertDialog.Builder(getActivity());
        builder.setTitle("提示");//设置标题
        builder.setMessage("你确定要退出吗！");//设置具体消息
        builder.setIcon(R.mipmap.ic_launcher);//设置图标
        builder.setPositiveButton("确定", new DialogInterface.OnClickListener() {
            @Override
            public void onClick(DialogInterface dialog, int which) {
                //这里处理单击后的逻辑
            }
        });
        builder.setNegativeButton("取消",null);
        return builder.create();//将构建的对话框返回
    }
}
```

主活动中的代码如下：

```java
public class MainActivity extends AppCompatActivity {
    @Override
    protected void onCreate(Bundle savedInstanceState) {
        super.onCreate(savedInstanceState);
        setContentView(R.layout.activity_main);
        Button btn = findViewById(R.id.btn);//创建并绑定按钮控件
        btn.setOnClickListener(new View.OnClickListener() {
            @Override
            public void onClick(View v) {
                MyDialog dialog = new MyDialog();//创建新的DialogFragment对象
//调用show方法显示，第一个参数是Fragment管理器，第二个参数是tag，类似于ID
                dialog.show(getFragmentManager(),"Dialog");//显示对话框
            }
        });
    }
}
```

以上代码实现 DialogFragment 类的实例，通过继承 DialogFragment 类并重写 onCreateDialog()方法创建一个对话框，在主活动中调用时与普通对话框也不相同。

运行效果如图 17-14 所示。

图 17-14　例 17-7 运行效果

17.4　大神解惑

小白：Fragment 的出现解决了什么样的问题？
大神：解决了 Activity 操作不够灵活，对屏幕大小兼容不好的问题。
小白：静态加载 Fragment 时程序崩溃。
大神：在布局中静态加载 Fragment 时必须设置 id，无论是否有用。否则在布局被加载时会崩溃，因为在重启 Activity 时，系统需要使用该标识符来恢复 Fragment。

17.5　跟我学上机

练习 1：分别用静态和动态方式创建一个 Fragment 的实例。
练习 2：将 Fragment 中生命周期的方法做好标记，通过 Log 日志查看运行时机。
练习 3：创建一个工程，实现 Fragment 与 Activity 之间的数据传输。
练习 4：创建一个工程，分别使用三种不同的方式，实现 Fragment 之间的数据传输。
练习 5：创建一个工程，分别实现 Fragment 的两个子类，对比与 ListView、Dialog 之间的区别。

第 18 章

Android 开发的技巧与调试

如何快速开发一款应用程序,并在出现问题时找到问题所在,这便是本章研究的重点。本章将学习 Android Studio 的一些高级使用技巧,以及如何快速定位程序问题点。

本章要点(已掌握的在方框中打钩)

- ☐ 掌握 Log 类的快捷键
- ☐ 掌握程序开发中常用的快捷键
- ☐ 掌握调试中如何设置断点
- ☐ 掌握 DDMS 工具的使用

18.1 快捷键的使用

Android Studio 是一个非常强大的 IDE 开发工具，它提供了非常多的快捷键，熟练地使用这些快捷键可以大大提高开发人员的开发速度。

18.1.1 Log 类快捷键

在 Android 的开发过程中，打印日志是一个不可或缺的功能，这些日志用于记录数据、调试信息等。一个优秀的程序员不仅能够快速地开发程序，更能快速地解决问题、调试 bug，而打印日志便是快速开发的一个小技能。

Android 中提供了一个 Log 类，这个类提供了 5 个不同级别的日志打印方法，它们各有不同的重载，不仅功能很强大，而且还非常容易上手。

Log 类的 5 个常用方法如下。

- v(String,String) (verbose)：用于显示全部信息。
- d(String,String)(debug)：用于显示调试信息。
- i(String,String)(information)：用于显示一般信息。
- w(String,String)(warning)：用于显示警告信息。
- e(String,String)(error)：用于显示错误信息。

它们的第一个参数是一个 TAG(标记)，这个标记主要是开发人员自己查看，可以随意定义，在实际开发中需要打印时，可以提前定义一个 TAG，也可以使用 logt 快捷方式。

例如：在主活动中输入 logt 并按 Enter 键，系统会自动补全代码，具体代码如下：

```
private static final String TAG = "MainActivity";//自动补全代码会以当前活动名作为标记
```

打印日志的其他快捷方式如下。

logd 补全后的代码如下：

```
Log.d(TAG, "onCreate: ");
```

logi 补全后的代码如下：

```
Log.i(TAG, "onCreate: ");
```

logw 补全后的代码如下：

```
Log.w(TAG, "onCreate: ", );
```

loge 补全后的代码如下：

```
Log.e(TAG, "onCreate: ", );
```

如果需要打印传入本方法中参数的内容，可以使用 logd，补全后的代码如下：

```
Log.d(TAG, "onCreate() called with: savedInstanceState = [" + savedInstanceState + "]");
```

系统将会自动补全代码及其参数并一同打印。

熟练使用这些快捷方式可以大大提高开发效率。

18.1.2 开发快捷键

Android Studio 工具本身支持不同的操作风格，这些快捷键可以通过选择 File→Setting 菜单命令，在打开的 Settings 对话框中找到 Keymap 选项来查看，如图 18-1 所示。

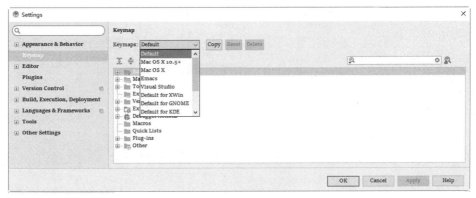

图 18-1 快捷键设置

从图 18-1 中可以看到，在 Keymaps 下拉列表中有支持多种不同平台的快捷键操作，当然也可以根据自己的需要进行个性化定制，在下面的树形控件中选择设置即可。

1. 常用操作技巧

1) 书签(Bookmarks)

这是一个很有用的功能，可以在必要的地方设置标记，方便后面再跳转到此处。

通过菜单中的 Navigate→Bookmarks 命令可以打开书签操作菜单，如图 18-2 所示。

选中需要书签的代码，通过快捷键 F11 可以添加或删除书签，添加时代码行号处会出现一个对号标记，如图 18-3 所示。

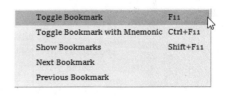

图 18-2 书签操作菜单

如果需要添加带标记书签，可以使用快捷键 Ctrl+F11，此时书签图标将换成设定的标记，如图 18-4 所示。

图 18-3 书签图标

图 18-4 带标记书签

如果需要显示出所有书签，可以按快捷键 Shift+F11，此时会打开一个书签列表面板，如图 18-5 所示。

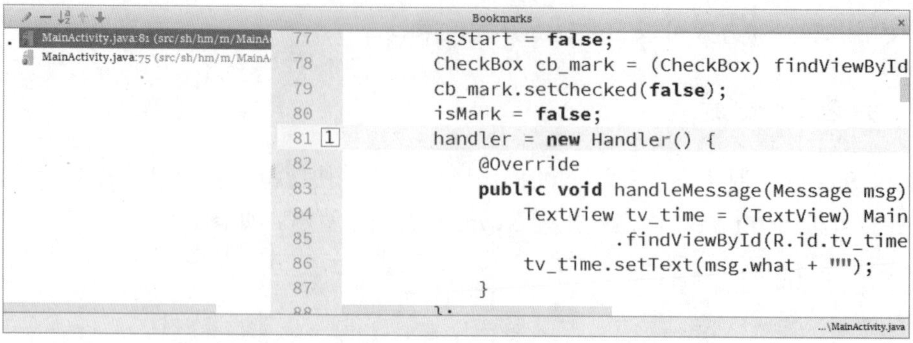

图18-5 书签列表面板

如果是带标记的书签,可以使用快捷键"Ctrl+标记"快速跳转到标记处,比如输入"Ctrl+1",即可跳转到标记为1的书签处。

2) 快速隐藏或展开所有窗口

在实际开发中,如果代码过长,可以使用快捷键 Ctrl+Shift+F12 隐藏或展开其他非代码窗口。

3) 隐藏与打开工程管理窗口

使用快捷键 Alt+1 可以打开或隐藏工程管理窗口,方便全屏显示代码。

注意

这个是数字键"1",不是字母键"L",注意区分,另外,这个键不能使用小键盘上的数字键。

4) 高亮显示

如果需要查看某个变量或函数在代码中的位置,按组合键 Ctrl+Shift+F7 并输入查找内容,代码区中会对查找的变量或函数进行高亮显示,如图18-6所示。

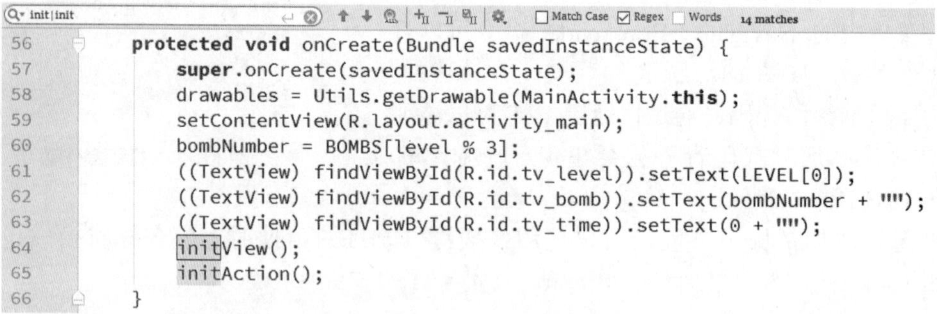

图18-6 高亮显示变量或函数

5) 返回之前操作的窗口

实际开发中需要在 Android Studio 的各个窗口间进行切换,如果需要返回之前操作过的窗口,按快捷键 F12 即可。

6) 返回上一次编辑的位置

同返回上一个窗口类似,当需要返回上一次编写代码的位置时,可以按组合键 Ctrl+Shift+BackSpace。

7) 在方法和内部类之间跳转

如果需要在方法或内部类之间进行跳转，可以使用快捷键 Alt+Up/Down。

8) 定位到父类

如果需要查看该类的父类，可以按快捷键 Ctrl+U。

9) 快速查找一个类

当工程中有多个类时，可以使用快捷键 Ctrl+N 快速查找到类。

10) 快速查找某个文件

如果需要在工程中查找某个具体文件，可以使用快捷键 Ctrl+Shift+n。

11) 快速查看定义

在代码中如果需要查看一个方法或者类的具体声明，可以按快捷键 Ctrl+Shift+I，在当前位置开启一个窗口来查看声明，如图 18-7 所示。

12) 最近访问文件列表

通过快捷键 Ctrl+E 可以打开一个最近访问文件的列表，如图 18-8 所示。

图 18-7　查看声明　　　　　　　　　图 18-8　最近访问文件列表

13) 布局文件与活动文件切换

在实际开发中，需要在布局文件与活动文件之间来回切换。在布局代码行号中有一个图标，如图 18-9 所示，单击即可切换至活动文件，同样在活动文件中也提供了相应的图标，如图 18-10 所示，单击即可切换至布局文件。

图 18-9　切换至活动　　　　　　　　　图 18-10　切换至布局

14) 扩大/缩小选择

在代码编辑中，如果需要选中一块代码，可以按快捷键 Ctrl+W，不断地使用会发现选中的区域会不断扩大。如果需要缩小选中区域，可以按快捷键 Ctrl+Shift+W。

15) 文件结构窗口

使用快捷键 Ctrl+F12 可以打开类中的所有方法，如图 18-11 所示。

同时在输入字符的时候可以用驼峰风格来过滤选项。比如输入"onCr"会找到 onCreate。还可以通过勾选多选框来决定是否显示匿名类。这在某些情况下很有用，比如想跳转到一个 OnClickListener 的 onClick 方法。

16) 快速切换打开的文件

通过快捷键"Alt+方向左右键"，可以在打开的文件中快速切换。

17) 切换器(Switcher)

与快速切换文件不同，切换器除切换文件外还可以切换不同的窗口，如图 18-12 所示，操作切换器的快捷键为 Ctrl+Tab。

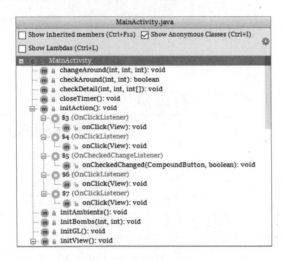

图 18-11　文件结构窗口　　　　　　　　　图 18-12　切换器

2. 编码技巧

1) 语句补全

这个方法将会生成缺失的代码来补全语句，例如：

在行末添加一个分号，即使光标不在行末；

为 if、while、for 语句生成圆括号和大括号。

此方法的快捷键为 Ctrl+Shift+Enter，如果一个语句已经补全，当执行该操作时，则会直接跳到下一行，即使光标不在当前行的行末。

2) 删除行(Delete Line)

如果没选中，则删除光标所在行，如果选中，则会删除选中的所有行，此方法的快捷键为 Ctrl+Y。

3) 行复制(Duplicate Line)

复制当前行，并粘贴到下一行，这个操作不会影响剪贴板的内容。这个命令与移动行快捷键配合使用非常有用，此方法的快捷键为 Ctrl+D。

4) 剪切选中行代码

通过快捷键 Ctrl+X 可以将选中的代码剪切至剪贴板，这个操作同操作系统的剪切操作相同。

5) 粘贴剪贴板中内容

通过快捷键 Ctrl+V 可以将剪贴板的内容粘贴至光标位置处。

6) 代码移动

通过快捷键"Ctrl+Shift+光标的上下键",可以将光标所在行代码移动到上面或下面。

7) 使用 Enter 键和 Tab 键进行代码补全的差别

在实际编程中需要补全代码时,可以使用 Enter 键或 Tab 键来进行补全操作,但是两者是有差别的。

Enter 键:从光标处插入补全的代码,仅做补全处理,对原来的代码不做任何操作。

Tab 键:从光标处插入补全的代码,并删除后面的代码,直到遇到点号、圆括号、分号或空格为止。

8) 抽取方法(Extract Method)

在实际开发中,如果某一方法里面过于复杂或代码重复,可以将某一段代码抽取成单独的方法。抽取方法时使用快捷键 Ctrl+Alt+M,使用时会弹出一个抽取方法对话框,输入方法名即可完成抽取,实际开发中该技巧非常有用。抽取方法对话框如图 18-13 所示。

9) 抽取参数(Extract Parameter)

在实际开发中,如果需要通过抽取参数来优化某个方法时,可以使用快捷键 Ctrl+Alt+P。该操作会将当前值作为一个新方法的参数,将旧的值放到方法调用的地方,作为传进来的参数,通过勾选 delegate,可以保持旧的方法,重载生成一个新方法。

10) 抽取变量(Extract Variable)

在实际编程中如果没有写变量声明,而直接写值的时候,可以通过快捷键 Ctrl+Alt+V 完成变量抽取,这是一个方便生成变量声明的操作,同时还会给出一个建议的变量命名,不同于补全代码,如图 18-14 所示。当需要改变变量声明的类型时,例如使用 List 替代 ArrayList,可以按 Shift+Tab 快捷键,就会显示所有可用的变量类型。

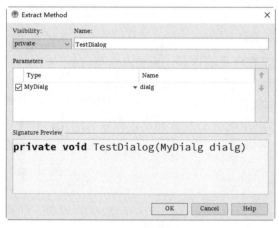

图 18-13 抽取方法对话框

图 18-14 抽取变量

11) 抽取变量为全局变量

如果实际开发中设计的变量权限过低,需要改变变量为全局变量时,可以使用快捷键 Ctrl+Alt+F,将局部变量抽取成全局变量。

12) 内置(Inline)

这是一个同抽取相反的操作，当实际代码过于复杂或者重载方法过多时，可以使用快捷键 Ctrl+Alt+N 进行内置操作，该操作对方法、字段、参数和变量均有效。

13) 合并行和文本(Join Lines and Literals)

这个操作比起在行末按删除键更加智能，该操作遵守格式化规则，同时：合并两行注释并移除多余的//；合并多行字符串，移除+和双引号；合并字段的声明和初始化赋值。该方法的快捷键是 Ctrl+Shift+J。

14) 内置模板代码

Android Studio 本身提供了非常多的模板代码，通过调用这些模板代码可以减少代码的书写量。在输入代码前按下 Ctrl+j 快捷键，会出现很多模板选项，如图 18-15 所示。

选择 fbc 选项将会生成一个 findViewById(R.id.) 模板，方便初始化控件。

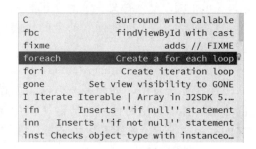

图 18-15　模板代码

选择 ifn 选项，将是一个空校验模板 if(==null)，对应的 inn 选项是一个非空校验模板 if(!=null)。

选择 foreach 选项会自动生成一个 foreach 循环模板，选择 fori 选项则会生成包含变量 i 的一个 for 循环。

其中还包含打印 Toast 的方法，按下 Ctrl+j 快捷键后再输入 Toast 会自动生成模板代码，如下：

```
Toast.makeText(MainActivity.this, "", Toast.LENGTH_SHORT).show();
```

此时，只需输入相应的打印信息即可，非常方便。

15) 后缀补全(Postfix Completion)

该操作也算是一种代码补全，它会在点号之前生成代码，而不是在点号之后。实际上调用这个操作和正常的代码补全没有太大区别，只是在一个表达式之后输入点号。

例如，对一个列表进行遍历时，可以输入"myList.for"，然后按下 Tab 键，就会自动生成 for 循环代码。

实际操作时可以在某个表达式后面输入点号，出现一个候选列表，在常规的代码补全提示中就可以看到一系列后缀补全关键字，同时也可以在 Editor→Postfix Completion 菜单命令中看到一系列后缀补全关键字。

常用的后缀补全关键字如下。

- .for：补全 foreach 语句。
- .format：使用 String.format()包裹一个字符串。
- .cast：使用类型转化包裹一个表达式。

16) 重构(Refactor This)

该操作可以显示一个列表，如图 18-16 所示。列表将包含所有对当前选中项可行的重构方法，这个列表可以用数字序号来快速选择，操作此方法的快捷键为 Ctrl+Alt+Shift+T。

17) 重命名(Rename)

在实际开发中，如果需要对变量、字段、方法、类、包进行重命名时，可以使用快捷键 Shift+F6，该操作会确保重命名对上下文有意义，不是简单地替换所有文件中的名字。

18) 包裹代码(Surround With)

在实际开发中，有时会涉及异常处理，需要通过一个 try/catch 语句将可能出现异常的语句进行包裹，还有诸如 if 语句、循环语句或者 runnable 语句，此时使用快捷键 Ctrl+Alt+T 会出现一个包裹列表，如图 18-17 所示，选择使用的语句即可。

图 18-16　重构列表　　　　　图 18-17　包裹代码列表

如果使用前没有选中任何东西，该操作会包裹当前光标所在位置的整行内容。

19) 移除包裹代码(Unwrap Remove)

该方法同包裹代码正好相反，它用于移除一些包裹代码，操作该方法的快捷键是 Ctrl+Shift+Delete。

20) 类继承关系图

一个工程中类的定义众多，关系继承复杂，通过快捷键 Ctrl+H 可以打开类继承关系图，方便查看继承关系。打开的窗口如图 18-18 所示。

21) 展开与折叠代码

在实际开发中代码很多会显得比较凌乱，可以通过快捷键"Ctrl+减号或加号"隐藏不重要的代码过程，或者展开隐藏的代码。

22) 快速重写父类中的方法

使用快捷键 Ctrl+O 可以打开一个父类重写方法对话框，如图 18-19 所示，从中选择对应的方法即可完成重写，实际开发中这个方法使用非常频繁。

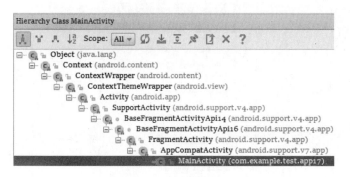

图 18-18　类继承关系

图 18-19　重写方法对话框

18.2　调试技巧

Debug(调试)对于开发人员是一个必备的技能，熟练地使用它却并不容易，断点追踪调试是解决 bug 和代码分析的利器。本小节讲解与调试相关的技巧。

18.2.1　断点设置

调试中断点如何设置将直接影响调试效率的高低，Android Studio 提供了丰富的断点机制，如何掌握断点的设置与技巧将是本节研究的重点。

1. 断点的设置

在代码中，用鼠标单击左侧代码行号便可以设置一个断点，断点的图标如图 18-20 所示，取消断点也很简单，再单击这个图标即可取消断点。

2. 启动调试

启动调试非常简单，单击 Debug 图标即可启动调试，如图 18-21 所示，也可以使用快捷键 Shift+F9 启动调试。

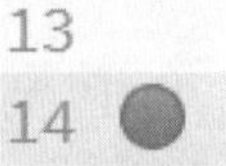

图 18-20　设置断点

图 18-21　启动调试

3. 条件断点(Conditional Breakpoints)

如果在一个循环中设置断点，调试程序时程序会执行一次循环就中断一次，这样无形中增加了调试的难度，此时便可以使用条件断点，即在断点的基础上设置相应的条件。使用快捷键 Ctrl+Shift+F8 可以打开断点对话框，勾选 Condition 复选框，然后在其右侧编辑框中输入相应的条件，如图 18-22 所示。

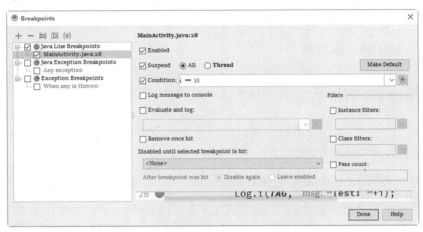

图 18-22　设置条件断点

4. 日志断点(Logging Breakpoints)

日志断点严格来说并不是断点调试，它不会在打断点的地方停下来，只是在需要的地方输出日志而已。设置日志断点的方法与条件断点相同，需要打开断点对话框，勾选 Evaluate and log 复选框，在下方的编辑框中输入需要打印的日志信息，如图 18-23 所示。

图 18-23　设置日志断点

5. 临时断点(Temporary Breakpoints)

临时断点在第一次中断后，将会被移除，它只能中断一次。临时断点可以通过按住键盘上的 Alt 键并用鼠标左键单击进行设置，也可以通过快捷键 Ctrl+Alt+Shift+F8 进行设置。临时断点如图 18-24 所示。

6. 失效断点(Disable Breakpoints)

创建了断点，但是又不想让这个断点执行时，可以使用失效断点暂时让它失效。失效断点可以通过按住键盘上的 Alt 键并用鼠标左键单击已有断点进行设置，它的图标如图 18-25 所示。

图 18-24　临时断点

图 18-25　失效断点

18.2.2　其他调试技巧

除设置断点外，还有一些其他的调试技巧，例如查看堆栈、追踪变量值、查看返回值等，本小节将具体介绍这些调试技巧。

1. 分析传入数据流(Analyze data flow to here)

这个操作将会根据当前选中的变量、参数或者字段，分析出其传递到此处的路径。当程序代码比较多或是别人的代码，要想搞明白某个参数是怎么传递到此处的时候，这是一个非常有用的操作，可以通过 Analyze→Analyze Stacktrace 菜单命令进行设置。

2. 附加模式调试程序(Attach Debugger)

此项功能不用在调试模式也可以进行调试，这是一个很方便的操作，因为不必重新安装调试程序，并以调试模式重新部署应用。当别人正在测试应用，突然遇到一个 bug 而将设备交给你时，此时便可以通过附加模式很快地进入调试模式。可以通过 Build→Attach to Android Process 菜单命令进入附加模式进行调试。

3. 计算表达式(Evaluate Expression)

这个操作可以用来查看变量的内容，并且计算几乎任何有效的 Java 表达式。需要注意的是，如果修改了变量的状态，这个状态在恢复代码执行后依然会保留。处在断点状态时，光标放在变量处，使用快捷键 Alt+F8，即可调出计算表达式对话框，如图 18-26 所示。

4. 变量查看(Inspect Variable)

该操作可以在不打开计算表达式对话框的情况下，对表达式的值进行查看，方法是在断点模式下按住键盘上的 Alt 键并用鼠标左键单击需要查看的变量值，如图 18-27 所示。

5. 标记对象(Mark Object)

在实际调试程序的时候，如果需要对某个对象进行标记，可以给该对象添加一个标签，方便辨认。在调试中若想在一堆相似的对象中，查看某个对象是否和之前一样，就可以使用标记对象。

(1) 在下方 Variables 窗口中找对象，如图 18-28 所示。

(2) 选中该对象并用鼠标右键单击，在弹出的快捷菜单中选择 Mark Object 命令，如图 18-29 所示。

(3) 在弹出的对话框中输入标记名称即可，如图 18-30 所示。

图 18-26　计算表达式对话框

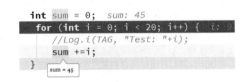

图 18-27　查看变量

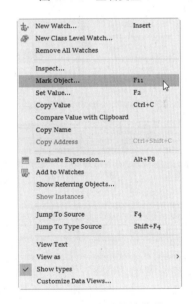

图 18-28　对象查看窗口

图 18-29　右键快捷菜单

6. 跳转至当前运行点

在实际调试中若程序触发了断点，中断后由于在代码中浏览会远离程序运行点，此时可以通过快捷键 Alt+F10，快速返回之前开始调试的地方。

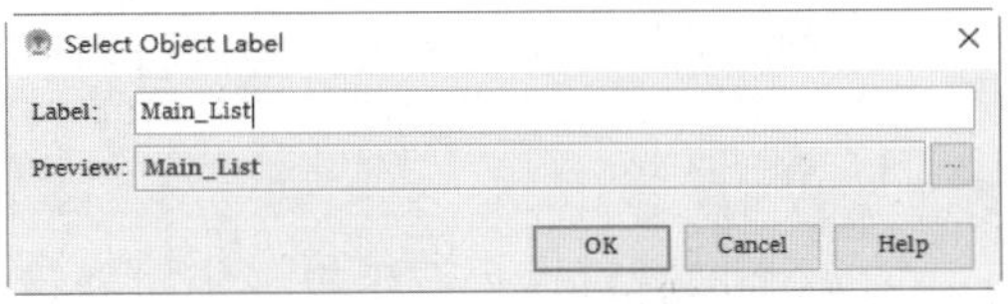

图 18-30　输入标记名称

7. 终止进程(Stop Process)

此方法的作用是终止当前正在运行的任务,如果是多个任务同时运行,则显示一个列表用于选择,该方法在终止调试或者中止编译的时候特别有用。使用快捷键 Ctrl+F2 进行操作。

18.3 DDMS 的功能和使用

DDMS(Dalvik Debug Monitor Service)提供截屏、查看线程和堆的信息、LogCat、进程、广播状态信息、模拟来电呼叫和短信、虚拟地理坐标等功能。也是开发人员用于调试程序的出色利器。本节将详细讲解 DDMS 的功能及使用。

DDMS 包含很多功能,如日志查看器、线程查看器、堆内存查看器等。下面通过一张 DDMS 的截图来直观地了解它,如图 18-31 所示。

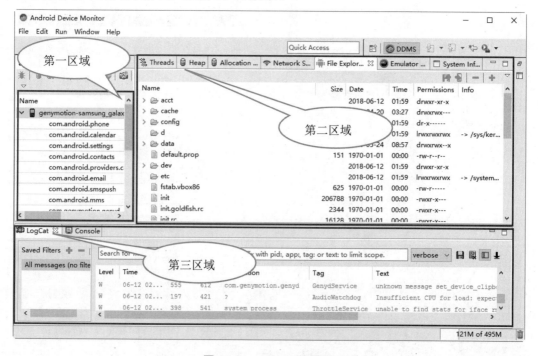

图 18-31 DDMS 的界面

通过图 18-31 可以了解到,DDMS 大致可以分为三个操作区。

第一区域:为设备查看区域,这里可以看到模拟器的设备。

第二区域:为功能区,多数功能都存放于这个区域。

第三区域:LogCat 面板与控制台面板,从这里可以查看 Log 日志以及控制台信息。

1. 第一区域

在这个区域可以查看手机或模拟器设备,除此之外还可以显示选中设备的进程信息,选中一个进程,上方的图标变成可操作状态,如图 18-32 所示。

上方的图标包括更新堆内存、更新线程、停止线程、屏幕截图、布局查看等。

2. 第二区域

这个区域分布着功能操作，在实际开发中使用比较多的是线程查看、堆内存查看、文件查看这几个功能。

1) 线程查看器

在应用程序运行调试中，有时会出现线程锁死以及信号量卡死现象，单单查看代码很难找出问题的根本原因，此时可以借助 DDMS 的线程查看器来查看线程的运行状况，通过线程的运行状态判断并找出问题线程，再查找原因。查看线程前需要在第一区域选中需要操作的进程并更新线程状态，线程查看器会列出该进程中的所有线程信息，如图 18-33 所示。

图 18-32　设备可操作状态

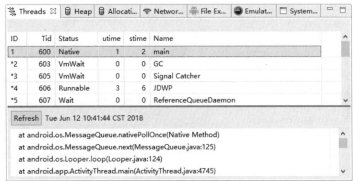

图 18-33　线程信息

2) 堆内存查看器

在实际开发中，如果代码编写不够严谨便可能出现内存泄漏问题，从而导致系统运行变慢或者应用程序崩溃，此时使用 DDMS 工具的堆内存查看器，可以检测一个正在运行中的程序内存变换，从而判断是否存在内存泄漏。同进程查看器一样，首先需要选中一个程序并从第一区域更新堆内存，此时查看堆内存信息如图 18-34 所示。

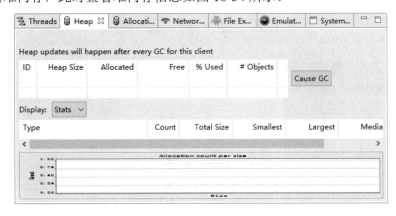

图 18-34　堆内存查看器

3) 文件查看器

通过文件查看器可以方便地导入导出模拟器中的文件，文件查看器的结构如图 18-35 所示。

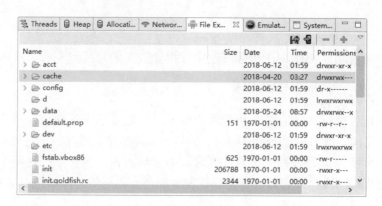

图 18-35　文件查看器

3．第三区域

LogCat 日志查看面板是非常有用的一个工具，其实 Android Studio 也提供了 LogCat 面板，主要用于查看日志信息，针对不同的日志可以进行筛选过滤，如图 18-36 所示。

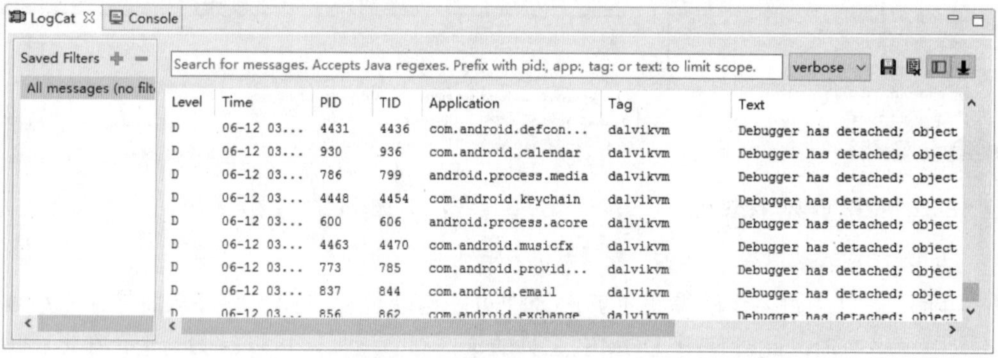

图 18-36　日志查看面板

18.4　大神解惑

小白：设置了断点调试却没有中断，是什么原因？

大神：设置断点后，需要在程序执行到这个地方才可以中断，如果没有执行到肯定是不会中断的。

18.5　跟我学上机

练习 1：创建一个程序，试着使用 Log 类打印日志信息。

练习 2：创建一个程序，使用 Android Studio 的快捷键开发程序。

练习 3：试着给一个程序设置断点，并在调试程序时查看变量的值。

练习 4：打开 DDMS 工具，熟悉这个工具的操作方法。

第 4 篇

项目开发实战

➢ 第 19 章　项目实训 1——开发俄罗斯方块
➢ 第 20 章　项目实训 2——开发股票操盘手
➢ 第 21 章　项目实训 3——开发考试系统
➢ 第 22 章　项目实训 4——开发网上商城

第 19 章

项目实训 1——开发俄罗斯方块

俄罗斯方块是一款风靡全球的益智游戏,由俄罗斯人阿列克谢·帕基特诺夫发明。俄罗斯方块由 4 个小的正方形组成 7 种基本形状,这 7 种基本形状还可以通过旋转改变形态,所以可以给游戏者带来更多的思考空间与乐趣。

本章要点(已掌握的在方框中打钩)

- ☐ 掌握如何设计项目主体流程
- ☐ 掌握俄罗斯方块基本组成
- ☐ 掌握方块数据如何存储
- ☐ 掌握相应的操控算法
- ☐ 掌握界面绘制的方法
- ☐ 掌握界面与数据交互控制
- ☐ 掌握 MVC 框架开发

19.1 开发背景

通过开发一款 Android 版俄罗斯方块，既可以提高读者的动手能力，还可以将本书所学知识融会贯通，同时开发出的应用还可供业余休闲娱乐。

俄罗斯方块的功能结构如图 19-1 所示，该项目采用 MVC 框架进行编写。MVC(Model View Controller)是模型(Model)－视图(View)－控制器(Controller)的缩写，是一种软件设计典范，是将业务逻辑、数据、界面显示分离设计并有效组织的设计规范，将业务逻辑聚集到一个部件里面，在改进和个性化定制界面及用户交互的同时，不需要重新编写业务逻辑。

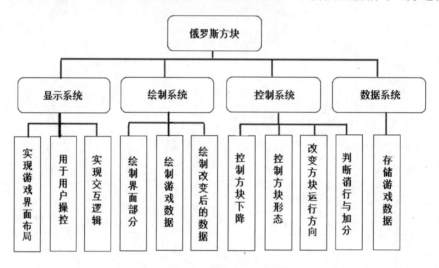

图 19-1 系统功能结构

19.2 游戏原理

在开发这款游戏之前有必要了解一下开发的原理，了解这些原理之后再通过程序去实现这些功能。

19.2.1 组成单元

在经典俄罗斯方块中，控制台分成若干行与列，这里将其设定为 10 行 18 列，如图 19-2 所示。

组成单元分为 7 种不同形态的方块，如图 19-3 所示。

通过图 19-2 可以看出，使用一个 10 行 18 列的二维数组即可表示出控制区域，而通过图 19-3 可以看出每一个基本图形都是由四个正方形组成的，所以通过一个 4 行 4 列的二维数组也可以表示出来，如图 19-4 所示。

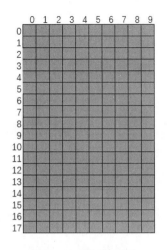
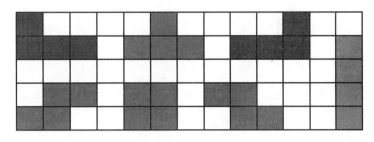

图 19-2 控制台区域　　　　　　图 19-3 基本形态

为了便于记忆,这里根据形状的特点,将其 7 种不同的形态分别命名为"L""J""T""Z""S""I""O"。除 O 型方块不可变形外,其他 6 种形态还可以通过旋转改变形态。

1. O 型

由于其不可改变,将其存入数组的形态如图 19-5 所示。

2. Z 型

Z 型方块可以有两种形态,如图 19-6 所示。

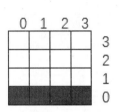

图 19-4 存放方块的数组

  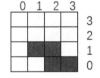

　图 19-5 O 型　　　　　　　　图 19-6 Z 型

3. S 型

同 Z 型方块一样,它也有两种形态,如图 19-7 所示。

4. I 型

I 型方块也有两种形态,如图 19-8 所示。

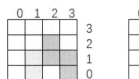 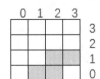 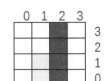 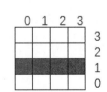

　　　图 19-7 S 型　　　　　　　　　　　图 19-8 I 型

5. L 型

L 型方块有四种形态,如图 19-9 所示。

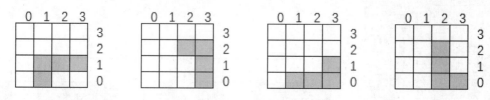

图 19-9　L 型

6. J 型

J 型方块也有四种形态,如图 19-10 所示。

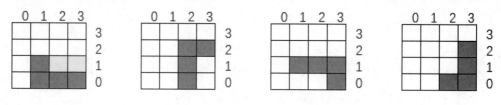

图 19-10　J 型

7. T 型

T 型方块也有四种形态,如图 19-11 所示。

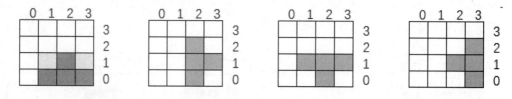

图 19-11　T 型

19.2.2　运动原理

玩过俄罗斯方块的人都知道,系统每次给出两个形状的方块,一个是用于下降的方块,一个是下一次出现的方块,而下降的方块每间隔一段时间会下降一格。

在编程中可以采用先绘制出控制区域,然后再绘制下降的方块与下一个方块,延时一段时间后将下降方块的坐标改变,再次绘制控制区域下降的方块与下一个方块,由于再次绘制控制区时会覆盖之前的绘制(这里以刚开始为例),会清空控制区,再次绘制下降方块时方块的位置发生了改变,所以在人的视觉上便呈现出了方块连续下降的感觉。

19.3　创建项目

明白了游戏组成单元、运行原理后,下面来一起创建俄罗斯方块这个项目。

19.3.1 开发环境需求

开发此项目所需的条件如下。
(1) 操作系统：Windows 7 及以上版本。
(2) JDK 环境：Java SE Development Kit(JDK) Version 8 及以上版本。
(3) 开发工具：Android Studio 3.0.1 及以上版本。
(4) 开发语言：Java、XML。
(5) 运行平台：Android 4.0.3 及以上版本。
(6) App 执行平台：Android 模拟器或 Android 手机。

19.3.2 创建新项目

创建项目的步骤如下。

step 01 启动 Android Studio 工具，在菜单栏中依次选择 File→New→New Project 命令，在弹出的 Create New Project 对话框中输入项目名称和公司域名，选择存储路径，如图 19-12 所示，之后单击 Next 按钮进入下一步操作。

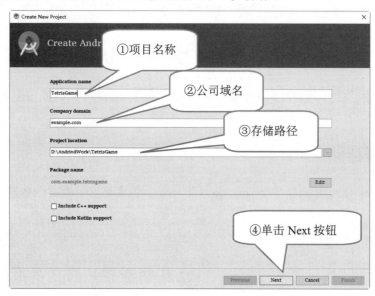

图 19-12　Create New Project 对话框

step 02 进入 Target Android Devices 界面，在该界面中默认选择最小 SDK 版本为 API 15：Android 4.0.3，这里不做修改，单击 Next 按钮进入下一步操作。

step 03 进入 Android Activity to Mobile 界面，选择 Empty Activity 模板，单击 Next 按钮进入下一步操作。

step 04 进入 Configure Activity 界面，如图 19-13 所示，保留系统默认的 Activity Name 和 Layout Name 设置，单击 Finish 按钮，完成项目的创建。

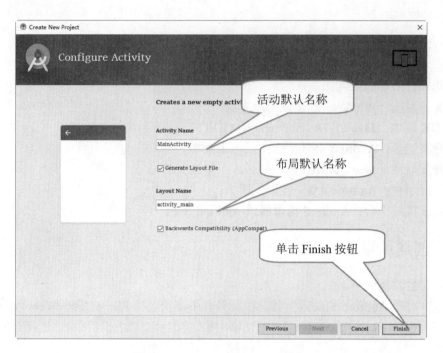

图 19-13　Configure Activity 界面

19.4　数据存储类

游戏中运行的数据即每种方块与变形，这里将其封装成一个类以方便管理，也体现出 MVC 编程的思想。

19.4.1　数据存储

新建一个 Java 类并命名为"Constant.java"，用于存储游戏中所需的数据，该类中使用的成员代码如下：

```
public class Constant {
    private int shapeAll_count=0;          //所有形状方块的一个计数
    //存放变化样式的一个链表，比如O型方块即为1，T型方块为4。根据取出的整数判断有多少形态
    private List<Integer> shapes_count=new ArrayList<Integer>();
    private int rect_width;                //网格区宽度
    private int rect_height;               //网格区高度
    private int MovePosition_x;            //移动时行号
    private int MovePosition_y;            //移动时列号
    private int nextShapeStart_x;          //下一个方块显示位置的x坐标
    private int nextShapeStart_y;          //下一个方块显示位置的y坐标
    private int startPosition_x;           //绘制起始x坐标
    private int startPosition_y;           //绘制起始y坐标
    private int width_count=10;            //10 行
    private int height_count=18;           //18 列
    private static int unit_interval=2;    //网格方块之间的间隔
```

```java
        private int width_length=0;                //方块的宽度
        private int height_length=0;               //方块的高度
        private int nextshapewidth=0;              //下一个形状的宽度
        //活动区网格数组初始化
        private boolean unit_Status[][]=new boolean[width_count][height_count];
        private int moveunit_count=4;//方块初始化4*4的二维数组
        //这两个数组初始化时是一样的,都是含有4行4列的一个二维数组
        private boolean moveunit_Status[][]=new boolean[moveunit_count][moveunit_count];
        private boolean voidUnit[][]=new boolean[moveunit_count][moveunit_count];  }
```

19.4.2 数据初始化

数据存储框架建好后,则需要将数据存储进去。数据初始化的具体代码如下:

```java
public Constant(Context context){
    initMove_Data();                           //初始化方块数据,所有的方块全部加入链表
    for(int i=0;i<width_count;i++){
        for(int j=0;j<height_count;j++){
            unit_Status[i][j]=false;           //将可操作区网格部分清空
        }
    }
    for(int i=0;i<moveunit_count;i++){
        for(int j=0;j<moveunit_count;j++){
            moveunit_Status[i][j]=false;       //初次装方块的地方清空
            voidUnit[i][j]=false;              //初始化方块的位置清空
        }
    }
    //获取窗口管理器
    WindowManager manager = (WindowManager)context.getSystemService
        (Context.WINDOW_SERVICE);
    Display display = manager.getDefaultDisplay();   //获取屏幕分辨率
    int width =display.getWidth();                   //获取屏幕宽度
    int height=display.getHeigth();                  //获取屏幕高度
    width_lenght=(width/3*2)/width_count;            //网格区宽度除以10行
    height_lenght=width_length;                      //方块是正方形,所以宽度和高度相同
    Rect frame = new Rect();                         //新建一个矩形
    ((Activity)context).getWindow().getDecorView().
        getWindowVisibleDisplayFrame(frame);
    //获取屏幕至顶部的距离,不包括标题栏
    int contentTop = ((Activity)context). getWindow().findViewById
        (Window.ID_ANDROID_CONTENT).getTop();
    rect_width=width_length*width_count;             //网格区宽度
    rect_height=height_length*height_count;          //网格区高度
    startPosition_x=10;                              //初始x坐标为10
    startPosition_y=20;                              //初始y坐标为20
    nextshapewidth=width_length/2;   //下一个方块的宽度,等于原方块宽度的一半
    //下一个方块显示的x坐标
    nextShapeStart_x=startPosition_x+rect_width+nextshapewidth;
    nextShapeStart_y=startPosition_y;                //下一个方块显示的y坐标
    resetMovePosition();                             //起始位置
}
```

初始化方块位置的 resetMovePosition()方法的代码如下：

```java
public void resetMovePosition(){
    //为了让每一种方块都从正中间出现，需要先定位到区域的中心，但每个方块前两个数据是空的，
      因此需要再向左侧移动两个方块，这个位置大致是中心
    //实际方块出现在第4列的位置
    MovePosition_x=width_count/2-3;
    MovePosition_y=-3;          //纵坐标减3主要是为了使I型方块不至于比其他方块早露出来
    moveunit_Status=voidUnit;   //初始化时，从下一个方块取出数据赋值给当前方块
    }
}
```

19.4.3 获取方块下标

由于方块数据存储在 List 链表中，所以编写一个用于获取 List 下标的 ShapeArrayIndex.java 类，具体代码如下：

```java
public class ShapeArrayIndex {
    private int shapeall_index=0;  //总数坐标
    private int shape_index=0;     //形状坐标
    //设置总数下标与形状坐标
    public void setShapeArrayIndex(int shapeall_index,int shape_index){
        this.shapeall_index=shapeall_index;
        this.shape_index=shape_index;
    }
    //获取方块下标
    public int getShapeall_index() {
        return shapeall_index;
    }
    //设置方块下标
    public void setShapeall_index(int shapeall_index) {
        this.shapeall_index = shapeall_index;
    }
    //获取形状下标
    public int getShape_index() {
        return shape_index;
    }
    //设置形状下标
    public void setShape_index(int shape_index) {
        this.shape_index = shape_index;
    }
}
```

介于篇幅限制，其余的代码请参考配套资源中给出的源代码。

19.5 控 制 类

将游戏中响应用户操作的方法封装成控制类，这样处理思路会比较清晰。

19.5.1 编写控制类

新建一个 Java 类并命名为 Logical.java，该类用于操控数据，该类中用到的成员代码如下：

```java
public class Logical {
    boolean isLoadMoveDatafirsttime=true;     //是否为第一次加载数据
    private Score score=new Score();          //创建一个分数对象
    //获取方块数据链表下标对象
    public ShapeArrayIndex shapeArrayIndex_Now=new ShapeArrayIndex();
    public ShapeArrayIndex ShapeArrayIndex_Next=new ShapeArrayIndex();
    private boolean isNewmoveStart=true;      //是否为一个新的移动
    private List<List<boolean[][]>> ListMove_Data;//一个存放所有方块的list结构
    private int width_count;                  //控制台区域宽度
    private int height_count;                 //控制台区域高度
    private boolean unit_Status[][];          //控制台区域的数组
    private int moveunit_count;               //数组宽度，这里是4
    private boolean moveunit_Status[][];      //4*4的一个二维数组，用于存放具体形态
    public Constant constant;                 //游戏数据对象
```

初始化游戏数据的 Logical() 方法，具体代码如下：

```java
public Logical(Context context){
    constant=new Constant(context);  //初始化游戏数据对象
    moveunit_Status=constant.getMoveunit_Status();    //获取移动中方块的形态
    unit_Status=constant.getUnit_Status();            //获取初始化方块的形态
    moveunit_count=constant.getMoveunit_count();      //获取初始化格子数4
    width_count=constant.getWidth_count();            //控制台区域宽度
    height_count=constant.getHeight_count();          //控制台区域高度
    ListMove_Data=constant.getListMove_Data();        //移动的数据
}
```

19.5.2 加载方块

加载方块的 loadMoveData() 方法，具体代码如下：

```java
//加载移动数据——这里需要判断两次，即初次开始游戏和方块落到底后的开始
    private void loadMoveData(){
        //判断是否为一个新的移动
        if(isNewmoveStart==true){
            isNewmoveStart=false;
            //判断是否为第一次，若是则自动产生形状
            if(isLoadMoveDatafirsttime==true){
                isLoadMoveDatafirsttime=false;
                //随机获取数据
                int shapeAll_count=constant.getShapeAll_count();//获取所有形状计数
                shapeArrayIndex_Now.setShapeall_index((int)
                    (Math.random()*shapeAll_count));  //从所有形态中抽出一个随机形态
                int Shape_count=constant.getShapes_count().get(shapeArrayIndex_
                    Now.getShapeall_index());//获取这个形状有多少种变形
                //从可变化样式中随机取出一种样式
```

```
                shapeArrayIndex_Now.setShape_index((int) (Math.random()*Shape_count));
                //先从大的列表中取出数据,再从取出的数据列表中取一次数据,确定最终的方块形状
moveunit_Status=ListMove_Data.get(shapeArrayIndex_Now.getShapeall_index()).get
    (shapeArrayIndex_Now.getShape_index());
                constant.setMoveunit_Status(moveunit_Status) ;//设置方块形状
            }
            else{
//因为第一次方块需要随机生产,不是第一次直接从下一个将要出场方块处取,不需要随机生产
//取出该类型方块的具体形态下标
shapeArrayIndex_Now.setShape_index(ShapeArrayIndex_Next.getShape_index());
//取出该类型的下标
shapeArrayIndex_Now.setShapeall_index(ShapeArrayIndex_Next.getShapeall_index());
//根据这些下标获取具体的形态
moveunit_Status=ListMove_Data.get(shapeArrayIndex_Now.getShapeall_index()).get
    (shapeArrayIndex_Now.getShape_index());
                constant.setMoveunit_Status(moveunit_Status) ; //将该形态设置给下降方块
            }
            //产生下一个形状
            //随机获取数据,这里与第一次产生方块相同 可以抽取出一个单独的函数
            int shapeAll_count=constant.getShapeAll_count();
            ShapeArrayIndex_Next.setShapeall_index((int)
                (Math.random()*shapeAll_count));
            int Shape_count=constant.getShapes_count().get
                (ShapeArrayIndex_Next.getShapeall_index());
            ShapeArrayIndex_Next.setShape_index((int)
                (Math.random()*Shape_count));
    }
}
```

19.5.3 是否可移动算法

判断是否可以移动 isIllegal()方法,该方法有两个参数:改变后的 x 坐标与 y 坐标,通过改变后的 x 坐标与 y 坐标判断方块位置是否越界,如果越界,返回 False,不可移动;否则返回 True,可以移动,具体代码如下:

```
        private boolean isIllegal(int position_x,int position_y){
            boolean illegal=true;//设置一个标记默认可以移动
            for(int i=0;i<constant.getMoveunit_count();i++){
                for(int j=0;j<constant.getMoveunit_count();j++){
                    int i_x=i+position_x;
                    int j_y=j+position_y;
                    boolean movestatus=moveunit_Status[i][j];
                    if(movestatus==true){
                        //判断是否超出控制台区域,超出直接返回,不能移动
                        if(i_x<0||i_x>(constant.getWidth_count()-1)||
                            j_y>(constant.getHeight_count()-1)){
                            return false;
                        }
                        //没有进入控制台区域不做处理
                        if(j_y<0){
                            continue;
                        }
```

```
                //控制台区域已有方块，方块叠加至顶部，返回，无法移动
                if(unit_Status[i_x][j_y]==true){
                    return false;
                }
            }
        }
    }
    return illegal;//所有检查完成后返回真
}
```

19.5.4 定时下降算法

设置定时下降使用 Down_ontime()方法，具体代码如下：

```
public void Down_ontime(){
    //isNewmoveStart_temp 记录下是否为新的开始
    //loadMoveData()后 isNewmoveStart 会改变
    //设置临时标记，与开始新一轮标记相同
    boolean isNewmoveStart_temp=isNewmoveStart;
    loadMoveData();//加载移动数据
    //获取当前方块的x、y坐标，这里的坐标为行号与列号，不要与坐标系中的x、y坐标搞混
    int MovePosition_x=constant.getMovePosition_x();
    int MovePosition_y=constant.getMovePosition_y();
    //判断是否可以移动
    if(isIllegal(MovePosition_x,MovePosition_y+1)==true){
        if(isNewmoveStart_temp==false){
            //不是一个新的开始，即可以下降
            constant.setMovePosition_x(MovePosition_x);    //行号不变
            constant.setMovePosition_y(MovePosition_y+1); //列号加1实现下降的效果
        }
    }
    else{//不可以移动
        for(int i=0;i<constant.getMoveunit_count();i++){
            for(int j=0;j<constant.getMoveunit_count();j++){
                //取出当前的行号与列号
                int i_x=i+MovePosition_x;
                int j_y=j+MovePosition_y;
                boolean movestatus=moveunit_Status[i][j];
                if(j_y<0){                          //没有进入控制台区域不做处理
                    continue;                       //结束本次循环
                }
                if(movestatus==true){
                    unit_Status[i_x][j_y]=true;    //将方块中的数据写入控制台数组
                    isNewmoveStart=true;           //改变标记，开始新一轮的下降
                }
            }
        }
        //检查是否有消行
        rowDelete();
        //判断是否结束
        if(isGameOver()==true)
        {
```

```
            GameOver.OnGameOver(0);    //直接结束游戏函数
        }
        constant.resetMovePosition();            //没有结束,开始下一轮游戏
    }
}
```

19.5.5 是否可消行算法

判断是否可以消行,使用rowDelete()方法,具体代码如下:

```
public void rowDelete(){
    int deleteCount=0;//定义消除计数
    int deletescore=0;//定义消除后的得分
    //i 是控制台的高 也可以理解为行
    for(int i=0;i<height_count;i++){
        int count=0;                        //设定一个临时计数
        //j 是控制台的宽度 也可以理解为列
        for(int j=0;j<width_count;j++){
            //遍历整行数据
            if(unit_Status[j][i]==true){
                count++;                    //临时计数自加}
        }//如果临时计数与控制台的宽度相同,证明整行都有数据
        if(count==width_count){
            deleteCount++;//消除计数自加
            //消除行的处理,m 为行
            for(int m=i;m>0;m--){
                //从上一行的第 0 列开始,直至最后一列
                for(int n=0;n<width_count;n++){
                    //用上一行的数据覆盖下一行的数据
                    unit_Status[n][m]=unit_Status[n][m-1];
                }
            }
        }
    }
    int scoreNum=score.getScoreNum();       //获取得分
    for(int k=0;k<deleteCount;k++){
        deletescore=3*deletescore+1;        //根据消除计数计算得分
    }
    score.setScoreNum(scoreNum+deletescore*10);  //设置得分
    if(deleteCount>0) {
        OnLoadscore.OnLoadscores(scoreNum+deletescore*10);
    }
}
```

如果有消行需要累加一个得分,这里使用一个积分系统,所以编写的分类 Score.java,具体代码如下:

```
public class Score {
    int scoreNum=0;              //初始化分数为 0
    //获取分数
    public int getScoreNum() {
        return scoreNum;
```

```
    }
    //设置分数
    public void setScoreNum(int scoreNum) {
        this.scoreNum = scoreNum;
    }
}
```

19.5.6 方块触底算法

检查方块是否到达底部使用 downLogical()方法，该方法有三个参数，参数 1 为当前方块的数据，参数 2、3 是当前方块即将到达的 x、y 坐标，具体代码如下：

```
//返回需要停止的行，即当方块移动到底部后停止的位置
private int downLogical(boolean moveunit_Status[][],int position_x,int
    position_y){
    //根据控制区的高度进行循环，k 为控制台当前行号
    for(int k=0;k<height_count;k++){
        //遍历方块数组，4*4 的二维数组
        for(int i=0;i<constant.getMoveunit_count();i++){
            for(int j=0;j<constant.getMoveunit_count();j++){
                int i_x=i+position_x;
                int j_y=j+position_y+k;//这里一定要加上控制台的行号
                boolean movestatus=moveunit_Status[i][j];
                if(movestatus==true){
                    //如果方块超出控制区的高度，数组是从 0 开始的，所以这里要减 1
                    if(j_y>(constant.getHeight_count()-1)){
                        return k-1;//此时返回最底部的坐标
                    }
                    //如果方块还没有进入控制区不做处理
                    if(j_y<0){
                        continue;
                    }
                    //如果该位置已有方块，返回该位置的坐标
                    if(unit_Status[i_x][j_y]==true){
                        return k-1;
                    }
                }
            }
        }
    }
    return -1;
}
```

19.5.7 速降算法

Down_press()方法用于设置方块加速下落，具体代码如下：

```
public void Down_press(){
    //获取当前方块的 x 坐标与 y 坐标
    int MovePosition_x=constant.getMovePosition_x();
    int MovePosition_y=constant.getMovePosition_y();
```

```
        //获取底部坐标
        int cols=downLogical(moveunit_Status,MovePosition_x,MovePosition_y);
        //已经在底部直接退出
        if(cols==-1){
            return;
        }
        //遍历方块数组，4*4 二维数组
        for(int i=0;i<constant.getMoveunit_count();i++){
            for(int j=0;j<constant.getMoveunit_count();j++){
                int i_x=i+MovePosition_x;
                int j_y=j+MovePosition_y+cols;//将坐标移至底部位置
                boolean movestatus=moveunit_Status[i][j];
                if(j_y<0){//没有进入控制区的数据不做处理
                    continue;
                }
                //将方块数据写入控制区数组
                if(movestatus==true){
                    unit_Status[i_x][j_y]=true;
                }
            }
        }
        //这个位置已完成本轮方块下落，更改新一轮标记
        isNewmoveStart=true;
        rowDelete();           //检查是否有需要删除的行
        //删除完成后进入下一轮方块下落
        constant.resetMovePosition();
        loadMoveData();            //加载方块数据
    }
```

19.5.8 方向控制算法

由于方向控制代码类似，这里只给出左移操作 Left_press()方法的代码，其他代码可以参考给出的源码，具体代码如下：

```
public void Left_press(){
    //获取此时方块的具体位置，即行与列
    int MovePosition_x=constant.getMovePosition_x();
    int MovePosition_y=constant.getMovePosition_y();
    //判断是否可以移动
    if(isIllegal(MovePosition_x-1,MovePosition_y)==true){
        constant.setMovePosition_x(MovePosition_x-1);//向左偏移，如果是向右移动为 x+1
        constant.setMovePosition_y(MovePosition_y);    //如果是向下移动为 y+1
    }
}
```

19.5.9 变形算法

判断是否可以变形使用 isChange()方法，该方法提供了三个参数，参数 1 为变形后的方块数据，参数 2、3 为改变后的 x 坐标、y 坐标，具体代码如下：

```
private boolean isChange(boolean moveunit_Statusm[][],int position_x,int position_y){
  boolean illegal=true;//设置标记默认可以变形
  //遍历此方块的二维数组
  for(int i=0;i<constant.getMoveunit_count();i++){
    for(int j=0;j<constant.getMoveunit_count();j++){
      int i_x=i+position_x;//改变后方块的x坐标
      int j_y=j+position_y;//改变后方块的y坐标
      //每次取出一个方块进行判断
      boolean movestatus=moveunit_Status[i][j];
      if(movestatus==true){//判断改变后数据在控制区域不做处理
        if(i_x<0||i_x>(constant.getWidth_count()-1)||
          j_y<0||j_y>(constant.getHeight_count()-1)){
          continue;
        }
        if(unit_Status[i_x][j_y]==true){//不可变形直接返回假
          return false;
        }
      }
    }
  }
  return illegal;
}
```

改变后的方块坐标调整使用 borderDetect_change()方法，该方法同样有三个参数，参数 1 为改变后方块的数据，参数 2、3 为改变后的 x 坐标、y 坐标，具体代码如下：

```
private void borderDetect_change(boolean moveunit_Status[][],int
  position_x,int position_y){
    int leftMax=0;//定义一个临界点
    int rightMax=constant.getMoveunit_count();
    //方块数组遍历4*4的二维数组
    for(int i=0;i<constant.getMoveunit_count();i++){
      for(int j=0;j<constant.getMoveunit_count();j++){
        int i_x=i+position_x;
        int j_y=j+position_y;
        boolean movestatus=moveunit_Status[i][j];
        if(movestatus==true){
          //如果左边界越界
          if(i_x<0){
            if(leftMax<=i){
              leftMax=i;//此时将超出边界的数据移至边界内部
              //将改变后的坐标设置给当前方块
              constant.setMovePosition_x(-i_x-1);
            }
          }
          //如果右边界越界
          else if(i_x>constant.getWidth_count()-1){
            if(rightMax>=i){
              rightMax=i;
              //将改变后的坐标设置给当前方块
              constant.setMovePosition_x
                (position_x-(constant.getMoveunit_count()-i));
            }
```

```
            }
          }
       }
     }
```

判断游戏是否结束使用 isGameOver()方法，具体代码如下：

```
private boolean isGameOver(){
    boolean isover=false;//默认是没有结束
    //遍历控制台的行
    for(int i=0;i<constant.getWidth_count();i++){
        isover= unit_Status[i][0];//首行数据
        if(isover==true){//首行数据只要有一个即可结束游戏
            return true;
        }
    }
    return false;
}
```

19.6 界面绘制类

界面绘制是整个游戏与用户交互的门面，界面类主要涉及绘图多线程、更新 UI 等操作，Android 中单独提供了一个控件 SurfaceView，该控件用于显示游戏中的动画。

19.6.1 编写界面绘制类

新建一个 Java 类并命名为"Mysurfaceview.java"，该类用于界面的绘制，它继承自 SurfaceView，并为该类引入一个接口 SurfaceHolder.Callback，类中用到的成员代码如下：

```
public class Mysurfaceview extends SurfaceView implements
SurfaceHolder.Callback{
    private Context mContext;                          //保存设备上下文
    private SurfaceHolder holder;                      //创建一个holder对象
    private Paint paint,paint_line;                    //定义画笔
    private int line_width=5;                          //线条的宽度
    public boolean isrun=false;                        //定义一个开始游戏标记
    private int startPosition_x,startPosition_y;       //起始x、y坐标
    private boolean unit_Status[][];                   //控制台区域的数组
    private boolean moveunit_Status[][];               //下落方块数据存放数组
    private Logical logical;                           //游戏控制对象
    private Constant constant;                         //游戏数据对象
```

构造函数中的初始化，具体代码如下：

```
public Mysurfaceview(Context context, @Nullable AttributeSet attrs) {
    super(context, attrs);
    mContext = context;                          //保存设备上下文
    holder=this.getHolder();                     //获取一个holder对象
    holder.addCallback(this);                    //holder回调
```

```
        paint=new Paint();                              //创建画笔
        paint.setAntiAlias(true);                       //设置抗锯齿
        paint.setColor(Color.WHITE);                    //设置颜色为白色
        paint.setStyle(Paint.Style.FILL);               //设置风格填满
        paint_line=new Paint();                         //创建线条画笔
        paint_line.setAntiAlias(true);                  //设置抗锯齿
        paint_line.setColor(Color.GREEN);               //设置线条颜色为绿色
        paint_line.setStrokeWidth(line_width);          //设置线条宽度
        paint_line.setStyle(Paint.Style.FILL);          //设置风格填满
    }
```

加载游戏控制系统的 loadLogical()方法，此方法用于在主活动中调用、初始化游戏数据、控制系统及界面绘制，具体代码如下：

```
    public void loadLogical(Logical logical){
        this.logical=logical;                                      //游戏控制对象
        constant=logical.constant;                                 //初始化游戏数据
        unit_Status=constant.getUnit_Status();                     //获取控制台区域的数据
        startPosition_x=constant.getStartPosition_x();             //获取方块的起始 x 坐标
        startPosition_y=constant.getStartPosition_y();             //获取方块的起始 y 坐标
        moveunit_Status=constant.getMoveunit_Status();             //获取当前方块形状
        isrun=true;                                                //开始游戏
        new MyThread().start();                                    //创建并启动线程
    }
```

19.6.2 界面绘制

用于界面绘制方法的具体代码如下：

```
public void ondraw()
    {
        Canvas c=null;
        try {
            c=holder.lockCanvas();          //锁定画布
            c.drawColor(Color.BLACK);       //设置颜色为黑色
            //遍历控制台数组
            for(int i=0;i<constant.getWidth_count();i++){
                for(int j=0;j<constant.getHeight_count();j++){
                    if(unit_Status[i][j]==true){   //绘制控制台区域
                        c.drawRect(
                            //起始方块在网格数组中的行坐标
                            startPosition_x+i*constant.getWidth_length(),
                            //起始方块列坐标
                            startPosition_y+(j)*constant.getHeight_length(),
                            startPosition_x+(i+1)*constant.getWidth_length()-
                              constant.getUnit_interval(),//减去填充部分
                            startPosition_y+(j+1)*constant.getHeight_length()-
                              constant.getUnit_interval(),//减去填充部分
                            paint);
                    }
                }
            }
```

```java
moveunit_Status=constant.getMoveunit_Status();//获取当前方块的数据
//遍历方块数组 4*4 二维数组
for(int i=0;i<4;i++){
    for(int j=0;j<4;j++){
        //取出数组中的元素
        boolean status=moveunit_Status[i][j];
        if(status==true){
            //获取方块的 x 坐标与 y 坐标
            int i_x=i+constant.getMovePosition_x();
            int j_y=j+constant.getMovePosition_y();
            //如果方块撞到墙上或者到达底部不进行绘制
            if(i_x<0||i_x>(constant.getWidth_count()-1)||
                j_y<0||j_y>(constant.getHeight_count()-1)){
                continue;//跳出本次
            }
            //绘制方块
            c.drawRect(//使用方块的坐标*方块的宽度
                startPosition_x+i_x*constant.getWidth_length(),
                startPosition_y+(j_y)*constant.getHeight_length(),
                startPosition_x+(i_x+1)*constant.getWidth_length()-
                  constant.getUnit_interval(),
                startPosition_y+(j_y+1)*constant.getHeight_length()-
                  constant.getUnit_interval(),
                    paint);
        }
    }
}
//定义并初始化一个数据链表
List<List<boolean[][]>> ListMove_Data=constant.getListMove_Data();
//获取下一个出场的方块
boolean nextshape_status[][]=ListMove_Data.get
    (logical.ShapeArrayIndex_Next.getShapeall_index()).get
    (logical.ShapeArrayIndex_Next.getShape_index());
//获取下一个出场方块在绘制区的 x 坐标与 y 坐标
int nextshapePosition_x=constant.getNextShapeStart_x();
int nextshapePosition_y=constant.getNextShapeStart_y();
for(int i=0;i<4;i++){//绘制下一个出场的方块
    for(int j=0;j<4;j++){
        //根据数组进行绘制
        boolean status=nextshape_status[i][j];
        if(status==true){
            //绘制下一个方块
            c.drawRect(
                nextshapePosition_x+i*constant.getNextshapewidth(),
                nextshapePosition_y+(j)*constant.getNextshapewidth(),
                nextshapePosition_x+(i+1)*constant.getNextshapewidth()-
                  constant.getUnit_interval(),
                nextshapePosition_y+(j+1)*constant.getNextshapewidth()-
                  constant.getUnit_interval(),
                    paint);
        }
    }
}
```

```
            //绘制最左侧线条
            c.drawLine (startPosition_x,startPosition_y,startPosition_x,
                    startPosition_y+constant.getRect_height(),paint_line);
            //绘制底部线条
            c.drawLine (startPosition_x,startPosition_y+constant.getRect_height(),
            startPosition_x+constant.getRect_width(),startPosition_y+
              constant.getRect_height(),paint_line);
            //绘制最右侧线条
            c.drawLine (startPosition_x+constant.getRect_width(),startPosition_y+
                constant.getRect_height(),
            startPosition_x+constant.getRect_width(),startPosition_y,paint_line);
        } catch (Exception e) {
            e.printStackTrace();
        }finally
        {
            if(c!=null)
            {
                holder.unlockCanvasAndPost(c);//将画布解除锁定
            }
        }
    }
```

在绘图类中创建一个内部类 MyThread 并继承 Thread,具体代码如下:

```
class MyThread extends Thread//创建一个内部类继承自线程
    {
        @Override
        public void run() {
            super.run();
            while(isrun){                          //游戏开始标记没有结束则不停地循环
                try {
                    ondraw();                     //绘制图像
                    logical.Down_ontime();         //此方法用于方块下降
                    sleep(1500);                   //方块移动的时间间隔
                } catch (InterruptedException e) {
                    e.printStackTrace();
                }
            }
        }
    }
```

19.6.3 界面布局

主活动中的关键代码如下:

```
public class MainActivity extends AppCompatActivity {
    private TextView scoreTV;                     //定义文本框控件
    private Button left,right,change,down;        //定义按钮控件
    private Logical logical;                      //定义游戏操控对象
    private Mysurfaceview mysurfaceview;          //定义绘制界面对象
    @Override
    protected void onCreate(Bundle savedInstanceState) {
        super.onCreate(savedInstanceState);
```

```
        setContentView(R.layout.activity_main);
        logical=new Logical(this);            //初始化游戏操控对象
        setContentView(R.layout.activity_main);
        mysurfaceview=(Mysurfaceview)findViewById(R.id.id_GameUI);
        //获取并绑定组件
        scoreTV = findViewById(R.id.scoreTV);
        left = findViewById(R.id.left_btn);
        right = findViewById(R.id.right_btn);
        change = findViewById(R.id.change_btn);
        down = findViewById(R.id.down_btn);
        mysurfaceview.loadLogical(logical);   //初始化界面与控制
        initListen();                         //设置监听
    }
```

布局中的关键代码如下:

```
<RelativeLayout xmlns:android="http://schemas.android.com/apk/res/android"
    xmlns:tools="http://schemas.android.com/tools"
    android:layout_width="match_parent"
    android:layout_height="match_parent"
    tools:context="com.example.tetrisgame.MainActivity">
    <com.example.tetrisgame.Mysurfaceview
        android:id="@+id/id_GameUI"
        android:layout_width="match_parent"
        android:layout_height="match_parent" />
    <RelativeLayout
        android:layout_width="match_parent"
        android:layout_height="wrap_content"
        android:layout_alignParentBottom="true">
```

介于篇幅的限制,这里只给出部分代码,其余代码请查看配套资源中给出的源码。

运行效果如图19-14所示。

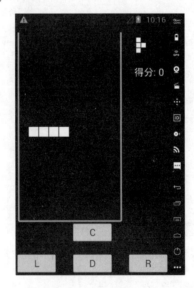

图19-14 运行效果

19.7　项目总结

本章开发了一款经典的俄罗斯方块游戏，使用了 MVC 设计模式，MVC 是数据存储、游戏控制、界面绘制分离的一种设计思想，其中涉及很多算法问题，希望读者配合源码阅读并实际动手实现一遍，仔细体会其中的设计思想及算法。

本章游戏的思维导图如图 19-15 所示。

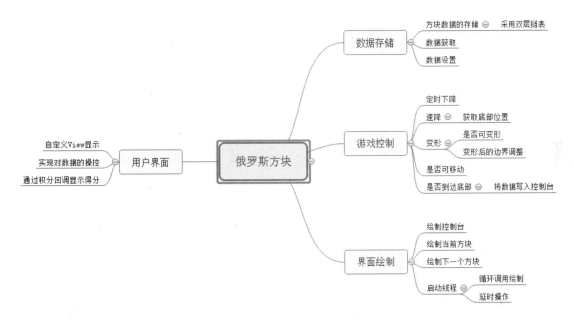

图 19-15　思维导图

第 20 章
项目实训 2——开发股票操盘手

随着经济的发展，越来越多的人学会了理财，股票作为众多理财方式中的一种，也受到很多人追捧，开发一款图形化股票分析软件，不但有市场需求，同时也可以提高实际开发的能力。

本章要点(已掌握的在方框中打钩)

- ☐ 掌握欢迎界面的布局与设置
- ☐ 掌握主界面中格栅类的封装
- ☐ 掌握拖动事件与线条绘制技巧
- ☐ 掌握 JSON 数据读取与转换
- ☐ 掌握蜡烛图的绘制技巧
- ☐ 掌握 K 线绘制技巧

20.1 系统功能设计

股票操盘手的功能设计模块如图 20-1 所示,包含"登录欢迎界面""分时曲线""技术分析""操作说明""关于界面"等模块。

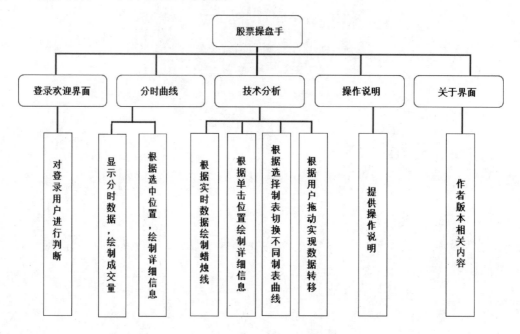

图 20-1 系统功能设计模块

20.2 创 建 项 目

20.2.1 开发环境需求

开发此项目所需的条件如下。

(1) 操作系统:Windows 7 及以上版本。
(2) JDK 环境:Java SE Development Kit(JDK) Version 8 及以上版本。
(3) 开发工具:Android Studio 3.0.1 及以上版本。
(4) 开发语言:Java、XML。
(5) 运行平台:Android 4.0.3 及以上版本。
(6) App 执行平台:Android 模拟器或 Android 手机。

20.2.2 创建新项目

创建一个新的工程并命名为 JDK,导入工程所需资源,为后续开发做准备。

20.3 欢迎界面设置

在进入软件之前需要有一个用户登录的过程，这其中涉及用户身份的确认。

20.3.1 欢迎界面布局

布局中给出一个编辑框用于输出欢迎文字，两个编辑框用于输入用户名与密码，一个按钮用于提交输入数据，具体代码如下：

```xml
<?xml version="1.0" encoding="utf-8"?>
<LinearLayout xmlns:android="http://schemas.android.com/apk/res/android"
    android:layout_width="match_parent"
    android:layout_height="match_parent"
    android:orientation="vertical" >
    <TextView
        android:id="@+id/id_tv"
        android:layout_marginTop="30dp"
        android:layout_width="match_parent"
        android:layout_height="wrap_content"
        android:gravity="center"
        android:text="黄金操盘手\n 欢迎使用"
        android:textColor="@android:color/holo_red_light"
        android:textSize="34sp" />
    <EditText
        android:id="@+id/id_name"
        android:layout_width="match_parent"
        android:layout_height="wrap_content"
        android:layout_marginTop="30dp"
        android:gravity="center"
        android:hint="请输入账号名:"
        android:textSize="20sp" />
    <EditText
        android:id="@+id/id_pass"
        android:layout_width="match_parent"
        android:layout_height="wrap_content"
        android:layout_marginTop="30dp"
        android:gravity="center"
        android:hint="请输入密码:"
        android:textSize="20sp"
        android:inputType="textPassword"/>
    <Button
        android:layout_marginTop="20dp"
        android:id="@+id/id_btn"
        android:layout_width="match_parent"
        android:layout_height="wrap_content"
        android:text="登录"/>
</LinearLayout>
```

20.3.2 欢迎界面逻辑设置

用户输入数据后需要进行验证，验证正确后才能进入功能页面。由于是教学用代码，所以这里的用户名和密码为明文校验，实际开发中可以选择网络验证或数据库验证，具体代码如下：

```java
public class WelcomeActivity extends Activity {
    private EditText ed_name;//定义用户名编辑框对象
    private EditText ed_pass;//定义密码编辑框对象
    private Button btn;       //定义按钮对象
    @Override
    protected void onCreate(Bundle savedInstanceState) {
        super.onCreate(savedInstanceState);
        setContentView(R.layout.activity_welcome);
        ed_name = (EditText) findViewById(R.id.id_name);//绑定用户名编辑框对象
        ed_pass = (EditText) findViewById(R.id.id_pass);//绑定密码编辑框对象
        btn = (Button) findViewById(R.id.id_btn);//绑定按钮对象
        btn.setOnClickListener(new View.OnClickListener() {
            @Override
            public void onClick(View v) {
                //判断用户名和密码编辑框是否为空
        if(ed_name.getText().toString().trim().isEmpty()||ed_
            pass.getText().toString().trim().isEmpty()) {
                    Toast.makeText(WelcomeActivity.this, "请输入用户名和密码",
                            Toast.LENGTH_SHORT).show();
                }
                else {    //如果不为空，判断数据是否为指定数据
                    if(ed_name.getText().toString().trim().equals("admin")
                    &&ed_pass.getText().toString().trim().equals("123")) {
                      //创建 intent 对象
                        Intent intent = new Intent(WelcomeActivity.this,
                            MyFragmentActivity.class);
                        startActivity(intent);//启动主页面
                        finish();              //退出欢迎界面
                    }
                    else {//如果用户名和密码错误，做出提示
                        Toast.makeText(WelcomeActivity.this, "用户名和密码错误",
                            Toast.LENGTH_SHORT).show();
                    }
                }
            }
        });
    }
}
```

运行效果如图 20-2 所示。

图 20-2 运行效果

20.4 功能界面设置

通过验证后需要进入主界面，这里采用 Fragment 显示分页，包含"分时"页面、"K 线"页面、"操作"页面、"关于"页面四个部分。

20.4.1 主界面逻辑

主界面承载所有功能页面的显示与切换，代码较多，布局代码请参考给出的源码部分。主界面的逻辑处理代码具体如下：

```java
public class MyFragmentActivity extends FragmentActivity implements
OnClickListener, Handler.Callback {
//定义 Fragment 页面数组
private static final Integer[] TABS = new Integer[] {
        R.layout.tab_times,         //分时布局页面
        R.layout.tab_kcharts,       //k线布局页面
        R.layout.tab_guide,         //操作布局页面
        R.layout.tab_about };       //关于布局页面
    private static final int WHAT = 0x11;//定义消息码，用于判断handler消息
    private Button mBack;           //返回按钮
    private Button mLeft;           //向左按钮
    private Button mRight;          //向右按钮
    private Button mRefresh;        //刷新按钮
    private ProgressDialog mProgressDialog;  //对话框对象
    private long mExitTime;         //退出时的间隔时间
@Override
protected void onCreate(Bundle bundle) {
    super.onCreate(bundle);
    setContentView(R.layout.activity4fragment_my);
    initViews();
    //获取tabhost
    FragmentTabHost tabHost = (FragmentTabHost) findViewById(android.R.id.tabhost);
    //绑定tabhost
    tabHost.setup(this, getSupportFragmentManager(), R.id.frame_content);
    //添加与之关联的 Fragment
    tabHost.addTab(tabHost.newTabSpec(String.valueOf(TABS[0])).setIndicator
       (getLayoutInflater().inflate(TABS[0], null)),TimesFragment.class, null);
```

```java
        //分时页面
        tabHost.addTab(tabHost.newTabSpec(String.valueOf(TABS[1])).setIndicator
         (getLayoutInflater().inflate(TABS[1], null)),KChartsFragment.class, null);
            //K线页面
        tabHost.addTab(tabHost.newTabSpec(String.valueOf(TABS[2])).setIndicator
         (getLayoutInflater().inflate(TABS[2], null)),GuideFragment.class, null);
            //操作页面
        tabHost.addTab(tabHost.newTabSpec(String.valueOf(TABS[3])).setIndicator
         (getLayoutInflater().inflate(TABS[3], null)),AboutFragment.class, null);
            //关于页面
    }
    //按钮绑定并设置监听事件
    private void initViews() {
        mBack = (Button) findViewById(R.id.title_back_btn);
        mBack.setOnClickListener(this);
        mLeft = (Button) findViewById(R.id.title_left_btn);
        mLeft.setOnClickListener(this);
        mRight = (Button) findViewById(R.id.title_right_btn);
        mRight.setOnClickListener(this);
        mRefresh = (Button) findViewById(R.id.title_refresh_btn);
        mRefresh.setOnClickListener(this);
    }
    //按键消息回调
    @Override
    public boolean onKeyDown(int keyCode, KeyEvent event) {
        switch (keyCode) {
            //当用户按下返回键后做出提示:连续按下则退出
            case KeyEvent.KEYCODE_BACK:
                //当两次按下时间间隔小于2秒时退出
                if ((System.currentTimeMillis() - mExitTime) > 2000) {
                    Toast.makeText(getApplicationContext(), "More once back key
                        to exit", Toast.LENGTH_SHORT).show();
                    mExitTime = System.currentTimeMillis();//获取当前系统时间
                } else {
                    finish(); //退出当前活动
                }
                break;
            default:
                return super.onKeyDown(keyCode, event);
        }
        return true;
    }
    public void onClick(View view) {
        switch (view.getId()) {
            //单击退出键后创建一个对话框
            case R.id.title_back_btn:
                new AlertDialog.Builder(this).
                        setTitle("退出").setMessage("确定要退出? ")
                        .setPositiveButton("退出", new DialogInterface.OnClickListener() {
                            public void onClick(DialogInterface dialog, int which) {
                                finish();//单击确定退出
                            }
                        }).setNegativeButton("取消",
                            new DialogInterface.OnClickListener() {
                                public void onClick(DialogInterface dialog, int which) {
```

```
                    }
            }).create().show();//记得进行显示
        break;
        //左右切换，股票数据这里没有处理只进行提示
    case R.id.title_left_btn:
        Toast.makeText(this, "Left", Toast.LENGTH_SHORT).show();
        break;
    case R.id.title_right_btn:
        Toast.makeText(this, "Right", Toast.LENGTH_SHORT).show();
        break;
        //单击刷新按钮弹出刷新页面
    case R.id.title_refresh_btn:
        mProgressDialog = new ProgressDialog(this);//创建一个对话框
        mProgressDialog.setTitle("刷新");              //设置对话框标题
        mProgressDialog.setMessage("正在刷新，请稍候...");
        mProgressDialog.show();        //显示对话框
        Handler handler = new Handler(this);//创建一个handler
        //延时3秒再发送，此时显示刷新的效果
        handler.sendEmptyMessageDelayed(WHAT, 3 * 1000);
        break;
    default:
        break;
    }
}
public boolean handleMessage(Message msg) {
    //判断收到的handler消息并做出处理
    if (msg.what == WHAT) {
        //如果刷新界面不为空，将界面消除
        if (mProgressDialog != null) {
            mProgressDialog.dismiss();
            return true;
        }
    }
    return false;
}
```

运行效果如图20-3所示。

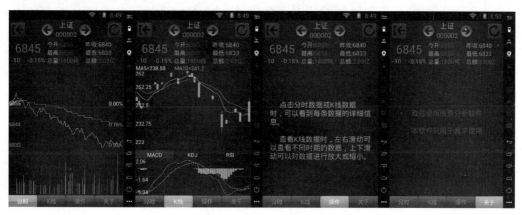

图20-3 运行效果

20.4.2 界面中的格栅类

在"分时"页面和"K 线"页面中都绘制了格栅,便于用户查看数据,创建一个包并命名为"view",创建一个新类并命名为"GridChart"。

绘制格栅的具体代码如下:

```
protected void onDraw(Canvas canvas) {
super.onDraw(canvas);
setBackgroundResource(mBackGround);      //设置背景色
int viewHeight = getHeight();            //获取屏幕高度
int viewWidth = getWidth();              //获取屏幕宽度
//上表的高度 = 屏幕高度-2 个像素-下表的顶部
mLowerChartHeight = viewHeight - 2 - LOWER_CHART_TOP;
//如果显示 tab 标签
if (showLowerChartTabs) {
        //计算出 tab 的高度
        mTabHight = viewHeight / 16.0f;
   }
    //如果显示顶部标题
    if (showTopTitles) {
        //顶部标题大小等于字体大小 + 2 个像素
        topTitleHeight = DEFAULT_AXIS_TITLE_SIZE + 2;
   } else {
        topTitleHeight = 0;
   }
   //经线间隔
   longitudeSpacing = (viewWidth - 2) / (DEFAULT_LOGITUDE_NUM + 1);
   //纬线间隔=屏幕高度减去各种 tab 高度、title 高度/上表下表的纬度个数
   latitudeSpacing = (viewHeight - 4 - DEFAULT_AXIS_TITLE_SIZE -
     topTitleHeight - mTabHight)/ (DEFAULT_UPER_LATITUDE_NUM
     + DEFAULT_LOWER_LATITUDE_NUM + 2);
   //上表高度=维度间隔*上表纬度数+1
   mUperChartHeight = latitudeSpacing * (DEFAULT_UPER_LATITUDE_NUM + 1);
   //下表顶部=屏幕高度减去纬度间隔*下表纬度数+1
   LOWER_CHART_TOP = viewHeight - 1 - latitudeSpacing *
     (DEFAULT_LOWER_LATITUDE_NUM + 1);
   //上表底部=顶部 title+纬度间隔*上表纬度数+1
   UPER_CHART_BOTTOM = 1 + topTitleHeight + latitudeSpacing *
     (DEFAULT_UPER_LATITUDE_NUM + 1);
   //绘制边框
   drawBorders(canvas, viewHeight, viewWidth);
   //绘制经线
   drawLongitudes(canvas, viewHeight, longitudeSpacing);
   //绘制纬线
   drawLatitudes(canvas, viewHeight, viewWidth, latitudeSpacing);
   //绘制 X 线及 LowerChartTitles
   drawRegions(canvas, viewHeight, viewWidth);
}
```

20.4.3 触碰位置判断

当用户触摸界面时，会根据触摸点判断距离左侧近还是右侧近，会在近的位置绘制详细信息框，具体代码如下：

```java
@Override
public boolean onTouchEvent(MotionEvent event) {
    Rect rect = new Rect();        //创建一个矩形区域
    getGlobalVisibleRect(rect);//获取矩形区域
    float x = event.getRawX();  //获取 x 坐标点
    float y = event.getRawY();  //获取 y 坐标点
    //判断此坐标点位于折线图区域
    if (y <= LOWER_CHART_TOP + rect.top + 2
            && y >= UPER_CHART_BOTTOM + DEFAULT_AXIS_TITLE_SIZE + rect.top) {
        if (mTabWidth <= 0) {
        return true;
        }
        //indext 取宽度的一半
        int indext = (int) (x / mTabWidth);
        //根据坐标点不同做出反应，为后续绘制详细数据提供依据
        if (mTabIndex != indext) {
            mTabIndex = indext;
            mOnTabClickListener.onTabClick(mTabIndex);
        }
        return true;
    }
    return false;
}
```

20.4.4 绘制经线

绘制经线的具体代码如下：

```java
private void drawLongitudes(Canvas canvas, int viewHeight, float longitudeSpacing) {
    Paint paint = new Paint();                  //创建画笔
    paint.setColor(mLongiLatitudeColor);        //设置画笔颜色
    paint.setPathEffect(mDashEffect);           //设置虚线效果
    //循环遍历  根据经线数量绘制经线
    for (int i = 1; i <= DEFAULT_LOGITUDE_NUM; i++) {

        canvas.drawLine(
                1 + longitudeSpacing * i,   //根据经线间隔调整、绘制 x 坐标
                topTitleHeight + 2,         //顶部 title 高度为 y 坐标
                1 + longitudeSpacing * i,
                UPER_CHART_BOTTOM, paint);  //上表底部
        canvas.drawLine(
                1 + longitudeSpacing * i,
                LOWER_CHART_TOP,            //下表顶部
                1 + longitudeSpacing * i,
                viewHeight - 1, paint);
    }
}
```

20.4.5 绘制纬线

绘制纬线的代码如下：

```java
private void drawLatitudes(Canvas canvas, int viewHeight, int viewWidth,
    float latitudeSpacing) {
    Paint paint = new Paint();
    paint.setColor(mLongiLatitudeColor);
    paint.setPathEffect(mDashEffect);   //设置虚线效果
    //遍历绘制上表的纬线，根据上表纬度数绘制，默认 3 条线
    for (int i = 1; i <= DEFAULT_UPER_LATITUDE_NUM; i++) {
        canvas.drawLine(1,
            topTitleHeight + 1 + latitudeSpacing * i, //计算出 Y 坐标
            viewWidth - 1,
            topTitleHeight + 1 + latitudeSpacing * i, //结束位置的 Y 坐标
                paint);
    }
    //遍历绘制下表的纬线，根据下表纬度数绘制，默认 1 条线
    for (int i = 1; i <= DEFAULT_LOWER_LATITUDE_NUM; i++) {
        canvas.drawLine(1,
            viewHeight - 1 - latitudeSpacing, //屏幕高度减去纬度间隔
            viewWidth - 1, viewHeight - 1 - latitudeSpacing, paint);
    }
}
```

绘制边框的具体代码如下：

```java
private void drawBorders(Canvas canvas, int viewHeight, int viewWidth) {
    //创建画笔
    Paint paint = new Paint();
    paint.setColor(mBorderColor);//设置画笔颜色
    paint.setStrokeWidth(2);        //设置画笔宽度
    canvas.drawLine(1, 1, viewWidth - 1, 1, paint);
    canvas.drawLine(1, 1, 1, viewHeight - 1, paint);
    canvas.drawLine(viewWidth - 1, viewHeight - 1, viewWidth - 1, 1, paint);
    canvas.drawLine(viewWidth - 1, viewHeight - 1, 1, viewHeight - 1, paint);
}
```

介于篇幅限制，这里只给出部分代码，详细代码请查阅资源中的源码。

20.4.6 分时界面

分时界面中分为上部折线图与下部成交量的柱状图，当用户单击该页面中的上下两个分区页面时，会绘制一个参考线，同时在页面的左上角或右上角(根据用户选择位置不同而不同)绘制详细数据。

绘制详细信息的具体代码如下：

```java
private void drawDetails(Canvas canvas) {
    if (showDetails) {//判断是否显示数据
        float width = getWidth();//获取宽度
```

```java
        float left = 5.0f;
        float top = 4.0f;
        float right = 3.0f + 6.5f * DEFAULT_AXIS_TITLE_SIZE;
        float bottom = 7.0f + 4 * DEFAULT_AXIS_TITLE_SIZE;
                //根据用户触摸位置绘制不同区域
        if (touchX < width / 2.0f) {
            right = width - 4.0f;
            left = width - 4.0f - 6.5f * DEFAULT_AXIS_TITLE_SIZE;
        }
        // 绘制点击线条及详情区域
        Paint paint = new Paint();          //创建画笔绘制点击线段
        paint.setColor(Color.LTGRAY);       //设置画笔颜色为浅灰色
        paint.setAlpha(150);                //设置透明度
        //绘制上半窗体的线段
        canvas.drawLine(touchX, 2.0f, touchX, UPER_CHART_BOTTOM, paint);
        //绘制下半窗体的线段,y 的坐标用下半窗体的底部-下半窗体的高度
 canvas.drawLine(touchX, lowerBottom - lowerHeight, touchX, lowerBottom,
            paint);
        //绘制矩形
        canvas.drawRect(left, top, right, bottom, paint);
        Paint borderPaint = new Paint();    //绘制显示数据方框的画笔
        borderPaint.setColor(Color.WHITE);  //设置画笔颜色
        borderPaint.setStrokeWidth(2);      //设置画笔宽度
        //使用线段绘制一个矩形
        canvas.drawLine(left, top, left, bottom, borderPaint);
        canvas.drawLine(left, top, right, top, borderPaint);
        canvas.drawLine(right, bottom, right, top, borderPaint);
        canvas.drawLine(right, bottom, left, bottom, borderPaint);
        //绘制详情文字
        Paint textPaint = new Paint();       //绘制文字画笔
        textPaint.setTextSize(DEFAULT_AXIS_TITLE_SIZE);
        textPaint.setColor(Color.WHITE);     //设置颜色为白色
        textPaint.setFakeBoldText(true);     //设置自定义字体
        try {
            //获取点击位置,从数据链表中取出响应的数据
            TimesEntity fenshiData = timesList.get((int) ((touchX - 2) /
                dataSpacing));
            //绘制时间
            canvas.drawText("时间: " + fenshiData.getTime(),left + 1, top +
              DEFAULT_AXIS_TITLE_SIZE, textPaint);
            //绘制价格
            canvas.drawText("价格:",left + 1, top + DEFAULT_AXIS_TITLE_SIZE *
              2.0f, textPaint);
            //大盘加权指数
            double price = fenshiData.getWeightedIndex();
            if (price >= initialWeightedIndex) {
                textPaint.setColor(Color.RED);    //如果是涨使用红颜色
            } else {
                textPaint.setColor(Color.GREEN); //否则使用绿颜色
            }
            //将大盘加权指数格式化为小数点后两位
```

```java
        canvas.drawText(new DecimalFormat("#.##").format(price),left + 1
            + DEFAULT_AXIS_TITLE_SIZE * 2.5f, //根据字体大小做出调整
            top + DEFAULT_AXIS_TITLE_SIZE * 2.0f,
            textPaint);
        //将文字画笔重新设置为白色
        textPaint.setColor(Color.WHITE);
        //绘制涨跌数据
        canvas.drawText("涨跌:", left + 1,top + DEFAULT_AXIS_TITLE_SIZE *
            3.0f, textPaint);
        //计算涨幅
        double change = (fenshiData.getWeightedIndex() - initialWeightedIndex)
            initialWeightedIndex;
        //同样，如果大于 0，是上涨，使用红色，否则使用绿色
        if (change >= 0) {
            textPaint.setColor(Color.RED);
        } else {
            textPaint.setColor(Color.GREEN);
        }
        //使用百分比绘制涨幅数据
        canvas.drawText(new DecimalFormat("#.##%").format(change), left +
            1 + DEFAULT_AXIS_TITLE_SIZE * 2.5f, top + DEFAULT_AXIS_TITLE_SIZE *
            3.0f, textPaint);
        //设置画笔颜色
        textPaint.setColor(Color.WHITE);
        //绘制成交
        canvas.drawText("成交:", left + 1,top + DEFAULT_AXIS_TITLE_SIZE *
            4.0f, textPaint);
        //设置画笔颜色为绿色
        textPaint.setColor(Color.YELLOW);
        //绘制成交数据
        canvas.drawText(String.valueOf(fenshiData.getVolume()), left + 1
            + DEFAULT_AXIS_TITLE_SIZE * 2.5f, top + DEFAULT_AXIS_TITLE_SIZE *
            4.0f,textPaint);
    } catch (Exception e) {
        //出现异常，绘制默认数据
        canvas.drawText("时间: --", left + 1, top +
            DEFAULT_AXIS_TITLE_SIZE, textPaint);
        canvas.drawText("价格: --", left + 1, top +
            DEFAULT_AXIS_TITLE_SIZE * 2.0f, textPaint);
        canvas.drawText("涨跌: --", left + 1, top +
            DEFAULT_AXIS_TITLE_SIZE * 3.0f, textPaint);
        canvas.drawText("成交: --", left + 1, top +
            DEFAULT_AXIS_TITLE_SIZE * 4.0f, textPaint);
    }
  }
}
```

绘制表格中的两侧坐标点信息，以及中间轴的时间信息，具体代码如下：

```java
private void drawTitles(Canvas canvas) {
//绘制 Y 轴 titles
float viewWidth = getWidth();                    //获取界面的宽度
```

```java
Paint paint = new Paint();                              //创建一个画笔
paint.setTextSize(DEFAULT_AXIS_TITLE_SIZE);             //设置字体大小
//设置画笔颜色为绿色
paint.setColor(Color.GREEN);
//绘制左侧的数据
canvas.drawText(new DecimalFormat("#.##").format(initialWeightedIndex -
    uperHalfHigh), 2,uperBottom, paint);
//计算出百分比
String text = new DecimalFormat("#.##%").format(-uperHalfHigh /
    initialWeightedIndex);
//绘制右侧数据
canvas.drawText(text,viewWidth - 5 - text.length() * DEFAULT_AXIS_TITLE_SIZE /
    2.0f, uperBottom, paint);//x轴减去字符长度
//同上面数据绘制相同
canvas.drawText(new DecimalFormat("#.##").format(initialWeightedIndex -
    uperHalfHigh * 0.5f), 2,uperBottom - getLatitudeSpacing(), paint);
text = new DecimalFormat("#.##%").format(-uperHalfHigh * 0.5f /
    initialWeightedIndex);
canvas.drawText(text, viewWidth - 5 - text.length() * DEFAULT_AXIS_TITLE_SIZE /
    2.0f, uperBottom - getLatitudeSpacing(), paint);
//中间行数据
paint.setColor(Color.WHITE);
canvas.drawText(new DecimalFormat("#.##").format(initialWeightedIndex),
    2, uperBottom- getLatitudeSpacing() * 2, paint);
text = "0.00%";
canvas.drawText(text, viewWidth - 6 - text.length() *
    DEFAULT_AXIS_TITLE_SIZE / 2.0f,
    uperBottom - getLatitudeSpacing() * 2, paint);
//下面两个数据使用红色
paint.setColor(Color.RED);
canvas.drawText(new DecimalFormat("#.##").format(uperHalfHigh * 0.5f +
    initialWeightedIndex), 2,uperBottom - getLatitudeSpacing() * 3, paint);
    text = new DecimalFormat("#.##%").format(uperHalfHigh * 0.5f /
    initialWeightedIndex);
canvas.drawText(text, viewWidth - 6 - text.length() *
    DEFAULT_AXIS_TITLE_SIZE / 2.0f,
    uperBottom - getLatitudeSpacing() * 3, paint);
//最下面一行数据
canvas.drawText(new DecimalFormat("#.##").format(uperHalfHigh +
    initialWeightedIndex), 2,DEFAULT_AXIS_TITLE_SIZE, paint);
text = new DecimalFormat("#.##%").format(uperHalfHigh /
    initialWeightedIndex);
canvas.drawText(text, viewWidth - 6 - text.length() *
    DEFAULT_AXIS_TITLE_SIZE / 2.0f,
    DEFAULT_AXIS_TITLE_SIZE, paint);
//绘制X轴Titles中间时间轴上的时间数据
//在屏幕最左侧绘制
canvas.drawText("09:30", 2, uperBottom + DEFAULT_AXIS_TITLE_SIZE, paint);
//在屏幕中间位置绘制
canvas.drawText("11:30/13:00", viewWidth / 2.0f - DEFAULT_AXIS_TITLE_SIZE * 2.5f,
    uperBottom + DEFAULT_AXIS_TITLE_SIZE, paint);
//在屏幕最右侧绘制
```

```
canvas.drawText("15:00", viewWidth - 2 - DEFAULT_AXIS_TITLE_SIZE * 2.5f,
    uperBottom+ DEFAULT_AXIS_TITLE_SIZE, paint);
}
```

绘制曲线信息的具体代码如下：

```
private void drawLines(Canvas canvas) {
    float x = 0;                        //默认 x 点坐标
    float uperWhiteY = 0;               //设置白色线条的起始 y 坐标
    float uperYellowY = 0;              //设置黄色线条的起始 y 坐标
    Paint paint = new Paint();          //创建画笔
    //
    for (int i = 0; i < timesList.size() && i < DATA_MAX_COUNT; i++) {
        TimesEntity fenshiData = timesList.get(i);
        //绘制上部表中曲线
        //白色线段结束点 y 坐标
        float endWhiteY = (float) (uperBottom - (fenshiData.getNonWeightedIndex()
            + uperHalfHigh - initialWeightedIndex)* uperRate);
        //黄色线段结束点 y 坐标
        float endYellowY = (float) (uperBottom - (fenshiData.getWeightedIndex()
            + uperHalfHigh - initialWeightedIndex)* uperRate);
        if (i != 0) {
            paint.setColor(Color.WHITE);//设置画笔颜色，将此段数据两点间的线段绘制出来
            canvas.drawLine(x, uperWhiteY, 3 + dataSpacing * i, endWhiteY, paint);
            paint.setColor(Color.YELLOW);
            canvas.drawLine(x, uperYellowY, 3 + dataSpacing * i, endYellowY, paint);
        }
        x = 3 + dataSpacing * i;        //x 根据数据填充进行偏移
        uperWhiteY = endWhiteY;         //将终点数据赋值给起始点
        uperYellowY = endYellowY;
        //绘制下部表内数据线
        int buy = fenshiData.getBuy();  //获取买入量
        if (i <= 0) {
            paint.setColor(Color.RED);//默认情况使用红色
            //成交量大于前一天使用红色绘制
        } else if (fenshiData.getNonWeightedIndex() >=
            timesList.get(i - 1).getNonWeightedIndex()) {
            paint.setColor(Color.RED);
        } else {
            //成交量小于昨天，使用绿色绘制
            paint.setColor(Color.GREEN);
        }
        //绘制一条线段
        canvas.drawLine(x, lowerBottom, x, lowerBottom - buy * lowerRate, paint);
    }
}
```

运行效果如图 20-4 所示。

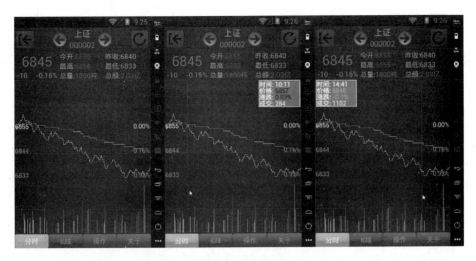

图 20-4 运行效果

20.5 K 线界面设置

K 线界面包括"成交蜡烛图"、MACD、KDJ 以及中间的"时间显示"等,该界面也是较为复杂的一个页面。

20.5.1 成交蜡烛图

成交蜡烛图根据当日成交价格进行绘制,选取当日的四个价格作为参考依据,即开盘价、收盘价、最高价、最低价,如果收盘价低于开盘价绘制绿色蜡烛图,否则为上涨,绘制红色蜡烛图,具体代码如下:

```
private void drawUpperRegion(Canvas canvas) {
//绘制蜡烛图
Paint redPaint = new Paint();         //创建红色画笔
redPaint.setColor(Color.RED);          //设置颜色为红色
Paint greenPaint = new Paint();        //创建绿色画笔
greenPaint.setColor(Color.GREEN);      //设置颜色为绿色
int width = getWidth();                //获取宽度
mCandleWidth = (width - 4) / 10.0 * 10.0 / mShowDataNum;
double rate = (getUperChartHeight() - 2) / (mMaxPrice - mMinPrice);
for (int i = 0; i < mShowDataNum && mDataStartIndex + i < mOHLCData.size();
i++) {
    OHLCEntity entity = mOHLCData.get(mDataStartIndex + i);
    float open = (float) ((mMaxPrice - entity.getOpen()) * rate +
        DEFAULT_AXIS_TITLE_SIZE + 4);//开盘价
    float close = (float) ((mMaxPrice - entity.getClose()) * rate +
        DEFAULT_AXIS_TITLE_SIZE + 4);//收盘价
    float high = (float) ((mMaxPrice - entity.getHigh()) * rate +
        DEFAULT_AXIS_TITLE_SIZE + 4);//最高价
    float low = (float) ((mMaxPrice - entity.getLow()) * rate +
        DEFAULT_AXIS_TITLE_SIZE + 4);//最低价
```

```
        //绘制蜡烛图的左侧宽度
        float left = (float) (width - 2 - mCandleWidth * (i + 1));
        float right = (float) (width - 3 - mCandleWidth * i);//右侧宽度
        //起始x位置
        float startX = (float) (width - 3 - mCandleWidth * i - (mCandleWidth - 1) / 2);
        //判断涨跌，绘制相应的蜡烛图
        if (open < close) {
            canvas.drawRect(left, close, right, open, greenPaint);
            canvas.drawLine(startX, high, startX, low, greenPaint);
        } else if (open == close) {
            canvas.drawLine(left, open, right, open, redPaint);
            canvas.drawLine(startX, high, startX, low, redPaint);
        } else {
            canvas.drawRect(left, open, right, close, redPaint);
            canvas.drawLine(startX, high, startX, low, redPaint);
        }
}
```

20.5.2 绘制详细信息

根据用户选择的位置，获取当前位置的数据，在左上角或右上角绘制一个矩形区域，并在该区域绘制当前数据，具体代码如下：

```
private void drawCandleDetails(Canvas canvas) {
    if (showDetails) {
        float width = getWidth();//获取宽度
        float left = 3.0f;
        float top = (float) (5.0 + DEFAULT_AXIS_TITLE_SIZE);
        float right = 3.0f + 7 * DEFAULT_AXIS_TITLE_SIZE;
        float bottom = 8.0f + 7 * DEFAULT_AXIS_TITLE_SIZE;
        //判断用户触摸位置
        if (mStartX < width / 2.0f) {
            right = width - 4.0f;
            left = width - 4.0f - 7 * DEFAULT_AXIS_TITLE_SIZE;
        }
        int selectIndex = (int) ((width - 2.0f - mStartX) / mCandleWidth +
            mDataStartIndext);
        //绘制点击线条及详情区域
        Paint paint = new Paint();           //创建一个画笔
        paint.setColor(Color.LTGRAY);        //设置画笔颜色
        paint.setAlpha(150);                 //设置透明度
        //绘制一条参考线
        canvas.drawLine(mStartX, 2.0f + DEFAULT_AXIS_TITLE_SIZE, mStartX,
            UPER_CHART_BOTTOM,paint);
        canvas.drawLine(mStartX, getHeight() - 2.0f, mStartX,
            LOWER_CHART_TOP, paint);
        //绘制一个矩形
        canvas.drawRect(left, top, right, bottom, paint);
        Paint borderPaint = new Paint();      //创建一个画笔
        borderPaint.setColor(Color.WHITE);    //设置画笔颜色
        borderPaint.setStrokeWidth(2);        //设置画笔宽度
        canvas.drawLine(left, top, left, bottom, borderPaint);
```

```java
canvas.drawLine(left, top, right, top, borderPaint);
canvas.drawLine(right, bottom, right, top, borderPaint);
canvas.drawLine(right, bottom, left, bottom, borderPaint);
//绘制详情文字
Paint textPaint = new Paint();
textPaint.setTextSize(DEFAULT_AXIS_TITLE_SIZE);
textPaint.setColor(Color.WHITE);
textPaint.setFakeBoldText(true);
canvas.drawText("日期: " + mOHLCData.get(selectIndext).getDate(),
    left + 1, top+ DEFAULT_AXIS_TITLE_SIZE, textPaint);
canvas.drawText("开盘:", left + 1, top + DEFAULT_AXIS_TITLE_SIZE *
    2.0f, textPaint);
double open = mOHLCData.get(selectIndext).getOpen();
try {
    double ysdclose = mOHLCData.get(selectIndext + 1).getClose();
    if (open >= ysdclose) {
        textPaint.setColor(Color.RED);
    } else {
        textPaint.setColor(Color.GREEN);
    }
    canvas.drawText(new DecimalFormat("#.##").format(open), left +
        1 + DEFAULT_AXIS_TITLE_SIZE * 2.5f, top + DEFAULT_AXIS_TITLE_SIZE *
        2.0f, textPaint);
} catch (Exception e) {
    canvas.drawText(new DecimalFormat("#.##").format(open), left +
        1 + DEFAULT_AXIS_TITLE_SIZE * 2.5f, top + DEFAULT_AXIS_TITLE_SIZE *
        2.0f, textPaint);
}
//设置画笔颜色为白色,绘制当前最高点数据
textPaint.setColor(Color.WHITE);
canvas.drawText("最高:", left + 1, top + DEFAULT_AXIS_TITLE_SIZE *
    3.0f, textPaint);
double high = mOHLCData.get(selectIndext).getHigh();
if (open < high) {
    textPaint.setColor(Color.RED);
} else {
    textPaint.setColor(Color.GREEN);
}
//格式化数据
canvas.drawText(new DecimalFormat("#.##").format(high), left + 1+
    DEFAULT_AXIS_TITLE_SIZE * 2.5f, top + DEFAULT_AXIS_TITLE_SIZE *
    3.0f, textPaint);
//设置画笔颜色为白色,绘制当前最低点数据
textPaint.setColor(Color.WHITE);
canvas.drawText("最低:", left + 1, top + DEFAULT_AXIS_TITLE_SIZE *
    4.0f, textPaint);
double low = mOHLCData.get(selectIndext).getLow();
try {
    double yesterday = (mOHLCData.get(selectIndext + 1).getLow() +
        mOHLCData.get(selectIndext + 1).getHigh()) / 2.0f;
    if (yesterday <= low) {
        textPaint.setColor(Color.RED);
    } else {
        textPaint.setColor(Color.GREEN);
```

```java
        }
    } catch (Exception e) {
}
    //格式化数据
    canvas.drawText(new DecimalFormat("#.##").format(low), left + 1+
        DEFAULT_AXIS_TITLE_SIZE * 2.5f, top + DEFAULT_AXIS_TITLE_SIZE *
        4.0f, textPaint);
    //设置画笔颜色为白色,绘制收盘价
    textPaint.setColor(Color.WHITE);
    canvas.drawText("收盘:", left + 1, top + DEFAULT_AXIS_TITLE_SIZE *
        5.0f, textPaint);
    double close = mOHLCData.get(selectIndext).getClose();
    try {
        double yesdopen = (mOHLCData.get(selectIndext + 1).getLow() +
            mOHLCData.get(selectIndext + 1).getHigh()) / 2.0f;
        if (yesdopen <= close) {
            textPaint.setColor(Color.RED);
        } else {
            textPaint.setColor(Color.GREEN);
        }
    } catch (Exception e) {
}
    //格式化数据
    canvas.drawText(new DecimalFormat("#.##").format(close), left + 1 +
        DEFAULT_AXIS_TITLE_SIZE * 2.5f, top + DEFAULT_AXIS_TITLE_SIZE *
        5.0f, textPaint);
    //设置画笔颜色为白色,绘制涨跌幅度百分比
    textPaint.setColor(Color.WHITE);
    canvas.drawText("涨跌幅:", left + 1, top + DEFAULT_AXIS_TITLE_SIZE *
        6.0f, textPaint);
    try {
        double yesdclose = mOHLCData.get(selectIndext + 1).getClose();
        double priceRate = (close - yesdclose) / yesdclose;
        if (priceRate >= 0) {
            textPaint.setColor(Color.RED);
        } else {
            textPaint.setColor(Color.GREEN);
        }
    //格式化数据
        canvas.drawText(new DecimalFormat("#.##%").format(priceRate),
            left + 1+ DEFAULT_AXIS_TITLE_SIZE * 3.5f, top +
            DEFAULT_AXIS_TITLE_SIZE * 6.0f,textPaint);
    } catch (Exception e) {
     canvas.drawText("--", left + 1 + DEFAULT_AXIS_TITLE_SIZE * 3.5f,
        top+ DEFAULT_AXIS_TITLE_SIZE * 6.0f, textPaint);
    }
}
}
```

20.5.3 绘制参考信息

绘制 X 轴和 Y 轴的参考数据,具体代码如下:

```java
private void drawTitles(Canvas canvas) {
Paint textPaint = new Paint();                              //创建画笔
textPaint.setColor(DEFAULT_AXIS_Y_TITLE_COLOR);             //设置画笔颜色
textPaint.setTextSize(DEFAULT_AXIS_TITLE_SIZE);             //设置字体大小
//Y轴 Titles
canvas.drawText(new DecimalFormat("#.##").format(mMinPrice), 1,
    UPER_CHART_BOTTOM - 1,textPaint);
canvas.drawText(new DecimalFormat("#.##").format(mMinPrice + (mMaxPrice - mMinPrice)
    / 4),1, UPER_CHART_BOTTOM - getLatitudeSpacing() - 1, textPaint);
canvas.drawText(new DecimalFormat("#.##").format(mMinPrice + (mMaxPrice - mMinPrice)
    / 4 * 2),1,UPER_CHART_BOTTOM - getLatitudeSpacing() * 2 - 1,textPaint);
canvas.drawText(new DecimalFormat("#.##").format(mMinPrice + (mMaxPrice - mMinPrice)
    / 4 * 3), 1,UPER_CHART_BOTTOM - getLatitudeSpacing() * 3 - 1, textPaint);
canvas.drawText(new DecimalFormat("#.##").format(mMaxPrice), 1,
    DEFAULT_AXIS_TITLE_SIZE * 2, textPaint);
//X轴 Titles
textPaint.setColor(DEFAULT_AXIS_X_TITLE_COLOR);
canvas.drawText(mOHLCData.get(mDataStartIndext).getDate(), getWidth() - 4 - 4.5f*
    DEFAULT_AXIS_TITLE_SIZE, UPER_CHART_BOTTOM + DEFAULT_AXIS_TITLE_SIZE, textPaint);
try {
    canvas.drawText(
        String.valueOf(mOHLCData.get(mDataStartIndext + mShowDataNum /
        2).getDate()),getWidth() / 2 - 2.25f * DEFAULT_AXIS_TITLE_SIZE,
        UPER_CHART_BOTTOM+ DEFAULT_AXIS_TITLE_SIZE, textPaint);
    canvas.drawText(String.valueOf(mOHLCData.get(mDataStartIndext +
        mShowDataNum - 1).getDate()),2, UPER_CHART_BOTTOM +
        DEFAULT_AXIS_TITLE_SIZE, textPaint);
    } catch (Exception e) {
    }
}
```

运行效果如图 20-5 所示。

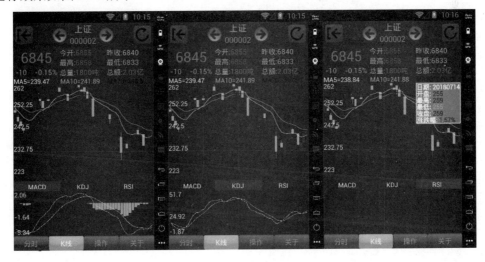

图 20-5 运行效果

由于该项目代码较多,这里只能选取比较重要的代码,具体代码请参考给出的资源代码。

20.6 项目总结

本章开发了一款股票操作类软件,该软件主要涉及绘图方面的知识。数据可视化是该软件的主体思想,通过可视化数据将零星数据直观地展现给用户。其中的难点是 JSON 数据的存储与获取,界面中线段的绘制以及各种曲线的绘制。相信通过该软件的开发学习,读者对于图形绘制、数据可视化开发会有一个深入的了解。

第 21 章
项目实训 3——开发考试系统

每个人都要经历学生时期，学生时期必然会有各种考试测验等，由此可以开发一套考试系统，通过这套考试系统一方面可以检验自己所学的知识，另一方面可以利用碎片时间提高自己的技能。

本章要点(已掌握的在方框中打钩)

- ☐ 掌握如何设计项目中的数据库
- ☐ 掌握如何操作项目中的数据
- ☐ 掌握如何实现提示答案功能
- ☐ 掌握上一题、下一题、收藏题的查看
- ☐ 掌握使用拖动控件选择题目的方法

21.1 系统功能设计

考试系统功能设计模块分析如图 21-1 所示，包含"欢迎界面""考试部分""统计错误""经典例题""关于页面"等模块。

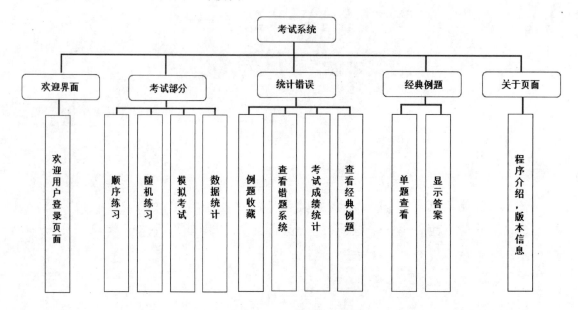

图 21-1　系统功能设计模块

21.2　创　建　项　目

21.2.1　开发环境需求

开发此项目所需的条件如下。

(1) 操作系统：Windows 7 及以上版本。
(2) JDK 环境：Java SE Development Kit(JDK) Version 8 及以上版本。
(3) 开发工具：Android Studio 3.0.1 及以上版本。
(4) 开发语言：Java、XML。
(5) 运行平台：Android 4.0.3 及以上版本。
(6) App 执行平台：Android 模拟器或 Android 手机。

21.2.2　创建新项目

创建一个新的工程并命名为"Exam"，导入工程所需资源，为后续开发做准备。

21.3 欢迎界面设置

在进入软件之前展现一个欢迎界面，这样会让用户体验效果更好。

21.3.1 欢迎界面布局

布局中给出一个编辑框输出欢迎文字，界面相对比较简单，但是为了保证横屏与竖屏都能有很好的显示效果，这里采用两套布局，具体操作步骤如下。

step 01 展开工程目录下拉列表，将工程切换至 Project 目录模式，如图 21-2 所示。

step 02 选中 res 文件夹，用鼠标右键单击并在弹出的快捷菜单中依次选择 New→Directory 命令创建新的文件夹，如图 21-3 所示。

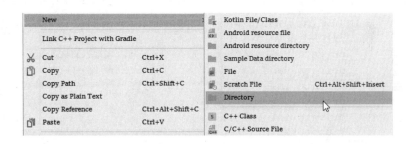

图 21-2 切换工程目录　　　　　　　　图 21-3 选择 Directory 命令

step 03 在弹出的 New Directory 对话框中输入"layout-land"文件夹名，单击 OK 按钮，如图 21-4 所示。

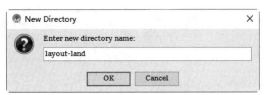

图 21-4 输入文件夹名称

step 04 将横屏显示的布局文件放入该文件夹。

> 横屏和竖屏布局文件的名字完全相同，只是竖屏布局文件的存放目录不同。

布局文件的具体代码如下：

```
<RelativeLayout xmlns:android="http://schemas.android.com/apk/res/android"
    xmlns:tools="http://schemas.android.com/tools"
    android:id="@+id/RelativeLayout1"
    android:layout_width="match_parent"
    android:layout_height="match_parent"
```

```xml
            android:paddingBottom="@dimen/activity_vertical_margin"
            android:paddingLeft="@dimen/activity_horizontal_margin"
            android:paddingRight="@dimen/activity_horizontal_margin"
            android:paddingTop="@dimen/activity_vertical_margin"
            tools:context=".WelcomeActivity" >
            <ImageView
                android:id="@+id/iv_welcome"
                android:layout_width="match_parent"
                android:layout_height="match_parent"
                android:layout_centerInParent="true"
                android:contentDescription="@string/welcome"
                android:src="@drawable/bg_welcome" />
</RelativeLayout>
```

21.3.2 欢迎界面逻辑处理

欢迎界面停留 2.5 秒之后进入主界面，这其中会用到 handler 机制与多线程，具体代码如下：

```java
public class WelcomeActivity extends BaseActivity {
    //打开数据库
    private WelcomeController wc=new WelcomeController();
    private Handler mHandler = new Handler();   //创建 handler 对象
    private ImageView iv_welcome;               //创建视图对象
    private int alpha = 255;                    //透明度
    private int b = 0;                          //跳转标记
    @SuppressLint("HandlerLeak")
    @SuppressWarnings("deprecation")
    @Override
    protected void onCreate(Bundle savedInstanceState) {
        super.onCreate(savedInstanceState);
        //全屏显示
        getWindow().setFlags(WindowManager.LayoutParams.FLAG_FULLSCREEN,
            WindowManager.LayoutParams.FLAG_FULLSCREEN);
        setContentView(R.layout.activity_welcome);
        wc.init(this);
        //绑定图像视图
        iv_welcome=(ImageView) findViewById(R.id.iv_welcome);
        //设置透明度
        iv_welcome.setAlpha(alpha);
        //创建线程并启动
        new Thread(new Runnable() {
            public void run() {
                //初次进入标记点为 0
                while (b < 2) {
                    try {
                        if (b == 0) {
                            Thread.sleep(500);
                            b =1;
                        } else {
                            Thread.sleep(100);
                        }
                        //更新视图
```

```
                    updateApp();
                } catch (InterruptedException e) {
                    e.printStackTrace();
                }
            }
        }).start();
        //接收handler消息
        mHandler = new Handler() {
            @Override
            public void handleMessage(Message msg) {
                super.handleMessage(msg);
                iv_welcome.setAlpha(alpha);   //设置透明度
                iv_welcome.invalidate();       //界面刷新
            }
        };
    }
    public void updateApp() {
        alpha -= 11;
        //避免出现白屏
        if (alpha <= 30) {
            b = 2;//当透明度小于30时跳转到主页面
            Intent intent = new Intent(WelcomeActivity.this,MainTabActivity.class);
            startActivity(intent);
            this.finish();//关闭欢迎界面
            //查询需要很多内存开销,提前回收一些
            System.gc();
        }//发送handler消息
        mHandler.sendMessage(mHandler.obtainMessage());
    }
}
```

运行效果如图21-5所示。

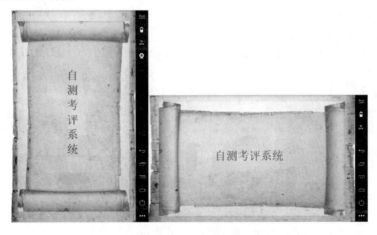

图21-5　运行效果

21.4 部分类的封装

在整个答题系统中,数据库、文件系统、窗口大小都分别封装成了单独的类。

21.4.1 数据库类

创建一个数据库类并命名为"DBUtil",用于打开数据库,具体代码如下:

```java
public class DBUtil {
    private Context context;                            //设备上下文
    private final int BUFFER_SIZE = 1024;    //缓冲区大小
    //保存的数据库文件名与 DBHelper 统一
    private static final String DB_NAME ="data.db"; //数据库名称
    private final String PACKAGE_NAME;            //包名
    private final String DB_PATH;                       //数据库存储路径
    public DBUtil(Context context) {
        this.context = context;
        //获取包名
        PACKAGE_NAME = PackageUtil.getAppInfo(context).getAsString
                ("packageName");
        //设置数据库存储路径
        DB_PATH = "/data" + Environment.getDataDirectory().getAbsolutePath()+
                "/" + PACKAGE_NAME + "/databases/";  //存放数据库的位置
    }
    //打开数据库
    public void openDatabase() {
        File dir = new File(DB_PATH);
        if (!dir.exists()) {
            dir.mkdir();
        }
        File db_file = new File(DB_PATH, DB_NAME);
        if (!db_file.exists()) {
            AssetManager am = context.getAssets();
            try {
                //创建一个输入流,打开数据库
                InputStream is = am.open(DB_NAME);
                //创建一个输出流
                FileOutputStream fos = new FileOutputStream(db_file);
                //创建一个缓冲区数组
                byte[] buffer = new byte[BUFFER_SIZE];
                int count = 0;
                //循环读取数据
                while ((count = is.read(buffer)) > 0) {
                    //将读出的数据写入缓冲区
                    fos.write(buffer, 0, count);
                }
                fos.close();    //关闭输出流文件
                is.close();     //关闭输入流文件
            } catch (Exception e) {
```

```
                //TODO Auto-generated catch block
                e.printStackTrace();
            } //欲导入的数据库
        }
    }
}
```

21.4.2 窗口类

获取窗口大小的窗口类命名为"WindowUtil",具体代码如下:

```
public class WindowUtil {
    private Activity mActivity;    //定义一个活动
    public WindowUtil(Activity mActivity) {
        super();
        this.mActivity = mActivity; //初始化为传进来的活动
    }
    public Point getDefaultDisplaySize(){
        //获取屏幕的分辨率
        Display display = mActivity.getWindowManager().getDefaultDisplay();
        Point size = new Point();       //创建一个坐标点
        size.y=display.getHeight();     //获取屏幕的高度
        size.x=display.getWidth();      //获取屏幕的宽度
        return size;                    //将屏幕大小的坐标点返回
    }
    public View getWindowDecorView(){
        //获取顶级视图大小
        return mActivity.getWindow().getDecorView();
    }
    //获取屏幕的矩形区域
    public Rect getWindowDecorViewVisibleDisplayFrame(){
        Rect frames = new Rect();
        //获取窗口可视区大小
        getWindowDecorView().getWindowVisibleDisplayFrame(frames);
        return frames;//返回矩形区域
    }
    //获取可视区高度
    public int getStatusBarHeight(){
        Rect frame = new Rect();
        //获取窗口可视区大小

mActivity.getWindow().getDecorView().getWindowVisibleDisplayFrame(frame);
        return frame.top; //返回可视区顶部位置
    }
    //获取标题高度
    public int getTitleBarHeight(){
        int contentTop = mActivity.getWindow().findViewById
            (Window.ID_ANDROID_CONTENT).getTop();
        return contentTop - getStatusBarHeight(); //用实际高度减去可视区高度
    }
}
```

21.4.3 文件类

用于设置背景图片和标题图片的文件操作类的具体代码如下：

```java
public class FileUtil {
    private String pic_path;              //路径
    private Activity mActivity;           //活动对象
    private WindowUtil wu;                //获取窗口大小的类
    //定义文件路径
    private static final String FILE_PREFERENCES_NAME = "file_path";
    //获取文件路径
    public String getPic_path() {
        return SharedPreferencesUtil.read(mActivity,
            FILE_PREFERENCES_NAME,"Pic_Path", "");
    }
    //设置文件路径
    public void setPic_path() {
        //先获取路径
        pic_path = "/data/data/"+ PackageUtil.getAppInfo(this.mActivity).
                getAsString("packageName") + "/image.png";
        //再将路径写入文件
        SharedPreferencesUtil.write(mActivity, FILE_PREFERENCES_NAME,
            "Pic_Path", pic_path);
    }
    //获取文件路径和窗口大小信息
    public FileUtil(Activity mActivity) {
        this.mActivity = mActivity;
        wu = new WindowUtil(this.mActivity);
    }
    //返回背景图片
    public Bitmap shotAndSave(String file_path, int x, int y, int width,int height) {
        //设置视图的宽度为可视区域宽度
        View decorView = wu.getWindowDecorView();
        decorView.buildDrawingCache();//使用缓冲机制
        //创建一个bitmap对象，根据传入的坐标点与宽高创建
        Bitmap bmp = Bitmap.createBitmap(decorView.getDrawingCache(),
                x, y, width, height);
        //创建一个文件
        File file = new File(file_path);
        try {
            //创建一个输出流对象，从文件路径中读取信息
            FileOutputStream out = new FileOutputStream(file);
            //对图像进行压缩处理
            if (bmp.compress(Bitmap.CompressFormat.PNG, 70, out)) {
                out.flush();//保存完毕
                out.close();//关闭输出流对象
            }
        } catch (Exception e) {
            e.printStackTrace();
        }
        return bmp;//返回图像
```

```
    }
    //返回bitmap图片除去标题后的大小
    public Bitmap shotAndSave(String file_path) {
        //创建一个矩形区域，区域大小为视图可视区域大小
        Rect frames = wu.getWindowDecorViewVisibleDisplayFrame();
        int statusBarHeight = frames.top;         //创建标题高度
        Point size = wu.getDefaultDisplaySize();//获取屏幕总大小
        return this.shotAndSave(file_path, 0, statusBarHeight, size.x,
            size.y- statusBarHeight);
    }
}
```

21.5 主界面与跳转页面

答题系统主要是显示界面与分类界面的组合，要考虑它们之间如何实现跳转和传递数据。

21.5.1 主界面

主界面的运行效果如图 21-6 所示。

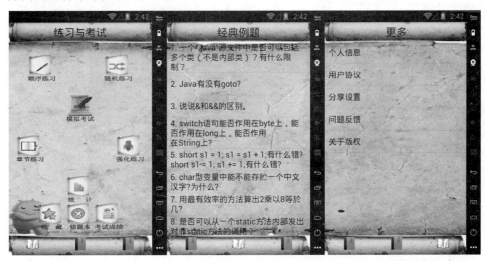

图 21-6 运行效果

主界面中逻辑部分的具体代码如下：

```
public class MainTabActivity extends FragmentActivity implements
    MoreListFragment.Callbacks, ClassicsListFragment.Callbacks {
    //该类可根据手指滑动更换显示页面
    private ViewPager main_tab_pager;         //视图页对象
    private IconPageIndicator main_tab_icon_indicator;
    private MainTabPagerAdapter mtpa;         //tab页适配器
    private MainTabController mtc;            //生成tab选项对象
    private TextView tv_title;                //显示标题文本框
    private FileUtil fu;                      //文件操作类
```

```java
private static Timer tExit;                    //定义退出的 timer 对象
private static TimerTask task;                 //当前时间与退出时间的差值
private static Boolean isExit = false;         //是否退出标记
private static Boolean hasTask = false;        //是否运行标记
@Override
protected void onCreate(Bundle savedInstanceState) {
    super.onCreate(savedInstanceState);
    //设置全屏显示
    this.requestWindowFeature(Window.FEATURE_NO_TITLE);
    setContentView(R.layout.activity_main_tab);
    //加载 Fragment 选项
    mtc = new MainTabController(this);
    //绑定 viewpager 控件,该控件可以通过滑动页面切换 View
    main_tab_pager = (ViewPager) findViewById(R.id.main_tab_pager);
    main_tab_icon_indicator = (IconPageIndicator)
        findViewById(R.id.main_tab_icon_indicator);
    //获取配置适配置器
    mtpa = mtc.getPagerAdapter(getSupportFragmentManager());
    main_tab_pager.setAdapter(mtpa);//设置适配置
    main_tab_icon_indicator.setViewPager(main_tab_pager);//设置显示标签
    //定义标记点,通过 intent 返回
    int page = getIntent().getIntExtra("page", -1);
    if (page < 0) {
        switchPage(0);//默认第一项被选中
    } else {
        switchPage(page);        //否则根据实际选中项进行
    }
    tExit = new Timer();//初始化退出定时器
    task = new TimerTask() {
        @Override
        public void run() {
            isExit = false;//初始化退出标记为假
            hasTask = true;//执行标记为真
        }
    };
}
//选择 tab 项
private void switchPage(int position) {
    tv_title = (TextView) findViewById(R.id.tv_title); //绑定编辑框
    main_tab_pager.setCurrentItem(position);                      //设置改变项
    tv_title.setText(mtpa.getTitles().get(position));    //设置相应的显示文本
    //设置改变监听事件
    main_tab_pager.setOnPageChangeListener(getOnPageChangeListener());
}
@Override//根据 tab 项加载相应的页面
public void onMoreItemSelected(int position) {
    Intent intent=null;
    switch(position){
        case 0:
        case 1:
        case 2:
            intent = new Intent(this, MoreDetailsActivity.class);
            intent.putExtra("position", position);
```

```java
                break;
            case 3:
                intent = new Intent(this, ShareSettingActivity.class);
                break;
            default:
                break;
        }
        if(intent!=null){
            startActivity(intent);
        }
    }
    @Override
    public void onClassicsIdSelected(int classicsId) {
        Intent intent = new Intent(this, ClassicsActivity.class);
        intent.putExtra("questionId", classicsId);
        startActivity(intent);//启动页面
    }
    public void shotView(View view) {
        //实例化文件操作类对象
        fu = new FileUtil(this);
        Bitmap bm = fu.shotAndSave(fu.getPic_path());
        //保存完毕,及时回收
        if (!bm.isRecycled()) {
            bm.recycle();
        }
    }
    //是否退出应用
    @Override
    public boolean onKeyDown(int keyCode, KeyEvent event) {
        if (keyCode == KeyEvent.KEYCODE_BACK) {
            if (isExit == false) {
                isExit = true;
                UiUtil.showToastShort(this, R.string.main_exit_prompt);
                if (!hasTask) {
                    tExit.schedule(task, 2000);//判断当前时间与退出时间是否小于两秒
                } else {
                    finish();//退出界面
                    System.exit(0);
                }
            }
        }
        return false;
    }
    //顺序练习
    public void toSequence(View v) {
        Intent intent = new Intent(this, TopicActivity.class);
        intent.putExtra("mode", TopicController.MODE_SEQUENCE);
        startActivity(intent);
    }
    //随机练习
    public void toRandom(View v) {
        Intent intent = new Intent(this, TopicActivity.class);
        intent.putExtra("mode", TopicController.MODE_RANDOM);
        startActivity(intent);
```

```java
    }
    //模拟考试
    public void toPracticeTest(View v) {
        Intent intent = new Intent(this, TopicActivity.class);
        intent.putExtra("mode", TopicController.MODE_PRACTICE_TEST);
        startActivity(intent);
    }
    //章节练习
    public void toChapters(View v) {
        if (ProjectConfig.TOPIC_MODE_CHAPTERS_SUPPORT) {
            Intent intent = new Intent(this, TopicActivity.class);
            intent.putExtra("mode", TopicController.MODE_CHAPTERS);
            startActivity(intent);
        } else {
            UiUtil.showToastShort(this, R.string.please_wait);
        }
    }
    //强化练习
    public void toIntensify(View v) {
        if (ProjectConfig.TOPIC_MODE_INTENSIFY_SUPPORT) {
            Intent intent = new Intent(this, TopicActivity.class);
            intent.putExtra("mode", TopicController.MODE_INTENSIFY);
            startActivity(intent);
        } else {
            UiUtil.showToastShort(this, R.string.please_wait);
        }
    }
    //统计
    public void toStatistics(View v) {
        Intent intent = new Intent(this, StatisticsActivity.class);
        startActivity(intent);
    }
    //错题
    public void toWrongTopic(View v) {
        if (mtc.checkWrongDataExist()) {
            Intent intent = new Intent(this, TopicActivity.class);
            intent.putExtra("mode", TopicController.MODE_WRONG_TOPIC);
            startActivity(intent);
        } else {
            UiUtil.showToastShort(this, R.string.data_not_exist);
        }
    }
    //收藏
    public void toCollect(View v) {
        if (mtc.checkCollectedDataExist()) {
//创建intent对象
            Intent intent = new Intent(this, TopicActivity.class);
            intent.putExtra("mode", TopicController.MODE_COLLECT);
            startActivity(intent);//启动页面
        } else {
            UiUtil.showToastShort(this, R.string.data_not_exist);
        }
    }
    //考试成绩
```

```java
    public void toRecord(View v) {
        Intent intent=new Intent(MainTabActivity.this,RecordActivity.class);
        startActivity(intent);//启动页面
    }
    //选项发生改变时的监听事件
    private OnPageChangeListener getOnPageChangeListener() {
        return (new OnPageChangeListener() {
            @Override
            public void onPageSelected(int position) {
                //TODO Auto-generated method stub
                tv_title.setText(mtpa.getTitles().get(position));
                main_tab_icon_indicator.setCurrentItem(position);
            }
            @Override
            public void onPageScrolled(int position, float positionOffset,
                int positionOffsetPixels) {
            }
            @Override
            public void onPageScrollStateChanged(int state) {
                //TODO Auto-generated method stub
            }
        });
    }
}
```

21.5.2 答题界面

答题区分为顺序练习、随机练习、模拟测试三个页面，如图 21-7 所示。由于这些界面类似，所以采用一个页面设计，根据传入数据不同显示不同风格。

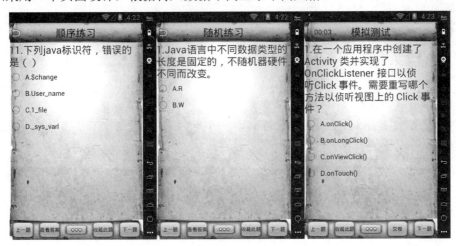

图 21-7 答题界面

具体显示页面代码如下：

```java
protected void onCreate(Bundle savedInstanceState) {
    super.onCreate(savedInstanceState);
    //去标题栏
```

```java
        requestWindowFeature(Window.FEATURE_NO_TITLE);
        //获取答题模式
        mode = getIntent().getExtras().getInt("mode");
        if (mode != TopicController.MODE_PRACTICE_TEST) {
            setContentView(R.layout.activity_topic);
        } else {
            setContentView(R.layout.activity_topic_test);
        }
        //设置背景
        getWindow().setBackgroundDrawableResource(R.drawable.bg_base);
        //绑定标题文本框并设置标题文本内容
        tv_title = (TextView) findViewById(R.id.tv_title);
        tv_title.setText(getResources().getStringArray(R.array.topic_title)[mode]);
        //绑定控制器
        tc = new TopicController(this, mode, subClass);
        //绑定滑动控件
        topic_pager = (ViewPager) findViewById(R.id.topic_pager);
        //设置回调
        topicFragmentCallBacks = getTopicFragmentCallBacks();
        //设置适配器
        topic_pager.setAdapter(getPagerAdapter());
        //设置改变监听事件
        topic_pager.setOnPageChangeListener(getOnPageChangeListener());
        // 跳转题目布局视图
        btn_seek = (ImageButton) findViewById(R.id.btn_seek);
        //弹窗与布局关联
        seekView = getLayoutInflater()
                .inflate(R.layout.popup_window_seek, null);
        //实例化跳转题目弹窗
        seekPopupWindow = new PopupWindow(seekView, LayoutParams.MATCH_PARENT,
                LayoutParams.WRAP_CONTENT);
        initItem();//初始化控件
}
```

21.5.3 题目类

上一题的具体代码如下：

```java
public void toPreTopic(View view) {
  int page = topic_pager.getCurrentItem();
  if (page == 0) {
    UiUtil.showToastShort(this, R.string.topic_first_question);
  } else {
    topic_pager.setCurrentItem(page - 1);
  }
}
```

下一题的具体代码如下：

```java
public void toNextTopic(View view) {
  int page = topic_pager.getCurrentItem();
  if (page == tc.getTopicList().size() - 1) {
    UiUtil.showToastShort(this, R.string.topic_last_question);
  } else {
```

```
      topic_pager.setCurrentItem(page + 1);
   }
}
```

收藏该题的具体代码如下：

```java
public void toChangeLabel(View view) {
  int daoId = tc.getDaoId(topic_pager.getCurrentItem() + 1);
  if (mode == TopicController.MODE_WRONG_TOPIC) {
    int flag = tc.getInWrongFlag(daoId);
    if (flag == 0) {
     tc.setInWrongFlag(daoId);
     btn_topic_changeLabel.setText(R.string.topic_del_wrong);
     } else {
      tc.resetInWrongFlag(daoId);
      btn_topic_changeLabel.setText(R.string.topic_add_wrong);
    }
   } else {
     int flag = tc.getCollectedFlag(daoId);
     if (flag == 0) {
       tc.setCollectedFlag(daoId);
       btn_topic_changeLabel.setText(R.string.topic_cancel_collect);
     } else {
       tc.resetCollectedFlag(daoId);
       btn_topic_changeLabel.setText(R.string.topic_set_collect);
    }
   }
 }
}
```

21.5.4 查看答案

在复习中能及时查看答案，对于用户来说是一个非常有必要的功能，具体代码如下：

```java
public void toSwitchAnswerShow(View view) {
  if (mode == TopicController.MODE_PRACTICE_TEST) {
    Log.e("Topic", "Please check layout");
    return;
  }
  int currentItem = topic_pager.getCurrentItem();
  if (answerShowFlag) {
  answerShowFlag = false;
  btn_switch_answer_show.setText(R.string.topic_answer_show);
  } else {
   answerShowFlag = true;
    btn_switch_answer_show.setText(R.string.topic_answer_hide);
  }
  //设置查看答案标记
  tc.setAnswerShow(answerShowFlag);
  topic_pager.setAdapter(getPagerAdapter());   //设置适配器
  topic_pager.setCurrentItem(currentItem);     //根据选中项获取答案
}
```

21.5.5 编号选题

弹出题目选择框，拖动控件获取选题，具体代码如下：

```java
public void toSeek(View v) {
    if (seekPopupWindow.isShowing()) {
        return;
    }
    nowTopic = topic_pager.getCurrentItem() + 1;
    totalTopic = tc.getTopicList().size();
    wu = new WindowUtil(this);
    Point size = wu.getDefaultDisplaySize();
    seekPopupWindow.showAtLocation(btn_seek, Gravity.BOTTOM, 0,
        Math.min(size.x, size.y) * 45 / 320);
    ib_seek_ok = (ImageButton) seekView.findViewById(R.id.ib_seek_ok);
    ib_seek_cancel = (ImageButton) seekView.findViewById(R.id.ib_seek_cancel);
    sb_seek = (SeekBar) seekView.findViewById(R.id.sb_seek);
    tv_progress = (TextView) seekView.findViewById(R.id.tv_progress);
    final String topic_seek = getString(R.string.topic_seek);
    tv_progress.setText(topic_seek + "    " + nowTopic + "/" + totalTopic);
    sb_seek.setMax(totalTopic - 1);//设置拖动条的最大值
    sb_seek.setProgress(nowTopic - 1);//拖动条当前位置
    sb_seek.setOnSeekBarChangeListener(new OnSeekBarChangeListener() {
        @Override
        public void onStopTrackingTouch(SeekBar seekBar) {
            topic_pager.setCurrentItem(newTopic - 1);
        }
        @Override
        public void onStartTrackingTouch(SeekBar seekBar) {
        }
        @Override
        public void onProgressChanged(SeekBar seekBar, int progress,
                boolean fromUser) {
            //TODO Auto-generated method stub
            newTopic = seekBar.getProgress() + 1;
            tv_progress.setText(topic_seek + "    " + newTopic + "/"
                + totalTopic);
        }
    });
    //单击确定按钮
    ib_seek_ok.setOnClickListener(new OnClickListener() {
        @Override
        public void onClick(View v) {
            //TODO Auto-generated method stub
            seekPopupWindow.dismiss();
        }
    });
    //单击取消按钮
    ib_seek_cancel.setOnClickListener(new OnClickListener() {
        @Override
        public void onClick(View v) {
            //TODO Auto-generated method stub
            topic_pager.setCurrentItem(nowTopic - 1);
            seekPopupWindow.dismiss();
        }
    });
}
```

21.5.6 收藏题目

对于比较容易出错的题目，可以选择收藏此题，具体代码如下：

```java
    private OnPageChangeListener getOnPageChangeListener() {
        return new OnPageChangeListener() {
            @Override
            public void onPageSelected(int position) {
                int daoId = tc.getDaoId(topic_pager.getCurrentItem() + 1);
                if (mode == TopicController.MODE_WRONG_TOPIC) {
                    int flag = tc.getInWrongFlag(daoId);
                    if (flag == 0) {
                        btn_topic_changeLabel.setText(R.string.topic_add_wrong);
                    } else {
                        btn_topic_changeLabel.setText(R.string.topic_del_wrong);
                    }
                } else {
                    int flag = tc.getCollectedFlag(daoId);
                    if (flag == 0) {
                        btn_topic_changeLabel
                                .setText(R.string.topic_set_collect);
                    } else {
                        btn_topic_changeLabel
                                .setText(R.string.topic_cancel_collect);
                    }
                }
            }
            @Override
            public void onPageScrolled(int position, float positionOffset,
                    int positionOffsetPixels) {
            }
            @Override
            public void onPageScrollStateChanged(int state) {
            }
        };
    }
    //获取适配样式
    private FragmentPagerAdapter getPagerAdapter() {
        FragmentPagerAdapter fpa = tc.getPagerAdapter(
                getSupportFragmentManager(), topicFragmentCallBacks);
        fpa.notifyDataSetChanged();
        return fpa;
    }
```

21.6 数据库相关操作

对于与数据库操作相关的类，这里使用的是 BaseDao 设计模式，由于代码较多，这里只给出部分代码，其余请参考资源中给出的源码。

查询服务类主要用于获取题库，其中涉及题目内容、答案内容、收藏题目、错误题目等。

顺序查找的具体代码如下：

```java
public ArrayList<Map<String, Object>> sequentialSearch(Context context) {
    String whereClause = "type<=2";
    return super.getEntryList(context, whereClause);
}
```

错题查找的具体代码如下：

```java
public ArrayList<Map<String, Object>> errorBookSearch(Context context) {
  String whereClause = "inWrongFlag=1";         //顺序取题标记
  examMap = new HashMap<Integer, Integer>();//创建一个hashmap用于取出题目
  ArrayList<Map<String, Object>> returnList =
  super.getEntryList(context,whereClause);
  int count = 1;//计数从1开始取数据
  for (Map<String, Object> map : returnList) {
    examMap.put(count, (Integer) map.get("_id"));//将取出的题目存入题目链表中
    count++;//计数自增
  }
  return returnList;
}
```

随机选题的具体代码如下：

```java
public ArrayList<Map<String, Object>> randomSearch(Context context) {
  String whereClause = "type<=2";
  examMap = new HashMap<Integer, Integer>();
  ArrayList<Map<String, Object>> tempList = super.getEntryList(context,whereClause);
  ArrayList<Map<String, Object>> backList = new ArrayList<Map<String, Object>>();
  Random random = new Random();
  int size = tempList.size();    //获取链表大小
  int sizeNumber;                //定义一个临时数
  int topicId;
  int count = 1;                 //计数从1开始
  while (size > 0) {
    sizeNumber = random.nextInt(size);         //选出一个随机数
    topicId = (Integer) tempList.get(sizeNumber).get("_id");
    examMap.put(count, topicId);                //将取出过的id保存
    backList.add(tempList.get(sizeNumber));    //将题加入链表
    tempList.remove(sizeNumber);                //移除临时链表中的数据
    size = tempList.size();
    count++;                                    //计数自增
  }
  return backList;
}
```

21.7　项　目　总　结

本章开发了一款用于复习的考试系统，这个项目主要是有关数据库的操作，其中涉及的难点是顺序出题、随机出题在读取数据库时如何操作，收藏题目、提示答案如何设计数据库。相信通过本章项目的学习，读者对于数据库的设计、使用会有一个深入的了解。

第 22 章

项目实训 4——开发网上商城

随着网络时代的来临,越来越多的人采用网上购物,所以能开发一款网上商城软件是一件既有需求又非常酷的事情。

本章要点(已掌握的在方框中打钩)

- ☐ 掌握购物商城的整体规划布局
- ☐ 掌握弹出窗口的位置计算
- ☐ 掌握如何使用 Handler 消息实现更新 UI
- ☐ 掌握如何使用 TabHost 实现页面跳转
- ☐ 掌握 TabHost 与 Fragment 的区别

22.1 系统功能设计

网上商城的功能设计模块分析如图 22-1 所示,由"欢迎界面""主界面""搜索页面""分类页面""购物车页面""用户信息页面"组成。

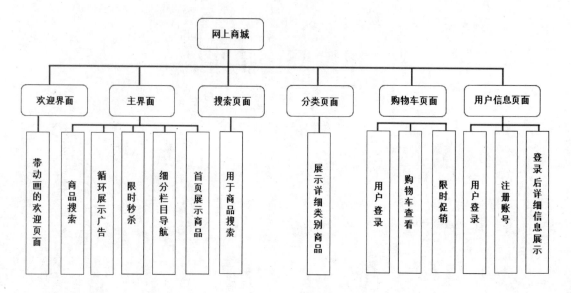

图 22-1 系统功能设计模块

22.2 创建项目

22.2.1 开发环境需求

开发此项目所需的条件如下。

(1) 操作系统:Windows 7 及以上版本。
(2) JDK 环境:Java SE Development Kit(JDK) Version 8 及以上版本。
(3) 开发工具:Android Studio 3.0.1 及以上版本。
(4) 开发语言:Java、XML。
(5) 运行平台:Android 4.0.3 及以上版本。
(6) App 执行平台:Android 模拟器或 Android 手机。

22.2.2 创建新项目

创建一个新的工程并命名为"shop",导入工程所需资源,为后续开发做准备。

22.3 欢迎界面

提供欢迎界面，会让用户感到软件更加人性化。本软件采用动画模拟进度条的形式，同其他欢迎界面不同。

22.3.1 欢迎界面布局

欢迎界面的效果如图 22-2 所示，当欢迎界面完成后切换到主界面。

布局代码如下：

图 22-2 欢迎界面

```xml
<RelativeLayout
xmlns:android="http://schemas.android.com/
   apk/res/android"
   android:layout_width="match_parent"
   android:layout_height="match_parent"
   android:background="@drawable/splash_bg" >
   <ImageView
       android:id="@+id/splash_logo"
       android:layout_width="wrap_content"
       android:layout_height="wrap_content"
       android:layout_centerHorizontal="true"
       android:layout_marginTop="120dp"
       android:background="@drawable/
          splash_logo" />
   <RelativeLayout
       android:id="@+id/relativeLayout1"
       android:layout_width="wrap_content"
       android:layout_height="wrap_content"
       android:layout_below="@id/splash_logo"
       android:layout_centerHorizontal="true"
       android:layout_marginTop="50dp" >
       <ImageView
          android:layout_width="wrap_content"
          android:layout_height="wrap_content"
          android:layout_centerInParent="true"
          android:background="@drawable/splash_loading_bg" />
       <ImageView
          android:id="@+id/splash_loading_item"
          android:layout_width="wrap_content"
          android:layout_height="wrap_content"
          android:layout_alignParentLeft="true"
          android:background="@drawable/splash_loading_item" />
   </RelativeLayout>
</RelativeLayout>
```

22.3.2 欢迎界面逻辑

欢迎界面中主要涉及动画模拟以及界面过渡，其中逻辑处理代码如下：

```
protected void initView() {
  //创建一个位移动画并加载
  Animation translate = AnimationUtils.loadAnimation(this,
R.anim.splash_loading);
  //设置动画监听事件
  translate.setAnimationListener(new AnimationListener() {
    @Override
    public void onAnimationStart(Animation animation) {}
    @Override
    public void onAnimationRepeat(Animation animation) {}
    @Override
    public void onAnimationEnd(Animation animation) {
      //动画结束后启动 homeactivty，相当于 Intent
      openActivity(HomeActivity.class);
      //引入动画
      overridePendingTransition(R.anim.push_left_in,
R.anim.push_left_out);
      SplashActivity.this.finish();//关闭界面
    }
  });
  //设置动画
  mSplashItem_iv.setAnimation(translate);
}
```

22.4 主 界 面

主界面中主要有商品查找、扫码购物、拍照购物、商品轮播广告、限时秒杀、分类栏目导航、首页商品展示，运行效果如图 22-3 所示。

图 22-3　运行效果

22.4.1 界面分类跳转

主界面采用 TabHost 选项卡组件实现不同界面之间的切换，具体逻辑处理代码如下：

```java
mTabHost = getTabHost();
//定义相应的 intent 对象
Intent i_main = new Intent(this, IndexActivity.class);
Intent i_search = new Intent(this, SearchActivity.class);
Intent i_category = new Intent(this, CategoryActivity.class);
Intent i_cart = new Intent(this, CartActivity.class);
Intent i_personal = new Intent(this, PersonalActivity.class);
//将选项与对应页面加入 tab 项
mTabHost.addTab(mTabHost.newTabSpec(TAB_MAIN).setIndicator(TAB_MAIN)
.setContent(i_main));
mTabHost.addTab(mTabHost.newTabSpec(TAB_SEARCH)
.setIndicator(TAB_SEARCH).setContent(i_search));
mTabHost.addTab(mTabHost.newTabSpec(TAB_CATEGORY)
.setIndicator(TAB_CATEGORY).setContent(i_category));
mTabHost.addTab(mTabHost.newTabSpec(TAB_CART).setIndicator(TAB_CART)
.setContent(i_cart));
mTabHost.addTab(mTabHost.newTabSpec(TAB_PERSONAL)
.setIndicator(TAB_PERSONAL).setContent(i_personal));
//设置当前显示页
mTabHost.setCurrentTabByTag(TAB_MAIN);
//设置单选监听事件，根据单选项跳转至指定页面
mTabButtonGroup.setOnCheckedChangeListener(new OnCheckedChangeListener() {
  public void onCheckedChanged(RadioGroup group, int checkedId) {
    switch (checkedId) {
    //主页面
    case R.id.home_tab_main:
      mTabHost.setCurrentTabByTag(TAB_MAIN);
      break;
    //查询页面
    case R.id.home_tab_search:
      mTabHost.setCurrentTabByTag(TAB_SEARCH);
      break;
    //分类页面
    case R.id.home_tab_category:
      mTabHost.setCurrentTabByTag(TAB_CATEGORY);
      break;
    //购物车页面
    case R.id.home_tab_cart:
      mTabHost.setCurrentTabByTag(TAB_CART);
      break;
    //用户信息页面
    case R.id.home_tab_personal:
     mTabHost.setCurrentTabByTag(TAB_PERSONAL);
     break;
    default:
     break;
    }
  }
});
```

22.4.2　搜索页面

用户单击搜索栏目跳转至搜索页面，具体代码如下：

```java
public class SearchActivity extends BaseActivity {
    private AutoClearEditText mEditText = null;  //编辑框
    private ImageButton mImageButton = null;     //按钮
    @Override
    protected void onCreate(Bundle savedInstanceState) {
        //TODO Auto-generated method stub
        super.onCreate(savedInstanceState);
        setContentView(R.layout.activity_search);
        findViewById();
        initView();
    }
    //绑定控件
    @Override
    protected void findViewById() {
        mEditText = (AutoClearEditText) findViewById(R.id.search_edit);
        mImageButton = (ImageButton) findViewById(R.id.search_button);
    }
    //初始化控件
    @Override
    protected void initView() {
        //TODO Auto-generated method stub
        mEditText.requestFocus();
        mImageButton.setOnClickListener(new OnClickListener() {
            @Override
            public void onClick(View v) {
                //当按钮被单击后做出提示
                CommonTools.showShortToast(SearchActivity.this,
                    "亲，该功能暂未开放");
            }
        });
    }
}
```

22.4.3　广告轮播

将需要轮播的广告图片信息保存在链表中，然后通过 Handler 机制中的延时消息实现轮播效果，具体代码如下：

```java
mHandler = new Handler(getMainLooper()) {
 @Override
 public void handleMessage(Message msg) {
//发送 Handler 消息
 super.handleMessage(msg);
//判断消息类型
 switch (msg.what) {
  case MSG_CHANGE_PHOTO:
```

```
        //获取切换页面的下标
        int index = mViewPager.getCurrentItem();
        if (index == mImageUrls.size() - 1) {
            index = -1;
        }
        //设置显示广告页面
        mViewPager.setCurrentItem(index + 1);
        //延时发送消息
        mHandler.sendEmptyMessageDelayed(MSG_CHANGE_PHOTO,
        PHOTO_CHANGE_TIME);
        }
    }
};
```

22.4.4 拍照按钮

单击拍照按钮后会弹出一个窗口，如图 22-4 所示。
具体实现代码如下：

```
public void onClick(View v) {
    //根据单击按钮 id 判断处理
    switch (v.getId()) {
        case R.id.index_camer_button:
            //获取布局的高度+标题的高度，计算出弹出窗口显示位置
            int height = mTopLayout.getHeight()+
CommonTools.getStatusBarHeight(this);
            //弹出窗口
            mBarPopupWindow.showAtLocation
(mTopLayout, Gravity.TOP, 0, height);
            break;
        //如果单击查询编辑框，打开查询页面
        case R.id.index_search_edit:
            openActivity(SearchActivity.class);
            break;
        default:
            break;
    }
}
```

图 22-4 拍照弹窗

22.5 搜索页面

当用户选择搜索页面 tab 项时跳转至搜索页面，在主窗口也有搜索编辑框，功能与此类似，运行效果如图 22-5 所示。
搜索页面的具体代码如下：

```
public class SearchActivity extends BaseActivity {
    private AutoClearEditText mEditText = null; //编辑框
    private ImageButton mImageButton = null;    //按钮
    @Override
```

```
protected void onCreate(Bundle
  savedInstanceState) {
  super.onCreate(savedInstanceState);
  setContentView(R.layout.activity_search);
  findViewById();
  initView();
}
//绑定控件
@Override
protected void findViewById() {
  mEditText = (AutoClearEditText)
    findViewById(R.id.search_edit);
  mImageButton = (ImageButton)
    findViewById(R.id.search_button);
}
//初始化控件
@Override
protected void initView() {
  mEditText.requestFocus();
  mImageButton.setOnClickListener(new
    OnClickListener() {
    @Override
    public void onClick(View v) {
      //当按钮被单击后做出提示
      CommonTools.showShortToast(SearchActivity.
        this, "亲，该功能暂未开放");
    }
  });
}
```

图 22-5　搜索页面

图 22-6　运行效果

22.6　分 类 页 面

分类页面主要用于展示具体分类信息，运行效果如图 22-6 所示。

22.6.1　分类数据存储

通过图 22-6 可以看到，分类数据是由一个 ListView 控件完成的，其中显示有图片信息、标题信息、内容信息。

分类数据的存储可以通过多种方式实现，正常使用可以通过 uri 从网络地址获取图片标题等信息，这里采用最简单的数组实现，具体代码如下：

```
//每个项的图片信息数组
private Integer[] mImageIds = {
  R.drawable.catergory_appliance,
  R.drawable.catergory_book,
  R.drawable.catergory_cloth,
  R.drawable.catergory_deskbook,
```

```
    R.drawable.catergory_digtcamer,
    R.drawable.catergory_furnitrue,
    R.drawable.catergory_mobile,
    R.drawable.catergory_skincare
};
//给照片添加文字显示(Title)
private String[] mTitleValues = {"家电", "图书", "衣服", "笔记本", "数码","家具",
    "手机", "护肤"};
//每个项目的具体内容
private String[] mContentValues = {
    "家电/生活电器/厨房电器",
    "电子书/图书/小说",
    "男装/女装/童装",
    "笔记本/笔记本配件/产品外设",
    "摄影摄像/数码配件",
    "家具/灯具/生活用品",
    "手机通讯/运营商/手机配件",
    "面部护理/口腔护理/..."
};
```

三个数组之间一一对应,分别存储图片、标题、具体内容。

22.6.2 分类数据显示

使用数组存储后,便可以通过 ListView 控件来进行显示,为了提高运行效率这里使用 holder 对象,具体代码如下:

```
private class Catergor Adapter extends BaseAdapter {
@Override
public int getCount() {
    return mImageIds.length;//返回图片数组的长度
}
@Override
public Object getItem(int position) {
    return position;
}
@Override
public long getItemId(int position) {
    return position;
}
@SuppressWarnings("null")
@Override
public View getView(int position, View convertView, ViewGroup parent) {
    //创建一个 holder 对象
    ViewHolder holder = new ViewHolder();
    layoutInflater = LayoutInflater.from(CategoryActivity.this);
    //组装数据,不是初次使用直接从 holder 中取出数据,不用重复加载
    if (convertView == null) {
        convertView = layoutInflater.inflate(R.layout.activity_category_item, null);
        holder.image = (ImageView) convertView.findViewById(R.id.catergory_image);
        holder.title = (TextView) convertView.findViewById(R.id.catergoryitem_title);
        holder.content = (TextView) convertView.findViewById
```

```
                (R.id.catergoryitem_content);
//使用tag存储数据
convertView.setTag(holder);
    } else {//初次使用将数组加载至holder中
        holder = (ViewHolder) convertView.getTag();
    }
    //使用holder设置相应的显示对象
    holder.image.setImageResource(mImageIds[position]);
    holder.title.setText(mTitleValues[position]);
    holder.content.setText(mContentValues[position]);
    return convertView;
  }
}
```

22.7 购物车页面

选择购物车 tab 项后跳转至购物车页面,运行效果如图 22-7 所示。

购物车的具体代码如下:

```
public class CartActivity extends BaseActivity
  implements OnClickListener {
    private Button cart_login, cart_market;
    //定义一个按钮
    private Intent mIntent;  //定义一个intent对象
    @Override
    protected void onCreate(Bundle
      savedInstanceState) {
        //TODO Auto-generated method stub
        super.onCreate(savedInstanceState);
        setContentView(R.layout.activity_cart);
        findViewById();
        initView();
    }
    //绑定控件
    @Override
    protected void findViewById() {
        cart_login = (Button)
          this.findViewById(R.id.cart_login);
        cart_market = (Button)
          this.findViewById(R.id.cart_market);
    }
    //初始化视图控件
    @Override
    protected void initView() {
        cart_login.setOnClickListener(this);//设置登录按钮单击事件
        cart_market.setOnClickListener(this);//设置促销大卖场单击事件
    }
    //单击事件
    @Override
    public void onClick(View v) {
        switch (v.getId()) {
```

图 22-7 购物车页面

```
        //单击登录按钮后跳转至用户登录页面
        case R.id.cart_login:
           mIntent = new Intent(this, LoginActivity.class);
           startActivity(mIntent);
           break;
        //单击促销大卖场后做出提示
        case R.id.cart_market:
           CommonTools.showShortToast(this, "促销大卖场正在开发中~");
           break;
        default:
           break;
     }
   }
}
```

22.8 用户信息页面

用户信息页面，根据用户登录与否显示不同，运行效果如图22-8所示。

图22-8 运行效果

22.8.1 跳转不同页面

用户信息页面包含登录按钮、更多信息以及退出按钮，单击不同按钮做出相应跳转，具体代码如下：

```
public void onClick(View v) {
   //根据单击按钮做出相应提示
   switch (v.getId()) {
   case R.id.personal_login_button:
      //单击登录按钮后跳转至登录页面
```

```
    mIntent=new Intent(PersonalActivity.this, LoginActivity.class);
    startActivityForResult(mIntent, LOGIN_CODE);
    break;
   //单击更多信息跳转至信息页面
   case R.id.personal_more_button:
    mIntent=new Intent(PersonalActivity.this, MoreActivity.class);
    startActivity(mIntent);
    break;
   //单击退出按钮弹出一个退出页面窗口
   case R.id.personal_exit:
    //实例化 SelectPicPopupWindow
    exit = new ExitView(PersonalActivity.this, itemsOnClick);
    //设置 layout 在 PopupWindow 中显示的位置
    exit.showAtLocation(PersonalActivity.this.findViewById(R.id.layout_personal),
Gravity.BOTTOM|Gravity.CENTER_HORIZONTAL, 0, 0);
    break;
   default:
    break;
   }
 }
```

22.8.2 账号登录页面

用户单击"登录"按钮跳转至"登录"页面,如图 22-9 所示。

在登录页面中根据用户的选择,可以显示或隐藏输入的密码,具体代码如下:

```
isShowPassword.setOnCheckedChangeListener(new
OnCheckedChangeListener() {
  @Override
  public void onCheckedChanged(CompoundButton
buttonView, boolean isChecked) {
  //根据标记判断是否隐藏密码
  if (isChecked) {
   //隐藏
   loginpassword.setInputType(0x90);
  } else {
  //明文显示
   loginpassword.setInputType(0x81);
  }
 }
});
```

图 22-9 登录页面

如果用户没有账号,可以单击"免费注册"按钮,单击"免费注册"按钮后跳转至注册页面,运行效果如图 22-10 所示。

然后可以选择普通注册,跳转至普通用户注册页面,运行效果如图 22-11 所示。

图 22-10　免费注册页面　　　　图 22-11　普通注册页面

用户登录验证代码如下：

```
private void userlogin() {
 //获取用户名和密码
 username = loginaccount.getText().toString().trim();
 password = loginpassword.getText().toString().trim();
 String serverAdd = serverAddress;//获取服务端地址
 //用户名和密码不能为空
 if (username.equals("")) {
   DisplayToast("用户名不能为空!");
 }
 if (password.equals("")) {
   DisplayToast("密码不能为空!");
 }
 //正确后允许登录
 if (username.equals("test") && password.equals("123")) {
   DisplayToast("登录成功!");//提示信息
 //创建 intent 对象将用户名传送过去
 Intent data = new Intent();
 data.putExtra("name", username);
 setResult(20, data);
 LoginActivity.this.finish();//登录页面关闭
 }
}
```

22.8.3　退出弹窗

用户单击"退出程序"按钮时，弹出窗口询问是否退出，运行效果如图 22-12 所示。
弹出窗口选择的具体代码如下：

```
private OnClickListener  itemsOnClick = new OnClickListener(){
  public void onClick(View v) {
    switch (v.getId()) {
    //单击弹窗退出
    case R.id.btn_exit:
        CommonTools.showShortToast(PersonalActivity.this, "退出程序");
        break;
    //单击弹窗取消
    case R.id.btn_cancel:
        PersonalActivity.this.dismissDialog(R.id.btn_cancel);
        break;
    default:
        break;
    }
  }
};
```

22.8.4 更多信息

当用户单击更多信息时，跳转至更多信息页面，运行效果如图 22-13 所示。

图 22-12 退出程序

图 22-13 更多信息

22.9 自定义伸缩类

当用户按住登录页面向下拖动时会有一个动画效果，松开手指后，画面会实现回弹，这里创建一个继承自 ScrollView 类的自定义类并命名为"CustomScrollView"。

22.9.1 成员变量

为了完成自动拖放的效果，需要定义一些成员变量，具体代码如下：

```
private View inner;                          //子类视图
private float y;                             //手指最初触碰到屏幕时的 y 坐标
private Rect normal = new Rect();            //矩形(这里只是个形式，只是用于判断是否需要动画)
private boolean isCount = false;             //是否开始计算
private boolean isMoveing = false;           //是否开始移动
private ImageView imageView;                 //图像视图
private int initTop, initbottom;             //初始顶部位置、底部位置
private int top, bottom;                     //拖动时的顶部位置、底部位置
```

22.9.2 触摸事件

拖动效果需要使用触摸事件，这里将触摸事件封装成一个函数，重写 onTouchEvent()方法，具体代码如下：

```
@Override
public boolean onTouchEvent(MotionEvent ev) {
  if (inner != null) {
    commOnTouchEvent(ev);//调用本地触摸事件
  }
  return super.onTouchEvent(ev);
}
```

自定义触摸方法的具体代码如下：

```
public void commOnTouchEvent(MotionEvent ev) {
  int action = ev.getAction();//获取事件中的具体动作
  switch (action) {
  //按下事件
  case MotionEvent.ACTION_DOWN:
    top = initTop = imageView.getTop();//获取图片顶部位置
    bottom = initbottom = imageView.getBottom();//获取图片底部位置
    break;
  //抬起事件
  case MotionEvent.ACTION_UP:
    isMoveing = false;
    //手指松开
    if (isNeedAnimation()) {
      animation();//手指松开回收动画
    }
    break;
  /* 排除第一次移动计算，因为第一次无法得知 y 坐标，在 MotionEvent.ACTION_DOWN 中获取不
  到，因为此时是 MyScrollView 的 touch 事件传递到了 LIstView 的孩子 item 上面，所以从第二
  次计算开始也要进行初始化，就是第一次移动的时候让滑动距离归 0 之后记录准确了就正常执行 */
  case MotionEvent.ACTION_MOVE:
    final float preY = y;                    //按下时的 y 坐标
    float nowY = ev.getY();                  //移动中的 y 坐标
```

```
        int deltaY = (int) (nowY - preY);      //滑动距离
        if (!isCount) {
           deltaY = 0;                          //在这里要归0
        }
        if (deltaY < 0 && top <= initTop)
    return;
    //当滚动到最上边或者最下边时就不会再滚动,这时移动布局
    isNeedMove();
    if (isMoveing) {
        //初始化头部矩形
        if (normal.isEmpty()) {
          //保存正常的布局位置
          normal.set(inner.getLeft(), inner.getTop(),
             inner.getRight(), inner.getBottom());
        }
        //移动布局
        inner.layout(inner.getLeft(),
        inner.getTop() + deltaY / 3,
        inner.getRight(),
        inner.getBottom() + deltaY / 3);
        top += (deltaY / 6);
        bottom += (deltaY / 6);
        imageView.layout(imageView.getLeft(),
        top,
        imageView.getRight(),
        bottom);
     }
     isCount = true;
     y = nowY;
        break;
     default:
        break;
    }
}
```

22.9.3 回缩动画

回缩动画效果的具体代码如下:

```
public void animation() {
   //创建一个位移动画
   TranslateAnimation taa = new TranslateAnimation(0, 0, top + 200,initTop +
200);
   taa.setDuration(200);             //设置延时时间
   imageView.startAnimation(taa);
   imageView.layout(imageView.getLeft(), initTop,
imageView.getRight(),initbottom);
   //开启移动动画
   TranslateAnimation ta = new TranslateAnimation(0, 0,
inner.getTop(),normal.top);
   ta.setDuration(200);              //设置延时时间
   inner.startAnimation(ta);         //开启动画
```

```
//设置回到正常的布局位置
inner.layout(normal.left, normal.top, normal.right, normal.bottom);
normal.setEmpty();              //设置为空
isCount = false;                //是否开始计算设置为否
y = 0;                          //手指松开要归0
}
```

22.10 项目总结

本章开发了一个网上商城系统，这个项目主要涉及页面之间的跳转与数据传递，该项目使用 TabHost 实现页面跳转，有兴趣的同学可以改用 Fragment 实现，比较一下两者之间的区别，相信是一件很有意思的事情。